中华人民共和国经济与社会发展研究丛书（1949—2018）

编 委 会

国家出版基金资助项目

"十三五"国家重点图书出版规划项目

中华人民共和国经济与社会发展研究丛书（1949—2018）

丛书主编：武力

中国水利工程建设研究

Research on Water Conservancy Construction of the People's Republic of China

王瑞芳◎著

华中科技大学出版社

http://www.hustp.com

中国·武汉

图书在版编目(CIP)数据

中国水利工程建设研究/王瑞芳著.—武汉：华中科技大学出版社,2019.6
(中华人民共和国经济与社会发展研究丛书:1949—2018)
ISBN 978-7-5680-5403-4

Ⅰ.①中… Ⅱ.①王… Ⅲ.①水利工程-建设-研究-中国-1949—2018 Ⅳ.①TV

中国版本图书馆 CIP 数据核字(2019)第 130058 号

中国水利工程建设研究 王瑞芳 著
Zhongguo Shuili Gongcheng Jianshe Yanjiu

策划编辑：周晓方 周清涛
责任编辑：康 序 张 毅
封面设计：原色设计
责任校对：刘 竣
责任监印：周治超
出版发行：华中科技大学出版社(中国·武汉)　　电话：(027)81321913
　　　　　武汉市东湖新技术开发区华工科技园　　邮编：430223
排　　版：华中科技大学惠友文印中心
印　　刷：湖北新华印务有限公司
开　　本：710mm×1000mm　1/16
印　　张：18.5　插页：2
字　　数：313 千字
版　　次：2019 年 6 月第 1 版第 1 次印刷
定　　价：139.00 元

内容提要
ABSTRACT

中华人民共和国成立 70 年来,中国共产党和各级人民政府领导全国人民进行了大规模的水利工程建设,尤其是在江河治理方面,取得了举世瞩目的成就,带来了巨大的社会效益和经济效益。在此过程中,创造了许多行之有效的宝贵经验,值得重视并加以总结。本书力图在掌握第一手档案资料及丰富的报刊文献资料的基础上,以中国各大江河流域的综合治理为纬,以兴修水利的发展过程为经,对江河治理和水利工程建设进行实证性分析,以再现中国共产党领导全国人民进行大规模水利建设的历史图景。通过深入研究新中国成立 70 年来水利建设的利弊得失,探讨其成功的经验,总结其中的失误及教训,对今后生态水利和绿色水利的建设无疑具有重要的借鉴意义。

总 序

GENERAL PREFACE

　　早在 2013 年 6 月,习近平总书记就指出,历史是最好的教科书,学习党史、国史,是坚持和发展中国特色社会主义、把党和国家各项事业继续推向前进的必修课。这门功课不仅必修,而且必须修好。要继续加强对党史、国史的学习,在对历史的深入思考中做好现实工作,更好走向未来,不断交出坚持和发展中国特色社会主义的合格答卷。党的十八大以来,习近平总书记多次强调要加强历史研究,博古通今,特别是总结中国自己的历史经验。在以习近平同志为核心的党中央领导下,中国特色社会主义进入了新时代。2017 年是俄国十月革命胜利 100 周年;2018 年是马克思诞辰 200 周年和《共产党宣言》发表 170 周年,同时也是中国改革开放 40 周年;2019 年是中华人民共和国成立 70 周年;2020年中国完成工业化和全面建成小康社会;2021 年是中国共产党成立 100 周年。这些重要的历史节点,已经引发国内外对中共党史和新中国历史研究的热潮,我们应该早做准备,提前发声、正确发声,讲好中国故事,让中国特色社会主义主旋律占领和引导宣传舆论阵地。

　　作为专门研究、撰写和宣传中华人民共和国历史的机构,中国社会科学院当代中国研究所、中国经济史学会中国现代经济史专业委员会与华中科技大学出版社一起,从 2014 年就开始策划出版一套总结新中国经济与社会发展历史经验的学术丛书。经过多次研讨,在 2016 年 5 月最终确立了编撰方案和以我为主编的研究写作团队。从 2016 年 7 月至今,研究团队与出版社合作,先后召开了 7 次编写工作会议,讨论研究内容和方法,确定丛书体例,汇报写作进度,讨论写作中遇到的主要问题,听取学术顾问和有关专家的意见,反复讨论大纲、改稿审稿并最终定稿。

　　这套丛书是以马克思列宁主义、毛泽东思想、邓小平理论、"三个代表"重要思想、科学发展观、习近平新时代中国特色社会主义思想为指导,以中华人民共和国近 70 年经济与社会发展历史为研究对象的史学论著。这套丛书共 14 卷,分别从经济体制、工业化、区域经济、农业、水利、国防工业、交通、旅游、财政、金融、外贸、社会建设、医疗卫生和消除贫困 14 个方面,研究和阐释新中国经济与社会发展的历史和经验。这套丛书从策划到组织团队再到研究撰写专著,前后历时 5 年,这也充分反映了这套丛书各位作者写作态度的严谨和准备工作的扎实。从 14 个分卷所涉及的领域和研究重点来看,这些问题都是中共党史和新中国历史,特别是改革开放以来历史研究中的重要问题,有些是非常薄弱的研究环节。因此,作为研究中华人民共和国近 70 年经济与社会发展的历程和功过得失、总结经验教训的史学论著,这套丛书阐述了新中国成立前后的变化,特别是改革开放前后两个历史时期的关系、改革开放新时期与新时代的关系,这些论述不仅有助于坚定"四个自信"、反对历史虚无主义,而且可以为中国实现"两个一百年"奋斗目标提供历史借鉴,这是这套丛书追求的学术价值和社会效益。

今年是中华人民共和国成立 70 周年,70 年的艰苦奋斗,70 年的壮丽辉煌,70 年的世界奇迹,70 年的经验教训,不是一套丛书可以充分、完整展示的,但是我们作为新中国培养的史学工作者,有责任、有激情去反映它。谨以这套丛书向中华人民共和国成立 70 周年献礼:祝愿中华民族伟大复兴的中国梦早日实现! 祝愿我们伟大的祖国像初升的太阳,光芒万丈,照亮世界,引领人类命运共同体的构建!

中国社会科学院当代中国研究所

武力

2019 年 5 月

目　录
CONTENTS

第三章　黄河流域的综合治理

第四章　长江流域的综合治理

第五章　南水北调工程的兴建

第六章　农田水利工程建设

绪论

中国河流湖泊众多,是世界上水利资源比较丰富的国家之一。受西高东低的地势的影响,中国的河流多为东西走向。大致来说,中国从北到南依次分布着松花江流域、辽河流域、海河流域、黄河流域、淮河流域、长江流域和珠江流域等七大流域。这些流域包括了众多河流湖泊及平原丘陵,孕育了伟大的中华民族,是中华民族滋养生息的文明摇篮,同时也给中华民族带来了严重的水患。

中国是水旱灾害严重的国家。据历史记载,"我国自公元前 206 年到 1936 年共 2142 年间,发生过较大水灾 1031 次,旱灾 1060 次,几乎每年平均就有一次水灾或旱灾。同时由于森林遭受破坏,水利失修和战争的影响,水旱灾害愈到后来次数愈频繁,范围愈扩大,程度也愈严重……1931 年全国大水,仅在长江、淮河流域,被淹农田 12000 万亩,水稻损失占常年总产量的 38%,棉花损失占常年总产量的 24%。"①

在传统中国社会,治水是立国之本。早在春秋时代,管子提出"善为国者,必先除其五害……五害之属,水最为大。五害已除,人乃可治",将水旱灾害与国家兴衰相联系。秦、汉、隋、唐、明、清等朝代均将兴修水利作为安邦定国的重要措施加以实施,不仅创造了繁荣的经济,而且使关中地区、黄河中下游、淮河流域、长江流域、海河流域、沿海地区和西北边疆地区的水土资源先后得到开发,形成中国的重要农业区。国家统一与治水形成了密切的互动关系:"统一治水的要求,促进了国家的统一;而统一国家的形成,

---

① 须恺:《中国的灌溉事业》,中国社会科学院、中央档案馆编:《1953—1957 中华人民共和国经济档案资料选编·农业卷》,中国物价出版社 1998 年版,第 643 页。

又大大促进了统一治水。"①

中国是一个有着悠久历史的农业大国,农业的发展取决于水利建设的好坏,兴修水利成为农业发展的要务,故中国历朝历代都十分重视兴修水利,中国也是世界上最早兴修水利的国家之一。早在传说中的大禹时代,就有"尽力乎沟洫""陂障九泽、丰殖九薮"等对农田水利的认识。夏商时期,有在井田中布置沟渠进行灌溉排水的设施。到西周时期,在关中地区已有较多的小型灌溉工程,如《诗经·小雅·白华》记载"滮池北流,浸彼稻田。"春秋战国时期,大量土地得到开垦,灌溉排水设施相应得到较快发展。其中比较著名的水利工程有:魏国西门豹在邺郡(今河北省临漳县)修建的引漳十二渠,用于灌溉农田和改良盐碱地;楚国在今安徽寿县兴建的蓄水灌溉工程芍陂(今安丰塘);秦国蜀地郡守李冰主持修建都江堰,使成都平原成为"沃野千里,水旱从人"的"天府之国"。建于公元前246年的郑国渠(今泾惠渠的前身)是秦始皇统一六国前兴建的大型灌溉工程,使关中地区成为中国最早的基本农业经济区。汉武帝时,引渭水开凿了漕运和灌溉两用的漕渠,后又修建了引北洛河的龙首渠,引泾水的白渠及引渭灌溉的成国渠。为了巩固边防、屯兵垦殖,汉代在河西走廊和黄河河套地区修建了一些大型渠道引水工程。隋唐北宋时期,长江流域和东南沿海地区得到了大规模开发,并修通了联系南北的大运河。江浙一带农田水利工程的迅速发展,农田灌溉面积急剧扩大,使得太湖地区的赋税收入超过黄河流域,成为新的农业基本经济区。明清时期,长江中下游的水利工程建设发展迅猛,两湖地区成为全国重要的农业基本经济区;南方的珠江流域、北方的京津地区、西北和西南边疆地区的灌溉事业也得到了很大发展;东北的松辽平原在清中叶开禁后,随着大量移民的涌入,其灌溉排水工程也有所发展。到20世纪初,中国水利事业开始从传统向近代转变。长江、黄河等流域相继设立水利机构,进行流域内水利发展的规划和工程建设。其中最著名的是20世纪30年代由水利专家李仪祉主持修建的陕西省泾惠渠,以及后来兴修的渭惠渠、洛惠渠等工程。

由此可见,中国自古以来都是世界上水利事业较发达的国家之一。"在很远的年代,北起北京、南至杭州,纵贯河北、山东、江苏、浙江的大运河,北起吴淞口,南至钱塘江,绵延数百里的海塘工程,这都是我国历史上

---

① 钱正英:《中国水利的决策问题》,《钱正英水利文选》,中国水利水电出版社2000年版,第43页。

伟大的水利建设。在农田水利方面,如四川省的都江堰,甘肃省的秦渠、汉渠、唐徕渠等,都已有两千多年的历史,一直到现在还灌溉着几百万亩的农田。其他如遍布南方水稻地区的几百万口塘堰,华北各省的水井、水车,西北地区的坎儿井、天车等"①都是我国历史上伟大的水利建设成就。

尽管中国是世界上水利事业较发达的国家之一,但由于人口的剧增,对水土资源的开发形成了巨大压力。许多地方过度垦殖,毁林开荒,围湖造田,加重了水土流失和水患灾害。近代以来,外侮日深,内乱不已,国力衰退,水利失修,水患灾害与社会动乱形成恶性循环。至 1949 年新中国成立之时,全国仅有 4.2 万千米的江河堤防,防洪能力很低。全国灌溉面积仅 2.4 亿亩(1 亩=666.7 平方米),约占当时耕地面积的 16.3%,人均占有灌溉面积 0.44 亩。薄弱的农田水利设施、低下的防洪能力,在自然灾害面前不堪一击,水旱灾害严重威胁着国计民生。据不完全统计,1949 年全国被淹耕地达 1.2156 亿亩,减产粮食 220 亿斤,灾民 4000 万人,重灾区灾民达 1000 万人。其中华东地区被淹耕地 5000 余万亩,占全部耕地的五分之一,减产粮食 70 余亿斤,灾民 1600 万人。② 此外,房屋、牲畜、农具等的直接或间接损失无法估计。

"国以民为本,民以食为天"。新中国成立初期严峻的水利形势和吃饭问题,客观上要求刚成立的中央人民政府把恢复和发展农业生产力提升到非常重要的地位。而发展农业生产力的重要措施,就是兴修水利。"防止水患,兴修水利",是新中国成立初期治水工作的基本方针。新中国成立以来,中国共产党和人民政府高度重视水利工作,始终把兴修水利作为关乎民生福祉的大事来抓,动员亿万人民群众大规模兴修水利,集中力量系统治理大江大河,突出重点优先解决民生水利问题,提升全国主要江河的防洪能力,不断完善农田水利设施,加强水资源的保护利用,取得了举世瞩目的巨大成就。据水利部相关资料显示,到 2009 年,全国建成各类水库8.6万多座,堤防长度 28.69 万千米,大江大河主要河段基本具备了防御特大洪水的能力。全国防洪减灾直接经济效益累计达 3.93 万亿元,减淹耕地1.6 亿公顷。每年因洪涝灾害造成的伤亡人数呈大幅度减少的趋势。水利工程年实际供水量达到 5000 多亿立方米,基本满足了城乡经济社会发展和生态环境的用水需求,累计解决了 2.72 亿农村人口的饮水困难。全国

---

① 须恺:《中国的灌溉事业》,中国社会科学院、中央档案馆编:《1953—1957 中华人民共和国经济档案资料选编·农业卷》,中国物价出版社 1998 年版,第 644 页。

② 中共中央文献研究室:《周恩来传》(下),中央文献出版社 1998 年版,第 972 页。

农田灌溉面积从 1949 年的 2.4 亿亩发展到 8.77 亿亩,占全国耕地面积的 48%,每年在这些可灌溉耕地上生产的粮食占全国粮食总量的 3/4,生产的商品粮和经济作物都占 90% 以上。[①] 农田水利建设取得的巨大成就,使中国能够以占世界 9% 的耕地,解决了占世界 21% 人口的温饱问题,为保障中国农业生产、粮食安全以及经济社会的稳定发展创造了条件。中共十八大以来,坚持"节水优先、空间均衡、系统治理、两手发力"的治水方针和"确有需要、生态安全、可以持续"的重大水利工程建设原则,部署实施 172 项节水供水重大水利工程,推动现代水利设施网络建设迈上新的台阶。国家加大了农业基础设施建设的投入力度,建成了一批重大水利骨干工程,农田水利设施显著改善,使中国粮食产量自 2013 年以来"连续 4 年超过 12000 亿斤;2016 年底,全国农田有效灌溉面积超过 10 亿亩,占比达 54.7%;我国高产稳产高标准农田已超过 5 亿亩,每亩产能提高 15% 以上……我国水稻、小麦、玉米三大谷物自给率保持在 98% 以上,粮食人均占有量达到 450 公斤,已经高于世界平均水平。"[②]2018 年,我国新增高效节水灌溉面积 2042 万亩,为粮食连年丰收奠定了坚实基础。

中国共产党在领导全国人民进行大规模水利工程建设,尤其是江河治理工程建设方面,取得了突出成就,带来了巨大的社会效益和经济效益。长期的水利工程建设,增加了农业灌溉面积,提高了农田利用效率。中国共产党领导全国人民进行大规模水利建设的过程是波澜壮阔的,取得的成绩是举世瞩目的。为了集中展现新中国成立后中国共产党领导全国人民治理江河和兴修水利的历程及成绩,本书力图在掌握第一手档案资料及丰富的报刊文献资料基础上,以中国各大江河流域的综合治理为纬,以兴修水利的发展过程为经,对新中国成立以来的水利工程建设和江河治理进行实证性研究,再现中国共产党领导全国人民进行大规模水利建设的历史图景,分析水利工程建设的利弊得失,对新一轮的水利工程建设提供有益的借鉴。

[①] 《水利工程体系初步形成,为繁荣发展提供有力保障》,《经济日报》,2009 年 8 月 18 日。
[②] 《截止到 2016 年底,全国农田有效灌溉面积超 10 亿亩》,灌溉网 2017 年 9 月 25 日。

第一章

淮河流域的治理

新中国大规模的治水事业，是从根治淮河起步的。淮河流域的安危凝聚着党和国家领导人的心血。毛泽东先后四次对淮河治理作出批示，并于1951年发出"一定要把淮河修好"的号召；周恩来亲自部署召开第一次治淮会议，研究制定了"蓄泄兼筹"的治淮方略；刘少奇、朱德、邓小平等人多次视察淮河。尤其是在1950年10月14日，政务院发布《关于治理淮河的决定》，使淮河成为新中国第一条全面、系统治理的大河。治理淮河工程是新中国第一个全流域、多目标的大型水利工程。淮河治理的艰巨性和复杂性，决定了治淮工作的曲折性和长期性。1991年夏的淮河水灾，暴露出治淮工作中的一些关键性问题，国家再次实施了大规模的治淮工程。在党中央、国务院的领导下，经过沿淮人民的不懈努力，淮河治理取得了举世瞩目的成就。广为流传的谚语"走千走万，不如淮河两岸"，真正变成了现实。

一、治淮工程的启动

淮河，历史上曾独流入海，古称"四渎"①之一。它发源于河南省境内的桐柏山区，经豫东、皖北、苏北汇合运河流入长江，全长约1000千米。其两岸的支流，有洪、史、颍、淝、涡、浍、沱、濉、芡、淠、池等河。淮河流域的湖泊很多，有洪泽湖、高邮湖、宝应湖、城东湖、城西湖、唐垛湖、戴家湖、孟家湖、焦岗湖、姜家湖等。全域面积覆盖山东、河南两省的南部，江苏、安徽两省的北部，约有28万平方千米，有5800万人口、1.8亿亩（1亩＝666.7平方米）耕地。淮河流域受黄河泛滥的侵占，水系时遭淤废以致紊乱，历史上常

---

① 古时，淮河与黄河、长江、济水齐名，并称"四渎"。

常遭受严重水灾。淮河流域历史上水灾频繁。据不完全记载,从公元前246年到1948年发生较大水灾979次;从1855年到1948年发生较大水灾14次,其中1921年淹地1900万亩,1931年淹地7700万亩。①

淮河流域灾害频繁,主要因为其水系被泥沙淤塞所造成的。自宋朝黄河夺淮开始,淮河即因泥沙淤塞而被削弱了排泄和灌溉的能力,皖北民谣中所说的"十年就有九年荒"就是由于这种原因造成的。黄河数度决口,南侵入淮,淮河水系便被黄水的泥沙淤塞,入海的道路不通,入江的水道不畅。在此种情况下,淮河水系积水难泄,灾害与日俱增,形成了"大雨大灾,小雨小灾,无雨旱灾"的痼疾。到1855年(清朝咸丰五年),黄河在铜瓦厢②决口迁徙,才掉头北去,到山东省利津县入海,淮河才摆脱了黄河的侵扰。但黄河的大量泥沙使淮河河道淤高,入海口堵死,淮河出路即完全借运河入长江,到抗日战争前又由所辟入海水道直接经阜宁东北的套子口入海了。

淮河的支流比中国其他河流的支流数目多,而且分布得非常密集。在河南、安徽两省,直接入淮的较大支流就有29条,较小的支流在180条以上。所以,只要河南、皖北同时发生暴雨,多数支流必将同时涨水,汇流成异常巨大的洪水,致使淮河干流不能宣泄。由于淮河下游坡度平缓,洪水下泄的时间因而延长,不但增加了各条支流洪水相遇的机会,容易造成较大的洪峰,同时因为淮河干流长期保持较高的水位,反过来又影响支流及内地雨水的宣泄。

为了避免淮水泛滥成灾,清末便开始进行了导淮工作,修筑了一些防洪工程,但效果甚微。1929年,南京国民政府设立导淮委员会,在淮河中下游开展了一些修补工程,但由于政府贪污腐化,致使导淮愈导愈坏。1938年6月,由于河南郑州花园口的人为决堤,③滚滚黄水由贾鲁河、颍河直冲入淮,不仅使豫、皖等省66县数百万人流离失所,洪水泛滥延续9年之久,形成了所谓"黄泛区",④而且使淮河堤防涵闸工程全遭破坏。到新中国成立时,淮河堤身已是"百孔千疮,亟需修补",抗洪能力降到低点。故在沿淮地区流传着这样一首民谣:"爹也盼,娘也盼,只盼淮河不泛滥,有朝出个大

① 中央水利部治淮通讯组:《把淮河千年的水患变成永远的水利》,《人民日报》1951年9月22日。
② 旧集市名,在今河南省兰考县西北黄河东岸,现已坍入河中。
③ 1947年,国民党政府因战争的需要,在没做好准备的情况下强制堵口,又给黄河下游河道造成了严重的危害。
④ 江苏省水利厅:《江苏省水利建设情况介绍》,江苏省档案馆馆藏:3224-长期-219。

救星,治好淮河万民安。"①

　　1949 年 4 月,皖北人民行政公署②在合肥成立后,立即领导阜阳、颍上、涡阳、蒙城、凤台、怀远、宿县、灵璧、泗县、五河等十余县民众治理淮河支流。经过两个多月努力,十余县中有 529 万亩地变为良田。6 月 15 日,南京市人民政府水利委员会特派淮河工程勘察队沿淮各段勘察,发现有 400 万方土急需抢修。为此,皖北人民行政公署一面紧急指示沿淮各县对这些险工紧急抢修,一面在蚌埠成立淮河防汛委员会,统一领导淮河防汛工作。8 月 13 日,淮河防汛委员会召开首次会议,明确提出了"全面防汛,重点抢修"方针,并对各级防汛组织的建立、工程计划、经费负担进行了规定。随后,淮河沿岸人民在党和政府的领导下对淮河堤防工程进行了冬修和春修。

　　1950 年 6 月初,由华东军政委员会水利部和皖北人民行政公署召集的淮河水利会议在蚌埠举行。华东军政委员会水利部副部长刘宠光在会上总结了淮河冬修和春修的情况,并对治淮工作上"重复堤、轻疏浚"的错误,作了严肃检讨。他说:去冬今春的治淮工作,曾提出"复堤和疏浚并重"的方针,但实际的工程计划却是复堤土方数字占全部工程计划的三分之二,而疏浚仅占三分之一,以致冬修和春修虽有成绩,却未收到预期的效果。这主要是因为事前对淮河情况了解不足,未能进行慎重研究,做出完善的计划。会议根据刘宠光的检讨,确定了今后治淮的总方针是"疏浚排水,结合防洪灌溉"。会议据此制定了 1951 年的治淮初步计划。计划的主要内容包括大力疏浚濉河、浍河、涡河、北淝河、西淝河等淮河支流,兴建涵闸,举办沟洫示范工程等。总计约需做土方 4800 余万方,工程预算约需稻米 2.6 亿斤(1 斤＝0.5 千克)。该计划完成后,将使皖北 660 余万亩农田免除水患。③

　　会后不久,从 6 月 26 日至 7 月 19 日,淮河流域阴雨连绵达 20 多天,连降三场暴雨,上中游干支流水位迅速上涨,超过了 1921 年和 1931 年的洪水水位。淮河堤防因标准过低而相继漫溢溃决,造成非常严重的洪灾。据

---

　　① 　河南省水利厅:《一定要把淮河修好(初稿)》,河南省档案馆藏:J123-7-625。
　　② 　皖北人民行政公署于 1949 年 4 月在合肥设立,辖安徽省长江以北地区。1949 年 5 月,设立皖南人民行政公署,驻芜湖市,辖安徽省长江以南地区。1951 年 12 月皖南人民行政公署驻地从芜湖市迁往合肥市,与皖北人民行政公署合署办公。1952 年 8 月 25 日,安徽省人民政府正式成立,同时撤销皖北人民行政公署与皖南人民行政公署,省会仍驻合肥。
　　③ 　《淮河水利会议闭幕,订定明年治淮初步计划,准备普查河堤预防夏汛》,《人民日报》1950 年 6 月 24 日。

统计,淮河流域受灾面积达 4687 万亩,灾民约 1300 多万人,死亡人口 489 人,倒塌房屋 89 万余间。① 尤其是皖北在连续七天大雨之后,淮河干流决口泛滥,灾情更加严重。政务委员曾山在视察淮河时看到:"津浦铁路两旁一片汪洋,一眼几十里都是如此,沿路数百里的河堤全部失去作用,村庄被淹没崩塌,怀远县县城的城墙也看不到了,许多灾民挤在一块块高地上求生,干部情绪低落。"② 虽经河南省和皖北人民行政公署以及水利部门全力抢救,减小了部分灾害,但全流域灾情仍然十分严重。这一紧急状况立即引起中共中央和中央人民政府的高度重视。

　　7 月 18 日,华东防汛总指挥部给中央防汛总指挥部的电报说:淮河中游水势仍在猛涨,估计可能超过 1931 年最高洪水水位。7 月 20 日,毛泽东看了这封电报后,立即将电报批转给政务院总理周恩来:"除目前防救外,须考虑根治办法,现在开始准备,秋起即组织大规模导淮工程,期以一年完成导淮,免去明年水患。请邀集有关人员讨论(一)目前防救、(二)根本导淮两问题。"③ 8 月 1 日,中共皖北区委书记曾希圣致电华东局、华东军政委员会并转中共中央,报告皖北灾情及救灾工作意见。电报说,今年水势之大,受灾之惨,不仅重于去年,且为百年来所未有。淮北 20 个县、淮南沿岸 7 个县均受淹,被淹田亩总计 3100 余万亩,占皖北全区二分之一强。房屋被冲倒或淹塌已报告者 80 余万间,其中不少是全村沉没。耕牛、农具损失极重(群众口粮也被淹没)。由于水势凶猛,群众来不及逃走,或攀登树上、失足坠水(有在树上被毒蛇咬死者),或船小浪大、翻船而死者,统计 489 人。受灾人口共 990 余万,约占皖北人口之半。洪水东流下游,灾情尚在扩大,且秋汛期尚长,今后水灾威胁仍极严重。由于这些原因,干群均极悲观,灾民遇到干部多抱头大哭,干部亦垂头流泪。④ 8 月 5 日,毛泽东看到这封电报后,再次批示周恩来:"请令水利部限日作出导淮计划,送我一阅。此计划八月份务须作好,由政务院通过,秋初即开始动工。"⑤

　　8 月 31 日,毛泽东在华东军政委员会向周恩来转报中共苏北区委员会

　　① 淮河水利委员会:《中国江河防洪丛书·淮河卷》,中国水利水电出版社 1996 年版,第 46 页。

　　② 中共中央文献研究室:《周恩来传》(下),中央文献出版社 1998 年版,第 972-973 页。

　　③ 中共中央文献研究室:《建国以来毛泽东文稿》(第一册),中央文献出版社 1987 年版,第 440 页。

　　④ 曹应旺:《周恩来与治水》,中央文献出版社 1991 年版,第 14 页。

　　⑤ 中共中央文献研究室:《建国以来毛泽东文稿》(第一册),中央文献出版社 1987 年版,第 456 页。

对治淮意见的电报上写道:"导淮必苏、皖、豫三省同时动手,三省党委的工作计划,均须以此为中心,并早日告诉他们。"这个批语是针对华东军政委员会 8 月 28 日的电报的批复,该电报转报了中共苏北区委员会对治淮的意见。其中第三项是:"如今年即行导淮,则势必要动员苏北党政军民全部力量,苏北今年整个工作方针要重新考虑,既定的土改、复员等工作部署必须改变,这在我们今年工作上转弯是有困难的;且治淮技术上、人力组织上、思想动员上及河床搬家,及其他物资条件准备等等,均感仓促,对下年农业生产及治沂均受很大影响。如果中央为挽救皖北水灾,要苏北改变整个工作方针,服从整个导淮计划,我们亦当竭力克服困难,完成治淮大计。"①从上述批语中,可以看出毛泽东关怀灾民的迫切心情和治理淮河的决心。为了抢救淮河水灾,中央人民政府先后拨出粮食 1 亿余斤,盐 1000 万斤,煤 52 万吨,籽种贷款 350 亿元,进行紧急赈救。②

根据毛泽东根治淮河的指示精神,党和政府开始启动淮河根本治理工作。8 月 25 日至 9 月 12 日,在周恩来的直接领导下,水利部在北京召开治淮会议,具体落实毛泽东关于治理淮河的批示。参加会议的有华东军政委员会水利部、中南军政委员会水利部、皖北人民行政公署、苏北人民行政公署及河南省政府、淮河水利工程总局及河南黄泛区复兴局等部门的负责人及专家 40 余人。由于治理淮河关系到上中下游不同地区的切身利益,河南、皖北、苏北三省区在治淮办法上存在着意见分歧。为此,与会代表就治淮方针发生了"蓄泄之争"。周恩来参加了会议并多次听取汇报,在综合各方面意见的基础上,他兼顾上中下游的利益,就治淮工作的方针提出了指导性意见。他认为单纯地"蓄"或单纯地"排",均不能达到除害兴利的目的,故建议将"蓄泄兼筹,以达根治之目的"作为治淮的根本方针。

治淮会议分析研究了淮河的最大流量和淮河各段的危险水位,决定以周恩来提出的"蓄泄兼筹"作为治淮的根本方针,确定淮河上游以拦蓄洪水发展水利为长远目标,中游蓄泄并重,下游则开辟入海水道,以利宣泄。会议还制定了治淮工程的具体实施步骤,决定 1950 年 12 月以前以勘测工作为重心,上游和下游以查勘蓄洪工程和入海水道为重点,同时进行放宽堤距、疏浚、涵闸等勘测工作;中游地区在整个计划内,选择对上、下游关系较小的部分工程,结合以工代赈于 10 月下旬先行开工。为了保证治淮工作

9

---

① 中共中央文献研究室:《建国以来毛泽东文稿》(第一册),中央文献出版社 1987 年版,第 491 页。

② 《为根治淮河而斗争》,《人民日报·社论》1950 年 10 月 15 日。

的顺利进行,会议建议由华东、中南各有关地区组成治淮委员会,统一领导治淮工作,并成立淮河上、中、下游三个工程局,以便统筹兼顾。① 这次会议拉开了新中国成立后大规模治理淮河的序幕。

在治淮会议召开的同时,周恩来于9月2日召集董必武、薄一波、傅作义等人开会研究治淮计划。会议决定:①治淮必须苏北、皖北、河南三省区同时动手,做到专家、群众和政府三者结合,新式专家和土专家相结合;②到9月定出动员和勘探的具体计划,10月动工,以3年为期,根除淮河水患。② 9月16日,中共皖北区委书记曾希圣向华东局和中央电告皖北地区灾民积极拥护治淮决定的情况,并提出调配粮食的建议。9月21日晚,毛泽东将这份电报再次批给周恩来:"现已9月底,治淮开工期不宜久延,请督促早日勘测,早日做好计划,早日开工。"③次日,周恩来致信毛泽东、刘少奇、朱德、陈云等人,说明关于治淮的两份文件已送华东、中南军政委员会审议,等饶漱石、邓子恢10月初来京时再作最后决定;至于治淮工程计划,则已由水利部及各地开始付诸实施,因时机不容再误。同时,周恩来致信陈云、薄一波、李富春并转傅作义、李葆华、张含英等人:为了保证治淮工程计划的顺利实施,"凡紧急工程依照计划需提前拨款者,亦望水利部呈报中财委核支,凡需经政务院令各部门各地方调拨人员物资者,望水利部迅即代理文电交院核发。"④

为此,傅作义领导的水利部立即召集华东军政委员会与中南军政委员会水利部、淮河水利工程总局及河南、皖北、苏北等省区负责干部,分析水情,反复研讨,拟定治理淮河方针及1951年应办的工程,再次强调以"蓄泄兼筹"为治理淮河的指导方针并力争尽快加以落实。

1950年10月14日,政务院发布由周恩来主持制定的《政务院关于治理淮河的决定》(以下简称《决定》),阐明了治淮的方针、步骤、机构以及豫皖苏三省区的配合、工程经费、以工代赈等重大问题,确定兴建淮北大堤、运河堤防、三河活动坝和入海水道等大型骨干工程。该《决定》正式将"蓄

---

① 《水利部召开治淮会议,决定今冬以勘测为重心明春全部动工》,《人民日报》1950年10月16日。

② 中共中央文献研究室:《周恩来年谱(1949—1976)》(上),中央文献出版社1997年版,第74-75页。

③ 中共中央文献研究室:《建国以来毛泽东文稿》(第一册),中央文献出版社1987年版,第530页。

④ 中共中央文献研究室:《周恩来年谱(1949—1976)》(上),中央文献出版社1997年版,第81页。

泄兼筹"作为治理淮河的指导方针。为了实现这一治淮方针,《决定》还确定了两项重要原则:"一方面尽量利用山谷及洼地拦蓄洪水,一方面在照顾中下游的原则下,进行适当的防洪与疏浚。"①

政务院提出治淮"蓄泄兼筹"的方针,是中国治水思想的重大革命,符合淮河流域的实际情况,使根治淮河工作有了可靠的政策保证。

所谓"蓄泄兼筹",就是在排水泄水的同时,适当注意蓄水。它包含着蓄水方法和泄水方法配合运用,旨在使水利事业实现多目标互相结合,达到有利于农业生产的目的。"蓄泄兼筹",就是要求上中游能够蓄水的地方,尽量举办蓄水工程,削减下泄洪水量,使中下游河道尾闾工程有可能举办,这样才能使防洪与防旱相结合;要确保豫皖苏三省的安全,就是要求防止只顾局部不顾全局,消除以邻为壑的矛盾;要互相配合,互相照顾,就是要求在统筹规划之下,上中下游的工程必须按照水量的变化来决定施工次序,避免地区间的矛盾。上述的矛盾,只有在中国共产党领导下的人民政府的统一领导和组织协调下才能真正化解。"蓄泄兼筹"的治淮方针,准确地表达了治水的自然辩证法,结束了长期以来关于治水方针问题上的争论。

1950 年 10 月 15 日,《人民日报》就治理淮河发表题为《为根治淮河而斗争》的社论,指出:"根据毛主席的指示,从现在起,即开始进行淮河的根本治理。这个巨大的工程,已由中央水利部召开会议,研究制订了方针和计划,并已由政务院做出决定,要蓄泄兼筹,根本消除淮河的水患。"社论还强调,这个工程是十分复杂而艰巨的工程,必须充分估计各种困难条件,大力进行组织与准备工作,以创造条件,克服困难,必须切实注意掌握三个关键性问题:一是必须加强组织领导与准备工作;二是上中下游工程要互相照顾,互相配合,由治淮委员会统一掌握;三是工程与救灾相结合问题。

为了加强治淮工程的统一领导和贯彻治淮方针,政务院成立了治淮委员会。1950 年 10 月 27 日,周恩来主持第 56 次政务会议,任命曾山为治淮委员会主任,曾希圣、吴芝圃、刘宠光、惠浴宇为副主任。实际工作由中共皖北区委书记曾希圣主持。11 月 3 日,周恩来主持政务院第 57 次政务会议,并在讨论傅作义作的《关于治理淮河问题的报告》时发言:尽管长江、淮河、黄河、汉水都有水灾,但是淮灾最急,是非治不可的。因此,国家在抗美

---

① 《政务院关于治理淮河的决定》,中国社会科学院、中央档案馆编:《1949—1952 中华人民共和国经济档案资料选编·农业卷》,社会科学文献出版社 1991 年版,第 452 页。

援朝军费开支骤增、财政经济困难的情况下,中财委仍然拨款大力支持治淮。根据国家财力、物力等实际情况,治理淮河的原则是:①统筹兼顾,标本兼施;②有福同享,有难同当;③分期完成,加紧进行;④集中领导,分工合作;⑤以工代赈,重点治淮。治淮总的方向是:"上游蓄水,中游蓄泄并重,下游以泄水为主。从水量的处理来说,主要还是泄水,以泄洪入海为主,泄不出的才蓄起来。"周恩来强调:"这次治水计划,上下游的利益都要照顾到,并且还应有利于灌溉农田,上游蓄水注意配合发电,下游注意配合航运。"①

1950年11月6日,治淮委员会正式成立,分设河南、皖北、苏北三省区治淮指挥部,负责规划和领导淮河流域的水利工作。同时,负责治理淮河的指挥机构也从江苏南京迁到安徽蚌埠。治淮委员会根据中央政府确定的治淮方针,对淮河上、中、下游进行了全面的勘测,分析研究已有的基本资料,广泛征集淮河流域群众的意见,草拟了全面的治理规划。11月7日至12日,治淮委员会在蚌埠召开第一次全体委员会议,会议讨论如何贯彻政务院发布的《政务院关于治理淮河的决定》,认为应首先进行治淮工程的流域性规划。听取了河南、皖北、苏北各有关部门关于淮河上、中、下游工程的初步计划,听取了关于淮河水文、入海水道及淮河干支流与蓄洪区域的勘测报告。之后,根据"三省共保、蓄泄兼筹、互相配合"的精神,结合各地不同情况,经过反复商讨,统一拟定了第一年根治淮河的工程计划及财务计划,具体规划了淮河上、中游蓄洪、复堤、疏浚、沟洫及涵闸等工程的规模、步骤,并提供了关于入海水道的初步意见,统一了河南、皖北、苏北三省区的土方单价和财务概算。此外,为加强治淮工作的统一领导,会议还确定了各级治淮组织机构的编制和职责。②

治淮规划工作于1951年初在原淮河水利工程总局规划的基础上展开,至4月底完成了《关于治淮方略的初步报告》。该报告分十一部分,主要内容包括:治淮问题的由来、淮河流域的特征与演变、洪水流量的分配与控制、山谷水库、润河集蓄洪工程、中游河槽整理、洪泽湖蓄洪工程、入江水道、水的作用、管理制度、一九五二年度的施工计划等。③ 其中,润河集蓄洪

---

① 中共中央文献研究室:《周恩来年谱(1949—1976)》(上),中央文献出版社1997年版,第90-91页。

② 《治淮河巨大工程开始,豫皖苏三省部分地区已先后动工,治淮委员会确定第一年工程计划和财务计划》,《人民日报》1950年12月11日。

③ 《关于治淮方略的初步报告》,治淮委员会编印:《治淮汇刊》(第一辑),1951年4月28日。

工程、洪泽湖蓄洪工程及中游河道整理部分，主要在苏联水利专家布可夫的指导下进行。[①]

1951年4月26日，治淮委员会召开第二次全体委员会议，水利部部长傅作义、副部长李葆华出席并听取了工程部《关于治淮方略的初步报告》。会议指出："依据1931年及1950年水文计算并参照1921年下游洪水估算所得和根据上游蓄洪能力"，下游以"洪水总来量800亿立方米计算，洪泽湖水位为14米，中渡流量为8000立方米/秒""为使淮河畅泄入江，水流有一定的河槽，便利航运，并使洪泽湖成为有控制的水库，增加蓄洪效能，兼备苏北农田灌溉之用""必须采取洪泽湖与淮河分开的办法。同时在三河以下至运河线，须以人工为辅助力量，逐渐造成固定的排洪孔道，使高宝湖、邵伯湖得以涸出大部分土地从事农垦。"[②]

7月10日，为了进一步完善《关于治淮方略的初步报告》，治淮委员会召开了河南、皖北、苏北三省区负责人联席会议（后更名为第三次全体委员会议）。12日，曾山、曾希圣、吴芝圃、惠浴宇等七人联名向毛泽东、周恩来、华东局、中南局和水利部呈送了《关于治淮方案的补充报告》，认为淮委第二次全体会议所拟治淮方略，有工程过大之感，为此联席会议再次研究了中游工程、入海水道是否开辟，以及润河集工程蓄水位等问题。[③] 这次会议认为，中游工程艰巨，工程量太大，建议采取洪泽湖河湖不分开、五河内外水分开、适当提高五河水位的方案，以节省经费。这份补充报告得到中共中央和水利部的同意，《关于治淮方略的初步报告》规划中的其他部分则基本按照原定规划逐步实施。

在治淮规划工作进行中，政务院决定全国水利工作以根治淮河为重点，在上游进行重点蓄洪工程及疏浚复堤等工程。在抗美援朝战争紧张进行、国家财政十分紧张的情况下，国家仍在1950年11月拨出治淮工程款原粮4.5亿斤、小麦2000万斤，保证治淮工程按时开工。这样，在政务院"蓄泄兼筹"的治淮方针指导下，在治淮委员会的具体领导下，开始了新中国第一个大型水利建设工程——淮河治理工程。

1950年11月，第一期治淮工程正式开始。因救灾任务紧急，一期工程着重于恢复堤防，举办蓄洪，以减轻中下游汛期洪水威胁，保障上中游平原

---

① 王祖烈：《淮河流域治理综述》，水利电力部治淮委员会淮河志编纂办公室1987年编印，第136页。

② 《江苏水利大事记（1949—1985）》，江苏省水利史志编纂办公室1988年编印，第20页。

③ 《江苏水利大事记（1949—1985）》，江苏省水利史志编纂办公室1988年编印，第22页。

地区的麦收,并争取时间进行全流域的查勘规划。① 第一期治淮工程的基本任务有三项:①在淮河上游河南境内修建山谷水库和洼地蓄洪工程,以洪河、汝河、颍河等河为重点将淮河上游 20 余条干支流加以疏浚和整理;同时在伊阳、泌阳等地建造谷坊以保持水土;②在淮河中游皖北境内,主要是在润河集建造一座控制淮河干流洪水的大分水闸,培修淮河干流和重要支流的堤防,疏浚濉河和西淝河等重要支流;③在淮河下游苏北境内,主要是培修运河堤防。

根治淮河第一年的工作有两大特点:一是从控制淮河上游的洪水入手,真正做到从根本治理,这与过去国民党政府单纯从下游给洪水找出路的消极治淮方法是根本不同的;二是上、中、下游的工程真正做到统筹兼顾,互相照顾,互相配合,全面考虑各方面的利益。根治淮河第一年工作的最大收获是:由于各主要支流进行了初步疏浚,便于雨水排泄,小雨小灾的危险已经消除,确保了本年淮河两岸的麦收。由于在淮河上游控制了大量的洪水,减轻了洪水对干支流的威胁,今后大雨大灾的灾害程度亦能减轻。②

1951 年 1 月 12 日,周恩来主持政务院第 67 次政务会议,在讨论傅作义作的《1950 年水利工作总结和 1951 年的方针与任务的报告》时指出,水可用以灌溉、航行,还可用以发电。在中国历史上并非没有治水理论,只是那些理论对于今天的情况来说,是远远不够的,因此要把治水理论提高一步,即"从现在的蓄泄并重,提高到以蓄为主;从现在的防洪防汛,减少灾害,提高到保持水土,发展水利,达到用水之目的"。他再次重申治淮的根本方针是:"上游以蓄为主,下游以泄为主,中游蓄泄并重。当前工作要与总方针配合,治本要与治标结合……以治标辅助治本。"③

1951 年 3 月 17 日至 5 月 4 日,水利部部长傅作义视察了淮河上、中、下游的水库、洼地蓄洪工程、堤防及入江水道,并与水利部顾问苏联专家布可夫、治淮委员会工程部部长汪胡桢等举行了座谈会,参加了治淮委员会第二次委员会议。4 月 7 日,治淮委员会副主任曾希圣、工程部部长汪胡桢、苏联水利专家布可夫等人,从蚌埠经临淮关、浮山、盱眙、蒋坝等地实地

---

① 张祚荫:《1951—1958 年治淮工作的回忆》,中共安徽省委党史研究室、中共河南省委党史研究室、中共江苏省委党史研究室等合编:《治理淮河》,安徽人民出版社 1997 年版,第 366 页。

② 维进:《根治淮河第一年工程接近结束,控制洪水减轻大雨大灾的威胁,疏浚支流免除小雨小灾的患害》,《人民日报》1951 年 6 月 19 日。

③ 中共中央文献研究室:《周恩来年谱(1949—1976)》(上),中央文献出版社 1997 年版,第116 页。

查勘研究淮河中下段情况。4月19日，傅作义偕布可夫等人查勘了入江水道进口处、三河闸及高良涧闸闸址、洪泽湖大堤，然后至江苏淮安查勘灌溉总渠经过淮安的路线和运东闸闸址。随后，他们再往高宝湖、邵伯湖等地，查看了马棚湾、清水潭、御码头的决口处和归海坝，以及归江河道上的万福桥、二道桥、头道桥、江家桥，并了解归江河道汇流入三江营的情况。

1951年5月2日，邵力子率领的中央治淮视察团前往治淮工地检查工作。中央治淮视察团带有毛泽东颁发给治淮委员会以及河南、皖北、苏北三个省区治淮指挥机关的四面锦旗，上有毛泽东亲笔为治淮委员会的题字："一定要把淮河修好"。题字精印了15万份，由中央治淮视察团分赠给治淮干部和民工中的劳动模范们。中央治淮视察团在50天的时间里先后到了皖北、河南、苏北三个省区的治淮工地。由于中央治淮视察团的到来，各个省区的治淮民工、干部和工程人员的工作热情高涨。他们一致表示：今后将加倍努力，争取提前完成毛主席所给予的"一定要把淮河修好"的光荣任务。中央治淮视察团完成治淮工地的视察慰问以后，到上海慰问了积极支援治淮工程而努力赶制治淮器材的110家工厂的全体职工，并与治淮委员会曾山主任交换了有关治淮的情况和意见。①

同年5月，傅作义视察治淮工地。他从伏牛山上颍河与洪河的源头，走到三江营淮河入江的尾闾，并到上海慰问为润河集分水闸制造材料机件的五金工人。他描述看到的治淮工程情况："我看见几十万农民集中在一起工作，秩序井然，有条不紊；我看见几万张锹，几百架夯，在一个号令下，一齐操作；我看见几十万农民分组开会，过着集体的民主的生活，并且已经学会熟练地驾驶推土机、平土机、挖泥机等机械化的工具；我看见许多民工，赤手空拳从家里来到工地，工程完成以后，剩余了食粮，学习了文化，满载着愉快的心情，散工回家；我看见上海123家工厂，1.2万职工，为制造闸门，制造油压力机，四十几天日日夜夜的劳动，制造了过去所绝对不能制造的产品；我看见凭劳动人民的双手，平地修起蜿蜒千百千米的长堤和巨大雄伟的建筑，在对着淮河的水流，傲然欢笑；我看见几十万地方干部，依照毛主席的心，到处做着团结、鼓舞、领导群众的工作；在极为偏僻的农村里，我看见没有一个闲人，没有一个懒人，到处洋溢着增产的热潮，到处活跃着抗美援朝的运动，治淮民工和在家群众都组织了生产互助。"②

---

① 有关该团的活动，详见《人民日报》1951年5月15日第1版、6月1日第2版、6月25日第2版。

② 傅作义：《毛主席的领导决定了治淮工程的胜利》，《人民日报》1951年11月13日。

第一期治淮拦蓄洪水工程是整个治淮工作中关键性的大型工程，主要是兴修三座山谷水库工程，即洪河上游的石漫滩水库、汝河上游的板桥水库和颍河上游的白沙水库。其中石漫滩水库当年全部兴建完成。这是淮河上游河南省治淮工程第一个年度的主要任务。

石漫滩水库的作用是拦蓄淮河支流洪河上游的洪水，使自高山流下的湍急的山洪，经过石漫滩峡口时，被紧紧地拦蓄在群山环立的深谷中。这样，一方面可以减少洪河中下游和淮河干流的洪水流量；另一方面在洪河枯水期，还可将水库的水放出来灌溉农田。这个水库可拦蓄洪水4700万立方米，灌溉农田9万亩。水库工程包括三个主要部分：①拦河修筑一条连接两边山头，长450米，高22米的土坝；②在坝的右端山头开凿一条长85米的输水洞，洞口须装置一座控制水流的闸门；③在坝的左端山头开挖一条40米宽的溢洪道，若水库内水位接近坝顶时，部分洪水可由溢洪道泄出，以保护坝身的安全。

石漫滩水库自1951年4月初开始修建，经过1.8万名民工、工程人员、技术工人的努力，至7月初完工。它是淮河流域在新中国成立后依靠自己的力量建成的第一个水库，也是中国水利建设史上一个重要成就。石漫滩水库容量并不算大，但它是修筑土坝来拦蓄水流的水库，除去防洪的效益以外，还可以灌溉9万亩农田。治淮委员会副主任曾希圣评价说："这一个水库能够顺利完成，以后就可有更多的更大的水库陆续完成，所以这个水库的本身对治淮的作用虽然不是很大，但却是我国水利事业从除害到兴利，从单纯的防洪，向兼顾防洪、灌溉、航运、发电的多目标工程发展的一个转折点。它的影响之大远过于它的实际的效益。"[①]

河南省在治淮的第一个年度内，就"动员了八十余万民工，同时开工了石漫滩、板桥、白沙三座大型山谷水库；完成了老王坡、潼湖、吴宋湖、蛟停湖四处洼地蓄洪；在洪水灾害较重的淮河主要干支流洪河、汝河、颍河等河道上，整修了大大小小干、支流河道67条；同时在平原低洼地区举办了一些沟洫工程，在山区丘陵地区也重点进行了水土保持试验工作。"[②]

为了控制淮河中游水流的蓄泄，充分发挥蓄洪工程的效能，治淮委员会成立了润河集闸坝工程指挥部，决定在润河集淮河干流上修筑一个大型

---

① 曾希圣：《一九五一年治淮工程的成就及其主要经验》，中国社会科学院、中央档案馆编：《1949—1952中华人民共和国经济档案资料选编·农业卷》，社会科学文献出版社1991年版，第461页。

② 河南省水利厅：《一定要把淮河修好（初稿）》，河南省档案馆藏：J123-7-625。

控制工程。该控制工程包括三个部分，分别为固定河槽、拦河闸和进湖闸。普通水流可从固定河槽流到下游，作为常年畅通的河道；遇到较大的洪水，则可以酌量上、下游的情况，利用拦河闸和进湖闸的启闭，或者把水放到下游，或者把水蓄入湖内，使其成为洪泽湖以上淮河干流的关键性操纵机构。也就是说，在淮河涨水的时候，可以利用这两个闸的启闭，来调节淮河干流的流量。

　　润河集分水闸是控制整个淮河干流洪水和霍邱城西湖的关键，也是第一期治淮工程的重点。该工程包括 2.4 万立方米的钢筋混凝土工程，7.3 万立方米的砌石工程，479 米的闸门装置工程，以及 200 万立方米的土方工程。修建润河集分水闸工程，其技术较复杂，全闸宽 1300 米，长 200 米，总面积 26 万平方米。闸基、闸身需用混凝土 2 万立方米以上，全部工程共需用黄沙、石子、钢筋等各种物资达 20 多万吨。通过 4 万余人历时 5 个月的日夜奋战，终于在汛期之前的 1951 年 7 月 20 日如期完成可控制淮河干流 72 亿多立方米洪水的润河集分水闸。[①]

　　治淮工程是一个极其艰巨的工程，尤其是在缺乏经验，缺乏技术干部，缺乏地形、水文等资料，工程大，时间短等种种困难的情形下，能按期胜利地完成任务，这真是创造了人类的奇迹。一位有经验的老工程师评价说："像润河集这样的工程，在以往反动政府时期，即使规定要三年完成，我决不敢担任，但在今天，我可保证三个月完成。"[②]又如润河集分水闸所需要的重 1400 吨宽 500 米的钢铁闸门及机件，由上海 140 余家工厂自己制造，并在一个半月很短的时间内赶制完成，这也是奇迹。正如中共皖北区委书记曾希圣所说：像润河集分水闸这样巨大的工程，"我们完全依靠国内生产的材料机械和自己的工程人员，连同物料运输，在一百天左右的时间内完成了它。和过去反动统治时代所做的杨庄活动坝或泾渭渠渠首工程相比，它们的规模远比不上润河集分水闸规模的巨大，却都用了两年以上的时间，这个对比可以明显看出我们的工程组织能力的优越性，大大提高我们全体工作人员和全国人民对于自己的建设事业的坚强的信心"。[③]

　　遗憾的是，由于闸下消能工程的设计错误，致使润河集进湖闸在 1954

17

---

　　① 新华社：《润河集分水闸工程胜利完工，根治淮河的第一期工程宣告全部完成》，《人民日报》1951 年 7 月 29 日。

　　② 汪世铭：《治淮工程表现了劳动人民的伟大力量》，《人民日报》1951 年 9 月 17 日。

　　③ 曾希圣：《一九五一年治淮工程的成就及其主要经验》，中国社会科学院、中央档案馆编：《1949—1952 中华人民共和国经济档案资料选编·农业卷》，社会科学文献出版社 1991 年版，第 461-462 页。

年 7 月淮河大水中,放水不到一天,即发生静水池塌陷,并危及闸基,不得不关闸扒堤分洪,使城西湖失掉了对洪水的有效控制,给淮河中游防汛造成了很大困难。① 润河集分水闸工程以未能起到设计之初的作用而告终。

1950 年 11 月至 1951 年 7 月,第一期治淮工程完成。中央人民政府用于治淮的经费约 10 亿斤粮食,超过了国民党政府导淮 20 多年所用经费。② 第一期工程遍及河南、皖北、苏北三省区中的 13 个专区、2 个市和 48 个县,先后共动员民工达 300 万人,来自全国各地参加建设的工程技术人员在 1 万人以上。这样大规模的治淮工程,能在短短的 8 个月内完成,是中国水利建设史上空前辉煌的成就。③ 第一期工程除了完成润河集分水闸和石漫滩山谷水库外,还完成了复堤、疏浚、沟洫等土方工程 1.95 亿立方米。

1951 年 9 月 24 日,中共皖北区委书记曾希圣对治淮第一期工程完成情况作了全面总结。他指出:1951 年的治淮工程在今年洪水到来以前全部完成了。工程的总量包括修筑堤防 2191 千米,疏浚河道 861 千米,水库 3 处已经动工,其中一处已经完成,湖泊洼地蓄洪工程 12 处,大、小闸坝涵洞 92 座都按期完成。这些工程在今年的抗洪排水中发挥了一定作用。如河南的工程主要是集中治理洪河、汝河、颍河等几条水灾最重的河流,所以尽管洪、汝两河的洪水虽然很大,但两河流域的受灾面积已大为缩小;皖北区的各项治淮工程是把蓄水工程、堤防工程、疏浚和沟洫工程互相配合起来,使皖北当年做到了"小雨免灾,大雨减灾"。④

10 月 28 日,水利部部长傅作义在中国人民政治协商会议第一届全国委员会第三次会议上作专题报告,高度评价了第一期治淮工程的成就和经验。他指出,治淮工程是新中国举办的第一个多目标的流域开发的工程,它给我国水利事业的发展指出一些新的方向:一是通盘规划的方向,二是蓄水的方向,三是水土保持工作。他重点对治水理念从泄水排水转向蓄水的情况作了阐述:"过去治水的方法,不外是防水、分水、泄水,总之是把水

① 傅作义:《1954 年的水利工作总结和 1955 年的工作任务》,《当代中国的水利事业》编辑部编印:《历次全国水利会议报告文件(1949—1957)》,1987 年版,第 201 页。
② 龚意农:《治淮初期的淮委机构与财务概况》,中共安徽省委党史研究室、中共河南省委党史研究室、中共江苏省委党史研究室等合编:《治理淮河》,安徽人民出版社 1997 年版,第 354 页。
③ 新华社:《中国水利建设史上空前辉煌的成就,根治淮河第一期工程胜利完成》,《人民日报》1951 年 8 月 9 日。
④ 曾希圣:《一九五一年治淮工程的成就及其主要经验》,中国社会科学院、中央档案馆编:《1949—1952 中华人民共和国经济档案资料选编·农业卷》,社会科学文献出版社 1991 年版,第 458、460 页。

当作有害的东西,赶快送到海里,等农田灌溉或航道交通用水的时候,却又无水可用,治淮工程是采取了以蓄水为主的方针,要把今年七八九月的洪水储蓄起来,供给明年四五六月使用。所以对水就可调剂盈虚,汛期洪水既不为害,干旱季节也有水可用。在淮河上所用的蓄水的方法,一种是湖泊洼地蓄洪工程,就是把沿河的湖泊洼地,做上控制或半控制工程,只等较大洪水才放水入湖,因为湖内常空,蓄洪的容量可以大大提高;另一面,湖里的田地,原来十年九淹,现在也可保证一季麦收。另一种是在山地修筑水库,就是在河流的上中游,选择肚子大出口小的山谷,修筑拦河坝,把河水整个拦蓄起来,等下游用水的时候,再有计划地把水放了下来。"①这是具有普遍意义的治水思路转变,对后来形成"以蓄为主"的治水方针产生了重大影响。

治淮第一期工程取得了较大成绩,但也暴露出水文账偏小、防洪标准偏低、工程留有余地不够等突出问题。由于缺乏历史水文资料,治淮工作从水文测站的布设、流域地形的测量到规划方案的探讨,都是白手起家;加上当时治水经验不足,致使治淮工程水文账偏小,防洪标准偏低。淮河干流规划是以 1931 年和 1950 年洪水为标准的,仅相当于 40 年及 10 年一遇。1954 年淮河流域连降 5 次暴雨,各支流洪水相继汇集到干流,发生了大于 1931 年的全流域特大洪水。尽管淮河上游已建成的石漫滩山谷水库发挥了拦洪作用,有效降低了干流洪水位,但特大洪水还是冲毁了润河集蓄洪工程,并使淮北大堤分别在凤台县禹山坝漫顶、在五河县毛滩决口,造成了严重灾害。② 治淮委员会后来总结治淮教训时承认:"以 1954 年的实际资料来检查按原规划的湖泊洼地蓄洪量和河道的泄洪量,显然都是太小了,这主要是过去的水文资料不足和缺乏经验所产生的缺点。"③

同时,控制洪水的枢纽工程在规划设计上也存在着明显错误,如润河集蓄洪工程本来是作为中游控制工程规划的,但因枢纽地位选址及工程布置不妥善,设计标准太低,蓄洪库容不够,没有结合灌溉与航运等进行规划,遂导致进湖闸静水池不能抵抗高速水流的冲刷,在 1954 年放水后数小时即被冲毁。④ 这是治淮初期工程中非常严重的教训。在工程实施方面,

---

① 《人民政协全国委员会第三次会议二十八日会上的专题报告和发言》,《人民日报》1951 年 10 月 30 日。

② 骆承政等主编:《中国大洪水——灾害性洪水述要》,中国书店 1996 年版,第 208-210 页。

③ 王祖烈:《七年来治淮工程的初步总结》(1957 年 8 月),安徽省档案馆藏:永久-13-852。

④ 王祖烈:《七年来治淮工程的初步总结》(1957 年 8 月),安徽省档案馆藏:永久-13-852。

许多地区由于计划粗率,勘测不实,施工前准备不足,施工中组织管理不细致,以致工程遭受损失和浪费。例如,1950年"苏北新沂河工程小潮河堵口,由于对潮水特性估计不足,计划不周,经五个月时间,失败三次,浪费很大。"又如"皖北泗洪、无为县住房食粮工具物资均准备不充分,民工上堤后,吃饭不做工,有的因为没有房子住,吃完饭就走,粮食浪费有100万斤";再如"河南颍河工程,在底线没有定出之先,民工已到工地,以致被动地一面测量、一面施工,因此有些河段的高程定高了,完工以后又须重新加工。还有对于工地的住宿、伙食、医药等准备不够,致群众有因此逃跑,甚至死亡,造成严重损失。"①

二、淮河流域的全面治理

1951年7月底,随着第一期治淮工程的结束,水利部召开了第二次治淮会议。会议肯定了上、中游以蓄水为主、淮河与洪泽湖分开、入江等治淮原则,并对1952年治淮工程作了明确规定:"除大力进行群众性的水土保持和沟洫工程外,上游主要工程仍着重于蓄水,兼及河道整理工程;中游着重蓄水和内水排除工程;下游进行灌溉渠的修筑和防洪工程。"各项工程"连同测勘、水文、防汛和购备施工机械等费共需粮食15亿斤"。② 这次会议后,治淮工程开始进入更大规模的治理年度。

1951年11月,治淮第二期工程正式启动。如果说治淮第一期工程性质大部分是为了除害(防洪)的话,那么第二期工程更多地结合着兴利,建筑工程占较大比重。治淮委员会确定的第二期工程计划是:完成颍河上游的白沙及洪汝河上游的板桥两水库,并开始筹建淮河干流上的南湾、洪汝河上游薄山及淠河上游佛子岭等三座水库;中游继续完成三处湖泊洼地蓄洪及其控制工程,以达到拦蓄洪水100亿立方米的目标;完成上、中、下游39处内河的整理工程,以继续解决豫中、豫东及皖北等广大平原上的内涝问题;开辟苏北灌溉总渠,以统筹利用洪泽湖蓄水,建设苏北2500万亩的灌溉事业,若遇非常洪水并可分泄700立方米每秒的洪水流量直流入海,减轻排洪入江的负担。③ 三省区承担的治淮工程任务分别是:河南要在汛

---

① 张含英:《1950年水利工作初步总结》,《当代中国的水利事业》编辑部编印:《历次全国水利会议报告文件(1949—1957)》1987年版,第57-58页。

② 《中财委关于第二次治淮会议的报告》,中国社会科学院、中央档案馆编:《1949—1952中华人民共和国经济档案资料选编·农业卷》,社会科学文献出版社1991年版,第454-456页。

③ 曾山、吴觉、曾希圣、钱正英:《治淮委员会关于第二年度治淮工作的报告(1951年下半年—1952年上半年)》(1952年8月13日),安徽省档案馆藏:永久-4-67。

期前完成白沙、板桥两个水库,开始兴修薄山、南湾两个水库,并进行洪河、汝河、颍河和黄泛区各河的疏浚建闸工程;皖北要在中游修建霍山县境淠河上游的巨型佛子岭水库,兴建瓦埠湖、寿西湖蓄洪工程,并举办洪河下游的分洪工程,正阳关至五河、五河至洪泽湖的规模巨大的支流疏浚和内水排除工程,其中包括浮山五河段内外水分流的工程和开挖古河的工程;在下游,除去防洪工程外,开始兴修苏北灌溉总渠工程。

第二期工程有三个突出特点:①规模巨大,工程的总量约为第一期工程的 160%,个别地区的任务比一期工程大一倍;②淮河流域 1950 年没有进行土地改革的地区要进行土地改革,群众在土地改革中获得土地之后,对兴修水利的要求会更加热切,但是两个巨大的任务同时进行,在干部和群众力量的配备上,会感到一定程度的困难;③在工程内容上,疏浚挖河的工程比第一期多,兴建水库等技术性较高的工程所占比例大。土方工程任务更为巨大而困难,其中疏浚土方共计 1.6 亿立方米,水库筑坝和切岭土方共 1500 余万立方米,两项占全部土方的 90% 以上。疏浚一立方米土所需劳力约为筑堤的两倍;挖土运土困难为筑堤的三倍。这就使本年工程无论在规模和困难程度上都超过上年一倍以上,而这个艰巨的工程任务又是与上游的土地改革复查、中游的土地改革及全流域的农业增产任务交织在一起的。[①]

治淮第二期工程开工后,三省区政府调集大量民工投入到淮河上、中、下游各处工地。苏北为在插秧前完成灌溉总渠的工程,调动了 8.2 万多名干部,动员了近 80 万农民工走上工地。中游春修之始雨雪连绵一个多月,为了赶在麦收前完成工程,民工数从 80 万增加到了 110 余万,阜阳专区增调了 9 个县的宣教干部和 80 个区级干部上堤加强领导。为了推进治淮工程,治淮民工普遍开展了劳动竞赛运动,并在劳动竞赛中注意改进施工方法和提高劳动效率。如河南省板桥水库和白沙水库的土工效率,平均比去年冬天提高了一倍;怀远县治淮模范青年团员祝怀顺民工小队在皖北漴河、潼河疏浚工程中,创造出先进的土工作业法,超额完成土方 300 立方米的任务。

第二期治淮最关键的有两项工程:一是淮河中游佛子岭水库;二是苏北灌溉总渠。治淮既要除害又要兴利,兴修水库就是既除害又兴利的重要

21

---

① 曾山、吴觉、曾希圣、钱正英:《治淮委员会关于第二年度治淮工作的报告(1951 年下半年—1952 年上半年)》(1952 年 8 月 13 日),安徽省档案馆藏:永久-4-67。

办法。1952 年 1 月,淠河上游佛子岭水库开工。这是淮河中游、淠河上游的一个巨型山谷水库,其主要工程是修建一条连接两山的长达 530 米、高70 米的钢筋混凝土的空心拦河大坝。这条钢筋混凝土拦水坝坝基,深植在地面 19 米下的花岗岩层上,建筑这样高的连拱坝需要高度的工程技术水平。在当时物资贫乏、资金短缺和技术落后的情况下,水库建设者发出"与连拱坝共存亡"的誓言,掀起了学技术、学文化热潮,边学习边设计边施工,创造了"分区平行流水作业法"等技术革新 400 多项。1954 年 10 月,佛子岭水库大坝竣工,成为新中国成立后治理淮河水患的第一座大型水利枢纽工程。

洪泽湖是淮河下游最大的湖泊,经过整理使其成为一个大水库后,可以充分利用其蓄水量进行农田灌溉。苏北大灌溉区的规划就是根据这个思路制定的。1951 年 11 月 2 日,苏北灌溉总渠工程正式开工。总渠西起洪泽湖东岸高良涧,向东经过淮阴、淮安、阜宁、滨海四个县境到黄海,全长170 千米,底宽 60~80 米,堤顶宽 8 米,供给灌溉流量 500 立方米每秒,连同随后完成的干渠、支渠、大、中、小沟及大小涵闸构成庞大的灌溉系统。[①]1952 年 5 月 10 日,苏北灌溉总渠工程正式竣工,共完成土方 7300 余万立方米,跨总渠修建了高良涧进水闸、运东分水闸、六垛挡潮闸等 3 座大型水闸、3 座船闸,两岸修建涵洞 12 座,有效地控制了洪水,便利了航运,并扩大了农田灌溉。另外,在总渠以北又开挖了一条长 130 千米的排水渠,使总渠以北、废黄河以南地区的积水直接排泄入海。[②] 从此,在中原和苏北大地上横行肆虐了 700 余年的淮河洪水有了自己的入海通道。苏北灌溉总渠是新中国成立后采用人工开挖的一条最大的灌溉工程,可以灌溉苏北的2500 万亩农田,使苏北地区变成无涝无旱的农业丰产区。[③]

经过三省区人民的辛勤工作,第二年度的治淮工程于 1952 年 7 月基本完成,取得了如下丰硕成果。①蓄洪工程方面:在上游河南境内修建了白沙水库和板桥水库;淮河干流上游的南湾水库和汝河上游的薄山水库完成了勘察、设计、钻探等工作。在皖北大别山区的淠河上游修建了佛子岭水库。对第一年完成的老王坡、吴宋湖、蛟停湖、潼湖四处湖泊蓄洪工程,本年度又进行了加工整理,改善了进出口设备,疏浚了引洪道,加固了村庄

---

① 曾山、吴觉、曾希圣、钱正英:《治淮委员会关于第二年度治淮工作的报告(1951 年下半年—1952 年上半年)》(1952 年 8 月 13 日),安徽省档案馆藏:永久-4-67。

② 江苏省水利厅:《江苏省水利建设情况介绍》,江苏省档案馆藏:3224-长期-219。

③ 《经济简讯》,《人民日报》1952 年 7 月 5 日。

围堤,整理了蓄洪区内部排水系统。②中游修建了濛河、瓦埠湖和花园湖三处湖泊洼地蓄洪工程。③河道疏浚和整理方面:在上游河南境内整理了洪河、汝河等淮河支流的河道;中游疏浚了淮河 29 条支流,并在蚌埠以东五河县境内举办了工程浩大的、使濠河等支流直接流入洪泽湖从而与淮河干流分流的工程。④在淮河下游,修筑了苏北灌溉总渠。此外,淮河上、中、下游共建造了 20 多座涵闸,其中高良涧进水闸是苏北灌溉总渠上的一个大闸。①

　　新华社记者冒莳君对 1951 和 1952 两个年度治淮工程取得的成就进行了集中报道,主要表现在以下几个方面。①控制洪水方面:淮河上游河南省修建好石漫滩、板桥、白沙三座山谷水库,淮河中游皖北已开始修建佛子岭山谷水库,河南和皖北修好 15 处湖泊洼地蓄洪工程,这些水库和湖泊洼地蓄洪工程可拦蓄洪水约 100 亿立方米。②整理河道方面:共计完成修复淮河干流和许多重要支流的堤防工程 2193 千米,共计完成疏浚工程2880 千米。在苏北又开辟了长达 170 千米的灌溉总渠;在淮河上、中、下游共修建了 138 座涵闸。两年来共完成土工约 2.87 亿立方米。③群众性农田水利方面:各项群众性农田水利工程总计完成土方约 2 亿立方米。如果我们把修复的堤防和疏浚的河道拉成一条直线,其长度已远远超过了纵贯河北、山东、江苏、浙江四省的大运河。如果我们把已完成的 4.87 亿立方米土方(包括农田水利工程)筑成一道高宽各 1 米的长堤,其长度超过了地球与月球的平均距离。另外,两年来,治淮工程的规模是非常庞大的,施工区分布在河南、皖北、苏北三个省区,长达 1000 多千米。直接参加治淮工程的民工两年来合计约 460 万人(不包括间接参加运输和开挖沟洫塘坝的民工)、专职干部达 4 万多人,工程技术人员约 1.6 万人。这样大的规模在中国水利史上是史无前例的。这些治淮工程,基本免除了“小雨小灾”,减轻了“大雨大灾”,拦蓄的洪水灌溉了大量农田,使淮河流域连续两年获得丰收;各种群众性农田水利工程不仅对防洪灌溉起了重大作用,而且为进一步消灭旱灾奠定了基础;淮河干支流的航运事业的发展也加强了物资交流。②

　　但在该年度的治淮工作中开始出现从热心于治淮工程迅速发展这一主观愿望出发,而导致了“急于求成、准备不周”的严重偏向,不少工程在技

---

①　新华社:《治淮第二年度工程施工结束》,《人民日报》1952 年 8 月 7 日。

②　冒莳君:《治淮两年的伟大成就》,中国社会科学院、中央档案馆编:《1949—1952 中华人民共和国经济档案资料选编·农业卷》,社会科学文献出版社 1991 年版,第 462-468 页。

术条件、设备及劳力等方面准备工作不充分的情况下就大举开工,导致了浪费。如运东分水闸,不但是未经最后批准,而且是在边设计边施工的情况下修建的。在1951年10月间快要开挖闸塘土方时,才有部分图样带到工地;在土方工程开工三个月快要浇底板时,淮委会还来电报,要将七孔改为六孔(结果未改)。"由于边设计边施工的关系,造成了工程的返工浪费,即以钢筋图来说,就先后更改了五次,虽然是逐步改进,节省了钢筋总数,但是积压了资金,并且返工浪费就有一千余万元。再如滚水堰经南实处试验发生负压力,不得不变更式样,使做好的模板返工,连同其他桥墩、圆头等部分的更改,约共浪费了四、五百万元。"又如苏北灌溉总渠工程测量未峻,就派人赴各队催提成果,计算未峻,工地上就急等应用,结果矛盾与错误百出。摇头河附近渠道中心偏差6分米,不能接头;淮安工段5.3千米处计算放样出现40多处大小错误,后经测校纠正,但土方工程却增加了7万多立方米。再如高良涧进水闸水泥仓库48间,由于计划不周,缺乏远见,刚刚造好,又行拆迁(因妨碍总渠切堤工程)。所有上述事例,充分说明了"这种急于求成的结果,使有些工程的准备工作做得很不充分,不是延长了施工进度,就是影响了工程准备和质量,甚至造成了国家财富的损失和浪费。"①

同时,淮河上游的山谷水库建设在规划设计和修建程序方面均存在较大隐患。在水库设计方面,其采用的防洪标准一般都偏低。白沙、板桥、薄山等淮河上游水库在规划上没有首先考虑充分利用湖泊洼地蓄洪和河道的整修,使整个洪汝河防洪效益不明显;在修建程序上,没有先修建防洪作用大以及兴利效益大的水库,而是限于地质和水工条件,先修建了一些作用较小的水库,结果导致河南兴修的土坝水库后来不得不进行改建,佛子岭水库在1954年以后扩大溢洪道并在上游加建磨子潭水库以保护其安全,增加了大量的投资。不过,这也为第二期治淮工程积累了宝贵的经验:"在大河流的治理上,应该尽可能先做好流域规划,以后再进行具体工程的设计和施工,特别是重大工程,在没有做好流域规划以前,不可轻易实施,对于重大工程必须给予充分的时间搜集资料,考虑多种方案,经过反复比较选择,才不致发生重大的错误。"②

在淮河治理初期,人们普遍存在着对于内涝的严重性和复杂性认识不

---

① 江苏省治淮指挥部:《江苏省四年来治淮工程初步总结初稿》(1954年5月),江苏省档案馆藏:4074-001-0033。
② 王祖烈:《七年来治淮工程的初步总结》(1957年8月),安徽省档案馆藏:永久-13-852。

足的倾向,因而在工程规划和建设上出现了重干轻支、重点不重面、重防洪保堤而忽视除涝保收的严重偏向。在这种偏向的引导下,第二期治淮工程中非常重视修建山谷水库和洼地蓄洪工程,开挖河道和修筑堤防,但忽视了中下游的除涝工作。同时,各地政府对群众按自己愿意兴办的小型水利工程没有予以积极支持,反而在防止打乱水系和防止发生水利纠纷的借口下阻止群众兴办水利的积极性。这种做法导致了"只限于点线的治理,没有从面上来消除水灾"现象。① 这种严重忽视除涝工程建设的做法,到1952年淮河中下游地区发生大面积的内涝灾害后才逐渐纠正。

1952年11月23日,治淮委员会在蚌埠召开淮河全流域性的治淮除涝会议,河南、安徽、江苏三省水利工程干部与农民代表300多人参加。这次会议全面研究淮河流域内涝情况,认为淮河流域整年雨量仍不够农田需要,平原地区在汛前常常缺水。因此,会议提出了"以蓄为主,以排为辅"的除涝方针,故在防洪的同时开始重视涝灾的治理。② 会议将不同地区提出的治理方法归纳为:①在各河上游山地和地势较高地区,采取造林、栽草、造谷坊和梯田、修堰坝、做水库,以及全面进行深耕、挖沟和推行畦田耕作法等办法,使降下的雨水全部或大部为地面吸收,以减少地面径流,减少中下游的水量;②在一般地区,蓄水和排水并重,高处以蓄为主,低处建立排水系统,控制排水沟口,使其能排能蓄,便于抗旱;③低洼地区可挖沟抬田,建立沟洫圩田制度,利用沟洫洼地蓄水,或改旱田为水田。这次会议标志着治淮工作将由点与线的治理扩展到面的治理,即由重干流、轻支流,重防洪、轻除涝走向了防洪除涝并重,开始了新中国成立初期治淮工作的新阶段。

1953年5月,为进一步指导淮河中游的除涝问题,治淮委员会召开第五次全体委员会议,会后由谭震林、曾希圣等联名向中共中央呈送《关于淮河水利问题的报告》,提出了治涝的方针、方法和步骤:"在消除内涝问题上,仍然是以蓄为主,以排为辅,采取尽量蓄、适当排、排中带蓄(在河沟上建控制涵闸,以蓄水抗旱)、因地制宜、稳步前进的方法。"③这样,治淮委员会在总结前两个年度治淮工程经验基础上,对第三年度治淮工程进行了全面部署,规划了第三年度治淮工程的目标和任务。

首先,在蓄水控制工程方面,继续修建6座大型的山谷水库,即河南省

25

① 王祖烈:《七年来治淮工程的初步总结》(1957年8月),安徽省档案馆藏:永久-13-852。
② 《江苏省七年来治淮工作初步总结及今后治理意见》,江苏省档案馆藏:3224-永久-52。
③ 《关于淮河水利问题的报告》,治淮委员会编印:《治淮汇刊》第3辑,1953年5月25日。

确山县的薄山水库、信阳县（现信阳市）的南湾水库、光山县的龙山水库、信阳县的大坡岭水库和安徽省霍山县的佛子岭水库、金寨县的梅山水库。其中，1953年基本完成薄山水库、南湾水库的建设，1954年完成佛子岭水库、大坡岭水库、龙山水库、梅山水库的建设。继续完成淮河中游安徽省境内的湖泊蓄洪工程，在霍邱县城东湖的泥泊渡口建造控制闸，将城东湖控制起来；在阜南县蒙河洼地进水口的王家坝建造大型控制闸；建造洪泽湖蓄洪控制工程——三河闸，并力争在1953年夏汛以前完成。

其次，在河道整理工程方面，继续整理淮河干支流，一是继续完成五河县以东淮河干流和支流分流工程中的峰山切岭工程，二是在泊岗以西新开挖泊岗引河，另外建筑窑河、泊岗、下草湾等拦河土坝，将浍河、沱河、潼河等淮河支流与淮河干流分开，直接流入洪泽湖，解除安徽宿县长期未获解决的内涝灾害。疏浚整理30多条淮河支流河道，在苏北灌溉总渠以北开挖排水渠直通黄海。

再次，在发展水利工程方面，在淮安以南建造一座节制闸，在苏北灌溉总渠入海口的六垛建造一座挡潮闸，防止海水倒灌。[①]

由于1952年冬季寒流来得特别早，雨雪多并且任务紧，因而治淮工程施工异常艰难。在南湾水库工地上，广大民工展开增产节约运动，出现了许多新的工作方法。技术干部制造的"电流串联爆破箱"，使开凿水库输水洞的爆破效率提高了90％以上；民工杨振喜分队在澺河和潼河疏浚工程中创造了"斜角挖稀淤法"，克服了在3米深的稀淤泥中取土的困难；佛子岭水库技工顾永林、史桂发等创造的"钢料热处理指示器"对提高工效起了很大作用。到1953年3月底，第三年度治淮工程冬季施工结束，共完成土方工程3700多万立方米，混凝土工程17万立方米，石方工程35万立方米。淮河上游的陈族湾分洪工程和下游的苏北灌溉总渠以北的排水渠等工程，都按预定计划先后完工。[②]

第三年度治淮工程的施工，是为了进一步控制洪水，多目标地开发淮河水利。因此，治淮委员会决定修建洪泽湖控制工程，在洪泽湖入江水道三河口上建造一座控制闸。

三河闸工程分为四个部分：一是控制洪泽湖水位和三河流量的三河控制闸；二是在洪泽湖口修筑一道七里（1里＝500米）长的草坝；三是用拦河

---

① 冒茀君等：《治淮工程向着更大的胜利前进——第三年度治淮工程介绍》，《人民日报》1952年11月20日。

② 《第三年度治淮工程冬季施工胜利结束》，《人民日报》1953年3月23日。

坝堵塞三河旧道,使洪泽湖水经过三河闸再流入长江;四是在水闸上下游新开一条引河。[1]

三河闸是控制淮河下游洪水的总机关,是治淮工程中修建的最大水闸。该工程采用了当时苏联先进的建闸不打基桩的施工方法,不仅费用节省了12%,施工时间也大为缩短,从设计到施工完毕仅仅用了14个月(1953年7月完工)。到1953年8月,治淮第三年度的工程基本完成,修建了薄山、南湾、佛子岭三个山谷水库,洪河、颍河、惠济河、黑河、包河、泉河、港河等河道整理工程,濛河洼地蓄洪工程,五河以下干支流分流工程等;建造了城东湖进水闸、王家坝进水闸和润河集船闸;苏北灌溉总渠排水渠尾工,南干渠邵伯、仙女庙段渠首工程以及洪泽湖下游三河闸控制工程。

在三省区人民的共同努力下,第三年度的治淮任务按计划完成。但在这一年度中,由于缺乏深入的调查研究与周密的工程计划,工作中或多或少的存在着官僚主义与主观主义的作风,加之急于求成,忙着赶任务,因此在工程中的调查研究工作做得很差,施工计划往往是不经过群众商量,而由少数人主观决定,以致产生许多错误。一是工人、器材估计不够正确,造成大批的积压和浪费。由于任务重、时间紧,同时没有完整的消费定额资料,在编制器材购置计划时又未能精打细算;更由于"重工程轻器材""宽打窄用""不计工本"等供给制思想的影响,在工程中未能做到精打细算,结果形成"盲目备料",积压器材总数达数百亿之巨,单是三河闸一个工程,就多余了水泥1200吨左右,价值9亿多元[2]。更严重的是三河闸工地黄沙本已够用,却又去宿迁采购了4000多吨,运至半路又说不用,积压了五亿元。二是工场布置不够周密,增加施工困难,造成巨大损失。例如,三河闸工程中,由于事先对场地布置缺乏系统的、全面的部署和计划,黄沙、石子、块石搬来搬去,民工工棚也经常迁移,江都、高邮等总队多的搬了37次,少的也搬过四次以上,浪费许多人力物力,民工反映:"指挥部的干部是吃干饭的,没有一点计划。"[3]上述事例充分说明了由于计划不周,给根治淮河工程造成了较大的损失。

同时,在治淮工地上也存在着组织领导不健全的现象,其中"多头领

---

[1]　朱敏信等:《淮河下游排洪、灌溉、航运的枢纽——三河闸工程介绍》,《人民日报》1952年12月8日。

[2]　这是按当时流通的人民币计算的。中国人民银行自1955年3月1日起发行新的人民币,代替原来流通的旧人民币。按规定人民币新币1元等于旧币1万元。

[3]　江苏省治淮指挥部:《江苏省四年来治淮工程初步总结初稿》(1954年5月),江苏省档案馆藏:4074-001-0033。

"导"的现象是普遍而严重的。例如,在三河闸工程中,在组织形式上各大队是由工场直接领导的,但由于工场组织不健全,结果工务处、政治处、秘书室甚至指挥室,都直接布置大队工作,有时几个部门同时召开大队开会,布置同一任务;有时同一工作,工场布置一套,工务处又布置另外一套;有时工务处布置任务,甚至不通过工场,结果形成了上级越级领导,下级越级汇报,中间形同虚设的混乱情况。①

治理淮河工程是新中国成立后第一个全流域、多目标的水利工程。在中共中央、淮河水利委员会及三省区各级党政部门的领导下,由于广大群众的热烈支持,苏联专家的无私援助以及全体员工的积极努力,经过连续三年修建完成了治淮工程,使得淮河水患基本得到了控制,对发展农业生产和社会主义建设,起到了显著的作用。

1953 年 9 月,水利部党组向中共中央报送《全国水利工作的概况》,对三年来治淮工程的情况进行了分析。报告指出:淮河流域三年来工程的基本内容是从防止淮河干流及主要支流的洪水泛滥与改善内涝两方面着手,减轻了水灾的威胁。

(1)在防止干流及主要支流的洪水泛滥方面:上游——减轻了洪汝河水系的洪水威胁,在淮河本源与颍河水系做的工程很少,改善很少;中游——淮河及颍、涡河地方可争取在 1950 年情况下不溃决;下游——运河堤防可争取在 1921 年情况下不溃决。为此修筑了水库三座,控制水闸及涵洞等建筑物 107 处,修复和加培堤防共 8500 万立方米土方。

(2)在改善内涝方面:上游——由于主要力量放在修筑水库、洼地蓄洪等控制与防范洪水的工程,河道疏浚及沟洫工程做得很少,起的作用不大;中游——1952 年汛期以前,疏浚过濉河、西淝河、沱河及内外分流等工程,并用贷款及救济粮较普遍地做了沟洫工程。除内外分流属于根治性质外,其余河道疏浚标准均太低,并且未能与沟洫统筹计划,因此在已进行工程地区只能解决麦收与雨量较少年份的秋收,连续降雨 200 公厘②仍有普遍内涝。1952 年起进一步整治北淝河及濉河流域。下游——只进行了局部的排水工程。为此共整治大小河道 77 条,共 3 亿 2 千万立方米土方。

(3)在防旱抗旱方面,群众性的蓄水工作仍限于一般号召,未真正展开。已修水库均尚未做灌溉系流工程。只是在下游结合排洪需要修筑灌

---

① 江苏省治淮指挥部:《江苏省四年来治淮工程初步总结初稿》(1954 年 5 月),江苏省档案馆藏:4074-001-0033。

② 公厘,旧时长度计量单位,即法定计量单位中的毫米,1 毫米＝1 公厘＝0.001 米。

溉总渠,为将来大规模发展灌溉提供了条件,由于各干支流尚未修建,对目前灌溉只稍有改善。报告对这些工程的效果进行了分析:"对苏北解决了运堤决口问题,这是解除了里下河区人民历史上的最大恐惧;但对防卤、排水、灌溉、航运等要求还远未满足。对安徽虽然初步控制了淮河洪水,并改善了内涝情况,但对淮北平原历史上河沟淤塞中雨中灾的严重情况尚未基本转变,淮南淮北的抗旱能力增加得更少。对河南,防治山洪、内涝、干旱等工程更为艰巨,三年来虽有局部改善,并为今后根治打下基础,但当前问题解决得还很不够。"①总之,经过连续三年的治淮工程,"淮河的洪水已得到初步控制,减轻了干支堤的决口危险,并基本上解除了苏北里下河区的泛滥灾害。"淮河流域的"内涝也有若干改善。"②

据水利部不完全的统计,到 1953 年 10 月,治淮工程共完成土工 26.8 亿立方米,石工 1700 余万立方米,混凝土工 63 万立方米;共计完成水库 3 处,正在修筑水库 3 处,完成湖泊洼地蓄洪工程 16 处,控制性水闸及涵洞 104 处,修复与加培堤防 1562 公里,疏浚和新开河道 77 条,总长 2969 千米,共完成土方工程达 4 亿余立方米。③

治淮工程在 1954 年淮河特大洪水中经受了考验,发挥了重大作用。淮河流域自 1954 年 6 月下旬起连续出现四次巨大洪峰,石漫滩、板桥、薄山、白沙等水库及老王坡等洼地蓄洪工程都已拦洪或蓄洪,溢洪道开始溢洪,对削减洪河、汝河及颍河的洪水起到了重要作用。傅作义对此称赞说:"在今年特大洪水情况下,下游地区因为修了三河闸和灌溉总渠,加上上中游对于洪水的控制,基本上避免了淮河洪水的灾害,完全保障了苏北里下河区的农业生产。中游基本上保证了涡河以东淮北平原的安全,津浦路交通畅通,蚌埠、淮南等工业城市都得到了保障。上游在各水库和湖泊洼地蓄洪工程控制下,灾害也有所减轻。"④

治淮工程防洪标准提高后所带来的淮河干流的防洪效益,可以从治淮以后的 1954 年、1956 年的洪水规模及其灾情,与治淮以前的 1931 年、1950 年的洪水规模及其灾情进行比较后得出。

29

---

① 《全国水利工作的概况》,安徽档案馆藏:55-2-2。
② 《中共中央批转水利部党组关于过去工作的检查及今后工作意见的报告》,中央档案馆、中共中央文献研究室编:《中共中央文件选集(1949 年 10 月—1966 年 5 月)》(第 14 册),人民出版社 2013 年版,第 354 页。
③ 傅作义:《关于四年来水利工作总结与今后的工作任务》,《人民日报》1954 年 5 月 26 日。
④ 傅作义:《治水五年》,《人民日报》1954 年 10 月 8 日。

从表 1-1、表 1-2 显示的数据中可以清晰地看出,就洪水规模而言,1954 年洪水比 1931 年还大,1956 年洪水与 1950 年相近,但 1954 年的灾情比 1931 年小得多,估算防洪效益约达 8.55 亿元,1956 年中游防洪效益约 1.16 亿元,两年防洪效益合计为 9.71 亿元,为淮河流域全部防洪投资的 270%。① 淮河干支流能够抵御 1954 年的特大洪水,无疑得益于这些治淮工程。

表 1-1　淮河洪水规模比较

洪水年份	蚌埠洪水量/亿立方米		中渡(洪泽湖)洪水量/亿立方米	
	6—9 月汛期总洪水量	最大一个月洪水量	6—9 月汛期总洪水量	最大一个月洪水量
1931	492.9	293.3	633.0	364.0
1950	304.9	228.4	378.0	307.0
1954	508.0	375.0	640.0	483.0
1956	499.0	233.0	653.0	295.0

表 1-2　淮河灾情比较

洪水年份	灾情		灾情说明
	淹没土地/万亩	死亡人口/人	
1931	2900	45819	中游整个淮北被淹,按洪水位推算约淹没 1100 万亩,下游运东运西全部淹没约 1800 万亩,共计 2900 万亩
1950	1100	771	中游整个淮北被淹,按洪水位推算约 1100 万亩
1954	1140	1095	中游蓄洪行洪区,淮北涡西地区及涡东部分地区共淹没约 1000 万亩,下游运河以西淹没 140 万亩
1956	80	—	中游部分蓄洪行洪区淹没约 80 万亩

随着"一五"计划大规模展开,1953 年 12 月召开的全国水利会议提出

---

① 王祖烈:《七年来治淮工程的初步总结》(1957 年 8 月),安徽省档案馆藏:永久-13-852。

了治理江河的五项具体要求,其中一项就是"根治淮河"。具体方案是:"自 1953 年起分两个步骤,达到根治淮河的目的。第一个步骤,消除普通暴雨情况下的洪水与内涝灾害,并争取干支堤在遇 1921 年同样的洪水时不致决口泛滥。第二个步骤,消灭非常洪水并统筹开展水利。沂、沭、汶、泗应列入治淮的范围内,其治理步骤可参照治淮步骤研究决定。"①为此,中央人民政府决定在以往治淮成就的基础上,从 1954 年开始进行第二次治淮工程流域性规划,1956 年 5 月完成《淮河流域规划报告(初稿)》。

国家"一五"时期,淮河上游继续完成此前开工的白沙水库(1951 年 4 月开工,1953 年 6 月建成)、薄山水库(1952 年 10 月动工,1954 年 5 月建成)、南湾水库(1952 年 12 月动工,1955 年 11 月建成)工程;中游建成了大型山谷水库——佛子岭水库(1952 年 1 月开工,1954 年 10 月建成)、梅山水库(1954 年 3 月开工,1956 年 4 月建成)等,并于 1956 年 4 月开始兴建中国自行设计和施工的第一座等半径同圆心混凝土重力拱坝的响洪甸水库(1958 年 7 月建成)。1956 年 9 月,动工兴建了以防洪为主,结合灌溉、发电的综合利用水利工程——磨子潭水库(1958 年 6 月建成)。此外,还兴修了湖泊洼地蓄洪工程,并进行了大规模的堤防修复工程。淮河下游继续开挖苏北灌溉总渠。同时加强了淮河干流的堤防,对支流洪河、汝河、灊河等进行了整理,修筑了苏北灌溉总渠和三河闸、高良涧闸、润河集闸、射阳港闸等重要工程。②

治理淮河工程,是新中国成立后第一个全流域、多目标的水利工程。到 1957 年冬,中共中央和人民政府领导人民经过八个年头的不懈努力,治理淮河工程初见成效。淮河流域共完成土方 15.1 亿立方米,其中上游河南省 2.3 亿立方米,中游安徽省 5 亿立方米,下游江苏省 6.2 亿立方米(包括沂沭泗地区),山东省沂沭泗地区 1.6 亿立方米;共做石方 678 万立方米,混凝土 174 万立方米。国家共投入资金 13.3 亿元,③其中河南省 3.1

---

① 李葆华:《四年水利工作总结与今后方针任务》,中国社会科学院、中央档案馆编:《1953—1957 中华人民共和国经济档案资料选编·农业卷》,中国物价出版社 1998 年版,第 568 页。

② 周骏鸣:《在全国农业、水利先进生产者代表会议上的报告》(1956 年 6 月 17 日),中国社会科学院、中央档案馆编:《1953—1957 中华人民共和国经济档案资料选编·农业卷》,中国物价出版社 1998 年版,第 672 页。

③ 到 1957 年冬,对于国家投资治淮总额有两种说法:一是 13.3 亿元,见王祖烈编著的《淮河流域治理综述》,水利电力部治淮委员会淮河志编纂办公室 1987 年编印,第 199 页;二是 12.4 亿元,见《毛泽东传(1949—1976)》,中央文献出版社 2003 年版,第 95 页,以及曹应旺编著的《周恩来与治水》,中央文献出版社 1991 年版,第 24 页。本书从第一种说法。

亿元,安徽省 5.2 亿元,江苏省 4 亿元,山东省 1 亿元。① 总之,在淮河中下游共治理大小河道 175 条,修建堤防 46000 余千米,极大地提高了防洪泄洪能力。②

由于国家投资力度加大,此时治淮工程效益比较明显。在山区修建水库 9 座,总库容 86 亿立方米,兴利库容 24 亿立方米,为水库下游的防洪、排涝、灌溉起了很好的作用,也为水库发展水电、水产、航运、供水等提供了条件。在平原地区修建了 13 处湖泊洼地蓄洪工程,总库容 272 亿立方米,其中洪泽湖、骆马湖、南四湖成了蓄洪水水库,兴利库容 42.6 亿立方米。通过治理淮河中、下游河道,使淮河干流中游的泄洪能力从不到 6000 立方米每秒,增加到正阳关以下 10000 立方米每秒、涡河口以下 13000 立方米每秒,达到 40～50 年一遇的防洪标准,可以防御 1954 年洪水。洪泽湖以下使原有泄洪能力不到 8000 立方米每秒,增加到可以控制泄洪 9000 立方米每秒,使下游防洪标准达到 40～50 年一遇,保证 1954 年洪水防洪安全。沂沭泗下游地区的泄洪能力从不到 1000 立方米每秒,提高到 7000 立方米每秒。这就极大地提高了防洪泄洪能力,初步改变了过去"大雨大灾,小雨小灾,无雨旱灾"状况。此外,通过除涝工程,使平原地区大部分支流得到初步低标准的治理,局部地区进行了大中小沟配套工程,涝灾有所减轻。同期增加灌溉面积 1500 万亩,达到 3252 万亩,其中河南、江苏两省增加较多。③

当然,由于当时缺乏治水经验,对新情况的了解严重不足,加上治淮工程规模过大,干部数量过少等原因,致使治淮过程中出现了一些偏向,其中有许多值得汲取的经验教训,具体如下。

(1) 水文账偏小,防洪标准偏低,工程留有余地不够。由于缺乏历史水文资料,治淮工作从水文测站的布设、流域地形的测量到规划方案的探讨均为白手起家,致使治淮工程水文账偏小,防洪标准偏低。1954 年夏,淮河流域连降 5 次暴雨,各支流洪水相继汇集到干流,发生了超过 1931 年洪水的全流域特大洪水。尽管已建的板桥、石漫滩、薄山、南湾、白沙、佛子岭等水库发挥了拦洪作用,有效降低了干流洪水位,但洪水还是冲毁了润河集

---

① 王祖烈编著:《淮河流域治理综述》,水利电力部治淮委员会淮河志编纂办公室 1987 年编印,第 199 页。

② 《毛泽东传(1949—1976)》(上),中央文献出版社 2003 年版,第 95 页。

③ 王祖烈编著:《淮河流域治理综述》,水利电力部治淮委员会淮河志编纂办公室 1987 年编印,第 200 页。

蓄洪工程,淮北大堤在凤台县禹山坝和五河县毛滩两处决口,造成 6123 万亩农田受灾,死亡人数安徽省 1098 人,江苏省 832 人。[①] 这次洪水暴露了治淮初期拟定的《关于治淮方略的初步报告》(以下简称《报告》)的不足,《报告》中对干流的规划是以 1931 年和 1950 年洪水为标准的,相当 40 年及 10 年一遇。当遭遇 1954 年淮河特大洪水时,致使多处工程失事。正是由于规划思想的局限性,在工程部署上取消了入海水道,而代之以仅通流量为 800 立方米每秒的苏北灌溉总渠,致使 1975 年 8 月石漫滩、板桥水库溃坝。[②]

(2)在工程勘测设计和规划工作中,以往由于计划多变和计划性不强,常处于忙乱、被动并造成边设计边施工和一些返工浪费现象,有时更形成勘测资料赶不上设计要求,进而影响到施工。在勘测设计中的地质工作问题,一直是影响设计工程进度的重要问题,仍未能得到适当的解决,出了问题就停摆,等待另一个工程项目,而另一个地方也不会是那样理想合适。在设计工作中,由于事前对各项基本资料搜集的不够、不深、不透,再加设计思想水平不高,一般的设计标准偏低,设计图表及设计文件不能及时报出批准、下达正确指导施工,造成施工准备仓促,问题多,改变多,经费投资数量估计不准,这也是完成计划多变的原因,形成施工被动与积压浪费。[③]如三河闸下游引河,原设计全部挖到真高 7 米,7 米以下抽槽,并经过正式批准,但由于施工中未能严肃执行工程计划,中途未经批准擅自变更,更没有任何科学根据,就在下游引河抽挖河槽,由开始底宽 80 米两边一比一坡,而逐渐缩减到 50 米、30 米,最后只挖 10 米,因此就有 160 万立方米土没有拿掉,以致最后不得不在农忙季节,动员 6 万多民工,日夜进行突击,既影响了农业生产,又增加了庞大的工程费用。[④]

(3)在工程实施方面,许多地区由于计划粗率,测勘不实,施工前准备不足,施工中组织管理工作不细致,偏重于完成任务,忽视节约,偏重于多用劳力,忽视了改善劳动组织和逐渐走向机械化,存在严重的浪费,以致工程遭受损失。例如,1950 年苏北新沂河工程小潮河堵口,由于对潮水特性估计不足,计划不周,5 个月时间内堵口失败 3 次,浪费很大。又如皖北泗

①　骆承政等主编:《中国大洪水——灾害性洪水述要》,中国书店 1996 年版,第 208-210 页。

②　高峻:《新中国治水事业的起步(1949—1957)》,福建教育出版社 2003 年版,第 149 页。

③　河南省水利厅:《三年来水利工作开展情况》(1956 年 5 月 10 日),河南省档案馆藏:J123-3-232。

④　江苏省治淮指挥部:《江苏省四年来治淮工程初步总结初稿》(1954 年 5 月),江苏省档案馆藏:4074-001-0033。

洪、无为县住房、食粮、工具、物资等准备不充分，民工上堤施工后，吃饭、住房有困难，粮食浪费达 100 万斤。又如 1950 年河南颍河工程，在底线没有定出之前，民工已到工地，出现一面测量一面施工的现象，致使有些河段的高程定高了，完工以后必须重新加工。[①] 又据泥河洼及南湾两项工程不完全统计，其积压浪费国家资财数为百万元以上，这些浪费的造成，固然是由于经验不足和自然条件有困难，但有不少是由于工程布置不当和管理人员放弃职责造成的，如南湾的工资单价不合理，收方不准确和错放样图等，这些只要加强管理，都是可以避免的。对施工组织力量的不断壮大与加强，干部工人技术能力的提高等方面，虽然做了不少的工作，但也是不够的，如治淮民工基干队的组织，没有及早且全力加以推广，致使民工组织涣散、工效不高。水库是技术性较高的工程，在领导组织方面和劳动组织方面，还没有一套完善的机构。对安全施工劳动保护工作，一般是注意的，但仍有不少的缺点，如安全组织不健全，喊得多，做得少，工伤事故还是不断的发生，仅 1956 年春就发生工伤事故 82 起，死 2 人伤 201 人。[②]

（4）大中型工程与广大面积上的小型工程配合不够，因而不能充分发挥大中型工程应有的作用。如河南省在整理干流河道的同时没有对支流及沟洫进行治理，所以在降雨后，干河虽有一定的泄水能力，而广大面积上的渍水不能及时排入河道，特别是没有更好更多地在广大的集流面积进行保水蓄水，以减少径流和削减洪水，又在 1955 年以前过分强调要服从流域规划，使许多群众可以完全自办的小型水利工程，受到限制。群众自己已经兴办的和将要兴办的小型水利工程，由于技术指导跟不上，导致有一些小型工程受到毁坏，这就更影响了群众的积极性，另外，不少地方要求做一部分比较大一点的中型工程，要求民办公助，每年都列入这一项目，结果全部被剔掉。并且在初级合作化以前，因受小农经济制度的限制，不可能更大规模的举办，合作化以后，也还没有充分发挥合作化的优越性和发挥群众的水利建设的积极性。[③]

作为治淮的直接领导部门，治淮委员会没有回避治淮中的缺点与错误。针对出现的重防洪保堤、忽视除涝保收的严重偏向，而导致了"只限于

① 张含英：《1950 年水利工作初步总结》，《当代中国的水利事业》编辑部编印：《历次全国水利会议报告文件（1949—1957）》，1987 年版，第 57-58 页。

② 河南省水利厅：《三年来水利工作开展情况》（1956 年 5 月 10 日），河南省档案馆藏：J123-3-232。

③ 河南省水利厅办公室：《河南省七年治淮初步总结及今后治理意见（草稿）》，河南省档案馆藏：J123-4-357。

点线的治理,没有从面上来消除水灾"的现象,1953 年 5 月召开的治淮委员会第五次全体委员会议专门讨论总结,并由治淮委员会主任谭震林,副主任曾希圣、吴芝圃、管文蔚等联名向中共中央呈送了《关于淮河水利问题的报告》(以下简称《报告》),深刻地分析了在具体执行治淮方针过程中存在的缺点,对普遍存在的忽视以除涝为主的偏向作了深刻检讨:"对除涝保收未能达到应有的要求。因为破坏不堪的排水系统,没有进行必要的治理;其已做的河道疏浚整理工程,则因标准太低(排除麦作水),不能解决普通洪水的问题,不仅过洼地积水无法排出,即一般较洼的平原,亦有因干水高于支水,支水高于平地,内外水顶托而积涝成灾,若遇非常洪水,则内涝更为严重,这是个严重的缺点。"《报告》还深入分析了产生这些缺点的主要原因:"由于对内涝的全面性、严重性、频繁性、复杂性及除涝的重要性和艰苦性认识不足,亦即由于中国传统的重视防洪保堤,忽视除涝保收的片面思想没有受到批判和纠正,以致放松了治涝问题的研究,所以未能与改善当前农业生产的要求密切结合,其结果亦就不可能培植与提高群众抗灾治水的力量。直至 1952 年涝灾发生后,深深体会到问题的严重性,当即召开了治涝会议,并紧张地为治涝进行了全面的测量、勘察和对每一支河进行流域性的规划。"[1]

对于治淮工作中忽视治理"内涝"的偏向,水利部也承担了相应的责任并作了检讨。水利部党组于 1953 年 9 月 9 日向中共中央报送的《关于过去工作的检查及今后工作意见的报告》中,深入检讨了治淮工作中忽视治理"内涝"的偏向,坦诚地承认:"在治淮工程中,我们未能深入一步,具体分析,找出各个不同地区不同的关键问题。在 1952 年内涝发生前,我们偏重于解决干流及主要支流非常洪水的泛滥问题,但对于普通洪水情况下淮北平原的内涝灾害认识不足,未能将内涝问题作为治淮的重点进行研究,过去虽然做了些工程,但标准过低,而且缺乏各个支流的流域性规划,因而在改善内涝问题上未能起应有效益。"[2]

1955 年初,傅作义在全国水利工作会议上就治淮工程中的偏向再次作了比较全面而深刻的检讨。他指出,1954 年淮河洪水的实际考验,"暴露出我们工作中和工程上的许多缺点和错误,这些缺点和错误有的直接酿成了

---

[1]　《关于淮河水利问题的报告》,治淮委员会编印:《治淮汇刊》第 3 辑,1953 年 5 月 25 日。

[2]　《中共中央批转水利部党组关于过去工作的检查及今后工作意见的报告》,中央档案馆、中共中央文献研究室编:《中共中央文件选集(1949 年 10 月—1966 年 5 月)》(第 14 册),人民出版社 2013 年版,第 355-356 页。

某些灾害,有的则造成我们防汛工作中的被动和困难。"如防洪规划和设计的标准一般偏低,并有个别建筑物因设计不当,修得不够安全。他检讨说:"我们以前治淮的防洪标准是采用最近几十年间实有水文记录中的最大流量,如 1921、1931、1950 等年型的洪水,作为防洪标准。对整个流域洪水的处理是以这几年的洪水为依据,对建筑物的设计也是以这几年的洪水为依据。至于这几年的洪水相当于什么样的频率,如果发生超过这几年的洪水时应当怎样处理,则没有很好的研究。所以,1954 年发生的洪水超过了1931 和 1950 年,不但在整个防御措施上非常被动,而且有许多重要的永久性建筑物,如淮河王家坝闸及润河集分水闸等都几乎被洪水淹没。佛子岭水库设计最大进洪量为 2330 秒立方公尺,而 1954 年最大进洪量则达 6350秒立方公尺。石漫滩、板桥、薄山等水库实际最大进洪量,也超过了原设计的标准一至三倍。"又如"淮河润河集进湖闸,放水不到一天,即发现静水池塌陷,并危及闸基,不得不关闸扒堤分洪,使城西湖失掉了对洪水的有效控制,给中游防汛造成很大困难和被动。"①

针对治淮初期工作中存在的不足,周恩来在后来接见越南水利考察团时指出:"治淮工作中犯了地方主义、分散主义的错误,治水要从上游到下游照顾全局,要有共产主义风格,有时要牺牲自己救别人。要让干部和农民都有所认识。"②通过上述论述可以看出,党和政府在错误面前,敢于承认并勇于承担错误,并在发现错误之后立即纠正。这种实事求是的工作作风是值得继承和发扬的。

三、淮河流域的统一规划治理

新中国的大规模治水事业是从治理淮河起步的。党和政府对淮河治理高度重视。毛泽东曾先后四次对淮河治理作出批示,并在 1951 年发出"一定要把淮河修好"的号召;周恩来亲自部署召开第一次治淮会议,研究制定了"蓄泄兼筹"的治淮方略;刘少奇、朱德、邓小平等多次视察淮河。尤其是在 1950 年 10 月 14 日,政务院颁布了《关于治理淮河的决定》,使淮河成为新中国第一条全面、系统治理的大河。到 1981 年,国家投资治淮的基本建设资金总计 76 亿元,完成土石方 76 亿立方米,混凝土 800 余万立方

---

① 傅作义:《1954 年的水利工作总结和 1955 年的工作任务》,《当代中国的水利事业》编辑部编印:《历次全国水利会议报告文件(1949—1957)》,1987 年版,第 200-201 页。

② 中共中央文献研究室:《周恩来年谱(1949—1976)》(中),中央文献出版社 1997 年版,第647 页。

米。在山区和丘陵区,建成大中小型水库5200座(其中大型水库35座),总库容237亿立方米。在平原地区,利用湖泊、洼地修建能滞洪蓄水的控制工程,总容量280亿立方米。在下游,扩大了入江、入海出路,使淮沂沭泗下游泄洪能力从原有的8000立方米每秒,增加到2.3万立方米每秒。同时,普遍加高、加固了干支流堤防,初步治理了平原河道,并修建了大量泄洪、节制、挡潮闸和涵洞桥梁。在灌溉方面,修建了淠史杭等大型自流灌区,江都引江水利枢纽等大型排灌抽水站。总计共有排灌站4万多处,装机220万千瓦,机井75万眼。这样,经过30多年的持续治理,淮河流域基本上改变了"大雨大灾,小雨小灾,无雨旱灾"的面貌。全流域的灌溉面积,从新中国成立初期的1200万亩增长到1.1亿亩,占耕地面积的55%。治淮工作取得了巨大成绩,初步控制了淮河流域大部分地区的常遇性水旱灾害,农业生产面貌有了显著改变。全流域的粮食产量,已从1949年的280亿斤,增加到1980年的810亿斤。1978年,流域南部遭受几十年不遇的大旱,粮食产量仍然达到770多亿斤。[1] 中共十一届三中全会以后,由于农村普遍实行了生产责任制,淮河流域的水利设施进一步发挥着作用,农业生产得到迅速发展。

　　然而,治淮工作因受到"左"的思想影响,特别是在"大跃进"和"文革"中,造成的浪费和损失很大,存在着比较严重的问题。在防洪方面,淮河流域各主要河道虽然能够防御不同标准的普通洪水,但是标准仍然偏低,洪水出路仍然偏小,许多水库不够安全。如果遇到流域性的大雨或局部性的暴雨,仍有可能出现严重的洪水灾害。危害淮河干流防洪的隐患,主要是行洪区、蓄洪区不能发挥应有的作用。淮河上中游两岸有许多洼地,共约有380多万亩耕地,150万人口,过去小水不淹,大水行洪,治淮初期划为行洪区、蓄洪区。行洪区的排洪流量占全河的20%～40%,蓄洪区对淮河干流削减洪峰的作用超过山区水库。由于对这些地区的群众生产、生活长期缺乏妥善的安置,没有明确统一的政策,行洪蓄洪后,群众生产、生活相当困难。在这种情况下,行洪区内群众不断加高圩堤,阻碍行洪,加上河道内其他阻水设施,大大减少了淮河的排洪能力。许多蓄洪的湖泊洼地也被擅自围垦,调蓄能力不断削弱。在防涝防渍方面,全流域1.3亿亩易涝平原,有些地方已形成较完整的排水系统,但仍有一半的面积抗涝抗渍能力很

---

　　① 《水利部关于建议召开治淮会议的报告》,《当代中国的水利事业》编辑部编印:《历次全国水利会议报告文件(1979—1987)》,1987年版,第182页。

低。其中有的地方基本没有治理,有的虽经治理,但因工程不配套、管理混乱不能充分发挥作用。在灌溉方面,灌溉面积已由新中国成立前标准很低的1200万亩,发展到1.1亿亩,占耕地的55%,但是许多地区配套不好,用水浪费,增产效能差。全流域30多处大型水库灌区的设计灌溉面积2200多万亩,约有1000万亩不配套。同时,新中国成立初期治淮实行集中统一管理的方法,效果很好,但1958年撤销治淮委员会后,管理分散,水利矛盾日益突出。虽然20世纪70年代重建了治淮组织,但未能解决这个问题,有的地方管理混乱,已到了不能容忍的地步。许多重要堤防的险工险段,严重失修;有的地方,甚至挖了大堤,有的地方任意砍伐护堤林木;许多山区滥伐林木、陡坡开荒,水土流失日益加剧。①

从总体上看,到20世纪80年代初,治淮已有了相当深厚的基础,也发挥了一定的工程效益,但抗御水旱灾害的标准仍然较低、洪涝威胁还很大,特别是管理工作薄弱,隐患极大。全流域仍有约500万人受到洪涝灾害的威胁,行、蓄洪区约100万人民的生产、生活十分困难。如遇较大洪水,仍难避免发生重大灾害,甚至可能造成十分严重的后果。随着改革开放后社会经济的飞速发展,城市工业用水、航运及其他方面也对治淮工作提出了新要求。

1980年春全国人大五届三次会议期间,淮河流域的河南、安徽、江苏、山东等四省代表都提出了有关治淮的提案,反映了许多矛盾,并要求国务院加强对治淮工作的统一领导。同年12月,水利部召开了治淮规划工作会议。1981年春,水利部会同河南、安徽、江苏、山东四省组织了5个查勘队(100多人),对淮河流域进行了全面调查研究。通过调查研究,总的结论为:新中国成立以来花了很大力量治淮,已打下了一个较好的水利基础;但由于各方面矛盾很多,治淮工程的效益还没有充分发挥,有的甚至遭到了破坏。

1981年9月18日,水利部向国务院提交了《水利部关于建议召开治淮会议的报告》。报告指出:治淮的问题有些长期没有得到解决,并且越来越严重。主要体现在行洪、蓄洪区矛盾很大,各类阻水障碍降低了淮河干流的排洪能力;淮河、沂河、沭河、泗河的洪水出路没有完全解决,限制了上中游洪水的畅泄和广大平原排水;一些经济效益很好的重点水利工程长期不

---

① 《国务院治淮会议纪要》,《当代中国的水利事业》编辑部编印:《历次全国水利会议报告文件(1979—1987)》,1987年版,第194-195页。

能很好建成配套;省际水利矛盾尖锐复杂;许多工程失修、破坏严重;移民安置等遗留问题很大。鉴于这种状况,水利部总结 30 多年治淮正反两方面的经验和对现状的调查,提出淮河必须按水系统一治理,才能达到治好淮河的目的。要实现按水系统一治理,必须做到按水系统一规划、统一计划、统一管理、统一政策。实现这"四个统一",把治淮工作的重点转移到管理上来,才能用较少的投资,尽快恢复、巩固和发挥治淮工程效益,才能使治淮工作在现有的基础上更好地前进。

为此,水利部向国务院提出如下四项治淮建议。①关于统一规划。准备分两步走:第一步,在一二年内先做出一个以恢复、巩固、发挥现有工程效益为主要内容的规划,以适应"六五"期间或稍长一些时间治淮建设的需要;第二步,搞一个到 2000 年或稍后些的长远规划,提出切实可行的措施和分期实施方案,规划的内容包括除害兴利、改善环境等各个方面。②关于统一计划。建议把中央投资、中央安排的大型治淮骨干工程、跨省重要支流治理和矛盾大的边界工程,都列为水利部部属工程,取消部商项目。这些工程的年度计划由治淮委员会统一编制,经水利部报国家计委审批。由治淮委员会统一管理的河道、水库和枢纽工程的防汛和岁修经费归治淮委员会统一掌握和安排。③关于统一管理。统一管理的内容包括洪涝水的统一调度,水资源的综合利用,行洪蓄洪区的管理和利用,河道堤防、水库与枢纽工程的管理和综合经营,边界水利矛盾的处理,以及本水系的基本建设。按水系的统一管理必须与发挥地方的积极性相结合。治淮委员会要直接管理一些主干水系,同时又要指导协助各省对于本省境内面上的管理工作。四省水利厅既要负责面上的管理工作,同时又要支持和配合治淮委员会管好主干水系,建议设立淮河上中游和淮河下游两个管理局。④关于统一政策。为了保证起到行洪作用,行洪区圩堤必须铲低到规定的高程,一切阻水障碍必须清除。对于做出牺牲的部分地区在经济上采取不同政策:一是经常要行洪的地方,如河南的建湾、童元、黄郢和安徽的润赵段等,建议全部迁出,平毁圩堤成为河滩地;二是有计划地建设行洪、蓄洪区的安全庄台和撤退道路,保证群众的安全;三是合理地利用土地,提高行洪、蓄洪区内的夏收比重,并研究种植适当的秋季作物或发展多种经营;四是政策要稳定,在执行中不断完善。

水利部在报告中最后提出,由国务院副总理万里主持,于 1981 年内召开一次治淮会议,由河南、安徽、江苏、山东四省领导和国家计委、国家农委、水利部、财政部、治淮委员会的负责同志参加,把主要问题讨论确定下来,以便将治淮工作推向一个新阶段。①

国务院认真研究并批准了《水利部关于建议召开治淮会议的报告》。1981年12月,在全国人大五届四次会议期间,万里主持召开了国务院治淮会议,河南、安徽、江苏、山东四省领导及有关部委参加。

国务院治淮会议分析了治淮的成绩及存在的主要问题,决定继续贯彻"蓄泄兼筹"的方针对淮河进行治理,并形成了八项基本的治理纲要,具体如下。①治理山区。山区面积约占全流域的六分之一,分布在流域南部、西部和东北部边缘,应广泛植树育草,进行水土保持,充分利用山区多种生物资源。当前应首先巩固并充分发挥已有的5200座大、中、小水库的作用,拦蓄洪水,发展水利。在此基础上,再择优逐步新建水库。②治理丘陵区。丘陵区面积约占全流域的六分之一,主要威胁是干旱,需要蓄、引、提相结合,解决灌溉问题。当前首先是续建配套现有灌区,并充分利用水利工程的优势,发展农、林、牧、副、渔等多种经营。以后结合新建水库,建设新灌区。③整治淮河干流。淮河干流是山丘区和淮北平原洪涝水的总出路。由于山区控制洪水的能力有限,必须依靠河道及其两侧行洪区排泄,还必须利用河道两侧湖泊洼地滞蓄洪水。为此,要分别情况采取不同措施和制定相应的政策:行洪频繁的应平毁圩堤,迁移居民;进洪次数较多的应修建庄台或避水台,免征免购夏粮和部分秋粮;进洪次数较少的试办防洪保险事业。根据以上不同情况,积极扶助行洪蓄洪区人民发展生产。要充分利用现有湖泊蓄水拦洪,并积极发展水产。淮河干流还要为两岸农田和城镇提供水源,发展航运、水产事业。为此应稳定水位,制止污染,保持良好水质。④扩大淮沂沭泗下游出路。⑤建设淮北平原的排水系统。为了根本解决豫东、皖北的排水出路,已经规划在安徽境内开挖茨淮新河和怀洪新河,今后应逐步完成全部工程。淮北平原的灌溉,可因地制宜地发展井灌,从河湖提水以及引黄灌溉。在排水困难的洼地,可根据水源条件适当改种水稻。⑥举办南水北调。在江苏境内,应使南水北调与发展南北运河的航运结合;在安徽境内,应使引江济淮与江淮运河结合;在河南境内,应研究从丹江口水库引水的可行性。⑦国家、地方和群众密切协作。全流域的战略性骨干工程由中央投资,省内工程一般由地方投资。不论中央或地方举办的工程,都要鼓励群众进行适当的劳力投资。⑧统一治理。包括

---

① 《水利部关于建议召开治淮会议的报告》,《当代中国的水利事业》编辑部编印:《历次全国水利会议报告文件(1979—1987)》,1987年版,第186-190页。

统一规划、统一计划、统一管理、统一政策,要在统一规划下充分发挥地方
的积极性。[①]

国务院治淮会议还提出了十年规划设想具体为:①择要加固水库,重
点是河南省昭平台、白龟山和宿鸭湖水库,安徽省佛子岭、磨子潭水库,山
东省许家崖、陡山等水库。②提高淮河水系的防洪标准。中游淮北大堤要
能防1954年洪水(约四十年一遇);下游防百年一遇洪水,保洪泽湖大堤;
沙颍河、涡河等重要支流要能防二十年一遇洪水。③提高沂沭泗水系的防
洪标准,十年内先做到能防二十年一遇到五十年一遇的洪水。④择优进行
重点排灌工程。上述十年规划的大型骨干工程,共需国家投资15亿元。
建议国家将治淮列为一个专项,投资由水利部统一掌握。每年的年度计
划,经水利部报国家计委批准后,由治淮委员会组织有计划地执行。[②]

淮河流域四省主要负责人在一起讨论治淮问题,这是多年来的第一
次。这次会议就淮河治理方向、十年规划设想和加强治淮的统一领导等问
题,取得了一致意见。大家表示,今后一定要加强联系,互相谅解,互相支
持,共同把治淮事业搞得更好。

1982年2月15日,国务院发出《国务院批转治淮会议纪要的通知》。
通知指出:为了便于按流域进行统一治理,国务院决定将治淮工程列为国
家的专项工程,投资归水利部掌握,中央投资和地方投资统一安排。地方
自筹资金的工程,纳入统一的治淮计划。与治淮工程紧密结合的航运工程
也要统一规划,统一实施,投资由治淮部门统一使用。淮河水系的统一管
理由水利部与河南、安徽、江苏三省研究提出具体办法报国务院核定。为
了加强治淮工作的统一领导,国务院同意成立治淮领导小组,由水利部钱
正英、河南省李庆伟、安徽省王光宇、江苏省陈克天、山东省朱奇民、治淮委
员会李苏波等同志组成,钱正英同志任组长。现有的水利部治淮委员会兼
做治淮领导小组的办事机构,负责日常统筹工作。通知还强调,淮河流域
水系复杂,上下游关系密切,历来矛盾很多,各有关地区要本着小局服从大
局、大局照顾小局、以大局为重的原则,互谅互让,互相支持,团结治水,共
同把治淮事业搞得更好。[③]

---

①　《国务院治淮会议纪要》,《当代中国的水利事业》编辑部编印:《历次全国水利会议报告文
件(1979—1987)》,1987年版,第196-198页。

②　《国务院治淮会议纪要》,《当代中国的水利事业》编辑部编印:《历次全国水利会议报告文
件(1979—1987)》,1987年版,第199-201页。

③　《国务院批转治淮会议纪要的通知》,《当代中国的水利事业》编辑部编印:《历次全国水利
会议报告文件(1979—1987)》,1987年版,第191-192页。

　　国务院第一次治淮会议以后,水利电力部治淮委员会与豫、皖、苏、鲁四省水利部门,在中央有关部委的大力支持下,编制了以恢复、巩固、发挥现有工程效益为主要内容的第一步治淮规划,并对重大骨干工程的可行性作了专门论证。同时,治淮工程的实施也有一定进展,有关省份进行了淮河干流中游的淮北大堤加固、新沂河大堤加固,行蓄洪区庄台、南四湖渔民庄台及洪泽湖周边处理,以及茨淮新河和部分上游水库加固等工程,进一步发挥了已有工程的作用。到 1984 年,国家累计投资达 77 亿元,加上地方投资和群众投工,共修建水库 5200 多座,疏浚河道,加固堤防,建设排灌站,使全流域初步形成了一个可防洪、除涝、灌溉和航运的工程体系。但是,由于长期对生物措施重视不够,水土流失面积反而不断增多。9 万平方千米的丘陵山地,水土流失积达 5.2 万平方千米。据测算,全流域每年淤积到河、库、塘、湖的泥沙达 1 亿多立方米,减少的蓄水量相当于一座大型水库的库容。许多地、县委的领导发出紧急呼吁,再不注意生物措施治理,治淮投资将逐渐被埋入土中。专家认为,采取生物治理措施,植树种草,是控制水土流失的上策,也是使现有水利工程延长寿命的良方。例如,沱河的河南永城段,十年间植树造林 1.3 万亩,水土流失面积控制了 98%,河道使用寿命大大延长。[1]

　　然而,由于建设资金的限制以及对一些重大治理方案的认识尚不统一,致使 1981 年治淮会议提出的一些重要任务未能如期完成,影响了治淮工作的进展。

　　1985 年 3 月 11 日至 12 日,国务院在安徽合肥召开了十一届三中全会以后的第二次治淮会议。会议主要是审议水利电力部治淮委员会提出的今后治淮的长远规划和"七五"期间的计划。参加会议的有河南、安徽、江苏、山东四省的负责同志和中央书记处农村政策研究室、水利电力部、国家计委、交通部的负责同志,以及一些水利专家共 90 余人。时任国务院副总理万里、李鹏参加了会议。万里在会议开始和结束前,作了两次重要讲话。他说,新中国成立以来,治淮成绩很大,但也确实存在一些问题,还没有达到根治。我们一定要有理想、顾大局、讲科学,继续把淮河治好,为子孙后代造福。要抓紧定下治淮的长远、近期规划,下决心在"七五"期间解决治淮中的一些重大问题。李鹏代表国务院对治淮长远、近期规划作了重要指示。他说,淮河流域有 1 亿多人口,2 亿多亩耕地,自然条件也很好,是我国

---

① 沈祖润等:《重视淮河流域水土流失问题》,《人民日报》1985 年 10 月 5 日。

的煤电能源基地和粮棉重要产区。把淮河治好,这里的经济发展可以不亚于珠江三角洲和长江三角洲。他强调,治理淮河要继续坚持周总理生前提出的"蓄泄兼筹"的方针,希望淮河流域四省团结治水。①

与会同志本着顾全大局、团结治水的精神,就"规划"和"计划"进行了认真的讨论。水利电力部部长钱正英、副部长杨振怀还分别就有关问题作了说明。第二次治淮会议讨论和商定了以下八个方面的重大问题。①上游水库工程。当前淮河流域内还有不少病险水库,根据国家财力情况,"七五"期间重点安排加固标准很低而又可能造成重大灾害的河南宿鸭湖、山东许家崖和陡山等大型水库,同时复建河南板桥水库。对于中小型重要病险水库,会议要求各地水利部门作出必要安排,保证不出现重大垮坝事故。②淮河干流上、中游的防洪。根据淮河干流上、中游地形和水文特点,治淮委员会提出的主要措施是:打通行洪通道,使中小洪水畅通,减少行、蓄洪区的使用机会;修建临淮岗控制工程,提高淮北大堤的防洪标准;对行、蓄洪区实行特殊政策,稳定群众生产生活。这三项措施是一个整体,必须全面规划,统一安排,才能收到预期效果。通过讨论,与会者对打通行洪通道的认识比较一致,认为除部分具体措施尚须进一步研究落实外,应积极实施。③淮北平原支流的治理和排涝。重点进行沙河南堤加固、续建茨淮新河、怀洪新河。茨淮新河剩余工程于"七五"前期完成。淮北平原其他支流,如黑茨河、汾泉河、涡河、奎濉河、包浍河等,应根据国家财力有步骤地安排治理。④洪泽湖和入海水道。会议同意"七五"期间按 3000 立方米每秒的规模修建入海水道,以提高洪泽湖的防洪标准。洪泽湖近期蓄水位为13 米,防洪限制水位仍为 12.5 米,远景蓄水位将抬高到13.5 米高程。⑤沂沭河东调南下工程。沂沭河东调南下工程的规划布局是正确的,"七五"期间要加快建设步伐,特别是加快南下工程。会议希望有关地区从大局出发,按治淮委员会意见积极实施。会议认为,山东省提出修建南四湖东堤的要求原则上可以同意。⑥南水北调东线第一期工程,由水利电力部报请国家计委审批。⑦航运。近期首先结合南水北调工程,建设南北大运河。水利电力、交通两部应当共同努力,制定联合开发航运规划,尽早实现全线通航。⑧治淮"七五"计划。水利电力部治淮委员会将根据这次会议商定的轮廓,与各省进一步商定"七五"的具体安排,分年实施。设计方案审定

---

①　《国务院在合肥召开治淮会议》,《人民日报》1985 年 3 月 14 日。

以后，要排除困难，积极实施，一定不要因枝节问题贻误时机。①

在治淮会议上，水利电力部部长钱正英作了综合发言，杨振怀副部长作了关于治淮工作情况和近期规划意见的汇报，河南、安徽、江苏、山东四省主要负责人均在会上发言。钱正英在发言中要求治淮委员会在"七五"计划的基础上，进一步作出整体规划。要通过这些规划的实施，争取到2000年基本达到根治淮河的目的。会议商议了"七五"计划期间协作治淮的一批重要工程项目。其中主要有：上游水库的加固除险与修建，提高淮河干流防洪标准的有关工程，增辟下游的入海水道，继续完成沂沭泗水系的治理规划，以及与治淮有关的南水北调东线第一期工程等。②

国务院第二次治淮会议后，水利电力部根据会议精神与有关部门反复协商，初步确定了有关治淮的具体措施。1986年4月2日，水利电力部向国务院正式提交了《水利电力部关于"七五"期间治淮问题的报告》。报告分析了第一次治淮会议后的成就及存在的问题，提出应继续贯彻"蓄泄兼筹"的治淮方针和"小局要服从大局，大局要照顾小局，最终要服从大局"的原则。在治淮的统一规划下，要充分发挥地方的积极性，中央应在可能的条件下，给予最大的支持。7月17日，《国务院批转水利电力部关于"七五"期间治淮问题的报告的通知》指出：淮河治理以及淮河流域的经济发展对全国具有重要影响。目前，治淮工作取得了很大成绩，水旱灾害已得到初步控制，淮河流域的生产面貌有了明显改变。但是，较大洪涝灾害的威胁仍很严重，水利资源的开发和利用也不适应工农业发展的需要。因此，治淮要继续贯彻"蓄泄兼筹"的治理方针，从全局利益出发，在搞好全面规划的基础上，重点抓好关键工程的前期工作。治淮问题较为复杂，历来矛盾较多，望各有关地区和部门顾全大局，互相配合，进一步推进淮河的治理工作。③

1981年和1985年由国务院主持召开的两次治淮会议，对统一治理淮河工程总体布局作了全面规划。然而，由于水利建设资金不到位、省际利益矛盾突出及对治淮重视不够等原因，国务院规划的许多工程项目并没有能够全部付诸实施，有些重要工程根本没有动工兴建。

① 《国务院在合肥召开治淮会议》，《人民日报》1985年3月14日。
② 《国务院在合肥召开治淮会议》，《人民日报》1985年3月14日。
③ 《国务院批转水利电力部关于"七五"期间治淮问题的报告的通知》，《当代中国的水利事业》编辑部编印：《历次全国水利会议报告文件(1979—1987)》，1987年版，第480页。

四、治淮重点工程的全面实施

1991年夏的淮河水灾,暴露出治淮工作中的一些严重问题。这次淮河大水成灾的原因,除雨期提前、雨量集中、雨型特殊等客观原因外,主要原因是淮河干流特别是中游一带的治理效果不太明显,有的河段情况甚至趋于恶化。集中表现为近年来出现的"中小洪水,高水位,大防汛,重灾情"。这次淮河洪水虽属中等洪水,但水位却特别高。因水位居高不下,干流水位向支流、沿淮洼地倒灌,形成了空前的"关门淹",导致洪涝灾害严重。

在这种状况下,国务院于1991年9月中旬召开治理淮河、太湖会议,作出《关于进一步治理淮河和太湖的决定》。《决定》指出:在今年的抗洪斗争中,新中国成立四十多年来建设的大量水利工程发挥了巨大作用,但也暴露出淮河、太湖两流域治理中的问题,主要是防洪除涝标准低;河湖围垦、人为设障严重,排水出路不足;流域统一管理比较薄弱;有些城镇、企业及交通等设施建在低洼地,防洪能力低。为进一步治理淮河和太湖,国务院决定从1991年冬起,用十年和五年时间,分别完成治理淮河和太湖的任务。决定明确指出,1981年和1985年国务院两次治淮会议确定的流域治理总体布局及建设方案,仍然是进一步治理淮河的基础。要坚持"蓄泄兼筹"的治理方针,近期以泄为主,用十年的时间,基本完成以下工程建设任务:加强山丘区水利建设,进行小流域综合治理,搞好水土保持;完成病险水库除险加固,修建板桥、石漫滩等重点水库;扩大和整治淮河上中游干流的泄洪通道,使淮北大堤达到百年一遇的防洪标准;巩固和扩大淮河下游排洪出路;续建沂沭(沐)泗河洪水东调南下工程;治理包浍河、奎濉河、汾泉河、洪汝河、涡河、沙颍河等跨省骨干支流河道,并进行湖洼易涝地区配套工程建设,提高防洪除涝标准。

《决定》指出:治理淮河的重点建设工程投资由中央和地方分担,面上和配套工程投资,由地方负担。国务院已决定增加治理淮河和太湖两流域的投入,各级地方政府也要增加投入。同时,可组织城乡受益地区的单位和群众集资、投劳。治理淮河的各项主要工程,早已有了规划。久久未能动工或是未完工的主要原因,除投入不足外,各地利益难以协调是另一重要原因。因此,这次会议特别强调"统一治理、团结治水"。《决定》要求:治理淮河必须从全局出发,提高认识,统一行动,加强领导,采取切实有效的措施。各地区、各部门要在流域统一规划指导下,按确定的治理方案及实施计划进度,分工负责,抓紧实施。要上、中、下游统一治理,团结治水。为此,国务院要求加强流域机构统一管理的职能。流域内重要水利工程,由流域机构直接管理,统一调度。淮河流域安徽省梅山、佛子岭、响洪甸、磨子潭四座大型水库和河南省宿鸭湖、鲇鱼山、板桥、南湾四座大型水库,淮河干流主要分洪工程和洪泽湖枢纽,由水利部淮河水利委员会统一调度。①

1991年9月19日,《人民日报》发表了赵鹏、蒋亚平撰写的文章,文章指出:"八五"期间,国家和地方将投资61亿元,在淮河流域兴建18项大型水利工程,全面提高淮河流域防洪排涝能力。治淮工程的重点是,巩固和扩大淮河干流和沂沭泗河中下游的安全泄量,提高骨干河道的防洪排涝能力,加强行蓄洪区和沿淮湖洼的治理,增强跨流域调水的能力。同时,完成现有水库的除险加固,提高防洪安全标准。即将开工建设的主要骨干工程有:淮河河道整治工程——全面清除河道阻水障碍,完成淮北大堤、沿海城市圈堤、洪泽湖大堤和入江入海通道的除险加固等任务;怀洪新河工程——建成后可分泄淮河中游河水入洪泽湖;沂沭泗洪水东调南下工程——统筹解决沂沭泗洪水出路;大型水库除险加固工程——对淮河流域的19座病险大型水库进行除险加固,提高防洪标准;入海水道工程——解决淮河洪水出路,提高洪泽湖以下广大地区的防洪标准;石漫滩水库复建工程——复建后控制流域面积230平方千米,将建成一座防洪、灌溉、工业、供水等综合利用水库。②

为了加强对治理淮河工作的领导,1991年12月,国务院决定成立治淮领导小组,由国务院副总理田纪云任组长,成员有河南、山东、安徽、江苏四省和国家计委、财政部、水利部等有关部门的负责人。

据《人民日报》1992年10月24日报道:1991年冬,豫、皖、苏、鲁四省行动起来,掀起新中国成立以来第二次治淮新高潮,200多万治淮大军奔赴工地。打开淮河干流行洪通道,是进一步治理淮河的重要组成部分。为此,必须下决心铲除淮河上一些低标准的行洪区,消除淮河干流上的"中梗阻"。河南省固始县童元、黄郢、建湾均属2~3年一遇的低标准行洪区,也是国务院治淮会议确定的铲除淮河低标准行洪区的带头工程。固始县从大局出发,先后组织临淮的7个乡镇、7万民工、4个机械化施工队和12个建筑公司,投入安置区工程施工和房屋建设,果断、迅速、妥善地进行童元行洪区的移民安置工作。11月,这项安置工作全部完成,为消除淮河干流

---

① 《国务院决定进一步治理淮河太湖》,《人民日报》1991年12月2日。
② 赵鹏、蒋亚平:《"八五"期间国家和地方投资61亿元,淮河流域兴建18项大型水利工程》,《人民日报》1991年9月19日。

上的"中梗阻"树立了榜样。河南省的迁安开发性移民、安徽省以工代赈、江苏省新民滩清障、山东省妥善处理工程实施中征地移民的复杂历史问题等项工作都取得了显著成效。在实施的项目中,淮河干流中上游河道整治及堤防加固工程进展顺利,童元行洪区处理工程已完工,行洪通道扩大了1100米,江苏的入江水道整治等淮河下游的三项工程,已完成一批应急项目,其中新民滩清障已全部完工;山东省南四湖的主要出口喇叭口扩挖工程已经竣工;河南、安徽两省的行蓄洪区庄台建设项目进展顺利,已安置人口 18.2 万,占需要安置人口的 73%;板桥水库复建工程已基本竣工,新增库容 6.5 亿立方米,岸堤鲇鱼山、白浪河等 6 座大型水库除险加固工程和水毁工程的修复也进展顺利。在不到一年的时间里,"八五"期间计划上马的 18 项治淮骨干工程有 10 项已经开工建设,开工的单项工程 62 个,有 17 个已经完成。在一年时间里,淮河流域四省在骨干工程建设中投工 200 多万个,完成投资 5.1 亿元。[①]

　　到 1992 年初,淮河治理立项兴建的 28 项工程,已经开工或准备开工的有 22 项。地处高邮湖滨的江苏省新民滩清障保安工程,是淮河入江水道加固工程的"咽喉"项目。1991 年夏季,为保证来自河南、安徽淮河上中游的洪水顺利排入长江,江苏省曾在这里炸坝清障。兴建高邮湖滨圩是新民滩清障保安的主体工程。工程包括筑一条 7 米高、9 千米长的环圩大堤和一座漫水闸、两座排涝站及两座涵洞。湖滨圩建成后,这一地段的泄洪能力将比原来增加 1200 个流量。1992 年 1 月,江苏治淮首战告捷,淮河入江水道高邮市新民滩湖滨圩经过 3.7 万民工 50 多天的艰苦奋战,270 万立方米土方工程全部完工,并通过省级质量检查验收,淮河入江水道高邮湖段的行洪能力可确保达到国家规定的 12000 立方米每秒。[②]

　　1992 年入秋后,望虞河立交、望虞河常熟段开挖,白屈港、德胜港、通榆河试挖工程等陆续开工,环太湖控制线、三河闸加固等治淮治太续建工程进入新的施工高潮。泰县(现泰州市姜堰区)中干河、仪征市胥浦河、灌云县五灌河等地方水利基建工程也破土动工。农田水利继续围绕"三田"建设,向高标准、深层次发展。据报道,到 11 月 10 日,江苏全省水利在工人

---

　　① 石京魁:《第二次治淮进展顺利开工单项工程六十二个,完成十七个》,《人民日报》1992 年 10 月 24 日。

　　② 姚永明、周振丰:《江苏治淮首战告捷,入江水道新民滩土方工程完工》,《人民日报》1992 年 1 月 26 日。

数已达 300 多万人,完成土方 1.4 亿立方米,全省水利建设呈现良好势头。①

据《人民日报》1992 年 2 月 19 日报道:江苏这次治理淮河,区域不同,各有特点。淮北围绕办大农业、大水利的目标,一手确保重点工程,如淮河入江水道加固,分淮入沂块石护坡,徐洪河二期工程;一手搞农田水利大连片治理。仅淮阴市(现淮安市淮阴区)治理的 3000 亩以上的大片就达 150 多处。苏中今年受灾最重的兴化市,清障退垦,已将圩堤上 514 座小窑大部分平毁,建成 2300 多千米的高标准安全圩。苏南集中力量兴建骨干工程,同时农田水利建设标准一步到位,搞了 5 万多亩工厂化、预制化、标准化的砖石板衬砌的排灌渠沟。到 1992 年初,江苏省新增、恢复、改善灌溉面积 280 万亩,增加、改善除涝面积 112 万亩。②

安徽省怀洪新河工程是国务院为加快治淮步伐而批准的重点建设项目。工程全长 127 千米,总土石方 1.5 亿多立方米,总投资 12 亿多元。其中,安徽省境内河道长 97 千米,土方 1.1 亿立方米。这项工程建成后,不仅可大大提高淮河中游的防洪标准,而且拓宽漴潼河水系的排水通道,为淮北内河治理创造条件,年平均综合效益可达 3 亿元左右。1991 年 11 月 16 日,怀洪新河工程破土动工,到 1992 年 7 月底,怀洪新河工程第一期土方工程已经完成,累计达 1400 多万立方米,施工质量较好,初步奠定了创全优工程的基础。1992 年 8 月 5 日,安徽省委书记卢荣景、省长傅锡寿在蚌埠召开现场办公会,部署 1992 年冬和 1993 年春的第二期工程任务,计划安排投资 1.1 亿元,土方工程为 2600 万立方米。③ 实际投资约 1.24 亿元的大型治淮工程——怀洪新河二期工程,全部采用大型机械施工,并招标竞争上阵,工地上 900 多台铲运机、推土机往来运行,一派现代化施工繁忙景象。这仅是安徽省 1992 年冬季水利大战的一个缩影。到 1992 年 12 月 5 日,全省上工 1071 万人,完成土石方 2.19 亿立方米,占计划任务的 50%。④

1992 年 12 月 21 日,国务院治淮领导小组暨太湖治理领导小组召开第一次会议,来自淮河、太湖流域六省市和水利部等有关部委的负责人参加

---

① 刘辅义等:《江苏:治淮治太工程全面上马》,《人民日报》1992 年 11 月 26 日。

② 刘沙:《突出重点连片治理,江苏各地治水有特色》,《人民日报》1992 年 2 月 19 日。

③ 宣奉华、徐金平:《怀洪新河一期土方工程完成,安徽召开现场办公会部署二期工程任务》,《人民日报》1992 年 8 月 6 日。

④ 刘杰:《安徽千万民工兴修水利》,《人民日报》1992 年 12 月 13 日。

会议。国务院副总理田纪云指出：治理淮河、太湖工作现已初见成效，明年治理淮河、太湖进入关键时期。各地和有关部门要进一步发扬顾全大局、团结治水的精神，齐心协力，加快治理淮河、太湖进程。他强调指出：国务院进一步治理淮河、太湖的设想是：淮河治理"八五"期间要初见成效，"九五"期间基本完成；治理太湖任务，"八五"期间要基本完成。当前，淮河治理的主要任务，上中游主要抓好开卡退堤，扩大泄洪能力，要使正阳关以上河道增加2000立方米每秒的泄洪能力；"八五"期间，要完成复建石漫滩水库和兴建杨庄滞洪区工程。在下游，通过整修、加固入江水道和分淮入沂工程，增加5000立方米每秒的泄洪能力；要着重抓好怀洪新河工程的兴建；沂沭泗水系东调南下主体工程要全面展开。太湖的治理，当前要继续抓好望虞河、太浦河、杭嘉湖南排和环湖大堤等四项主要工程的建设，望虞河、太浦河按设计于1994年以前开通。水利部部长杨振怀在会上介绍说，一年多来，经过沿淮和太湖六省市的共同努力，治淮、治太骨干工程已有重要进展，国家和地方共投资16.7亿元，完成土石方1.7亿立方米。治理后的太浦河、望虞河、杭嘉湖南排、淮河的入江水道等工程已发挥了部分效益。在治理淮河、太湖中，各地发扬了团结治水精神，在各级政府的有力动员组织下，形成了全社会支持治淮、治太的良好环境，广大群众踊跃投资投劳，各地多层次、多渠道筹资，保证了大规模治淮、治太的顺利进行。①

1993年春，豫、皖、苏、鲁四省千里治淮工地上，300多万民工挥汗劳作，3万多台套各类机械繁忙运行。国家确定的18项治淮大型项目有12项正在建设。河南板桥水库、江苏新民滩分洪通道清障工程、山东南四湖出口扩挖工程等17个关键的"子工程"已经竣工，有的开始产生效益；淮河干流三个行洪区圩堤废除工程、安徽淮河干流的邱家湖退建、峡山口拓宽、淮北大堤加固及怀洪新河等工段施工进展顺利；河南省石漫滩水库复建、洪汝河杨庄滞洪区工程、苏鲁两省的沂沭河堤防加固和部分支流治理等重点项目建设步伐加快；江苏的入江水道、洪泽湖大堤加固和分淮入沂工程等一批应急项目也已完成。以大局为重、团结治水已成为四省沿淮各地群众的共识。河南、安徽两省低标准行蓄洪区庄台建设项目，已转移安置人口21.5万，占需安置人数的83%。豫皖边界重要支流黑茨河治理，往年在省界10千米施工中争执不断，而1993年的治理中，两省干群互谅互让，相

---

　① 赵鹏、凌志军：《田纪云在一次会议上强调说，进一步加快治理淮河太湖进程》，《人民日报》1992年12月22日。

互援助,使黑茨河治理成为团结治淮的"同心工程"。①

　　板桥水库位于淮河支流汝河上游的河南省驻马店市泌阳县板桥镇,是新中国成立初期修建的大型水库。1952年建成投入使用以后,在防洪和灌溉等方面发挥过显著效益。但由于建库时受国家经济条件的限制,大坝采用土结构,工程标准偏低。1975年8月,汝河上游降下特大暴雨,日降水量之大历史罕见,板桥水库大坝被冲溃,给汝河下游造成了极为严重的灾害。板桥水库失事以后,汝河失去水库调节,水旱灾害频繁,汝河流域的工农业生产受到严重影响。1976年4月,水电部批准该库复建初步设计。1978年,该工程开工复建,完成投资3600万元后于1981年暂停缓建。1986年11月,国家计委和水利电力部批准该水库复建工程,工程总投资达2.1亿元人民币。1987年初,被列为国家"七五"计划重点项目的河南省板桥水库复建工程,在水利电力部治淮委员会的主持下开始动工兴建。板桥水库复建工程通过招标,选择葛洲坝工程局为主体的施工单位。复建的板桥水库工程,防洪标准按百年一遇设计,水库总库容6.75亿立方米,较原来扩大1.83亿立方米。② 据报道:新水库建成后,每年汛期可以确保740万亩耕地、370万人民的生命财产以及京广铁路的安全;可灌溉耕地60万亩;年发电量可达578万度;同时,每年还能向驻马店市供水1580万立方米。③ 1991年12月,板桥水库复建工程按照设计要求基本完成,1993年6月,该水库正式通过了水利部主持的竣工验收。

　　石漫滩水库位于河南省舞钢市境内淮河上游、洪河支流滚河上,坝址东距漯河市70千米、距平顶山市75千米,控制流域面积230平方千米。该水库原建于1951年,是新中国成立后国家在淮河流域建成的第一座大型水库,坝型为均质土坝。工程质量较好,建成后发挥了很大的效益。经1955年、1959年两次扩建加固,总库容为9180万立方米。④ 但由于当时洪水计算标准偏低,溢洪道设计未留余地,事先没有定出遇超标准洪水时的非常措施,故在遭遇1975年8月特大暴雨袭击时,该水库漫坝溃决,淹没了下游平原和遂平县城,冲毁了京广铁路,带来了惨重的人员财产损失。

　　1985年12月,水利电力部第十一工程局提出《石漫滩水库复建工程初

　　① 陈先发、程中才:《豫皖苏鲁携手治淮千里工地热气腾腾》,《人民日报》1993年2月7日。
　　② 杨汝北:《板桥水库复建工程竣工》,《人民日报》1993年6月6日。
　　③ 黄建国:《国家"七五"计划重点项目,板桥水库复建工程动工》,《人民日报》1987年2月20日。
　　④ 钱正英:《中国水利的决策问题》,《钱正英水利文选》,中国水利水电出版社2000年版,第55页。

步设计》。1986年7月,河南省水利厅委托水利电力部第十一工程局编制《石漫滩水库二期工程任务书》,提出每年增加工业用水100万立方米、保证率95%;灌溉农田5.5万亩、保证率75%;防洪除涝5年及5年以下一遇的洪水,水库控泄100立方米每秒,5年以上至20年一遇洪水,水库控泄500立方米每秒,超过20年一遇洪水,水库敞泄。1992年11月,国家计委《关于石漫滩水库工程可行性研究报告的批复》正式下达,随即,石漫滩水库复建工程正式动工。石漫滩水库复建工程根据中央与地方"共建共管、共有共利"的原则,集资兴建,在以股份制的形式进行治淮建设等方面进行了大胆尝试。1998年1月,石漫滩水库复建工程在河南省平顶山市通过竣工验收。这个曾在中外水利史上留下惨痛教训的水库,从此将用新的姿容把梦魇永远尘封。复建的石漫滩水库防洪标准可达到千年一遇,同时每年还能为久受缺水之苦的工业城市舞钢市提供3300万立方米的工业用水和生活用水,并可灌溉农田5万多亩。[①]

到1995年10月,治淮工程建设全面推进,流域性防洪骨干工程有了突破性进展。治淮会议确定的19项防洪骨干工程已实施13项、200多个子项,共完成投资47.63亿元(这是"八五"期间由中央和地方为治淮共同投资的,是"七五"时期的四倍多),完成土石方4.14亿立方米。特别是淮干整治工程、沂沭泗河洪水东调南下工程、怀洪新河工程以及石漫滩水库复建工程、包浍河治理工程等关系治淮全局的战略性工程相继动工并进入全面实施阶段,打破了困扰治淮多年的僵局。淮河干流正阳关以上的排洪能力提高了2000多立方米每秒,正阳关以下淮北大堤基本达到防御1954年洪水的标准,沿淮行蓄洪区内人民群众的生产生活条件均有改善,淮河入江入海的排洪能力已恢复提高到24000立方米每秒,流域抗灾能力有所提高。[②]

1992—1996年的五年中,安徽省按照"蓄泄兼筹"的治淮方针,实施了淮干整治、开挖怀洪新河、入江水道高邮湖大堤加固等6大项30多个子项目工程,完成治淮投入近20亿元。淮河、长江防洪标准过低的局面得到明显改善。[③]

1997年5月23日,国务院治淮治太第四次工作会议在江苏徐州召开。

---

① 任怀民、邓建胜:《石漫滩水库复建工程竣工》,《人民日报》1998年1月20日。

② 江边:《治淮:"八五"初见成效各项骨干工程建设全面推进》,《人民日报》1995年10月18日。

③ 王启明等:《灾后五年看安徽》,《人民日报》1996年12月7日。

会议的主要任务是,总结检查国务院《关于进一步治理淮河和太湖的决定》和几次治淮治太会议精神的落实情况,研究解决工程建设和管理中的问题,部署 1997 年及以后一个时期的工作任务。国务院副总理姜春云在会议上强调:要继续认真贯彻国务院《关于进一步治理淮河和太湖的决定》,把思想认识、计划安排、工程实施、资金投入、协调矛盾等,都统一到决定精神上来,六省市要从改革、发展、稳定的大局出发,把治淮治太真正作为一件大事要事来办,切实抓紧抓好。要加大工作力度,保质保量,加快建设进度。淮河要在 2000 年基本完成在建重点工程,2005 年基本完成国务院确定的 18 项工程。他指出:淮河、太湖流域水系复杂,跨省市河流边界水事矛盾多。在治理过程中,要充分发挥流域机构统一组织协调的职能,按流域进行统一规划、统一治理、统一调度。六省市要继续发扬顾全大局、团结治水的精神,加强沟通和协调。特别在处理边界水事纠纷问题上,必须局部服从全局,相互协作,互谅互让,发扬风格。凡是国家已批复的工程项目,各有关部门和省市政府要坚决照办,决不允许再相互扯皮。如果有谁借故制造矛盾,阻碍工程顺利实施,延误了时机,就要追究谁的责任,这要作为一条纪律。[①]

国务院作出《关于进一步治理淮河和太湖的决定》后,江苏省成立了江苏省治理淮河、太湖领导小组,进一步修订"八五"水利建设规划,确定以防洪排涝为主,洪涝旱渍兼治,以治淮治太为重点,加强大江、大河、大湖流域性防洪排涝建设,全面提高抗灾能力,确保城乡人民群众生命财产安全,同时继续大搞农田水利建设,做到大、中、小并举,为国民经济和社会发展提供重要的水利保障。至 1995 年底,治淮工程除入海水道尚未实施外,入江水道加固、洪泽湖大堤防洪抗震加固、分淮入沂续建等三项工程已全面进入扫尾阶段;沂沭泗洪水东调南下工程已开工建设;洪泽湖周边除涝、里下河"四港"整治和黄墩湖滞洪保安工程均进行了初步治理。[②] 江苏境内的洪泽湖大堤防洪加固、分淮入沂续建和淮河入江水道加固三项工程,是国务院确定的治淮 18 项骨干工程的重要组成部分。1997 年 7 月,上述三项工程竣工,并通过由国家计委、水利部和江苏省组织的验收。

1998 年夏,长江流域发生了特大洪水,江苏全省 1550 千米江、港、洲堤无一决口,无一破坏,水利工程无一失事。洪水过后,省委、省政府作出了

---

① 汤涧、包永辉:《姜春云在国务院治淮治太第四次工作会议上强调齐心协力加快治淮治太步伐》,《人民日报》1997 年 5 月 25 日。

② 江苏省地方志编纂委员会编:《江苏省志·水利志》,江苏古籍出版社 2001 年版,第 16 页。

进一步加快防洪保安基础设施建设的决定,全省迅速掀起了水利建设的高潮。《人民日报》1999 年 1 月 20 日发文报道:至 1998 年 12 月 20 日,全省日最高上工人数为 425 万人,出动施工机械 3.8 万台,投入劳动积累工 2.16 亿个。江苏确立了"建重于防,防重于抢"的战略思想,积极搞好江海堤防达标建设等水利工程。到 1999 年初,江苏冬春防洪保安基础设施的五项工程全面开工。江堤达标工程根据省委"三年任务两年完成"的要求,将于 1999 年汛期前基本完成;治淮工程中的淮河入海水道已于 1998 年 10 月 28 日开工;治太工程中的直湖港、武进港、澡港枢纽、九曲河整治工程正热火朝天地进行着;历时 3 年的泰州引江河于 1998 年 12 月 28 日实现初通,该工程全长 24 千米,一期工程引水流量为 300 立方米每秒,累计完成投资近 9 亿元,被认为是江苏水利的形象工程。往年,江苏冬春水利总是由北往南逐步推进,而现在由于全社会水患意识大大增强,出现了苏北、苏南齐动手的喜人局面。苏州、无锡、常州把大力疏浚河道作为提高水利综合效益、改善城乡环境面貌的一件大事来抓,目前已疏浚河道 4000 多条,清除淤泥 5000 多万立方米。镇江市把治江治水作为第一市情,在江水逐渐回落的时候就召开了水利建设动员大会,这是多年少见的。①

　　2000 年 10 月 14 日,是新中国治淮 50 周年纪念日,水利部淮河水利委员会在蚌埠举行隆重的纪念大会。50 年间,在党中央、国务院的领导下,经过沿淮人民的不懈努力,淮河治理取得了举世瞩目的成就。1951—2000 年 50 年间,总投入 923 亿元,获得直接经济效益 5660 亿元,相当于 20 世纪 80 年代中期全国的财力。尤其到 20 世纪 80 年代中后期,淮河流域的主要河道都经过了整治,河网沟渠、自流灌溉给淮河流域带来了林茂粮丰的喜人景象。据水利部淮河水利委员会的统计,全流域兴建水库 5700 多座,开挖大型人工河道 2164 千米,加固大堤 5 万多千米,有效改善了淮河两岸的生产条件,淮河流域成为中国重要的商品粮基地。"水善利万物"——过去的"巨大贫困带",而今成为"米粮仓",粮食产量由 1949 年的 120 亿千克上升到 1999 年的 876 亿千克,占全国粮食产量的近五分之一。人均占有粮食 531 千克,提前并超额实现了到 20 世纪末人均占有粮食 400 千克的指标。② 广为流传的谚语"走千走万,不如淮河两岸",真正变成了现实。

---

①　龚永泉:《防重于抢建重于防,江苏:加快防洪保安基础设施建设》,《人民日报》1999 年 1 月 20 日。

②　王慧敏、高云才:《新中国治淮五十年成就瞩目》,《人民日报》2000 年 10 月 15 日。

五、临淮岗洪水控制工程的兴建

经过新中国成立以后数十年的治理，淮河上中游初步形成由上游水库、中游行蓄洪区和各类堤防组成的综合防洪体系。淮河干流中游是防洪的重点，正阳关既是淮河洪水的汇集点，又是中游防洪的控制点，由于山区水库均位于支流上游，对淮干中游洪水的削峰作用很小，中游蓄洪区削峰作用虽较上游水库大，但这些蓄洪区本身有较大的集水面积，淮河干流洪水来临前，常有大量内水提前占用部分库容而影响其蓄洪削峰作用。因淮河干流尚无一座控制性工程，故淮河上游洪水暴发时，将直接威胁淮北平原、京沪铁路和沿淮城市工矿安全。淮河中游正阳关以下地区是中国重要的农业和能源基地。在上游水库和行蓄洪区充分发挥作用后，正阳关以下淮河中游防洪标准仍不足 50 年一遇，与该地区重要地位很不适应。因此，淮河中游的防洪问题，历来是淮河规划和治理的重点。

建设淮河中游临淮岗洪水控制工程，提高防洪标准，是保障粮食流域经济和社会发展的客观要求。1956 年淮委编制的《淮河流域规划报告（初稿）》中，提出淮河中游防洪标准为 50 年一遇，建峡山口控制工程。经水利部技术委员会审查，确定防洪标准为 10 年一遇，修建临淮岗水库。1958 年 8 月，国务院同意修建临淮岗水库并于当年开工兴建，在完成 10 孔深孔闸、49 孔浅孔闸、部分土坝、船闸及上下游引河等工程后，于 1962 年因经济困难而停建。[①] 1969 年，国务院治淮规划小组提出在国家"四五"计划期间完成淮河中游蓄洪控制工程，确保淮北大堤安全。1971 年，国务院治淮规划小组在《关于贯彻毛主席"一定要把淮河修好"批示的情况报告》中提出，把临淮岗水库工程改建为特大洪水控制工程。1981 年召开的国务院治淮会议要求淮委对临淮岗工程进行论证比较。1984 年，淮委规划院提出《淮河中游临淮岗洪水控制工程可行性研究报告》，拟定防洪标准为百年，兴建临淮岗洪水控制工程，并于 1985 年提交国务院在合肥召开的治淮会议讨论。国务院治淮会议原则同意修建临淮岗洪水控制工程。1991 年制定的《淮河流域综合规划纲要》中提出，将临淮岗洪水控制工程作为淮河中游正阳关以下河道防洪标准提高到百年一遇的关键工程措施。1991 年淮河洪水后，国务院下达《关于进一步治理淮河和太湖的决定》，确定国家"九五"期间研究建设临淮岗洪水控制工程，并将其列为 19 项治淮重点骨干工程之一。

---

① 钱敏：《临淮岗洪水控制工程功耀千秋》，《治淮》2006 年第 11 期。

　　1995 年 10 月,淮委会多次征求河南、安徽两省意见后向水利部呈送《淮河中游临淮岗洪水控制工程项目建议书》。1998 年 4 月,国家发展计划委员会将项目建议书报国务院审批。2001 年,水利部批复初步设计报告。临淮岗洪水控制工程的主要任务,是将淮河中游正阳关以下主要防洪保护区的防洪标准高到百年一遇,确保淮北大堤保护地区内一千万亩耕地、煤矿、坑口电厂、京沪等铁路干线和蚌埠与淮南等城市的安全;在中小洪水及平常情况下开闸泄水,保证上下游正常的防洪、用水需要。该工程规模按淮河上中游发生百年一遇洪水标准设计,以正阳关下泄流量 10000 立方米/秒、水位 26.37 米控制,坝前设计洪水位 28.42 米,滞洪库容 88 亿立方米。临淮岗洪水控制工程的主要建设内容包括:加固并续建主坝 7 千米、副坝 72 千米,新建 12 孔深孔闸和 15 孔姜唐湖进洪闸,加固已有 10 孔深孔闸、49 孔浅孔闸,扩挖上下游引河。[①]

　　经水利部批准,淮河水利委员会成立了临淮岗洪水控制工程建设管理局,作为项目法人负责组织实施。2001 年 8 月,国务院批准临淮岗洪水控制工程作为一等大型工程开工,工期 5 年,2006 年完成。临淮岗洪水控制工程位于正阳关以上 25 千米处,几乎全部控制了淮河干流正阳关以上洪水。临淮岗以上淮河两岸地形为两岸夹一洼,可滞蓄大量洪水,是淮河中游不可多得的优良坝址。而且它的下游紧接淮北平原,工程建成后,可以改变淮河干流洪水长驱直下,威胁淮北地区和沿淮城市、工矿安全的被动局面。

　　2001 年 12 月,临淮岗洪水控制工程正式开工。水利部、安徽省政府、河南省政府共同成立了临淮岗工程建设领导小组,协调和解决重大问题,推动工程建设。淮委作为项目主管单位,始终把临淮岗工程放在重要位置,认真履行监督管理职责,与相关省市密切合作,全力推进工程建设。项目法人单位为临淮岗洪水控制工程建设管理局(后简称为建管局),在工程建设中充分发挥了主导作用,严格遵循国家的有关政策和法律法规,规范建设管理行为,全面实行项目法人制、招标投标制、建设监理制和合同管理制,实现了对工程质量、进度、投资等目标的有效控制;积极主动关心移民安置等工作,得到了当地政府和群众的支持,共同创造良好的工程建设环境。参加建设的设计、施工和监理等企业,以建设临淮岗洪水控制工程为

---

　　① 水利部淮河水利委员会编:《治淮汇刊(年鉴)1999·第 24 辑》,《治淮汇刊(年鉴)》编辑部 1999 年版,第 89-90 页。

荣,派出精兵强将,重合同守信用,坚持把质量放在首位,圆满完成了各项建设任务。

临淮岗洪水控制工程主体工程由南北副坝、主坝、引河、52座副坝穿坝建筑物及城西湖船闸、临淮岗船闸、12孔深孔闸、49孔浅孔闸、姜唐湖进洪闸等5座主坝建筑物组成,全长77.58千米。[①] 工程开工伊始,建管局就按照《建设工程质量管理条例》和《水利工程质量管理规定》的要求,坚持把确保工程质量放在各项工作的首位,提出了"建一流工程,树治淮丰碑"的建设目标。确立了项目法人负责、监理单位控制、设计及施工等其他参建单位保证、政府主管部门监督的完善的质量管理体系,制定并发布了《临淮岗洪水控制工程质量管理办法》,要求各参建单位严格执行。建管局组织制定了《临淮岗洪水控制工程单位工程项目划分方案》,并对各单位工程进一步进行项目划分,报经质量监督部门认定后,作为工程质量评定的重要依据,保证了工程施工质量评定的系统性和完整性。

2003年淮河洪水后,党中央、国务院决定加快治淮步伐,要求在2007年底前基本完成包括临淮岗洪水控制工程在内的治淮19项骨干工程建设。临淮岗洪水控制工程的建设者们分析了截流的各种因素,决定采取调整导流断面、优化合龙方案、加强施工设备投入、加大抛投料物制备和料场降排水投入,确保淮河截流顺利合龙。2003年11月23日,淮河截流成功合龙,极大推进了工程的建设速度。

新技术、新工艺和新设备的运用,为临淮岗洪水控制工程建设增添了许多新的亮点。在49孔浅孔闸的加固改造中,采用老闸加固外包薄壁混凝土防裂技术,解决了新浇混凝土开裂的难题;采取单戗堤单向进占、定位沉船、双向合龙施工方案,成功实现淮河截流;采用电解质式位移监测系统,及时监测主坝坝体变形情况;研制成功并使用了开孔垂直联锁混凝土砌块,使拦河大坝更加巍峨壮观,[②]不仅解决了坝体护坡的抗风浪问题,而且大大加快了施工进度,施工质量也得到了有效保证。开孔垂直联锁式混凝土砌块技术获得了国家专利。科技创新,不仅更好地保证了工程质量和施工安全,还节约了投资,加快了进度,锻炼了一批专业技术人才。建管局与设计单位、施工单位共同完成的《临淮岗洪水控制工程主坝施工安全检测技术研究》获得了淮委科技进步一等奖。

---

① 李怀清:《强化管理创新科技保障临淮岗工程建设质量》,《治淮》2006年第11期。

② 钱敏:《临淮岗洪水控制工程功耀千秋》,《治淮》2006年第11期。

主坝上游为临淮岗库区,下游为姜唐湖(蓄)行洪区。设计采用 400 毫米厚干砌石护坡,但当地难以采购到满足要求的石材,且干砌石施工难度大、效率低,施工质量难以保证。为解决这一问题,建管局委托南京水利科学研究院,通过模型试验,决定采用开孔垂直联锁式预制混凝土砌块代替干砌石,不仅解决了坝体护坡的抗风浪问题,而且大大加快了施工进度,施工质量也得到了有效保证。开孔垂直联锁式混凝土砌块技术还获得了国家专利。

新技术、新工艺和新设备的运用,有效保证了临淮岗洪水控制工程的建设质量。其中,49 孔浅孔闸、12 孔深孔闸双双获得安徽省 2005 年度水利水电优质工程奖和安徽省建设工程质量最高奖——黄山杯奖。经过主管部门组织的竣工初步验收,临淮岗洪水控制工程的 25 个单位工程质量全部合格,其中 24 个单位工程质量达到优良等级,单位工程优良率达到96％,工程总体质量评为优良。[①]

临淮岗洪水控制工程地跨河南、安徽两省四县,工程规模大,项目多,战线长,淹没影响范围广。从工程的筹备到建设,豫、皖两省以治淮大局为重,以沿淮人民的根本利益为重,始终做到相互理解,相互支持;工程所在地各级政府精心组织实施移民安置和影响处理工程,积极配合支持主体工程建设;广大移民群众舍小家,顾大家,为工程的顺利实施作出了可贵的贡献,共同谱写了一曲团结治水的赞歌。临淮岗洪水控制工程的建设过程采取科学的建设管理机制、精心的施工组织管理、严格的质量和安全控制、严谨的概算控制和资金管理,促进了工程优质,干部优秀,做到了“工程安全、干部安全、资金安全”。

2006 年 6 月 30 日,临淮岗洪水控制工程顺利通过了主体工程竣工初步验收。11 月 6 日,临淮岗洪水控制工程建成完工,实现了国务院、安徽省政府确定的提前一年完成的目标,开创了治淮大型项目提前完成的先例,也是中国水利史上的奇迹。

临淮岗洪水控制工程是国务院确定的 19 项治淮骨干工程之一,也是国家“十五”计划的重点项目,是淮河中游最大的水利枢纽工程和最为重要的安全屏障,是淮河流域防洪体系中的一项战略性骨干工程。临淮岗工程的建成,标志着淮河干流从此结束无控制性枢纽的历史,实现了沿淮人民

---

①　李怀清:《强化管理创新科技保障临淮岗工程建设质量》,《治淮》2006 年第 11 期。

百年夙愿和几代治淮人的世纪梦想,展现了新时期治淮事业的辉煌成就,标志着淮河流域的整体防洪保安达到了一个新的水平。它的建成,对完善淮河流域防洪体系具有里程碑的意义,对保障流域经济社会的发展和稳定具有极其重要的作用。

第二章

海河流域的治理

　　海河是华北地区最大的水系,由纵横河北、山西、山东、内蒙古等省的潮白河、永定河、大清河、子牙河、南运河、北运河等许多支流组成。这些发源于太行山、燕山山脉的支流,到华北平原形成了一个向心形的水系,汇聚天津,形成海河,东流至大沽口入海。海河流域面积达25万平方千米,约有人口6200多万。海河水系的一般特点是上游支流多,坡陡流急,来水量大;下游干流河槽狭窄,坡平流缓,泄水量小,加以气候条件的影响,每年春季,海河流域地区常因雨雪缺少,发生干旱现象,而秋季又因暴雨集中,河道宣泄不及致使洪水暴涨,极易泛滥成灾。每到大雨滂沱的秋季,山洪暴发,百川灌河,都要通过海河这个咽喉入海,宣泄不及,就造成水灾;而到春季雨水缺乏的时候,海河存水几乎泄尽,导致干旱成灾。这时,渤海湾的海水,乘着潮汐逆流而上,和天津市内下水道排泄的污水相混合以后,使海河河水变得咸淡不分、清浊混流,影响了两岸农田的灌溉,也影响了天津市工业和民用的水源。①

　　早在1951年,党和政府就在海河上游修建了新中国第一座大型水库——官厅水库,拉开了海河治理的序幕。1957年5月24日,国务院全体会议第49次会议批准了海河水系治理委员会组成人员名单,林铁担任主任,钱正英、张竹生、史向生、刘开基、阮泊生为副主任。海河水系治理委员会成立后,积极制定根治海河流域的规划,继"大跃进"时期在海河上游相继修建十三陵水库、怀柔水库和密云水库之后,又着力修建了海河口建闸工程、天津市污水系统改建工程,从此海河改变了长期以来咸淡不分、清浊

---

① 赵玉昕、虞锡珪:《咸淡分家,清浊分流》,《人民日报》1958年12月29日。

混流的面貌,进入"咸淡分家、清浊分流"的新时期。1963 年,毛泽东主席发出"一定要根治海河"的号召后,河北省掀起了根治海河的群众性水利建设运动,相继兴修了黑龙港排涝工程、子牙新河工程、治理大清河中下游工程及"北四河"工程。这些水利工程的完成,使海河中下游初步形成了河渠纵横、排灌结合的水利系统,海河的排洪入海能力得到了大幅提高,海河水患得到了有效遏制。

一、官厅水库的修建

永定河是华北平原上海河水系五大支流中最长的河流。其上游有桑干河、洋河、妫水河等支流,流域面积约 4.7 万平方千米,其中约 70% 是黄土高原和丘陵地带。这三条主要支流在怀来县官厅村附近汇合后流入官厅山峡,到宛平县的三家店出峡流入河北平原,经固安县的梁各庄入新泛区,再经北运河、海河流入渤海。因三家店以上坡度陡、水流急,河流常夹带大量泥沙而下,入平原后水流渐缓,大量泥沙沿途沉淀,河床越淤越高;又因每年降雨大部分集中在七、八月份,所以,每到雨季山洪暴发,洪水就到处泛滥,造成严重灾害。

永定河旧时也称无定河,清康熙年间,对其河道进行了疏浚并加固了堤岸,将其改名为"永定河"。不过每到汛期,洪水依然泛滥成灾。据历史记载:从 1912 年到 1949 年新中国成立时的 30 多年中,卢沟桥以下的堤防,大的决口泛滥有 7 次,受灾面积从 300 多平方千米到 2000 多平方千米不等。洪水曾有 2 次侵入了天津市区,灾民在两边是高楼的大街上划船逃难。1917 年,永定河的洪水淹没了天津英、日租界,泥沙淤塞了海河,北洋政府在西方列强的督促下成立了顺直水利委员会,开始筹划治理永定河,但并未付诸实施。此后,国民党政府、日伪政权都曾计划在永定河上游修建官厅水库,但最后都没有结果。[①]

1949 年新中国成立后,人民政府就开始计划根治永定河。同年 11 月,华北人民政府水利委员会提出了根治永定河的初步计划。中央人民政府成立后,立即根据人力、物力及已有资料,对永定河中、下游进行了一系列治理工程:加强和巩固了卢沟桥以下至梁各庄两岸的堤防;挖掘了新泛区下游的引河,使原有的被淹面积不再扩大,并尽量使它缩小,力求使灾害减轻;培修了护路堤,保护京津铁路线的安全;同时,制定出根治永定河全流

---

① 孙世恺:《改变了永定河的性格》,《人民日报》1953 年 7 月 2 日。

域的计划。根治永定河工程主要包括以下三项：一是在上游推行水土保持；二是在中游利用山峡修建水库；三是在下游整理疏浚河道。其中最主要的工程就是在中游修建水库。根治永定河计划中的水库以官厅水库为最大，它对永定河全流域的控制意义最大，拦蓄洪水也最多。

修建官厅水库，是治理海河的一项关键工程。清朝末年就有人提出这样的建议，但始终没有实现。在1949年11月水利部召开的各解放区水利联席会议上，决定要在永定河上游和中游修建石匣里、官厅、马各庄三个水库，并决定首先修建官厅水库。年底，华北人民政府水利委员会成立永定河官厅水库工程处，着手进行包括设计、钻探坝址地质、备料以及修建工地桥梁、厂房、仓库、办公房屋等建库的各项准备工作。1951年10月，在毛泽东和党中央的关怀下，经政务院批准，官厅水库工程正式开工。

按照工程设计，官厅水库利用官厅山峡以上的开阔地带蓄水，在峡口筑坝。计划中的土坝约50米高，水库面积220平方千米，可蓄水22亿立方米，是新中国成立后修建的第一个大型水库。官厅水库修成后，不但可以基本解除永定河下游地区的水患，而且还可以将所蓄的水用于工业和生活用水、发电、灌溉农田，并且还可以调剂永定河下游流量，便利航运。修建工程中，在修筑土坝以前，首先要在河的右岸开凿一条泄水隧洞（隧洞直径8米，洞身全长523米，最大泄水量为700立方米每秒），以便在全部施工期间作为导水之用；当水库完成后，该隧洞即可用于输送库内存水到下游，供应各种需要。在隧洞上口将修建一个进水塔，并安装活动闸门，作为控制泄水量的机关。其次，要在左岸劈山开挖一条溢洪道，如遇太大洪水，使水库水位超过其计划蓄水位时，多余的洪水就可从溢洪道泄到下游，以保证坝身的安全。①

官厅水库工程首先修建泄水隧洞，1000多名石工和2000多名民工投入工地。由于计划不周，备料和施工同时进行，再加上任务繁重，天寒日短，开工后曾有一个短期的混乱，使人力物力遭到了一些浪费。某些领导干部不善于运用群众路线的工作方法，部分工程师有浓厚的单纯技术观点，忽略了对民工的教育和对民工生活的妥善安排，因此，不少民工来到工地工作时不安心，使工程进度受到影响。1951年12月，水利部部长傅作义、副部长李葆华和水利部工程总局局长成润到工地检查工作，指出了这

①　《根治永定河的一个伟大工程——官厅水库工程介绍》，《人民日报》1952年2月15日。

些缺点，使全局工程人员明确认识到加强计划性、组织性和依靠广大职工群众的必要性。各施工所成立了政治工作组，一方面解决民工的实际问题，一方面在民工中大力进行爱国主义和集体主义教育。到1952年3月10日，输水道工程已完成29.1%，交通线工程包括公路和土砂石便线完成27%。为了供应工地器材和沟通永定河东西两岸的交通运输，还修建了七座小桥和一座永定河大桥。山沟排水工程完成18%。溢洪道工程按计划要求在1952年汛期前完成施工，因此1951年11月抽出12900多个工日进行挖凿，现已完成2.4%，还需凿石7.972立方米才能在汛期以前把输水道和各项准备工程按期完工。① 为此，官厅水库工程局从怀来等五县动员民工3300多人，开展大规模的春季工程建设。

到1952年6月10日，泄水隧洞终于凿通。11月20日，泄水隧洞的衬砌工程完工，共开石方10.26万立方米，挖土方2.459万立方米，浇灌混凝土1.32万立方米。为了保证工程质量，工人和工程技术人员发挥了高度忘我的劳动热情，并且创造了不少新的工作方法，使每立方米混凝土所需水泥节省15千克，共节省水泥1000多吨，同时使每平方厘米面积的抗压应力从186千克增加到200千克以上，提高了工程质量。11月24日，1.2万工人在隧洞的衬砌工程完成后紧张地开挖坝基、赶筑大坝，争取在1953年伏汛前使水库可以拦蓄洪水。②

由于官厅水库工程局机构重叠，加上存在着盲目施工、民工的组织和劳力使用不合理等问题，从而造成了工程延期、导致工伤事故频发。三大主要工程之一的泄水隧洞，完工日期较原计划拖后了三个月，直接影响了拦河坝基础的开挖。对于这些问题，参加施工的工人、民工和技术干部多次提出意见。1953年2月5日，《人民日报》公开发表刘焕文撰写的《永定河官厅水库工程进展缓慢浪费很大》的文章，对工程进展缓慢、浪费很大的状况提出了严厉批评。

刘焕文在对官厅水库修建情况进行初步调查的基础上，明确指出："永定河官厅水库工程进展极为缓慢，浪费很大，民工伤亡事故严重。按照目前的工程进度，这个工程将不能按原计划在6月底伏汛前发挥拦洪作用。"为什么会出现这种严重情况呢？他深入分析了其中存在的三个原因：一是

---

① 《三千多员工日日夜夜辛勤劳动，官厅水库工程已完成一部分》，《人民日报》1952年3月27日。

② 《永定河官厅水库泄水隧洞，衬砌工程完工开始合龙导水》，《人民日报》1952年12月13日。

官厅水库工程局机构重叠,指挥不灵,各级领导干部在办公室里忙于制图表、做统计,不能深入基层;二是官厅水库工程局领导干部存在严重的保守思想,没有很好地采用苏联的先进经验,同时存在盲目施工的现象;三是民工的组织和劳力使用不合理,思想教育工作差,民工工作效率低,并且民工出勤率低,有时竟下降到60%,最低时甚至降低至18%。开挖大坝时劳动力没有组织好,人群拥挤在一起,运转不灵,挖土的工具不够,出土的速度常赶不上运土的速度,因此出现了严重的窝工现象。[①]

《人民日报》的署名批评文章发表后,水利部立即派人前往调查和协助解决工程建设中出现的问题,中共官厅水库工程局委员会随即展开了民主检查运动。检查过程中,各施工单位的工人、民工和技术干部普遍揭露了官厅水库工程局领导干部的官僚主义作风。根据检查出的严重问题,官厅水库工程局代理局长王森号召全体员工深入展开反官僚主义运动,纠正错误,以保证按期完成政务院指示的工程进度,在1953年伏汛前起到拦洪作用。1953年3月中旬,水利部对官厅水库工程局领导干部进行调整,调派水利部办公厅副主任郝执斋担任官厅水库工程局局长,中共河北省委派省委委员李子光协助中共官厅水库工程局委员会工作。水利部副部长李葆华亲自到官厅水库工地深入调查。官厅水库工程局依据李葆华的指示和广大员工的意见,首先在领导干部中进行了明确分工,分别深入领导工务、政治、民工、运输器材等部门,遇到工程当中的关键性问题,及时集中力量加以解决。如在拦河坝工程坝基开挖后出现地下渗水过多的困难后,官厅水库工程局副局长袁子钧和办公室主任陈赓仪深入现场,坚持29天,终于克服困难,完成了8.5米高的混凝土隔水墙的浇灌工程。[②]

在对官厅水库工程局领导机构进行调整的同时,河北省通县(现北京市通州区)、保定两专区加派2万多名民工陆续到达工地,加快施工。为了保证在汛期拦阻洪水,工人们采用"人停工不停"的办法,日夜三班轮换赶修拦河坝。在"红五月竞赛"运动中,工程技术人员树立依靠工人群众的思想,激发广大职工的劳动热情和创造性。1953年5月24日,拦河坝东边的溢洪道工程及西边墙浇筑混凝土工程提前7天胜利完成。有关输水道进水塔浇筑塔墩后部框架部分的混凝土工程,比原计划提前6天完工。6月29日,拦河坝已修筑到35米高,胜利完成伏汛前拦洪工程计划。至此,新

---

①　刘焕文:《永定河官厅水库工程进展缓慢浪费很大》,《人民日报》1953年2月5日。
②　《永定河官厅水库广大员工积极迎接施工》,《人民日报》1953年4月8日。

中国容积最大的水库——永定河官厅水库伏汛前工程全部如期完成,可确保拦阻洪水,使永定河两岸的人民从此免受洪水灾害。

官厅水库从 1951 年 10 月开工到 1953 年 6 月完工的 1 年零 8 个月时间里,经过 4 万多工人和民工的奋战,加上苏联专家的积极帮助,拦河坝筑高到 35 米,输水道和溢洪道各完成了一部分,伏汛期间继续施工,全部建设工程 1954 年春天即可完成。① 除了拦河坝修筑工程外,水库建设者还修筑了输水道和溢洪道等主要工程,开挖土方和石方共 48 万多立方米,浇筑混凝土 3.2 万多立方米,钻孔深度合计 4000 多米,并灌浆 770 多孔。②

官厅水库可蓄水 22.7 亿立方米,比淮河流域佛子岭水库的蓄水量大 3 倍,比石漫滩水库的蓄水量大 44 倍,永定河官厅水库以上的洪水得到初步控制。官厅水库拦河坝修好后,马上就经受了 1953 年第一次洪水的考验,高大坚固的拦河坝有效挡住了永定河有水文记载以来的第二次大洪水。

1953 年 8 月 26 日,由于桑干河流域暴雨,永定河上游区域河水猛涨,流入官厅水库的洪水最高流量达 3700 立方米每秒,洪水总量约 4.5 亿立方米,水库内的最高水位达到 463.76 米,形成了面积达 40 平方千米的人造湖泊。官厅水库在这次洪水中充分发挥了拦洪的效用,使汹涌澎湃的洪水驯服地从泄水隧洞中流了出去。因此,永定河下游两岸人民洪水灾害大大减轻,京津铁路的交通也畅通无阻。③

1953 年国庆前夕,永定河官厅水库的拦河坝和溢洪道两项主要工程按照设计标准完工。1954 年 5 月上旬,永定河官厅水库完成了 44 米高的巨型进水塔工程后,全部工程宣告完工。1954 年 5 月 13 日下午,官厅水库的建设者举行了隆重的工程竣工庆祝大会。时任水利部部长傅作义、华北行政委员会委员何基沣、中共河北省委书记林铁以及天津市、张家口专区、保定专区、通县专区永定河上、下游等地中共党委和人民政府的代表,水库附近的怀来、延庆两县党政领导干部和代表都参加了大会。傅作义在讲话中充分肯定了这项水利工程的巨大成就,他说:"官厅水库的落成,在全国水利建设中是一个重大的胜利,是一个变水害为水利的重要工程,是一个改变自然面貌的不朽的事业。它将永远为全国人民所记忆、所感激。"他在讲话后将毛泽东亲笔题写的"庆祝官厅水库工程胜利完成"的金色刺绣锦旗

① 《官厅水库巨大的建设工程》,《人民日报》1953 年 8 月 30 日。
② 《官厅水库伏汛前工程如期完成,永定河两岸人民从此可以减免洪水灾害》,《人民日报》1953 年 7 月 2 日。
③ 新华社:《官厅水库拦河坝挡住了第一次洪水》,《人民日报》1953 年 9 月 6 日。

授予水库的建设者们。接着,林铁在祝贺时说:"今后如何更好地保护这座巨大的水库,是一项艰巨的任务。我们要加强水土保持工作,特别着重山区和丘陵地带的水土保持,减少泥沙淤积;并要继续修建淤灌工程,整理河道和堤防,以保卫水库这一伟大的社会主义建设的成果。"①

在建设完工的官厅水库工地上,一座高45米、长290米的拦河坝巍然屹立在官厅山峡进口,切断了永定河洪水的去路。大坝的西侧,耸立起一座44米高的巨型进水塔,它和一条直径8米、长0.5千米的泄水隧道相接,成为控制水库有计划蓄水和泄水的总枢纽;大坝东边躺着一条长431米、宽20米的溢洪道,当洪水危及大坝或因进水塔闸门发生故障时,洪水就可从这里排出。整个水库可以控制永定河千年一遇的洪水,永定河上游最高8600立方米每秒的洪峰,到这里将被制服。

在官厅水库竣工前的1954年4月12日,毛泽东视察了工地。水库建成后,他又亲笔题词:"庆祝官厅水库工程胜利完成。"官厅水库的修建,是继治淮工程和荆江分洪工程之后,新中国兴建的又一个大型水利工程。自此,永定河4.7万平方千米的流域范围受到水库的控制,免除了永定河洪水对首都北京和天津一带的威胁,使下游千百万人民免受洪水灾害。据初步估计,只因拦阻洪水而免除土地淹没、增加农产和减少下游河堤的岁修开支,每年至少可为国家增加1亿斤小米的收入。②

二、十三陵水库的修建

十三陵水库,因建在明朝13个皇帝陵墓所在地而得名。水库横拦在昌平区温榆河的沙河支流上,库区长5千米、宽3.5千米,面积为550万平方米。这是一片多山的地区,较大的有天寿山、双凤山、凤凰山、虎山、龙山、蟒山等。每逢雨季,在此流域内的山洪汇入温榆河,经常泛滥成灾。

十三陵水库的主体工程——拦洪大坝,建在蟒山和汉包山之间,高29米,长627米,顶宽7.5米,底宽179米,总库容为蓄水6000多万立方米,相当于颐和园内昆明湖的20倍。大坝西侧有一条底宽15米、长341米的溢洪道,另外还有进水塔、输水管和水电站。该大坝是中国建成的第一个黏土斜墙式大坝,它既可以挡住上游200多平方千米面积的山洪,使这里变成蓄水6000万立方米的人工湖,从而保护十数万亩的良田免受水灾,又

---

① 《官厅水库竣工庆祝大会隆重举行》,《人民日报》1954年5月15日。
② 《官厅水库工程全部胜利竣工,从此减免永定河洪水对下游人民的灾害》,《人民日报》1954年5月14日。

可灌溉近 25 万亩农田,每年可增产 5000 万斤粮食,使这里的洪水由水害变成水利。①

1958 年 1 月 21 日,十三陵水库正式动工修建。当时,中国人民解放军驻京部队是建设这个水库的主要力量。他们成立了支援十三陵水库委员会,在工程开工后派领导干部直接参加了施工的领导工作,并陆续抽调了大批官兵担负工程中最艰巨的任务,并且无偿运来许多机械器材,用于支援水库的建设。1 月 28 日,总政治部召集驻北京各军种兵种部队、机关、学校的首长联席会议,决定:驻北京部队在以后的 3 个多月内,以 40 万劳动日支援十三陵水库的建设。从 2 月上旬起,解放军驻北京各部队组成的义务劳动大军相继开赴十三陵水库工地。1958 年 2 月 3 日至 11 日中,共出工 35654 个,打石眼 4960 米,炸石挖土 8.33 万多立方米,铲草皮和压坝基 2.38 万多立方米。2 月 12 日,为了争取在汛期前完工,参加十三陵水库建设的解放军部队施工委员会决定,全体施工部队春节不休假,不停工,打破常规过春节。正如解放军战士常胜在《向北京报捷》的诗歌中所说:"首长发出战斗令,深深激动战士心,人人摩拳又擦掌,决心打个漂亮仗。电灯闪闪耀眼明,狂风呼呼刮不停,联合兵种进阵地,今宵发起总进攻……四万立方已突破,决心达到五万零,今夜填坝创奇迹,明日报捷上北京。"②

1958 年 2 月 18 日是传统的农历春节,劳动大军在"不休假,不停工,鼓足干劲过春节"的口号下仍然在工地上进行紧张的劳动,时任国防部副部长的王树声大将也去工地参加了劳动。除夕之夜,北京各大学学生和许多艺术团体组织了工地慰问团,到水库工地举行联欢活动。工地上 2.7 万多人的劳动队伍分成三个娱乐区,欣赏着各种精彩的表演,整个工地沉浸在欢乐的海洋中。据当时的报道,著名京剧表演艺术家梅兰芳参加了除夕联欢,并表演了《霸王别姬》;京剧名家荀慧生也在 2 月 19 日晚赶到水库工地,在露天舞台上演出了他的拿手好戏《红娘》。

十三陵水库是发动群众用义务劳动的方式建成的。从 1958 年 1 月 21 日开工到 6 月 30 日竣工的 160 个昼夜中,有 40 万人到工地劳动,共做了 870 多万个工作日。4 月以后,平均每天有 10 万人参加义务劳动,其中有工人、农民、解放军官兵、机关干部、学校师生、商业工作人员、文艺工作者等。在周围几十里的工地上,到处都有英雄集体和模范人物,还有十八勇

---

① 王政:《十三陵水库的今天和明天》,《十三陵水库》,北京出版社 1958 年版,第 13-14 页。

② 十三陵水库修建总指挥部政治部、北京市文学艺术工作者联合会合编:《英雄人民战斗在十三陵水库》(诗歌集),北京出版社 1958 年版,第 14-15 页。

士、七战友、九兰组、五虎将和叶挺团、黄继光连、钢铁青年突击队等。①

　　在水库兴建期间,毛泽东和中共中央其他委员、候补委员,各省市委以及中央机关各部门和北京市的负责人,中国人民解放军的元帅和将军,各民主党派、各人民团体的负责人,都以一个普通劳动者的身份去工地参加劳动。1958 年 5 月 25 日,中共八届五中全会在北京召开。25 日下午,毛泽东、刘少奇、周恩来、朱德、邓小平率中共中央政治局委员、候补委员和中共中央书记处书记、候补书记,以及全体中央委员和候补委员来到十三陵水库工地参加义务劳动,毛泽东、周恩来登上水库东墩台观看水库的全景,一条高高隆起的大坝展现在眼前。水库工地政委赵凡介绍说:“这条大坝高 29 米,现在已筑到 23 米。”②休息的时候,应水库指挥部的邀请,毛泽东、刘少奇、朱德、周恩来等分别为水库题词。毛泽东亲笔写了“十三陵水库”五个字。刘少奇的题词是“劳动万岁”;朱德的题词是“移山造海,众志成城”;周恩来的题词是“鼓足干劲,力争上游,多快好省地建设社会主义”。题词以后,毛泽东和党中央的领导同志穿过层层欢迎的群众开始了义务劳动。董必武、彭德怀、贺龙、李先念、乌兰夫、张闻天、陆定一、陈伯达、康生、薄一波、林彪、吴玉章、徐特立、谢觉哉等人也汗流浃背地挑土铲土。参加中共八大二次会议的各省、市、自治区和部队党组织的负责人柯庆施、李井泉、王震、王恩茂、陈锡联、林铁、陶鲁笳、黄火青、欧阳钦、吴德、曾希圣、江华、舒同、吴芝圃、王任重、陶铸、邵式平、谢富治、张德生、张仲良、高峰、汪锋、周小舟、刘建勋、叶飞、赛福鼎、桑吉悦希、周林等也同毛泽东及党中央领导同志一起参加了义务劳动。这些领导人都以一个普通劳动者的身份出现在工地上,和水库的建设者们一起铲土抬筐,运料搬石,休息时说笑谈天,给了水库建设者们极大的鼓舞。就在 25 日这一天,水库建设者们为水库坝身填筑了 5.1 万多立方米的土方,创造了水库工程开工以来的最高纪录。③ 正如著名诗人臧克家在《毛主席来到十三陵》中所写的那样:“毛主席来到十三陵,铁锹下去大地动,山头站在高处望,山洪听了缩脖颈。人人兴奋喜如狂! 个个干劲喷泉涌,劳动热情达高潮,毛主席来到十三陵。”④

①　《30 万人的辛勤劳动,140 个昼夜的紧张战斗,十三陵水库主体工程基本完工》,《人民日报》1958 年 6 月 12 日。
②　中共中央文献研究室:《周恩来传》(下),中央文献出版社 1998 年版,第 1402 页。
③　《同群众一起劳动,同群众一起欢笑,毛主席和全体中委参加劳动》,《人民日报》1958 年 5 月 26 日。
④　十三陵水库修建总指挥部政治部、北京市文学艺术工作者联合会合编:《英雄人民战斗在十三陵水库》(诗歌集),北京出版社 1958 年版,第 1-2 页。

叶剑英参加义务劳动后题诗《十三陵水库》，称赞当时的劳动景象说："十万愚公势莫当，移山挡水筑堤防。朝阳赤帜平沙幕，一幅诗图一战场。万众欢呼毛主席，普通劳者出堤旁。一锄一篓成规范，创世人人动手忙。"①

1958年6月1日，中央办公厅主任杨尚昆报告周恩来，毛泽东要求组织政府部长们去十三陵工地参加一周的劳动。周恩来立即进行部署，中央国家机关和中共中央直属机关各部部长、副部长和司局长以上的领导干部540多人，分两批到十三陵水库工地参加一星期的集体义务劳动。第一批300多人在6月15日至21日超额48％胜利完成生产任务后，第二批200多人也在6月22日到了工地。周恩来两次都亲自带队，先后同大家同吃、同住、同劳动了三天。②

1958年6月15日，周恩来亲自率领中央国家机关和中共中央直属机关领导干部300多人到十三陵水库工地参加劳动。水库指挥部的同志刚刚说"我们欢迎首长们……"，周恩来立即纠正说："这里没有首长，没有总理、部长、司局长的职务，在这里大家都是普通劳动者。"当晚，他在致函毛泽东的汇报中说："我和习仲勋、罗瑞卿两同志今日随同他们前往劳动一天，夜间回来，准备参加明天政治局会议，待政治局会议开过后，拟再去参加几天。"6月22日，周恩来再次到十三陵水库工地参加劳动，直到第二天凌晨赶回北京。③ 据《人民日报》报道："几个月以来，中央国家机关各部，有630多名部长、副部长、司局长一级的干部，以普通劳动者的姿态出现，奔赴被称为'共产主义熔炉'的十三陵水库工地，同千万水库建设者们同吃、同住、同劳动，显示了崇高的共产主义风格。"④

除国家领导人带头去十三陵水库参加义务劳动外，政协全国委员会负责人、各民主党派负责人和无党派民主人士以及中共北京市委、北京市人民委员会的领导人和所属各单位的负责干部，也纷纷前往十三陵水库参加义务劳动。1958年6月8日，政协全国委员会负责人、各民主党派负责人和无党派民主人士等300多人，在十三陵水库工地参加了劳动。这支劳动队伍中，有政协全国委员会副主席李济深、沈钧儒、黄炎培、陈叔通等人。李济深作《庆祝十三陵水库竣工·水调歌头》，描述当时十三陵工地的

---

① 叶剑英：《十三陵水库》，《人民日报》1958年6月5日。
② 《树立热爱劳动的共产主义新风气，中央机关五百多领导干部参加劳动》，《人民日报》1958年6月25日。
③ 中共中央文献研究室：《周恩来传》（下），中央文献出版社1998年版，第1403页。
④ 汪波清：《普通劳动者的姿态——领导干部到十三陵水库工地义务劳动片断》，《人民日报》1958年6月18日。

盛况:

遍地红旗插,插上十三陵。兴筑防洪水库,除害裕民生。灌溉良田万顷,扩展首都名胜,个个表同情。义务争劳动,领袖与光荣。市民们,员生队,工农兵,汇成人海,友邦使节预工程。循着辉煌路线,鼓足冲天干劲,五月庆功成。飞跃创奇绩,从教举世惊!①

截至 1958 年 6 月 24 日,北京市各级机关团体参加十三陵水库工地义务劳动的干部已达 6800 多人,其中大约有 4000 多人劳动了 10 天以上。北京市各级机关、团体参加十三陵水库工地义务劳动的人员中,已有 77 人得到了修建十三陵水库的奖章,800 多人受到劳动大军中的大队或中队的表扬。②

很多没有轮换上到水库参加义务劳动一周或 10 天的人们,纷纷涌向建设工地去进行 1～3 天的义务劳动。一些工作很忙的人就利用夜晚或星期日的空隙赶到工地,参加一夜或一天的义务劳动。在北京通往十三陵水库的公路上,运送参加义务劳动人们的车辆日夜川流不息。在十三陵水库工地的义务劳动队伍里,出现了以人民英雄命名的黄继光队、刘胡兰队、董存瑞队和保尔队,他们的口号是:生活工农化、劳动战斗化、行动军事化。

当时,朝鲜、保加利亚、捷克斯洛伐克、阿尔巴尼亚、蒙古、越南、罗马尼亚、德国、匈牙利、波兰、苏联等国的大使、临时代办和他们的夫人以及使馆工作人员,亦先后前往十三陵水库参加义务劳动。首都很多作家、诗人、画家、摄影师、演员、歌唱家等文艺工作者也先后来到建设工地,他们一面参加劳动,一面从事创作。

1958 年 6 月 30 日,经过首都近 40 万义务劳动大军 5 个月的辛勤劳动,十三陵水库基本建成。7 月 1 日,水库建设者和附近农民共 15 万人在工地上举行盛大集会,庆祝水库全部工程胜利完工。毛泽东题写的"十三陵水库"五个大字,用汉白玉镶嵌在拦洪大坝的南坡。曾经到工地参加劳动的陈毅、李济深、沈钧儒、郭沫若、黄炎培、陈叔通、彭真、刘仁、万里、张友渔等,中央、北京市各级机关的负责人和许多解放军高级将领,均参加了落成典礼。各国驻华使节和使馆人员、在北京的各国专家以及来中国访问的外宾 1200 多人,也应邀参加了典礼。

据《人民日报》报道:7 月 1 日下午 4 时,十三陵水库落成典礼开始,乐

---

① 李济深:《庆祝十三陵水库竣工·水调歌头》,《人民日报》1958 年 6 月 26 日。

② 《北京市六千多干部到十三陵劳动》,《人民日报》1958 年 6 月 25 日。

队奏起国歌。接着,陈毅副总理剪彩,正式宣告十三陵水库全部建成。彭真在讲话中向参加十三陵水库工程的全体建设者表示热烈的祝贺和亲切的慰问,并向参加水库劳动的许多国家驻中国的使节和外国朋友表示深切的感谢。他说:十三陵水库是我们用光荣的义务劳动,大家用自己的双手,经过 160 个昼夜苦干建设起来的。先后和经常参加这次伟大的共产主义义务劳动的,有 9.3 万中国人民解放军的指挥员、战斗员,有 2.2 万郊区各区的农民,有 17 万机关干部,有 10.1 万学校的师生,有 1.4 万工业、商业部门的职工,总数共约 40 万人。参加十三陵水库建设工程的人们,不断地发明、创造和改进工具,不断地以几倍、几十倍的速度提高劳动效率,创造新的纪录,涌现了 1.9 万多模范人物和 2600 多个先进单位。[①] 彭真讲话后,把奖状授给了各路劳动大军的代表。4 时 50 分,庆祝联欢活动开始,人们敲打着锣鼓,燃放着鞭炮,载歌载舞,表演了建设水库的新人新事的节目。从北京赶来的 30 多个文艺团体也分别为联欢的人们演出了精彩的节目。[②]

十三陵水库工程原本是安排在第三个五年计划期间修建的,在全国"大跃进"的形势鼓舞下,为了及早免除水患,扩大郊区农田灌溉面积,北京市决定把工期提前。首都人民用短短的 160 天时间,完成了一座 180 万立方米土方的大坝的建筑任务,修起了一个库容比颐和园内昆明湖还要大 20 倍的十三陵水库,真可谓"一项空前快速的创举"。[③]

7 月 1 日,著名诗人郭沫若参加十三陵水库落成典礼后,写诗赞云:"雄师百万挽狂澜,五载工程五月完。从此十三陵畔路,四山环水水环山。"复云:"横流壁立锁蛟龙,百丈高堤气势雄。已见西风今压倒,人间万代颂东风。"[④]陈毅也作诗赞道:"远望水坝半天横,近看斜壁数十寻。四十万人能速决,巨工五月便期成。水库揭幕发辉光,参加劳动姓字香。为问谁是建设者,答言工农兵学商。"[⑤]

国家经委在向中共中央及毛泽东提交的一份报告称:十三陵水库是多快好省的一个典型。在一些大城市附近,充分利用城市劳动力和技术力量

① 《在十三陵水库落成典礼大会上彭真市长的讲话》,《人民日报》1958 年 7 月 2 日。
② 《贯彻执行总路线的伟大胜利,十三陵水库建成,十五万人昨日欢腾庆祝》,《人民日报》1958 年 7 月 2 日。
③ 《首都人民大跃进的标志》,《人民日报》1958 年 7 月 2 日。
④ 郭沫若:《雄师百万挽狂澜——"七一"参加十三陵水库落成典礼书怀》,《人民日报》1958 年 7 月 2 日。
⑤ 陈毅:《参加十三陵水库完工典礼的颂歌》,《人民日报》1958 年 7 月 14 日。

举办一些比较大的建设工程，既可以节省建设投资、加快建设进度，又可以使城市的机关、商店的职工，学校的学生，部队的官兵，获得参加劳动锻炼的机会。这个经验值得推广。该报告认为，十三陵水库在许多方面比由当时国家举办的官厅水库和由地方举办的麻城县（现麻城市）明山水库要经济得多。①

三、怀柔水库和密云水库的建设

1. 怀柔水库的建设

怀柔水库和密云水库，是新中国成立后国家制定的根治海河流域规划中的重点水库建设项目。

怀柔水库原计划在第三个五年计划期间才动工，但怀柔当地农民在首都修建十三陵水库的鼓舞下，要求提前修建。1958年3月9日，党和政府决定采取民办公助、以民办为主的方式修建怀柔水库。怀柔水库位于怀柔县（现北京市怀柔区）城北的龙山和石厂山之间，是在横跨潮白河支流怀河上修建的一座全长1100米的拦洪大坝。当时，这座水库一面勘测，一面开工。

如果说十三陵水库主要是靠解放军官兵、首都郊区农民和企业职工以及机关工作人员的义务劳动建成的，那么，怀柔水库则几乎全是靠农民的义务劳动建成的。建设怀柔水库的6万多名民工，来自当时的河北省怀柔、香河、固安、三河等县和北京市通州、顺义等12个县区的3477个农业生产合作社。除了6个县区直接或间接受到水库的效益以外，半数的县区并不受益，但农民们怀着同心协力建设社会主义、共同跃进的热情，跋山涉水，自带一切生产工具和生活用品，自搭工棚，不拿国家一分工钱，为集体的社会主义事业贡献自己的力量。国家补助的投资仅350万元，主要用于购置钢筋、水泥、炸药和照明设备等。

由于建设时间短，工程量大，当时有人曾怀疑汛前能否修成。6万民工用冲天的干劲回答了这个怀疑，他们提出"苦战几个月，修成大水库""汛前完成，当年受益"等口号，施工中展开和洪水赛跑的竞赛运动。他们不分昼夜，不顾日晒雨淋，劳动起来比对待本乡本村本社甚至个人的家业还更加热情充沛，干劲十足。工地上组织起来的大小突击队有183个，在六次全

① 《国家经委党组关于十三陵水库建设的报告》，中国社会科学院、中央档案馆编：《1958—1965中华人民共和国经济档案资料选编·固定资产投资与建筑业卷》，中国财政经济出版社2011年版，第800-801页。

工地评奖中,更涌现出成千上万的英雄模范。

来自3477个合作社的农民,许多人都素不相识,但他们在共同劳动和共同生活中团结互助,相处得犹如兄弟。当时的水库小报上曾登过一位民工写下的诗句,生动地描绘出人们之间动人的新关系:"千条线穿着万针孔,大娘的心意比线长。修不成水库不回家乡,答谢大娘一片好心肠。"工地上还有人写下这样两首诗:"拧成的绳子折不断,大家团结力如山。互相鼓舞搞竞赛,建成水库不费难。""工棚连工棚,是个大家庭。昨天你我不相识,今天成了好弟兄。"这些诗句形象地表达了6万人在共同劳动、共同生活中结下的团结互助关系。

6万民工在怀柔水库战斗100多天虽不拿一分工钱,但他们所在的农业合作社却会按照他们在工地上的劳动表现,在当年合作社的收益中给他们分红,并且在修水库期间妥善地照顾他们的家庭生活,供应民工们的一切生产和生活需要,保证农业社生产搞得更好。因此,6万民工实际上是12个县、区全体农民派出的义务劳动的代表,怀柔水库的建成实际上是3477个农业合作社的集体力量的展现。①

1958年6月26日上午,周恩来在国务院秘书长习仲勋、河北省副省长阮泊生的陪同下来到怀柔水库视察,随后赶往密云县城。他在视察中,关心民工的休息,指出,民工每天劳动12小时,休息时间太少,要求水库建设指挥部制定措施,实行三班倒。他还指示广播站表扬先进人物和先进事迹,给大家以鼓励,并题写了"怀柔水库"四个大字。

怀柔水库在修建过程中,得到了解放军、北京市有关机关、学校等70个单位的热情援助,包括工程设计、地质钻探、供电和碾压机械等,对鼓舞民工们的干劲、加快水库的建设起了巨大作用。1958年6月上旬,修建水库的人们曾连续四天创造在坝上填土3.2万多立方米的惊人成绩。

1958年7月20日下午,参与修建水库的人们和附近的人民群众7万多人,在拦河大坝前集会,隆重举行怀柔水库落成典礼。国务院副总理薄一波、农业部副部长何基沣参加了大会。薄一波剪彩,宣告水库全部建成,并发表了讲话,他说:"这座水库的兴建,在经济上可以促进农业生产的发展,为国家增产粮食、棉花和油料。在政治上说明了合作化以后的农民,在党和毛主席的英明领导下,有着无穷的智慧和力量,可以改造自然,利用自

① 袁木、邓子常:《集体农民的共产主义精神——歌颂建设怀柔水库的六万民工》,《人民日报》1958年7月16日。

然,限制自然。在经验上,怀柔水库的建设过程,就是一篇生动的、具体的典型经验,特别是打破常规,边勘察、边设计、边施工,更为我国的水利建设开辟了新的纪元。"北京市副市长张友渔讲话说,这座水库的建成,除了国家给予必要的物资和技术援助以外,全部土石方工程都是参加水库建设的人们用自己的双手完成的。这个事实说明,不仅小型水利工程,就是一些大的水利工程也可以采取民办公助的方法进行。①

怀柔水库建成后,控制流域面积 540 平方千米,蓄水 1 亿立方米,灌溉农田 100 万亩,总工程量土石方 209 万立方米,其控制流域面积、蓄水量、灌溉面积都比十三陵水库大。该水库采用民办公助、以民办为主的办法,仅仅用 130 天就建成了,堪称"建设上的多快好省的光辉典型"。怀柔水库的建成并投入使用,具有重要的象征意义。它为水利建设昭示了一种新的发展趋势:"不但小型水利工程将遍地开花,中型的和大型的水利工程也将在民办为主的基础上大量地涌现。这里不但有量的发展,而且有质的提高。"②

2. 密云水库的建设

密云水库位于北京市东北密云县境内潮河和白河的上游。潮河和白河发源于燕山山脉的承德和张家口地区,流经京津地区入渤海。两条河的上游势高水急,下游河道狭窄,京津一带约 4000 平方千米的地区,在汛期经常遭受水灾,1949 年就有 600 万亩土地被淹,受灾人口达 100 多万。新中国成立后,潮白河两岸的人民在党的领导下,进行了疏通河道、加固堤岸、抢修险工等治理工作,灾害虽然大大减轻了,但水患仍未得到根治。据 1949—1956 年的统计,8 年中,潮白河下游顺义、通州、宝坻等县(区),受洪水危害的土地达 3300 多万亩。

密云水库的主要工程有横跨潮、白两河的两座主坝和 17 座副坝,一条隧洞、一条导流廊道、三条溢洪道和非常溢洪道以及发电隧洞。水库建成后,可以蓄水 41 亿立方米。水库全部工程共需开挖、填筑土石方 2300 万立方米,比全国闻名的官厅水库大 20 倍,比南湾水库大 6 倍,比大伙房水库大 2 倍,比岗南水库大 2 倍,是当时全国已经拦洪的水库中工程量最大的大型综合水库。③

由于修筑工程复杂巨大,密云水库原先预定在第三个五年计划末期开

① 《民办公助的大水库,七万人集会庆祝怀柔水库建成》,《人民日报》1958 年 7 月 22 日。
② 程浦:《多快好省的建设典型》,《人民日报》1958 年 7 月 22 日。
③ 《密云水库工程介绍》,《人民日报》1958 年 9 月 2 日。

工。但到了1958年,在"大跃进"形势的鼓舞下,党和政府决定提前根除潮白河的水患,兴建密云水库。1958年6月,水利电力部会同河北、北京有关部门向中共中央和国务院提议,9月动工修建密云水库。这个提议很快得到批准。6月26日上午,周恩来到怀柔水库视察,随后赶往密云县城。他在听取密云县委第一书记阎振峰汇报情况后,立即到潮白河畔为密云水库勘选坝址。陪同周恩来一起视察的王宪回忆道:"总理下车毫无倦意地大步向前走,全然不顾脚下滚烫的一步一陷的沙滩和凹凸不平的乱石堆,只专心一意地远望近观,察看地形。走到规划中的潮白河坝址,他随便坐在河滩中的一根木头上,一边认真地看库区地形图纸,一边同大家一起研究方案。当他听取了水利专家们关于潮白河历史灾害情况和修建水库的规划设想的汇报后,又提出问题与大家共同磋商,经过仔细推敲,反复研究论证和优化对比,同意了潮河主坝与九松山副坝的规划坝址。他站起身来向清华大学张光斗教授询问国外建库情况和现有的先进工程技术,然后他挥了挥手坚定地对大家说:'我们一定要有敢于赶超国外先进技术水平的思想。他们有的,我们要有;他们没有的,我们也要有;我们今天没有的,明天就要有。'总理的话对在场的同志是一个巨大鼓舞,使我们进一步解放了思想,增强了信心。"①

1958年6月27日,周恩来主持召开国务院会议,专题研究修建密云水库问题。会议决定把海河治理规划中拟定的准备在"三五"计划后期开始动工修建的计划,提前到1958年汛后开工。王宪回忆说:"我没想到国务院这么快就决定了修建这座大水库的方针大计,但这毕竟是鼓舞人心的消息。后来我深刻地体会到,周总理几次三番前往正在施工的十三陵水库和怀柔水库现场视察,对工地上的领导干部、工程技术人员的工作能力、智慧水平以及全体建库者们自力更生、艰苦奋斗的拼搏精神和对社会主义建设的热情有着充分的了解,使他心中有了底。这个底就是我们自己完全有能力有办法修建更大规模的水库。"②

经过两个月的准备,1958年9月1日,当时华北地区最大的综合性水利工程——密云水库正式开工兴建。密云水库是在水利电力部的具体指导下,由河北省和北京市协力兴建,其主要工程都是清华大学的教师和水利系的学生设计的,这是中国高等教育同劳动生产相结合的成果。当时的

① 王宪:《碧波荡漾溢深情》,《我们的周总理》,中共文献出版社1990年版,第265页。
② 王宪:《碧波荡漾溢深情》,《我们的周总理》,中共文献出版社1990年版,第266页。

清华大学水利系主任张任担任设计代表组组长的工作。在党和政府的号召下,来自河北省和北京市21个县区180多个人民公社的19万多社员,带着家乡父老"坚决把水堵住""为公社争光"的嘱咐,背着吃的、住的和劳动用的各式器具,浩浩荡荡地向水库工地出发了。加上随后在汛前参加建设的中国人民解放军1万多官兵,共有20万劳动大军投入到水库建设中。为了建设水库,密云县迁出5.63万多人,拆迁房屋5.37万多间,占耕地16.1万多亩。①

人民公社运动对密云水库的建设起到了特别重要的推进作用。民工中有许多来自并非直接受益的地区,但公社化以后,农民们打破了只顾本乡本土的传统观念,携带着大量的手推车、木材和工具,与受益区的民工们并肩作战。各公社对于参加水库建设的社员,照常记劳动工分、统一解决民工家庭生活中的一些特殊困难,并且还经常组织慰问团到工地慰问,介绍家乡的生产、生活情况,鼓舞民工的干劲。家乡人民对水库工地从政治上和人力、物力上的大力支援,充分说明了工农商学兵相结合的、政社合一的人民公社的优越性。②

这座大型水库,可以说是人民公社参加大型工程建设的一个范例。密云水库的修建工程,是国家举办,公社参加,土洋并举,两条腿走路,因此争得了高速度。水利电力部和河北省、北京市的领导机关,联合组成水库修建总指挥部,国家出物资、机械,出技术力量,出工程费用,河北省、北京市21个县区所属180多个人民公社,组织大协作,按照水库工程的需要提供民工。民工在水库劳动,公社照常记工分,国家给民工另发生活津贴。民工所需的一切物资,也由各有关人民公社负责筹集,国家随后折价偿还。这样做的结果,国家节省了投资,争得了高速度;人民公社办成了自己独力办不到的大事;社员收入不减少,家庭生活有安排,还参加了国家建设,开阔了眼界,提高了觉悟,增长了知识,学得了技术。③

水库开工初期,缺乏机械,民工们就用手推车,用土筐上坝,并且创造了各种"土"机械。仅1958年11、12月两个月就出现了123种新工具。铁路工人王连俭创造的"压杠式起道机",提高工效8倍;他创造的"翻板式"

① 北京市委密云水库调查组:《人民公社显神威,长城脚下制孽龙,河北、北京地区一百八十个人民公社修建密云水库的调查报告》,《人民日报》1960年2月15日。

② 《首都东北出现一个大人造海,密云水库胜利拦洪水大坝比官厅》,《人民日报》1959年9月2日。

③ 北京市委密云水库调查组:《人民公社显神威,长城脚下制孽龙,河北、北京地区一百八十个人民公社修建密云水库的调查报告》,《人民日报》1960年2月15日。

料台,使装汽车的工效提高了10倍。当大量机械到达工地以后,工地又碰到没有技术工人的困难,建设者坚持自力更生,他们边学边做、边做边学,在短期内,民工中就出现了7000多名拖拉机手、汽车司机、皮带运输机和水电技工等。全国各地群众对水库的建设给予了很大的支援,来自390个工矿、企业、机关、学校的工人、干部、技术人员达5000多名,其中有2400多名技术工人来自140个建设岗位。

1959年7月底,潮河库内水位猛涨,建设者喊出"水涨一寸,坡升一尺"的口号,日夜抢砌护坡,跑在了洪水的前面。8月上旬的几次暴雨之后,白河库内水位猛涨,为了保证大坝的安全,民工和解放军官兵在抢修泄洪引渠的施工中,连续进行了20多个小时的紧张劳动,有的解放军官兵连续战斗36个小时不下工地。在工地上,哪里有困难,哪里就有解放军官兵。在轰轰烈烈的劳动竞赛中,先后涌现出4800多个先进集体,先进生产者达14.8万多人次,有2000多人在工地上参加了中国共产党。①

当密云水库工程进入关键时期时,周恩来亲赴现场了解情况,指导施工。他指定钱正英、阮泊生、赵凡三人分别代表水利电力部、河北省和北京市组成建库三人小组,并指派国务院副秘书长齐燕铭代表国务院协调各有关部门及省、市、自治区的关系,在人力物力上积极支援密云水库建设。他告诫工程指挥人员说:"既要保证进度,更要保证质量,决不能把一个水利工程建成个水害工程,或者是一个无利可取的工程。要把工程质量永远看作是对人民负责的头等大事。""这座水库坐落在首都东北,居高临下,就如同放在首都人民头上的一盆水,一旦盆子倒了或漏了,撒出大量的水来,人民的衣服都要被打湿的。"②

修建像密云水库这样的一座大型水库,在通常情况下需要一两年准备时间和四五年的施工期。但在"大跃进"运动和人民公社化以后,在党和政府的高度重视下,广大建设者冲破常规,在确保工程质量的前提下,为中国的大型工程建设创造了高速度的范例。密云水库于1958年9月动工,1959年7月拦洪,当时预计1960年汛前竣工。就是说,10个月拦洪,当年收到效益,不到两年时间全部建成。这无疑是中国水库修建史上的一大奇迹。

---

① 《首都东北出现一个大人造海,密云水库胜利拦洪水库大坝比官厅》,《人民日报》1959年9月2日。

② 中共中央文献研究室:《周恩来传》(下),中央文献出版社1998年版,第1405页。

1958 年 8 月,20 万建设者只用了一年的时间,就修成了拦洪大坝,拦蓄洪水 8.5 亿立方米,完成土石砂 2528 万立方米,占工程总量的 70% 左右。白河大坝和潮河大坝两座主坝以及其他 17 个副坝,先后达到或超过拦洪高程,潮河隧洞已完工泄水。当时,白河隧洞正在进行混凝土衬砌,溢洪道也已挖到了临时泄洪高程,剩下的工作量尚有 30% 左右。密云水库的拦洪成功,不仅免除了下游洪灾,而且大大减轻了涝灾。

1959 年 9 月 1 日,密云水库工地开会欢庆水库胜利拦洪。庆祝大会于下午 1 时开始。密云水库修建总指挥王宪致开幕词后,国务院副总理谭震林代表中共中央和国务院在会上讲了话。谭震林说,密云水库胜利拦洪,保证了潮白河下游广大人民的安全,这是河北和北京人民的大喜事,也是全国人民的大喜事。水库建设者们日日夜夜艰苦劳动和洪水赛跑,用一年的时间就治服了汹涌的洪水,这是你们给人民立下的伟大功劳。水利电力部副部长李葆华、中共北京市委书记处书记、北京市副市长万里,中共河北省委代表郭芳,中国人民解放军驻京部队代表张正光,清华大学党委副书记高毅等也先后在会上讲了话。他们向建设者们祝贺水库拦洪的伟大胜利,指出这是总路线的胜利,是首都和河北人民继续跃进的标志,是人民公社巨大优越性的具体表现。他们并勉励水库建设者继续鼓足干劲,为早日全部完成水库建设工程而奋斗。[①]

1959 年 9 月 7 日,《人民日报》发表题为《大办水利好得很》的社论,对密云水库成功拦洪的奇迹予以称赞。社论指出:"密云水库的拦洪,正说明了社会主义建设总路线充分地反映了广大人民的迫切愿望和根本利益。河北省和北京市的人民深受水灾之苦,正是在总路线的指导下,鼓足干劲,使密云水库一年拦洪,免除了今年的没顶之灾。密云水库一年拦洪,也生动地说明了人民公社的巨大优越性。正是由于有了人民公社,包括受益区和非受益区的 20 个县能够出动 20 万青壮民工,能够顺利地迁出和安置了库区 11000 户居民,加上全国各省市和许多单位的大力支援,才能在一年内制服潮白河的洪水。密云水库这个一年间在华北升起的巨坝,是社会主义建设总路线的完全正确和大跃进、人民公社的伟大胜利的有力证明!"[②]

1959 年 9 月 7 日,陈毅作诗称赞密云水库道:"翻天覆地,造海移山,禹鲧结合,蓄放并兼,施工跃进,着着争先,稻粱麦黍,丰硕之端,旱涝永别,潮

---

①　《首都东北出现一个大人造海,密云水库胜利拦洪水库大坝比官厅》,《人民日报》1959 年 9 月 2 日。

②　《大办水利好得很》,《人民日报》1959 年 9 月 7 日。

白改观,嘉宾莅止,泛舟同欢,和平友谊,举世所瞻,长城在望,绿水连天,密云密云,气象万千,润我京华,福利无边!"①

1960年9月,密云水库全部完工并正式投入使用。20万建设者在极其艰苦的条件下,建成了可蓄水43亿立方米、土石方工程量3000多万立方米的大型水库,不仅解决了防洪防涝、发展农田灌溉事业的问题,并且基本解决了困扰北京城区多年的缺水之苦。密云水库的建设经验,为人民公社参加国家的大型工程建设创立了成功的范例,也为中国高速度进行社会主义建设提供了一种重要的组织形式。②

当然,密云水库是在"大跃进"运动高潮中兴建的,它给后人留下了一些值得探讨的问题。周恩来后来所作的总结颇值得重视:"密云水库搞得太快,负担太重,三年建成急了一些。水库容量大,迁移人口多,淹地多,因此计划施工时间应该长一些,慎重一些。虽然工程是成功的,但是有偶然性。"③

四、改造海河工程的实施

新中国成立后,党和政府逐年加强了对海河的治理。在它的上游,新挖了一条直接入海的独流减河,重修了新开河,使原来海河入海的通道由一个变成了三个。还在海河的上游河道修建了官厅水库、十三陵水库、怀柔水库、密云水库和星罗棋布的中小型水库。这样,洪水为患的威胁就大为减轻了。但由于工农业生产的发展,淡水的需要量和污水的排泄量都大大增加。在枯水季节,海河的水又咸又臭又少的缺点就越来越突出了。1958年4月20日,海河的来水量急剧下降到4.2立方米每秒,与下水道排入海河的污水量相等;天津市民饮水也十分紧张。④

为了彻底改造海河,党和政府除了继续在海河的上游修建更多的水库以外,开始规划对海河本身进行改造。改造海河工程,包括在海河口建闸和下水道改建两大部分。这两大工程要求污水不入河,咸水不上溯,淡水不流失;实现一年四季河水清、水源足、兴灌溉、利舟楫的目的。

① 陈毅:《游密云水库——记周恩来总理与阿富汗副首相纳伊姆亲王同游》,《人民日报》1959年9月8日。
② 北京市委密云水库调查组:《人民公社显神威,长城脚下制孽龙,河北、北京地区一百八十个人民公社修建密云水库的调查报告》,《人民日报》1960年2月15日。
③ 中共中央文献研究室:《周恩来年谱(1949—1976)》(中),中央文献出版社1997年版,第647页。
④ 赵玉昕、虞锡珏:《咸淡分家,清浊分流》,《人民日报》1958年12月29日。

　　1958 年 7 月 3 日《人民日报》发文阐述这两项工程主要的作用如下。
①海河口建闸打坝以后，海河成为一个清水和淡水的蓄水库，水位可维持
在大沽海平面以上 2.5 米，河身经常蓄水近 8000 万立方米，天津工业高峰
用水可以得到调节。②过去海河每年用于"冲污""压咸"的淡水约 15.5 亿
立方米，可以节约下来灌溉。预计可灌水稻 310 万亩，每年可增产稻谷约
12 亿斤。另外，下水道污水含氮量约 2%，如果全部污水都利用起来，每年
可代替化肥 1500 万斤，底肥 18 亿斤。③便利航运和发展贸易。当时 3000
吨的海轮只能半载趁潮进入天津。建闸以后，3000～5000 吨的海轮可以
满载直驶天津市内。④可以美化城市。①

　　改造海河的工程规模巨大，仅海河闸及下水道工程就需要挖填土 500
多万立方米，相当于十三陵水库拦河坝土方量的 3 倍。改造下水道管道的
总长为 202 千米，其中有 30 千米管子的口径达 3 米，吉普车可以在里边
通行。

　　1958 年 7 月 1 日，海河"咸淡分家、清浊分流"改造工程全面动工。拦
河大坝是海河建闸主体工程之一，坝长 300 米，高 13 米，底宽 260 米、顶宽
10 米，需要抛柴石枕 6000 多个，填土 9 万多立方米。其规模之大、施工之
艰巨，是天津市建筑工程史上少有的。修建这样的拦河坝，一般要半年左
右的时间，但是海河工地上的数万名劳动大军，仅仅用了 44 个昼夜的时间
就完成了任务。11 月 18 日，海河拦河大坝合龙，海河建闸枢纽工程之一的
渔船闸在同日开闸放水。18 日上午拦河坝合龙时，坝头上的两面红旗插到
一起，旗上写着"英雄会师，锁住蛟龙，改造海河，立下巨功"②。当天下午，
海河建闸工地的劳动者在新港举行祝捷大会，庆祝拦河坝合龙、渔船闸工
程完工。拦河大坝，切断了海河与渤海之间的天然联系，使华北五条内河
注入海河的淡水不再流入大海，并且使含有盐分的海水不再上溯河内，实
现了海河河水"咸淡分家"的目的。海水、河水分离，改善了天津市的淡水
资源，对天津工业发展和城市繁荣发挥了重要作用。

　　海河节制闸建闸工程也于 7 月 1 日开工，有 10 万多工人、农民、战士、
机关干部、学生等参加了建闸劳动。劳动大军创造了许多动人事迹，新纪
录不断出现，涌现出先进集体 157 个，先进生产者 7422 名。天津市各工
厂、企业机关和广大居民，大力支援这项工程。据《人民日报》记者报道：

---

①　《咸淡分家，清浊分流，天津开始改造海河》，《人民日报》1958 年 7 月 3 日。
②　《英雄移山锁蛟龙，"咸淡分家"立巨功，海河拦河大坝合龙》，《人民日报》1958 年 11 月 21
日。

"从工程开工的那天起,无论是在汗流浃背的酷夏,还是在海风凛冽的寒冬,或者是在雨水连绵的季节,大家一直是精力充沛地劳动着。"①人们不仅苦干,而且实干、巧干,掀起了"人人献计,个个献策"的技术革新高潮。建闸工地上的建设者一共提出了技术革新建议 43 万多件,被采纳实现了26.8 万件。其工程速度的飞速进展是与全国各地人民的支援分不开的。北至黑龙江,南到海南岛,有 11 个省直接用人力、物力支援过海河工地。江苏省水利厅接到天津海河改建委员会要求支援的信后,立即抽调一个经验丰富的工程师和 14 个筑坝老工人来天津支援改造海河的工程。②

12 月 28 日,海河节制闸建闸工程竣工,并举行了竣工典礼。工地上数万名劳动大军欢声雷动,载歌载舞。一伙青年民工挥动着肩垫,高声齐唱:"百万雄师气昂扬,推石运土垒坝墙,造福人民喝甜水,海河两岸稻花香。"海河建闸工程指挥部主任王葆珍报告了建闸经过以后,由中共河北省委第一书记林铁讲话。林铁说:海河建闸工程的胜利竣工,是天津人民的大喜事,也是河北省人民的大喜事。因为根治海河是河北省和天津市人民多年来的愿望,是党消灭水旱灾害、促进生产跃进的一项重大措施。海河建闸工程的顺利完成,对根治海河工程来说,起着很大的促进和鼓舞作用。接着,天津市市长李耕涛在会上讲了话。他说,海河改造工程的完工,改变了海河的历史面貌,实现了"咸淡分家、清浊分流"的愿望。③ 从此,海河成为一条驯服的河流,将为天津市的工农业生产、交通运输和人民生活贡献更大的力量。

改造海河的主体工程——节制闸、渔船闸和拦河大坝陆续动工时,天津市污水系统改建工程也开始施工。这项"清浊分流"工程,是把天津市向海河排泄污水的下水道全部改变流向,使污水分成五路七个系统,分别排向天津郊区的污水处理场。12 月 30 日,污水系统改建工程竣工,"全市污水从此不再流入海河,使清水浊水各自分流"。至此,天津市改造海河的工程全部结束,海河改变了历年来咸淡不分、清浊混流的面貌,进入"咸淡分家、清浊分流"的新时期。

新中国成立后,在海河上游有计划地修建的大中型水库及下游兴建的减河工程,在抗御海河洪水中发挥了巨大作用。然而,1963 年的特大洪水

---

① 赵玉昕、虞锡珪:《咸淡分家,清浊分流》,《人民日报》1958 年 12 月 29 日。

② 赵玉昕、虞锡珪:《咸淡分家,清浊分流》,《人民日报》1958 年 12 月 29 日。

③ 《天津人民伏海河,改造海河的重要工程——节制闸胜利竣工》,《人民日报》1958 年 12 月29 日。

敲响了海河水患的警钟。这次海河特大洪水受灾市县达 100 多个,受灾人口达 2200 多万,京广铁路因水灾中断运输 27 天。1963 年 12 月 13 日,河北省抗洪抢险斗争展览会在天津开幕。毛泽东、刘少奇、周恩来、朱德、陈云、邓小平等党和国家领导人专门题词。毛泽东的题词为"一定要根治海河"。毛泽东的这个号召发出后,海河流域的人民群众在各级政府的领导下,建水库、疏河道、筑堤坝、修渠道,掀起了声势浩大、波澜壮阔的海河治理开发高潮。河北省政府动员广大民众投入到根治海河的群众性水利建设运动中。

海河怎样才能得到根治?河北省广大干部、群众和水利工程技术人员认识到,海河流域的特点是"有排无灌,不能抗旱;有灌无排,涝碱成灾",并逐渐摸索出一套切合实际的治水经验:从全流域着眼,上下游、左右岸兼顾,骨干工程和配套工程相结合,防洪和排涝相结合,除涝和灌溉相结合,治山和治水相结合,利用地上水和开发地下水相结合。其中,河北省将黑龙港地区排水工程和子牙河防洪工程紧密地结合在一起,就是一个范例。河北省地势比较复杂,为把根治海河的伟大任务落实到每一个基层,各个地区在统一规划的前提下,还配合骨干工程,因地制宜地采取了许多重要措施,不断把根治海河的战斗推向深入发展。在西部山区,大搞林、梯、坝,保持水土;在平原地区,大搞园田化,合理用水,科学种田;在东部低洼盐碱地区,大搞台(修台田)、排(排水、排碱)、改(改土、改种)、灌(灌溉)、路(修公路)、林(造林)综合治理。这种根据不同特点的山水林田综合治理,加快了根治海河的进程。①

海河南系河道的治理工程主要包括:1965 年 10 月 15 日开工的河北省根治海河的第一个大工程——黑龙港地区排水工程;1966 年 10 月 5 日开工的河北省根治海河的第二大工程——子牙新河工程;治理大清河中下游工程。

河北省南部,南至漳河,东至卫运河、南运河,西至滏阳河、子牙河的广大平原,包括邯郸、邢台以东,津浦铁路以西的 40 多个县(市),面积 19700 平方千米,是一块地势较低、容易发生内涝的地区。这片地区每年夏秋季降雨所造成的涝水,原来是向北经黑龙港河汇入静海以西的贾口洼,然后流入子牙河,由海河入海。这个地区地形复杂,许多河道河床淤塞,因此经

① 《治水史上谱新篇——记河北省人民治理海河的伟大斗争》,《人民日报》1970 年 11 月 18 日。

常发生涝灾，土地严重盐碱化。1960年，在泊头市附近开挖了一条向东跨越津浦铁路直驱渤海的南排水河。因河道排水能力很差，加上其他河道没有治理，故仍然未能根除该地区的涝灾。

为了根治该地区的内涝，河北省委决定，集中力量修建黑龙港地区排水工程。黑龙港地区排水工程于1962年着手勘测设计，1965年10月15日工程全面开工。黑龙港地区排水工程的主要内容是全面扩大和疏浚、调整黑龙港排水系统各河道。1965年冬季施工的工程包括土方工程1.31亿立方米，建造桥梁260座、闸涵60座。另外，还要同时疏浚35条小河，建造公路桥梁48座。工程规模之大，是河北省水利建设史上的创举。① 工程全部完工以后，南排水河以南地区原来流往黑龙港河的涝水可经南排水河畅流入海，从而使南排水河以北地区的2000多万亩耕地基本免除内涝灾害。在这个基础上，各地再修沟渠台田，就可以使盐碱土地得到改良。该工程开工后，来自河北省7个专区的48万治河大军，不畏天寒地冻，战斗在绵延900千米长的黑龙港地区排水工程的工地上。到1965年12月20日，提前完成了冬季工程计划，全体民工撤离工地，返回家园。②

1966年春，40多万民工继续奋战，经过120天的艰苦奋斗，提前完成黑龙港排涝工程的主要9条骨干河道、35条支流河道和1200多座桥梁、涵洞等工程，解决了1600多万亩耕地正常降雨年份的排涝问题。据不完全统计，有700多个民工单位被评为先进集体，有15万多人被评为"五好民工"。③

从1966年到1969年，人民群众经过3个冬春的奋战，使大部分农田排水工程和黑龙港骨干工程完成了配套。据不完全统计，仅挖掘大的支流河道的土方就达8000多万立方米，还兴建了许多桥梁、涵洞和小闸，基本上做到了河渠相通，沟渠相连。④ 到1970年，河北省人民经过5个冬春的奋战，完成了黑龙港地区的防洪排涝骨干工程和主要配套工程。这一时期，各地、县、社、队依靠自己的力量，配合黑龙港骨干工程进行了大量的田间土方工程，总计开挖大小河渠7.3万多条，修建大小建筑物4.2万多座，

---

① 《依靠人民公社集体力量兴修水利，河北黑龙港地区大规模排水工程开工》，《人民日报》1965年11月2日。

② 《千军万马战海河——海河工地诗抄》，《人民日报》1966年1月14日。

③ 《毛主席"一定要根治海河"的伟大号召鼓舞河北全省人民，黑龙港流域排水工程四个月基本完成》，《人民日报》1966年7月8日。

④ 《河北人民在毛主席"一定要根治海河"伟大号召鼓舞下，建成黑龙港排涝工程，发挥巨大效益》，《人民日报》1969年9月17日。

形成了黑龙港地区的五级排水网,使防洪能力比治理前提高了4倍,排涝能力也大大增强。[1]

　　黑龙港地区排水工程修建完成后充分发挥了排涝作用。1969年7月底,黑龙港流域中上游阜城、武邑、交河、景县等地下了十年一遇的暴雨,降雨量一般都在200毫米以上,个别地方达到380毫米。正是利用黑龙港排涝工程,只用了三天时间就把几万亩农田的积水全部排入黑龙港骨干河道,流入渤海,战胜了沥涝灾害。通过对黑龙港地区的治理,使这个历史上多灾低产地区的面貌发生了根本的变化。随着黑龙港排涝配套工程的日益完善,黑龙港地区的人民便开始治理盐碱化的土地。他们采用造台田、开条田等办法,使流域内的盐碱地由重碱变轻碱、由轻碱变良田。黑龙港地区的老漳河的两旁,过去都是一片白茫茫的盐碱地,工程建成后,河流两旁一里之内的土地,农作物生长得很好。[2]

　　河北省的滏阳河和滹沱河在献县汇合后称子牙河。子牙河是海河五大水系之一,献县以上的流域面积达5万多平方千米,流域内人口1300多万,耕地3500多万亩。每到雨季,上游滏阳、滹沱两河来洪很大,而子牙河泄洪能力很小,洪水一旦出槽,天津以南地区就会变成一片汪洋,对天津市和津浦铁路的威胁极大。子牙新河工程是从献县向东,在青县和沧州市之间穿过南运河和津浦铁路,给子牙河再开辟一条由北大港的祁口直接入海的、长约143千米的新河道。

　　1966年10月5日,河北省又一个根治海河的大工程——子牙新河工程正式开工。这是继1965年冬和1966年春治理黑龙港流域胜利之后,根治海河的第二个战役。来自邯郸、邢台、石家庄、保定、衡水、沧州、天津和唐山8个专区87个县(市)的30万治河民工,在天津以南广阔的子牙新河工地上打响了根治海河的第二仗。《子牙新河工程简介》中介绍说:子牙新河的设计,是从献县到海口筑平行的两条堤,由南北两堤形成一条开阔的行洪道。两堤之间一般宽2.5千米,入海一段宽3.6千米。这条行洪道备特大洪水时行洪,堤内滩地上的广大农田,仍可照常耕种。堤内主要公路的路面要加固,以免行洪后影响交通。子牙新河工程除这条行洪道以外,北堤内傍堤要开挖一条可通过300立方米每秒流量的较深的河槽,这是子

----

　　[1]　《在毛主席的"一定要根治海河"伟大号召鼓舞下,河北黑龙港地区防洪排涝主要工程胜利完成》,《人民日报》1970年9月1日。

　　[2]　《河北人民在毛主席"一定要根治海河"伟大号召鼓舞下,建成黑龙港排涝工程,发挥巨大效益》,《人民日报》1969年9月17日。

牙新河平时的主要河槽,可以通航。南堤内傍堤也将开挖一条较小的排水河。此外,在献县、子牙新河穿过运河的地方和入海之处,还将修建三处规模巨大的枢纽工程和其他一些水闸和桥梁。[①] 1967 年 9 月,经过 30 多万治河大军的辛勤劳动,子牙新河工程竣工。子牙新河工程完成后,滹沱河北堤和子牙新河北堤,形成了西起石家庄东到新河海口长达 300 千米的一道防洪屏障。

大清河位于河北省中部津浦铁路和京广铁路之间。过去,由于河道淤塞窄小,上游洪水不能畅通下泄,每当汛期洪水泛滥时,极易造成沿河地区的洪涝灾害。由于独流减河泄洪能力小,大清河洪水不能畅流入海,每遇洪水就造成东淀及独流减河本身长期的高水位,直接威胁着天津市和津浦铁路以及附近广大农田的安全。为了根治大清河,河北省决定集中力量进行独流减河治理工程。

1969 年春,独流减河河道扩宽、深挖和加固北大港围堤工程开工。参加该工程施工的 30 万民工来自河北省邯郸、邢台、石家庄、保定、沧州、衡水等地区以及天津市的 80 多个县(市)。他们在绵延 50 千米的工地上,战风雪,趟泥泞,打冻土,顶严寒,发扬"愚公移山"精神,奋战 100 多天,开挖河道 68 千米,修建千米混凝土桥梁 3 座,大型枢纽闸 2 座,共开挖土方 6200 多万立方米,填筑土方 800 万立方米,达到了河成、堤成、桥成、路成、田成(把挖河弃土修成台田)的高标准。[②] 独流减河的大堤加高增厚以后,天津市南部的防洪屏障更加巩固。同时,治理后的独流减河也为逐步改良沿河盐碱洼地、发展灌溉和航运事业,创造了极为有利的条件。

治理大清河中下游工程是根治海河工程的重要组成部分。1969 年冬,来自河北省石家庄、唐山等 8 个地区的 30 万治河民工,排除万难,英勇奋战。到 1970 年 6 月,该工程提前竣工。治河大军共排出积水 8000 多万立方米,修建桥梁 47 座、枢纽工程 2 处,完成挖河工程土方达 7300 万立方米,筑堤工程土方 2600 万立方米。工程完工后,大清河两岸河堤得到加固,河道得到浚深展宽,部分地段裁弯取直。治理后的大清河与独流减河相连接,构成了横贯河北省中部的一条长达 210 千米的大型河道,使汛期洪水能够畅通入海,使天津、保定、沧州等地区的 14 个市县免受洪涝灾害,确保天津市和津浦铁路的安全,为促进沿河地区工农业生产和发展航运事

---

① 《子牙新河工程简介》,《人民日报》1966 年 10 月 15 日。

② 《在毛主席"一定要根治海河"的伟大号召鼓舞下,河北胜利完成治理独流减河工程》,《人民日报》1969 年 7 月 3 日。

业创造了有利条件。

据《人民日报》1970 年 11 月 18 日报道:1963—1970 年的七年间,河北省对海河水系南系和西系的几条主要河流进行了治理,使千年的害河发生了巨大变化。在海河水系南系和西系,19 条大型河道修起来了,总长 1600多千米;14 道大型堤防筑起来了,总长 1400 多千米。这些工程,西与太行山相连,东同渤海相通,以每秒吞吐 13300 多个流量的威力疏导洪水和沥涝,使 5000 多万亩农田免除了洪涝灾害。在河北山区,建成和扩建了 1400多座大中小型水库,把大量的冬闲水和洪水拦蓄起来;数以千计的扬水站(点),20 多万眼机井,星罗棋布的分布在渠道纵横的大平原上,使河北省实现了一人一亩水浇地。盐碱地面积减少了一半以上,洼地长出了好庄稼。7 年间,河北治河民工先后兴修了能够消除 1600 万亩耕地沥涝灾害的黑龙港地区排水工程,开挖了可以疏导上万个流量的子牙新河和滏阳新河的行洪河道,加固了滹沱河北大堤,扩宽了独流减河,治理了大清河水系,还开挖和疏浚了 218 条和骨干河道相衔接的支流河道,完成了 7.3 万多条河渠配套工程。全部工程开挖的土方达 15 亿立方米。如果把这些土方堆成 1米宽、1 米高的长堤,可以绕地球 37 圈。[1]

河北省人民经过七年的艰苦奋斗,完成了海河水系南系和西系骨干河道的治理工程。这些工程的陆续建成,对促进河北全省农业生产发挥了巨大作用。历史上低洼多灾的黑龙港流域各县,由于解除了沥涝灾害,土地盐碱化程度大大减轻,盐碱地面积减少了一半以上。这些地区在治河排涝的同时,大搞农田基本建设,开展群众性的打井抗旱活动。1970 年打机井1.7 万眼,水浇地面积扩大到 1100 多万亩,农业生产逐步发展,有 46 个县实现了粮食自给。[2] 正如时任水利电力部"革命委员会"主任的张文碧所言:"海河治理是一个多快好省进行水利建设的典型。……河北省大战七个冬春,由全国最大的缺粮省变为初步自给,有三分之一的县达到和超过了《农业发展纲要》。黑龙港地区 47 个县,几年前有 46 个县靠吃统销粮,现在已全部自给,人们的精神面貌发生了深刻的变化。"[3]

---

[1]　《治水史上谱新篇——记河北省人民治理海河的伟大斗争》,《人民日报》1970 年 11 月 18日。

[2]　《在毛主席"备战、备荒、为人民"方针指引下,深入开展学大寨运动,河北农业丰收实现粮食自给》,《人民日报》1970 年 12 月 19 日。

[3]　《以毛泽东思想为武器批判水利电力建设中的"大、洋、全"思想——张文碧同志五月二十三日在全国水利电力经验交流会议上的发言》,安徽省档案馆藏:55-4-23 卷。

五、根治海河力度的加强

1970 年 11 月，在完成海河南系、西系主要河道中下游的治理工程以后，河北省和北京、天津两市治理海河水系"北四河"的工程开工。"北四河"包括海河水系北部的永定河、北运河、潮白河和蓟运河，流域面积达 85600 多平方千米。新中国成立后，"北四河"沿河上游修建了许多大中小型水库，中下游整修了一些河道，在洼地建起了一批扬水站，使"北四河"流域的面貌发生了改观。但已有的工程防洪除涝标准不高，汛期洪沥争道，低洼地区农业生产还不稳定。为了进一步落实毛泽东的"一定要根治海河"的号召，河北省、北京市和天津市决定从 1970 年冬开始治理"北四河"中下游的骨干河道。[①]

河北省会同北京、天津两市经过一个冬春的协同作战，完成海河水系"北四河"的主要工程——永定新河和北京排污河的开挖治理工程。新开挖的永定新河在天津市北郊区（现北辰区）屈家店到塘沽区北塘、海口之间，长 63 千米，宽 500 米，深 4～8 米。永定新河竣工后，汛期来自永定河、北运河的洪水不再流入海河，而是通过永定新河直接入海。同时，在永定河中、上游加固了 30 千米长的大堤，排洪能力提高了 3～5 倍。与此同时，还开挖了北京排污河。这些工程的完工，不仅能够免除洪水对天津市和京山铁路的威胁，为河北省北部平原和北京、天津两市郊区发展工农业生产创造更有利的条件，还可以使北京市排出的污水直接入海，对于清洁海河水质、保证天津市饮水卫生和工业用水纯洁，起到了很大的作用。[②]

永定新河位于天津市郊区大洼地带，土质复杂，地势低洼，有一半以上的工程是在水中挖河，河中挖河，是根治海河以来难度最大的工程。参加开挖永定新河的广大民工，发扬历年来根治海河的"进场先进校，开工先开课"的优良传统，在进入施工现场前，分别举办各种类型的毛泽东思想学习班，极大地调动了治河民工的积极性。他们抗严寒，战冰雪，加快了施工进度。永定新河和北京排污河的胜利竣工，是河北省和北京市、天津市人民互相支援，团结治水的结果。在开挖排污河的工地上，施工地段相接的北京市通县（现通州区）和河北省邯郸地区的广大民工，打破了原定的划线位置，使两个工段结成了一个战斗的整体。河北省广大民工为了减少天津市

---

① 《治理海河水系"北四河"工程开工》，《人民日报》1970 年 11 月 18 日。

② 《在毛主席的"一定要根治海河"的伟大号召指引下，永定新河、北京排污河工程胜利竣工》，《人民日报》1971 年 8 月 8 日。

的负担，自带炊具、工具和工棚物料，想方设法自己动手克服困难。天津市的群众为了使河北省民工早日开工，在民工尚未进场之前，顶风雨、踏泥水，在渤海盐碱滩上打水井、修道路、架电线，为施工创造了条件。天津市财贸部门抽调了 2000 多名职工，在工地建立了数十个物资供应点。同时，他们还背着背篓，推着小车，走工棚，串伙房，热情地为民工服务，努力做好后勤工作，对保证工程的顺利完成起了很大作用。①

　　1970 年秋，北京市东南郊治涝工程开始动工。这项工程主要是治理海河北系上游的温榆河、凤河和港沟河，其中包括河道疏挖、改直，河床拓宽、加深，筑堤建闸等。北京市治理温榆河、凤河、港沟河的工程，是继十三陵水库、密云水库工程之后的又一大规模的水利工程。参加这项工程的 10 万治河大军，在施工中迎风沙，冒严寒，艰苦奋战，加快了施工进度。施工一开始，为了把温榆河的河水引走，腾出旧河道进行治理，需要开挖一条导流渠道，任务十分艰巨。广大民工只用 3 天时间就挖成了一条 21 千米长的导流渠道，使温榆河水搬了家。从 10 月上旬到 12 月底，广大治河民工发扬艰苦奋斗的革命精神，只用 75 天的时间，就提前完成了北京市东南郊治涝工程第一期任务，开挖了 53 千米的河道，动土 1200 多万立方米。②

　　到 1972 年 8 月，经过两个冬春的战斗，北京市东南郊治涝工程正式完成，共开挖、拓宽河道 78.5 千米，在沿河两岸筑起防汛大堤 125 多千米，还修建了桥、闸、涵洞等各种水利设施 200 多处，使北京郊区四分之一的耕地改变了低洼易涝的局面。③ 北京市东南郊治涝工程在施工过程中，得到了中共中央、国务院各部门近万名干部和中国人民解放军各总部、各军种、兵种及驻京部队广大指战员的支援。在施工过程中，阿尔巴尼亚、越南、朝鲜、巴勒斯坦解放组织等驻中国使节和外交官员，柬埔寨的贵宾和外交官员等，也曾经到工地参加劳动。

　　开挖潮白新河和治理漳卫新河，是根治海河工程的重要组成部分。1971 年秋收以后，河北省的邯郸、邢台、石家庄、保定、衡水、沧州、唐山地区以及天津市，山东省的聊城、德州、惠民地区，出动 70 多万治河民工，分南北两条战线投入这两项工程建设中。北线，河北及天津市民工在上一个

　　① 《在毛主席的"一定要根治海河"的伟大号召指引下，永定新河、北京排污河工程胜利竣工》，《人民日报》1971 年 8 月 8 日。
　　② 《十万治河大军遵照毛主席的教导战天斗地根治海河，京郊治涝工程三条主河道通水工程提前完工》，《人民日报》1971 年 1 月 25 日。
　　③ 《在毛主席关于"一定要根治海河"的伟大号召鼓舞下，北京市东南郊治涝工程胜利完成》，《人民日报》1972 年 8 月 18 日。

冬春开挖潮白新河的基础上,继续向东南方向延伸,开辟这条新河的入海水道;南线,河北、山东两省及天津市民工并肩作战,共同整治漳卫新河。这两项工程完工以后,漳卫新河和潮白新河的排洪能力可比过去提高4倍以上。其施工任务的特点是:南北两线同时动工,战线长,地形复杂,工地积水深,芦苇多,给施工造成了很大困难。1971年的冬季施工,从10月初开始到11月底,完成当年冬和第二年春挖河任务的39%,完成筑堤任务的32%。①

1972年5月,河北、山东两省治河民工奋战一个冬春,完成了开挖潮白新河的全部工程和整治漳卫新河的大部分工程。南北两线完成的土方工程量达1.58亿多立方米。在进行上述工程的同时,河北省还开挖、整治了青龙湾河、捷地减河等支流河道,并且对一些水库工程进行了续建配套;山东省对潮河、赵牛新河等支流河道也进行了开挖整治。这些工程完成后,对进一步解除海河下游平原地区的洪涝灾害,促进农业生产的发展,有着重要意义。②

从1963年开始到1973年的十年间,河北、山东、北京、天津等省市团结协作,奋战十年,取得了根治海河的巨大胜利。据1973年11月17日《人民日报》报道:"十年来,海河流域内的广大人民在国家的统一规划下,发扬愚公移山的革命精神,对洪、涝、旱、碱等灾害进行全面治理。为了解决洪涝灾害问题,着重在中下游开挖、疏浚骨干河道和一些较大支流,增辟入海口,基本上改变了海河水系上大下小、洪涝争道、尾闾不畅的状况,初步解除了洪涝灾害的威胁。同时,在山区建水库,修梯田,植树造林,控制水土流失;在广阔的平原,打井修渠,治碱改土,改变农业生产条件,提高了抗旱能力。经过十年治理,海河流域多灾低产的面貌已经发生了巨大变化。"

在根治海河的十年间,海河流域各省市依靠群众,对子牙河、大清河、永定河、北运河、南运河等五大河系和徒骇河、马颊河等骨干河道普遍进行了治理,修筑防洪大堤4300多千米,还开挖、疏浚270多条支流河道和15万条沟渠,在河渠上新建了6万多座桥、闸和涵洞。这些工程的完成,使海河中下游初步形成了河渠纵横、排灌结合的水利系统,排洪入海能力比

---

① 《在毛主席的"一定要根治海河"的伟大号召指引下,河北三十多万人投入治理海河的新战斗》,《人民日报》1971年12月1日。

② 《在毛主席"一定要根治海河"的伟大号召鼓舞下,河北山东人民为根治海河作出新贡献》,《人民日报》1972年7月21日。

1963 年提高了 5 倍多,比新中国成立前提高了 10 倍多。同时,还扩建和新建了一批水库,使海河流域的大中型水库达到 80 多座,小型水库 1500 多座,万亩以上灌区发展到 271 处。农村许多社队在国家的大力支持下,依靠人民公社集体经济的力量,掀起了大规模的机井建设。到 1973 年,海河流域农村的机井已发展到 49 万多眼,井灌面积达到 4000 多万亩,占灌溉总面积的 2/3。井灌与渠灌相结合,使海河流域基本上实现了每人一亩水浇地,农业生产有了较快的发展。①

六、引滦入津工程和引黄济津工程

20 世纪 70 年代以后,海河流域出现持续干旱,1972 年和 1981 年,该流域大部分地区年降水量仅有 200 毫米左右,不及正常年份年平均降水量的一半,各河汛期无水。根治海河以来,其上游修建了大、中、小水库 2000 多个,农田灌溉得到了发展,汛期各河下泄水量减少。天津周围水库无水可拦,海河也无水可蓄。过去密云水库曾向天津供水,但因 1981 年密云水库遇到近 50 年以来的特枯年份,水位降到死库容以下,无水可供天津,故于 1981 年 8 月正式停止向天津供水。这就造成天津不仅严重缺水,而且水质极差的严峻形势。据有关部门计算,"天津在工业生产中用 1 亿立方米的水,可以创造 40 亿元的产值,可以为国家增收税利 8 亿元。如果天津几千家工厂停产一年,将造成直接损失 200 亿元。水荒,使具有庞大工业生产能力和 350 万城市人口的天津市陷于险境!"②天津的经济发展和社会稳定面临严峻考验。

天津的水源危机引起党中央和国务院的高度关注。为了解决天津城市用水问题,相关部门研究过许多方案。其实早在 1958 年,为解决水源危机,北京、天津等地区曾考虑过引滦工程,但当时由于各种原因没能实现。直到 20 世纪 70 年代初海河流域大旱,严重影响到了工农业的发展,促使地方政府和国家开始考虑实施跨流域调水工程,因此引滦工程又被重新提上日程。1971 年 7 月水利电力部召开冀、鲁、豫、京、津五省市水利座谈会,会上做出了修建潘家口水库和引滦到天津的工程的决定。③

---

① 《毛主席的伟大号召变成亿万人民的伟大行动,根治海河十年,山河面貌大变》,《人民日报》1973 年 11 月 17 日。

② 《全国重点建设的榜样——引滦入津工程》,水利电力部办公厅宣传处:《现代中国水利建设》,水利电力出版社 1984 年版,第 17 页。

③ 海河志编纂委员会编:《海河志》(第四卷),中国水利水电出版社 2001 年版,第 105 页。

1972 年 6 月,周恩来对天津市革命委员会《关于水情的紧急报告》作出批示,要求解决天津缺水问题。[1] 据此,李先念主持召开会议,会议做出了"四五"期间兴建张坊水库[2]以及引滦工程的决定。[3] 为了加快解决京津地区的用水问题,经过反复的综合考虑,水利电力部最终决定推迟修建张坊水库,加快进行引滦工程。张坊水库"建成后年平均调节水量仅 4.8 亿立方米,虽可补充北京水源,但不足以解决京津地区供水的全局问题。经反复比较后,改选滦河潘家口水库……建成后年平均调节水量 19.5 亿立方米。"[4]1973 年 3 月 19 日,国家计划委员会、国家基本建设委员会在北京召开京津地区用水会议。4 月 9 日,水利电力部向国家计划委员会上报了《关于推迟修建张坊水库,加快进行引滦工程,统一规划京津供水问题的报告》。[5] 报告认为"引滦工程的工程效益除减轻滦河下游洪涝灾害,增加下游灌溉用水外,可从滦河向南调水约 10 亿立方米,供唐山及天津地区。"具体意见是"加快引滦工程的准备工作,包括修建大黑汀水库、潘家口水库、引滦入还、引还入陡、邱庄水库扩建及天津市输水管道等工程,要求 1976 年引滦工程开始发挥效益"。[6] 国家计划委员会同意水利电力部的报告并上报国务院,提出"力争在 1977 年前后,完成滦河大黑汀、潘家口水库和从滦河至天津的输水工程"[7]。

随后,天津市根据中央指示,组织力量对引滦入津输水路线的南线方案和北线方案进行可行性研究。南线方案是从大黑汀水库向南穿过滦河和还乡河的分水岭入还乡河、邱庄水库,再沿还乡河至丰北闸。由此开挖新河,过蓟运河接西关引河,经潮白新河、青龙湾减河向南行,接拟建的西七里海水库,跨永定新河与拟建的于家堡水库相连后经金钟河、新开河入

---

①　中共中央文献研究室:《周恩来年谱(1949—1976)》(下),中央文献出版社 2007 年版,第528 页。

②　张坊水库是水利电力部解决京津缺水的另一项目。1958 年,由北京市委和保定专区共同提议修建张坊水库,引用拒马河的水。1960 年,因地质情况未完全清楚,又适逢经济困难时期而停建。

③　《李先念传》编写组、鄂豫边区革命史编辑部编:《李先念年谱》(第五卷),中央文献出版社2011 年版,第 195 页。

④　钱正英:《中国水利的决策问题》,《钱正英水利文选》,中国水利水电出版社 2000 年版,第65 页。

⑤　《引滦入唐工程志》编纂委员会编:《引滦入唐工程志》,中国水利水电出版社 2013 年版,第259 页。

⑥　《引滦枢纽工程志》编纂委员会编:《引滦枢纽工程志》,天津科学技术出版社 2013 年版,第425 页。

⑦　水利部海河水利委员会海河志编纂委员会编:《滦河志》,河北人民出版社 1994 年版,第283 页。

天津市区。北线方案是从潘家口水库放水,经大黑汀水库抬高水位,发电后送入引滦总干渠,由分水枢纽闸分水,一路流向唐山,一路引向天津,称引滦入津。引滦入津,首先穿越滦河、黎河分水岭的引水隧洞,出洞后流入河北省遵化县(现遵化市)的黎河干流,注入天津市蓟县(现蓟州区)的于桥水库(又名翠屏湖),出于桥水库后循州河迂回南下汇入蓟运河,在蓟运河右岸(南岸)九王庄处的渠道闸引入输水明渠,经宝坻、武清到达永定新河右岸(北岸),过永定新河抵宜兴埠入市区。通过反复研究讨论,引滦入津工程的设想与设计思路逐渐清晰起来。1975年,河北省革命委员会把修建大黑汀、潘家口水库及引滦工程等纳入根治海河第二个十年规划准备实施。但由于工程地形复杂,需要前期缜密的勘察设计,引滦工程的设计方案进行了反复修改,导致开工时间不断推迟。因此,潘家口水库工程并未能按原计划于1972年冬开工建设。直到1975年10月水利电力部才批准开工修建,引滦输水工程则于1978年底开工。[①]

引滦入津的南北线之争反映了引滦水量在天津和唐山之间分配的争议,这一分配方案在1981年进行了较大的更改。1980—1981年海河流域连续大旱,大多数河流出现了断流。天津市区日供水量从原来的110万吨,进一步压缩到60万吨,在此情况下全市也只剩下一个月的蓄水量。[②]

在这种情况下,如何快速实现引滦入津成为天津市关注的重点。因此,1981年4月,天津市基建委分析了南北两线的优缺点及北线工程的可行性,正式向市政府提出报告,建议选择实施直接引滦入津工程的北线方案,即自大黑汀水库大坝上引水西行至三屯营穿越11千米的隧洞,流入黎河西行至黎河大桥、前毛庄至燕各庄进入于桥水库。北线方案全长190千米,其中在河北省境内70千米,天津境内于桥水库以下120千米。这一提议引起了天津市委的高度重视。天津市委迅速组织相关人员对南北两个方案进行勘察对比。经过勘察后,天津市委同意引滦入津改走北线的建议。站在天津用水的角度来看,北线方案在时间、水量等方面具有很多优势。在这样的情况下,北线方案顺利获得了水利部及国务院的认可。

1981年5月15日,国务院副总理万里主持召开解决天津城市用水问题的会议,肯定了北线方案的优越性,指示水利部帮助天津市立即进行北线输水线路的勘测工作。会议对于引滦水量的分配,提出"潘家口水库主

①　海河志编纂委员会编:《海河志》(第四卷),中国水利水电出版社2001年版,第105页。

②　天津市地方志编修委员会编著:《天津通志·城乡建设志》(下册),天津社会科学院出版社1996年版,第672页。

要是保天津，其次是保唐山"①"首先确保城市人民生活和工业用水，对农业只能兼顾"。在这样的方针下，确定"在潘家口可分配水量为 19.5 亿立方米的条件下，建议分配给天津城市的全年毛水量增为 10 亿立方米，给唐山城市的全年毛水量增为 3 亿立方米，其余部分供唐山地区的农业用水"②。根据分配水量，国务院要求"引滦入还和引还入陡的续建工程，应根据修订的水量分配原则，相应调整工程规模"，据此，经引还入陡工程领导小组研究决定，将输水规模由 65 立方米每秒缩小为 40 立方米每秒。③ 这与 1976年中国科学院经济地理研究室的建议有较大出入，"调给天津市 10 亿方水，从天津市来说也并不嫌多，但对唐山地区的工农业发展影响较大"④。可以说，唐山为天津的发展作出了一定的牺牲。7 月 11 日，天津市正式上报引滦入津北线工程设计任务书。8 月 1 日，水利部正式批复同意。至此，引滦入津北线输水规划方案正式确定。

引滦入津工程，是国家为解决天津市工业生产和人民生活用水而投资兴建的一项重点工程。1981 年 8 月，国务院召开京津用水紧急会议，会议认为，天津是我国重要的工商业城市，城市用水问题直接关系到几百万人民的生活和社会安定团结，关系到能不能充分发挥天津这个老工业基地的作用，也关系到全国政治经济大局。因此，必须从根本上研究解决天津城市用水问题。会议决定，为解救当年天津缺水的燃眉之急，"临时从千里之外的黄河引水接济"⑤。由此，迅速展开了引滦入津工程的勘测设计工作。

引滦入津工程是当时全国最大的跨省市、跨流域大型城市供水工程。它以潘家口水库为蓄水源，流经 30 千米滦河段到大黑汀水库，然后从大黑汀水库坝下的引滦总干渠穿越分水岭，循河北省遵化境内的黎河，入蓟县的于桥水库，再经州河、蓟运河南下至宝坻（现蓟州区）尔王庄镇专用输水渠，经潮白河泵站、尔王庄泵站、大张庄泵站三次提升，再经宜兴埠泵站一次加压后，将水用管道输入市内芥园水厂、凌庄水厂和正在兴建的新开河

① 《中共天津市委、市人民政府给胡耀邦、赵紫阳和万里同志的报告》（1981 年 9 月 4 日），天津市引滦工程指挥部编：《引滦入津》（第 1 册）《组织管理》，第 167 页。

② 水利部海河水利委员会海河志编纂委员会编：《滦河志》，河北人民出版社 1994 年版，第283 页。

③ 《引滦入唐工程志》编纂委员会编：《引滦入唐工程志》，中国水利水电出版社 2013 年版，第53 页。

④ 陆大道：《关于滦河水资源合理利用及分配问题》，中国科学院地理研究所经济地理研究室编：《工业、城镇布局与区域规划调查研究报告集》，内部文件 1982 年，第 159 页。

⑤ 从河南人民胜利渠送黄河水 3.5 亿立方米，通过山东位临运河和潘庄闸送水 3 亿立方

水厂。1982 年 5 月 11 日,引滦入津工程正式开工。整个"线路全长 234 千米。全线工程的规模按每年七个月输水 10 亿立方米而定。需要修建的工程共计 215 项,其中确保 1983 年国庆节前通水的有关工程 113 项。引滦入津工程包括隧洞、泵站、治河、挖渠、闸涵、倒虹吸、水库、水厂、管道、桥梁等,工程齐全,技术复杂。"①任务尽管艰巨,但全体参建人员抱着解决水源问题的决心投入工程建设。经过 16 个月的奋战,到 1983 年 9 月 11 日正式通水。1984 年 8 月 1 日,水利电力部、城乡建设环境保护部和有关单位组成的国家验收委员会对引滦入津工程进行了正式验收。

引滦入津工程的设计建设过程中,采用了许多先进技术和重大技术措施。例如:在隧洞工程中推广采用光面爆破、喷锚支护等新技术,保证了施工安全,加快了工程进度,节约资金 271 万元并节省了大量建筑材料;在地质条件好的洞段,采用了喷锚-薄边墙型衬砌,较常规混凝土衬砌可节约三分之一混凝土量;在隧洞不良地质地段,组织了攻关组,保证了隧洞的胜利完工。长达 9690 米的引滦入津隧洞是当时全国最长的大流量引水隧洞,是控制引滦入津工程工期的关键工程,由于采用了新技术,仅用 322 天就实现了全线贯通,堪称水利工程建设史上的奇迹。

引滦入津工程是改革开放初期修建的全国最大的城市供水工程,这样巨大而复杂的工程,按正常速度需要四五年才能完成,但实际上只用了 16 个月就建成通水,不仅使天津市提前得到供水,而且为国家节省了引黄济津的资金,创造了跨流域调水工程建设的奇迹。

引滦入津工程是一个包括跨流域引水、输水、蓄水、净水和配水的综合性水资源开发利用和城市供水系统。引滦入津工程完成后,天津得到了优质稳定的水源和比较完善的供水系统。

在正常情况下,每年可从潘家口水库引水 10 亿立方米,不仅结束了天津人民 30 多年来喝咸水、苦水的历史,而且为天津提供了一个稳定可靠的水源,大大缓解了天津城市用水的紧张状况,还为促进生产发展,提高产品质量,扩大再生产创造了条件。据天津市有关部门在 1984 年 1 月对全市 47 个局、公司级用水大户的初步调查发现,使用滦河水后,各单位产值增加,单位产值耗水指标下降。"1983 年 9 月至 12 月与 1982 年同期相比,一机局系统用水量增加了 10%,产值增长 12%,万元产值耗水下降 1.36%;

---

① 《全国重点建设的榜样——引滦入津工程》,水利电力部办公厅宣传处编:《现代中国水利建设》,水利电力出版社 1984 年版,第 19 页。

化工局系统用水量增加了 5.5％,产值增长 4％,万元产值耗水下降 1.5％;一轻局系统用水量增加 9％,产值增长 7.4％;印染行业由于水质的改善,染色牢度普遍提高了半级到一级,消灭了残次品,一级品率由 95％提高到 97％。"①

天津市供水情况的好转,还有效控制了地面沉降。滦河水入津后,"全市 840 多眼深井停用了 15％,一年可少采地下水 4000 万吨,1983 年天津平均沉降量为 70 毫米,而干旱缺水的 1981 年,由于过量使用地下水,平均沉降量为 130 毫米"②。总之,引滦入津工程已初见成效。

从 1983 年到 2008 年 9 月,引滦入津工程累计向天津供水 182.9 亿立方米,创造了巨大的经济效益、社会效益和环境效益。该工程的建成通水,为天津市的生存和发展提供了极为重要的物质基础,成为关系天津市经济和社会发展的"生命线";扭转了天津市工业生产缺水的被动局面,不仅使用水需求较大的缺水企业全部恢复生产,而且使天津港获得了新生,新港船闸得以重新开启使用,为新建企业提供了可靠水源,加速了工业发展,改善了投资环境;一举结束了全市人民喝咸水、苦水的历史,提高了天津人民的生活质量,城市饮用水水质达到国家二级标准,天津市成为全国饮用水水质最好的城市之一;大大减少了全市地下水开采,有效控制了地面沉降;改善了园林绿地灌溉条件,累计提供城市环境用水近 10 亿立方米,全市园林绿地因此大幅度增加,城市绿化覆盖率由当年的 8％提高到 2007 年的37.5％。③

引滦入津工程建设中,受资金和时间的限制,工程采取了"先通后畅,逐步完善"的方针,使部分原本该做的工程遗留下来。为确保工程安全运行,天津市随后连年对工程进行维修完善。从 2002 年起,天津市启动了总投资 23.994 亿元的引滦入津水源保护工程,截至 2007 年,全长 34.14 千米的新建暗渠工程全部完工;明渠 27.63 千米护坡、61.89 千米护底、95.26千米封闭隔离网带架设提前告竣,明渠全线绿化面积达 449.4 万平方米,明渠两侧形成了宽 35 米、长 64.2 千米的蜿蜒的绿化带;在于桥水库周边实施岸坡护砌、湖滨绿化、取缔鱼池、改造农厕和控制污染源入库等工

---

① 《全国重点建设的榜样——引滦入津工程》,水利电力部办公厅宣传处编:《现代中国水利建设》,水利电力出版社 1984 年版,第 21 页。

② 《全国重点建设的榜样——引滦入津工程》,水利电力部办公厅宣传处编:《现代中国水利建设》,水利电力出版社 1984 年版,第 21-22 页。

③ 王永强等:《引滦成为天津经济社会发展"生命线"》,《中国水利报》2008 年 9 月 12 日。

程,使天津人民的"大水缸"变得更加清澈明亮。①

水资源是城市建设与发展的基础,以往比较缺乏对水资源进行统一规划的意识,造成了地区发展的被动局面。引滦工程的决策既有计划性又带有一定的应急性。1958 年北京和唐山引滦的设想并没有实现,直到 1971年水利电力部召开冀、鲁、豫、京、津五省市水利座谈会,加之 1972 海河流域的大旱促使这一工程由地方性的工程上升到国家层面。工程的复杂性与基建项目的压缩致使引滦工程一拖再拖,最终在京津唐地区连续干旱,城市出现用水危机的形势下,国家才加快了引滦工程的决策与落实。正如时任国家计划委员会副主任的宋平所说,"我们搞经济建设,在一些城市摆了一些工业项目,没有很好考虑水资源条件,这也是一个不小的教训。""与其这样被迫调水,不如有计划地安排调水。"②这一工程是新时期解决华北水资源不足问题的起点,在吸取引滦工程的经验教训基础上,国家加快了有计划地实施南水北调工程的步伐。

如果说 1983 年建成通水的引滦入津工程是天津的"生命线",那么,从20 世纪 70 年代初至 2004 年先后八次引黄济津应急调水,则称得上是天津的"生命补给线"。随着经济社会的快速发展和人民生活水平的提高,天津的水资源需求日益增加。1997 年以来,海河、滦河遭受持续八年的严重干旱,由于降雨量偏少,潘家口水库蓄水严重不足,天津开始实行限量供水,城市日供水量由 220 万立方米压缩到最低的 157 万立方米,城市供水再次面临前所未有的危机。③

针对天津市干旱缺水形势的急剧发展,2000 年 6 月,水利部听取海河水利委员会关于海河流域及天津市供水形势的汇报,天津市政府向水利部报送了《关于紧急请求解决天津城市水源问题的函》,请求从流域外调水以解燃眉之急。随后,海河水利委员会两次勘察历史上几次引黄济津的线路,提出了三套送水方案并进行对比分析。一是位山闸和潘庄闸同时送水方案;二是清凉江输水方案;三是潘庄输水方案。海河水利委员会向水利部推荐清凉江单线输水方案,即利用位(山)临(清)渠线作为主调水线路,陶城铺为备用路线,从黄河调水 10 亿立方米,天津收水 4 亿立方米,并向水利部正式报送了《引黄济津应急调水实施方案》。7 月,水利部向国务院

---

① 王永强、高群:《177 亿元引滦水润泽津沽大地》,《中国水利报》2007 年 9 月 14 日。

② 《国家计委副主任宋平在华北水利问题讨论会上的讲话》,《当代中国的水利事业》编辑部编印:《历次全国水利会议报告文件(1979—1987)》,1987 年版,第 217 页。

③ 刘丽敬:《引黄济津:输水有保障供水解燃眉》,《中国水利报》2008 年 12 月 25 日。

先后报送了《关于天津城市供水应急措施的请示》和《关于引黄济津应急调水的请示》,得到国务院领导的批示。

根据国务院领导的指示,水利部于8月7日和8月10日分别召开由黄河水利委员会、海河水利委员会和河北省水利厅、山东省水利厅、天津市水利局负责人参加的引黄济津应急调水协商会议,进一步研究应急调水有关问题。会议认为,原来采用的人民胜利渠、位山三干渠和潘庄干渠三条路线,虽然渠首均具备通水条件,但人民胜利渠和潘庄两条线路因沿线污染较重,治污协调难度大,因此决定利用位(山)临(清)渠线作为主调水线路,陶城铺为备用路线,从黄河调水10亿立方米。

9月10日,国务院正式批准实施引黄济津应急调水工程。这是进入新世纪后首次引黄济津。国务院决定采用的位山至临清线路,主要是利用20世纪90年代初新开辟的引黄入卫线路和杨圈以下的南运河段,输水至天津。输水沿线位山三干渠、清临渠、清凉江和南运河为现有河渠,只需扩挖约22千米长的清南连渠,具有输水损失少、工程投资省、输水水质能保证的优点。具体路线是,从山东省东阿县位山闸引黄河水,经位临干渠西引水渠、西沉沙池、三干渠至引黄穿卫倒虹,穿过卫运河进入清凉江,通过清南连渠,在泊镇附近入南运河,至九宣闸进入天津市,线路全长440千米。黄河水到达九宣闸后,一部分水量沿南运河、子牙河,经西河闸进入海河干流向城市供水;另一部分水量经马厂减河、马圈引河,通过马圈引河进水闸进入北大港水库存蓄,待引黄济津输水结束后,再由北大港水库放水,经十里横河、独流减河北深槽、洪泥河进入海河,向城市供水。

此次引黄济津应急调水,涉及山东、河北、天津3省(直辖市)、4个地区、16个县(区)。输水渠道既有老河道,又有新建渠道。输水沿线分布着引黄济津调水实践的1386处口门,跨渠桥梁多处,主要工程建设任务有:河道渠道清淤扩挖、输水建筑物改造加固、沿江渠口门封堵等。为了保证按预定方案通水,所有工程都必须在10月13日前竣工,全部算来只有一个多月时间,工期短,工程量大,交叉作业多,任务十分艰巨。[①]

为切实落实国务院关于引黄济津的重要决策,9月14日,水利部发布《2000年引黄济津应急调水管理办法》,对引黄济津应急调水的工程建设、输水管理、经费管理、分段分级负责制和黄河水量调度等,进行了明确的规

---

① 国家防汛抗旱总指挥部办公室编著:《引黄济津调水实践》,中国水利水电出版社2013年版,第124页。

定。河北、山东、天津三省（直辖市）和海河水利委员会、黄河水利委员会迅速成立了引黄济津工作领导机构，强调落实行政领导责任制，实行建设单位项目法人制度，紧张开始了各项工程的施工和准备工作。河北省承担着681处封堵口门与335.47千米输水工程的维修、改扩建任务。9月上旬，河北省引黄济津工程建设全线展开。到10月10日，河北省引黄济津工程在黄河水到达前全部完成。山东省负责的引黄济津工程全部在聊城市境内，全长105千米。8月20日至10月5日，聊城市组织8000多名水利职工日夜奋战，提前四天完成了第一期工程清淤和渠道衬砌施工。当年12月完成第二期工程，次年2月2日开始第三期工程，3月20日开始第四期工程，5月30日开始第五期工程。

按照引黄济津应急输水工程实施方案的安排，天津市承担的主要工程项目为：九宣闸以下两条线路的清淤、清障、清垃圾、封堵口门、支流打坝和复堤；北大港水库排咸闸、排咸沟、南运河独流镇段右堤防渗处理，九宣闸闸下消能防冲设施建设；相关泵站维修，更换闸门、启闭设施，临时坝埝加固加高。工程由天津市引黄济津工作领导小组办公室（即天津市防汛抗旱指挥部办公室）行使项目责任主体职能，具体负责引黄济津工程的建设管理。两条线路521座闸涵口门需临时封堵，其中南运河线路沿线317座，马厂减河线路沿线204座；海河三闸（屈家店闸以下北运河、西河闸以下子牙河、海河二道闸以上海河）区间封堵286处口门。两项合计，2000年引黄济津输水沿线河（渠）天津全市共需封堵灌排口门807处。10月10日，天津段工程全部竣工，比原计划提前五天。

此次引黄济津应急调水，黄河水利委员会承担的主要施工任务是位山引黄闸前后清淤、闸门维修、启闭设备维修改造、闸前拦冰工程、采暖防冻设施、测流测沙及报汛设施更新改造，以及陶城铺东闸维修改造等。海河水利委员会负责的输水直属工程共三座，其中引黄入卫临清立交穿卫枢纽是衔接山东、河北两省输水、接水的重要工程。渠道经过多年运用，主槽倒虹吸、滩地明渠均有泥沙淤积，且混凝土板护坡局部毁坏和内部掏空，遇较大流量冲刷势必导致护坡的继续坍塌，因此在输水前要进行清淤、整修，对护坡进行接高加固处理。西河闸、独流减河进洪闸也需进行河道清淤、排泥场围堰填筑，以及浆砌石护坡翻新、临时供电线路架设等。为了确保按时通水，海河水利委员会一方面加紧直属工程施工，一方面多次组织召开会议，及时协调解决工程建设问题，派出工作组对山东省、河北省、天津市境内引黄输水路段的各项工程施工进展情况进行检查督促，了解工程存在的问题,确保工期和质量。①

2002 年 10 月 31 日,随着水利部副部长张基尧轻轻按下键盘,黄河下游位山闸徐徐开启,滚滚黄河水涌出位山闸,标志着引黄济津应急调水工程正式启动。其后,天津又于 2002、2003 和 2004 年实施了三次引黄济津应急调水。新世纪以来的四次引黄济津累计调引黄河水 32.97 亿立方米,缓解了天津城市用水的燃眉之急,为天津经济持续快速协调健康发展提供了可靠的水源保障。在引滦、引黄水源的共同保障下,"十五"期间天津经济增长不断加快,已位居全国前列,地区生产总值达到 3664 亿元,以13.9% 的平均速率保持高速增长,工业增加值比"九五"时期增长两倍,农业综合生产能力明显增强,人民生活水平显著提高,建成区绿化覆盖率达到 36.4%。②

21 世纪以前的几次引黄济津线路,多从人民胜利渠开始,途经卫河、卫运河、南运河至天津市九宣闸。卫运河河段污水问题较大,难以使引黄水质得到保证。同时,该线路输水距离长、损失大、成本高、经济上不合算。新世纪初以来的四次引黄济津打破了历史上原有的输水线路,利用已经建成的引黄线路,自位山闸取水,途经位山三干渠、穿卫枢纽、清凉江、清南连渠、南运河,至天津市九宣闸。其输水距离缩短了 32%,同时又避开了卫河的污水,减少了导污工程,改善了引黄水质。

2005 年以前,河北省利用该线路引黄主要是解决衡水、沧州的城市用水问题,需水量不大,这条线路基本可以满足天津市与河北沿线的用水需求。2005 年以后,河北省增加了白洋淀生态补水和沿途农业灌溉两个引水目标,用水量不断增加。特别是 2009 年,在天津申请位山闸放水 10 亿立方米的同时,河北省申请位山闸放水 7.3 亿立方米,引水需求大大超过了该线路的供水能力。后经国家防汛抗旱总指挥部办公室协调,位山闸共放水 9.5 亿立方米。该输水线路着实无法满足如此巨大的用水需求,故开辟引黄济津新线路势在必行。同时,位山线路自身存在的两大缺陷,也进一步凸显了开辟引黄新线路的必要性:一方面,位山闸由于长期引黄,大量泥沙淤积在沉沙池附近,不仅占用耕地、造成生态环境恶化,而且沉沙池剩余的可堆沙库容也已经十分有限。另一方面,由于位山闸闸底高于黄河河底3 米,引水时需要小浪底水库大流量放水,抬高黄河水位。这样不仅会造成

---

① 国家防汛抗旱总指挥部办公室编著:《引黄济津调水实践》,中国水利水电出版社 2013 年版,第 124-130 页。

② 刘丽敬:《引黄济津:输水有保障供水解燃眉》,《中国水利报》2008 年 12 月 25 日。

黄河水资源的大量浪费,而且一旦黄河来水偏少,将很难保证位山闸的引水流量,影响引水保证率。为此,水利部海河水利委员会按照水利部要求,积极研究开辟引黄济津的新线路。

　　位山线路同时承担向河北引黄调水任务,受河道输水能力限制和河北用水量增加等因素的影响,难以满足天津市的用水需求。经多次调研查勘并报国务院批准,国家防汛抗旱总指挥部、水利部决定通过新辟潘庄线路实施 2010 年引黄济津应急调水工程。该工程新线路改从山东省德州市黄河潘庄渠首闸引水,经潘庄总干渠入马颊河,再经沙杨河、头屯干渠、六五河,穿漳卫新河倒虹吸后入南运河,至天津市九宣闸,线路总长 392 千米。该线路有三大优势:一是潘庄渠首闸高程低于黄河河底 1.8 米,在黄河低水位时也可引水,能有效减少黄河水资源的浪费,提高引水保障率。二是潘庄线路沿途可实现三级沉沙,使流入南运河的黄河水含沙量明显降低。从长远角度分析,国家南水北调中线工程通水后,该线路仍可作为山东、河北、天津三省市引黄应急输水渠道和沿线日常农业灌溉、生态补水渠道。三是潘庄线路比位山线路缩短了 50 千米,能够极大地减少输水损失。①

　　2010 年 1 月 25 日,根据国务院的决策部署,水利部部长陈雷在引黄济津济淀应急调水工作座谈会上,明确提出新辟引黄济津应急输水潘庄线路,要求抓紧开展前期工作,力争当年发挥作用。3 月 8 日,国家防汛抗旱总指挥部就引黄济津潘庄线路应急输水工程作出总体安排。在国家防汛抗旱总指挥部办公室领导下,海河水利委员会组织有关省市以最快速度编制完成了《引黄济津潘庄线路应急输水工程实施方案》,并通过水利部水利水电规划设计总院审查。4 月 30 日,水利部以《关于新辟引黄济津线路实施应急调水的请示》报请国务院批准实施。同时,海河水利委员会积极协调山东、河北、天津三省市和黄河水利委员会签署引黄济津输水协议,建立引黄济津应急输水长效机制。5 月 28 日,海河水利委员会、黄河水利委员会及天津、河北、山东三省(市)圆满完成《引黄济津潘庄线路应急输水协议》的签署工作。5 月 31 日,引黄济津应急输水的关键性工程——穿漳卫新河倒虹吸工程正式开工建设。随后,山东、河北、天津的一系列工程相继开工。在地方有关部门的大力支持下,通过全体参建者的共同努力,穿漳卫新河倒虹吸工程圆满完成了建设任务。10 月 20 日,该工程顺利通过通水验收,也为整条线路输水目标的如期实现奠定了坚实基础。

----

①　苏秀峰:《对引黄济津新线路三年运用情况的研究》,《水利发展研究》2013 年第 10 期。

2010年5月31日,引黄济津潘庄线路应急调水工程全面开工建设。在国家有关部门的大力支持和山东、河北、天津三省市的共同努力下,有关地区和建设单位克服工期紧、任务重、难度大、要求高、雨季施工和暴雨洪水等困难,精心组织、周密实施、优化方案、连续奋战,用不到五个月的时间,高标准、高质量、高效率地完成了建设任务,实现了当年建设、当年发挥效益的目标,创造了团结治水、合力兴水的新典范。[①]

2010年10月24日,引黄济津潘庄线路应急调水工程通水仪式在山东德州举行。水利部部长陈雷出席并讲话,对引黄济津潘庄线路应急调水工程的建成表示祝贺,同时勉励有关地区和黄河水利委员会、海河水利委员会要再接再厉,全力做好引黄济津应急调水工作。这次调水历时四个多月,从潘庄闸引水10亿立方米,天津市九宣闸收水5亿立方米,确保了天津市城区的供水需求。潘庄线路是继位山引黄线路之后启用的又一条引黄济津输水线路,是连接鲁冀津人民情感的纽带,更是我国科学实施跨流域调水、优化配置水资源的成功之作。

---

① 王鑫、黄诚:《引黄济津潘庄线路应急调水工程通水陈雷要求保质保量完成调水任务》,《中国水利报》2010年10月26日。

第三章
黄河流域的综合治理

　　新中国成立后,中国共产党和中央人民政府着手研究治理黄河问题,不仅对黄河流域进行了大规模勘测,而且还开始编制黄河综合规划,提出了根治黄河水害和开发黄河水利的计划。在苏联专家的帮助下,黄河规划委员会编制的《黄河综合利用规划技术经济报告》对兴建三门峡水利枢纽工程进行了全面论证。1955年7月,全国人大一届二次会议通过了《关于根治黄河水害和开发黄河水利的综合规划的决议》,决定修建三门峡水库。围绕三门峡水库修建问题,产生了重大分歧,争论不断。三门峡水库虽然在"大跃进"时期人们的争论中开工并建成,但由于规划设计不当,三门峡大坝建成不久就因泥沙淤积而不能发挥原来设想的效益,后来被迫进行大规模改建。正是在总结三门峡水库建设深刻教训的基础上,党和政府对黄河上游进行梯级开发,建成了刘家峡、盐锅峡、青铜峡、龙羊峡等大型水利设施,成功建成了河南小浪底水利枢纽,基本控制了黄河水患,新中国的治黄事业取得了举世瞩目的成就。

一、黄河流域的勘测与规划

　　黄河流域是中华民族的发祥地,是中华农耕文明的摇篮。黄河发源于青藏高原巴颜喀拉山脉北麓,因含沙量大,水色浊黄而得名。它是中国第二大河,全长5464千米,由西向东流经青海、四川、甘肃、宁夏、内蒙古、陕西、山西、河南、山东9省(区),流域面积约75万平方千米,在山东省东营市垦利区注入渤海。

　　黄河是一条桀骜不驯、多灾多难的河流。它的灾害主要是水灾。黄河流域雨量很少,平均全年只降雨400毫米,但是黄河流域每年降雨量的一半左右经常集中在夏季的七、八两月,并且夏季的降雨多是暴雨。这种夏季集中的暴雨经常造成洪水暴涨,称为"伏汛"。黄河在陕西境内支流很多,如果夏季暴雨的面积较大,几条支流同时涨水,就会造成特大洪水。黄河的水灾大部分是这种夏季暴雨造成的。此外,有时九、十月间也可能因大雨造成洪水,称为"秋汛"。三、四月间,冰雪融化也常引起洪水,称为"桃汛"。黄河在甘肃、内蒙古边境和山东境内是由南向北流的,在南部化冰的季节北部往往还在封冻,大量流冰在下游被阻,壅塞河道,也会造成河水暴涨,称为"凌汛"。

黄河水灾之所以特别严重,不仅因为黄河流域的夏季暴雨,更重要的原因还是黄河下游的泥沙淤积。九曲黄河万里沙,黄河为害在泥沙。黄河的含沙量在世界河流中排第一位,年平均输沙量约 16 亿吨,而黄河泥沙主要来源于黄河中游的黄土高原,约占全河来沙量的 80%。[①] 埃及的尼罗河每立方米河水的平均含沙量是 1 千克,中亚的阿姆河每立方米河水的平均含沙量是 4 千克,美国的科罗拉多河每立方米河水的平均含沙量是 10 千克,而黄河在河南陕县(现三门峡市陕州区)每立方米河水的平均含沙量却达到 34 千克。根据水文资料计算,黄河每年经陕县带到下游和海口的泥沙平均达到 13.8 亿吨,体积约折合为 9.2 亿立方米。[②] 黄河泥沙到了下游后,因河道变缓,泥沙不能完全入海而大量沉积,河身逐年淤浅,直至高出河堤两旁的地面,成为"地上河"。因此,水土流失,泥沙淤积,不仅使黄河上中游生态环境遭到严重破坏,而且使下游河床越抬越高,遇到较大的洪水,河堤无法约束的时候,黄河下游就会发生泛滥、决口以致改道的严重灾害。

据历史记载,黄河下游在三千多年中发生泛滥、决口 1500 多次,重要的改道 26 次,其中大的改道 9 次。[③] 平均三年两决口,百年一改道。元代诗人萨都剌的《吴桥县古河塘》描述道:"古来黄河流,而今作耕地。都道变通津,沧海化为尘。"频繁的决口改道,给黄河流域的人民群众带来了深重灾难。洪水灾害北抵天津,南达江淮,波及冀、豫、鲁、苏、皖五省。改道最北的经海河,出大沽口;最南的经淮河,入长江。因此,黄河的灾害一直波

---

① 何平等:《让黄河为中华民族造福——江泽民总书记考察黄河纪行》,《人民日报》1999 年 6 月 25 日。

② 邓子恢:《关于根治黄河水害和开发黄河水利的综合规划的报告》,《中华人民共和国国务院公报》1955 年第 15 号,第 722 页。

③ 须恺:《中国的灌溉事业》,中国社会科学院、中央档案馆编:《1953—1957 中华人民共和国经济档案资料选编·农业卷》,中国物价出版社 1998 年版,第 638 页。

及海河流域、淮河流域和长江下游。黄河的每次泛滥、决口和改道,都造成了人民生命财产的惨重损失,常常有整个村镇甚至整个城市人口被大部或全部淹没的惨事。七朝古都开封历史上曾六次被黄河水淹没。《清明上河图》中描绘的那个繁华的东京汴梁,[①]如今就湮埋在 9 米黄土之下。清代诗人赵然的《河决叹》描述了黄河水害的悲惨情形:"神河之水不可测,一夜无端高七尺。奔涛骇浪势若山,长堤顷刻纷纷决。堤里地形如釜底,一夜奔腾数百里。男呼女号声动天,霎时尽葬洪涛里。亦有攀援上高屋,屋圮依然饱鱼腹。亦有奔向堤上去,骨肉招寻不知处。苟延残喘不得死,四面茫茫皆是水。积尸如山顺流下,孰是爷娘孰妻子。仰天一恸气欲绝,伤心况复饥寒逼。兼旬望得赈饥船,堤上已成几堆骨。"[②]1933 年的黄河洪水造成决口 50 余处,受灾面积 1.1 万余平方千米,受灾人口 364 万余人,死亡 1.8 万余人,损失财产以当时银洋计约合 2.3 亿元。1938 年,国民党政府在河南郑州附近掘开黄河南岸的花园口大堤,[③]造成黄河大改道,受灾面积 5.4 万平方千米,受灾人口 1250 万人,死亡 89 万人,[④]造成了此后连年灾害的黄泛区。

黄河流域除了严重的水灾以外,还有中游地区水土流失的严重危害和整个流域严重的旱灾。在甘肃东部、陕西和山西的大部以至河南西部的一部分,每年都有大量土壤遭受损失。在黄河中游土壤流失严重的地区,每平方千米每年约损失土壤 1 万吨,地面每年平均约降低 1 厘米。在整个黄河中游地区,每年每平方千米土壤约被冲刷 3700 吨,比全世界每年每平方千米土壤被冲刷平均数量 134 吨大 27.6 倍。据分析,这些被冲刷的土壤每吨含氮素 0.8～1.5 千克,磷肥 1.5 千克,钾肥 20 千克。这就使这一地

---

①　汴梁,旧时对开封府的别称,今河南开封。战国时魏国建都于此,称为大梁,简称梁。唐代在此置汴州,简称汴。后世合称为汴梁。五代时后梁建都于此,改汴州为开封府。以后,后晋、后汉、后周及北宋均建都开封,号称东京,又称汴京。北宋画家张择端创作《清明上河图》,描绘北宋京城东京汴河两岸清明时节的景象,反映了当时的社会生活。

②　黄河水利委员会黄河志总编辑室编:《黄河志·卷十一·黄河人文志》,河南人民出版社 1994 年版,第 564 页。

③　1938 年 5 月,日本侵略军攻占徐州,随即沿陇海路西进。6 月初,蒋介石下令炸开郑州以北花园口黄河大堤,企图以黄河之水阻止日军西犯,结果不仅未能阻住日军进攻,反而给人民造成空前灾难。决口之后,黄水漫流,留下了一片连年灾荒的黄泛区。抗日战争胜利后,国民党政府为配合其发动全面内战的需要,决定堵死黄河花园口决口,使黄河东归故道,企图分割并淹没解放区。中国共产党为此与国民党政府进行多次谈判,争取时间组织解放区军民抢修黄河故道两岸的大堤和搬迁故道中的居民,最终于 1947 年 3 月堵口前完成了复堤和迁移工作。

④　邓子恢:《关于根治黄河水害和开发黄河水利的综合规划的报告》,《中华人民共和国国务院公报》1955 年第 15 号,第 723 页。

区的宜耕面积逐渐缩小,土壤肥力逐渐减少,农作物产量低下,广大农民的生活条件不容易有大的改善。黄河流域的旱灾也常常发生,据记载,仅在清朝的 268 年中,黄河流域就发生过旱灾 201 次。1876—1879 年(清光绪二年至五年),山西、河北、山东、河南四省大旱,直接死于饥荒和瘟疫的人数有 1300 多万人。1920 年上述四省和陕西共有 317 县大旱,灾民 2000 万人,死亡 50 万人。1929 年,黄河流域又有大旱,灾民达 3400 万人。[①] 因此,自古黄河就以"善淤、善决、善徙"而著称于世,洪水泛滥,灾害频繁,被称为"中国之忧患"。

正因如此,治理黄河历来是治国兴邦的大事。"善治国者,必善治水。"汉武帝曾征发数万人,亲自指挥堵塞黄河决口。清朝康熙皇帝把与黄河有关的河务、漕运作为施政朝纲的头等大事,还钻研水利理论,并亲赴黄河进行实地调查。林则徐在虎门销烟后被流放伊犁,此时黄河在开封决口,道光帝命其"戴罪"帮助堵复。林则徐赶到开封,率众修筑大堤,在柳园口合龙。20 世纪 20 年代,李仪祉等一批水利专家开始用现代科学理论探索治黄之道。他们考察黄河,查勘可能坝址,提出各种设想。但在兵燹不断、国力凋敝的旧中国,他们的努力仍然是徒劳的。[②]

让黄河为中华民族造福,是历代黄河两岸人民的美好愿望。新中国成立后,古老的黄河迎来了治理开发的春天。党和政府认识到水利事业在"安邦兴国"中的重大基础作用,对治理开发黄河始终极为重视,把它作为国家的一件大事列入重要议事日程。一方面在下游开展大规模的修防工作,确保防洪安全;另一方面积极组织力量开展流域大查勘,着手研究治理黄河问题。但鉴于当时党和政府将治水的重点集中于根治淮河,大规模治理黄河的条件还不成熟,故确定以下游防洪为中心,同时准备治本的治黄方针。1950—1951 年两年间,在中央人民政府的领导下,各地由分区治理逐渐走上统一治理,并进行了巨大的黄河修防工程。以 1951 年政府对于治理黄河的投资为例,仅工程费一项就达 5 亿斤小麦,比国民党统治时最好的年份还超过 57 倍。[③] 1952 年,在黄河堤防工程方面,培修了 1300 余千米的大堤,完成了土方工程 8200 余万立方米,下游数以万计的坝埽均由

① 邓子恢:《关于根治黄河水害和开发黄河水利的综合规划的报告》,《中华人民共和国国务院公报》1955 年第 15 号,第 725 页。

② 潘家铮:《千秋功罪话水坝》,清华大学出版社 2000 年版,第 116-117 页。

③ 王化云:《二年来人民治黄的伟大成就》,中国社会科学院、中央档案馆:《1949—1952 中华人民共和国经济档案资料选编·农业卷》,社会科学文献出版社 1991 年版,第 471 页。

秸埽改为石坝,完成了石方工程 170 余万立方米。[1] 到 1954 年,人民政府在下游培修了黄河大堤 1800 千米,完成了土方 1.3 亿立方米;将原有保护堤坡的坝埽由秸料换成石料,共用了石料 230 万立方米;在大堤上用锥探的方法发现了 8 万个洞穴和裂缝,都已经加以填补,从根本上改变了原有河堤残破卑薄、百孔千疮的形象。[2]

　　"筑堤束水,以水攻沙",[3]是中国历史上有名的治理黄河的理论。明清两代地方官府根据这个理论,在徐州以下遥堤中间筑缕堤,利用缕堤束窄河床,企图攻沙。黄河水利委员会在实践中逐渐认识到:在下游的下段(寿张至出海口)把河床缩窄,不利于排洪,还可能导致黄河决口;在下游的上段(寿张至郑州黄河铁桥)缩窄河床,不仅不利于排洪,而且丧失了宽河道临时蓄滞洪水的作用,这与黄河洪水洪峰高、时间短、总量小、泥沙多等特点是不适应的。因此,黄河水利委员会领导沿黄民众逐步废除了堤内民埝(小堤,起着缩窄河槽的作用),开始改变传统的治黄方法。[4]

　　1951 年,鉴于黄河下游河道尚不能排泄超过寻常的洪水,同时在冬季时期,山东利津一带又常因冰坝阻水而发生危险,中央人民政府分别在平原省长垣县的石头庄、山东省利津县的小街子两地修建溢洪堰与溢水堰工程,以蓄滞一部分洪水,保证黄河安全。此后,还在山东东平湖两侧建立了可以从黄河临时分洪能力达约 3000 立方米每秒的滞洪区。

　　在中央人民政府领导下,有关各方大力开展了黄河的治理工作,加固了沿岸的堤防,并在下游建造了石头庄、小街子、引黄济卫等滞洪、防凌、分水和灌溉工程,减轻了黄河洪水的危害,开辟了一条在下游地区利用黄河水利资源的道路。这些工程对于防治洪水危害虽然有很大的作用,但还不能从根本上解决黄河的问题,洪水和干旱仍然威胁着两岸的人民。根治黄河是一项复杂的工作,为了探索新的治河道路,为黄河治本作准备,首先必须彻底弄清黄河流域的具体情况,掌握精确可靠的资料。因此,勘测工作被提到首要地位。从 1950 年开始,黄河水利委员会与有关单位对黄河干支流进行了多次大规模查勘。

---

　　[1]　王化云:《人民的新黄河》,中国社会科学院、中央档案馆编:《1949—1952 中华人民共和国经济档案资料选编·农业卷》,社会科学文献出版社 1991 年版,第 475 页。

　　[2]　邓子恢:《关于根治黄河水害和开发黄河水利的综合规划的报告》,《人民日报》1955 年 7 月 20 日。

　　[3]　由明朝治理黄河的水利专家潘季驯提出,这一理论是希望用水把泥沙输送到海里,以解决因河床升高而引起的洪水泛滥的灾害。

　　[4]　王化云:《九年来治黄工作的成就》,《人民日报》1955 年 8 月 11 日。

　　早在黄河水利委员会刚刚成立之时,作为黄河水利委员会主任的王化云就开始考虑新中国成立后的黄河治理问题。1949年6月,他在《治理黄河初步意见》中提出,治河方针是防灾和兴利同时兼顾,应以整个流域为对象,上中下游统筹规划,统一治理;在上中游干流筑坝建库拦蓄洪水并开展水土保持工作,以减少泥沙淤积。①

　　1950年1月的治黄工作会议,在决定兴建引黄灌溉济卫工程的同时,还要求对干流进行查勘工作,为制定统一治理黄河的规划作准备。1950年3月26日至6月30日,黄河水利委员会组织河源查勘队,以吴以教任队长,全允杲、郝步荣任副队长,查勘了龙门至孟津的黄河干流段,特聘请冯景兰、曹世禄两位地质专家参加三门峡、八里胡同和小浪底等处坝址的考察。查勘队提交的《黄河水利委员会黄河龙门孟津段查勘报告》认为,过去中外专家对八里胡同坝址估计过高,其在地质方面不如三门峡坝址。三门峡在豫西峡谷的中间,是黄河最险峻的峡谷河道之一,两岸陡峭,相距仅250米。三门峡的岩石,主要是闪长斑岩,色铁青,质地坚硬。峡口河上有两座大石岛,北名神门岛,南名鬼门岛。两岛把河水分成三股,像三座大门,从北向南依次被称为人门、神门和鬼门,三门峡因此而得名。三门峡建库方案初步确定蓄水位为350米高程,以防洪、发电结合灌溉为开发目的。

　　1950年6月27日至7月14日,水利部部长傅作义率领张含英、张光斗、冯景兰和苏联专家布可夫等人的考察团,复勘了潼关至孟津的河段,其目的一是解决黄河水利委员会和黄河防汛总指挥部提出的若干具体问题;二是勘定"引黄灌溉济卫工程"渠首位置;三是查勘比较潼关至孟津蓄水水库的库址坝址,以准备黄河治本工作。考察团对黄河干流修建防洪水库的问题进行分析指出,潼孟干流段的防洪水库应该是整个黄河流域规划的一部分,黄河问题很复杂,应首先拟定开发整个流域的大轮廓,然后提前修建潼孟段水库,以解决下游防洪的迫切需要。水库宜分期修筑,坝址可从潼关、三门峡、王家滩三处比较选择。②

　　1951年4月,黄河水利委员会西北黄河工程局、陕西省水利局、西北军政委员会水利部、清华大学等单位联合查勘黄河中游泾河、渭河、北洛河、无定河、延河和清涧河流域。这是新中国成立后对黄河中游地区的第一次大规模查勘。1952年3月,黄河水利委员会与陕西、山西两省对黄河干流

　　① 王化云:《我的治河实践》,河南科学技术出版社1989年版,第67-69页。
　　② 傅作义:《查勘黄河的报告》,《当代中国的水利事业》编辑部编印:《历次全国水利会议报告文件(1949—1957)》,1987年版,第378-383页。

托克托至龙门河段进行第二次查勘。随后,燃料工业部水力发电建设总局也对该河段进行了地质勘探。

1952 年 8 月,黄河水利委员会组织了由办公室主任项立志任队长的新中国第一支黄河河源查勘队。其主要任务有两项:一是查勘黄河源河势,确定有无拦河筑坝发电的适合地址;二是勘察黄河源与长江上游通天河的河势、水量、调水线等,以供南水北调规划所用。查勘队在 4 个多月时间里,行程 5000 多千米,实测地形面积 2625 平方千米、导线长度 763 千米、导线点 690 个,实测河道断面 8 个,取土石样品 33 袋。后经过几个月的整理,完成了《黄河河源查勘报告》和《黄河源区及通天河引水入黄查勘报告》等成果,为开发河源区和调长江水入黄河提供了宝贵资料。① 同年 9 月,黄河水利委员会又组织了入海口查勘队,实地查勘了黄河入海情况。② 到 1952 年底,黄河流域的测量工作有了很大的成绩,已完成地形测量 2 万平方千米以上和精密水准测量 1800 多千米,已建立的水文、水位、雨量、气象、泥沙测验等测站 400 余处。③

1952 年 10 月 26 日至 11 月 1 日,毛泽东利用休假时间,顺着山东、河南、平原三省黄河沿岸,专程考察黄河。这是新中国成立后毛泽东第一次出京视察。27 日,毛泽东视察了济南附近的黄河地段。毛泽东嘱咐陪同人员说:要把大堤、大坝修牢,千万不要出事。我深知黄河洪水的危害,黄河侧渗也会给人民造成灾害。你们可以引黄河水淤地,改种水稻,疏通小清河排水,让群众吃大米,少吃地瓜。28 日,毛泽东在徐州④登上云龙山顶,深有感触地说:"过去黄河流经这里七百多年,泥沙淤积很多,夏秋季节常常决口,泛滥成灾,给群众生产、生活造成极大困难。乾隆皇帝四次到这里视察,研究治理黄河的问题。但由于各种原因,他治不好黄河。现在解放了,人民当家做主,我们应当领导人民,把黄河故道治好,变害为利。山上山下、城市道路两旁,都要多栽树,防风固沙,改善人民生活环境,治理战争

① 水利部黄河水利委员会:《人民治理黄河六十年》,黄河水利出版社 2006 年版,第 120-122 页。
② 季音:《根治黄河的第一步——记黄河流域的勘测工作》,《人民日报》1953 年 9 月 1 日。
③ 《为制订根治黄河的方针和计划,黄河流域勘测工作正在积极进行》,《人民日报》1953 年 9 月 1 日。
④ 徐州,当时属山东省,今属江苏省。

创伤,建设好我们的国家。"①29 日,毛泽东乘专列来到河南省兰封县。②

10 月 30 日,毛泽东来到黄河东坝头,在当年铜瓦厢黄河决口改道的大堤上向陪同的黄河水利委员会主任王化云了解当年黄河决口的情况,并询问了固堤防洪的一些措施。王化云向毛泽东汇报黄河水利委员会正在进行的修建邙山水库和三门峡水库的规划。毛泽东听了汇报后说:大水库修起来,解决黄河水患,还能灌溉、发电,是可以研究的。他还说:长远打算好。南方水多,北方水少,如有可能,借点水来也是可以的。③

10 月 31 日,毛泽东在去平原省新乡市视察引黄灌溉工程临行前,嘱咐河南省委负责人说:"要把黄河的事情办好。"这句话后来广为流传,成为动员和激励人民治理黄河的响亮口号。在前往新乡的途中,毛泽东来到黄河南岸的邙山,查看了邙山水库坝址和黄河形势。之后来到黄河北岸,考察了新建成的引黄灌溉济卫工程渠首闸,在这里他向陪同的黄河水利委员会副主任赵明甫详细询问了工程建设情况和灌溉效果。当毛泽东听到该工程能引黄 40 个流量,灌溉 40 多万亩,发展可达 70 多万亩时,他高兴地说:"是否下游各县都搞上一个闸"④,并亲自摇动启闭机摇把,看黄河水通过闸门流入干渠。毛泽东视察完引黄入卫新渠后感慨地说:"从黄河到卫河,这条人民开发的新渠,改变了黄河下游过去只决口遭灾、不受益的情况,起到了造福人民的作用。"⑤

毛泽东考察黄河⑥之后,党和政府加快了对黄河的治理,把治理黄河列入"一五"计划时期苏联援助的 156 项工程中。时任黄河水利委员会主任的王化云在对黄河进行实地勘察过程中,逐步形成了"除害兴利,蓄水拦沙"的治黄思想。⑦ 1953 年初,王化云向水利部汇报了这个设想。水利部副部长李葆华鉴于此事关系重大,特意安排他专门向中央农村工作部部长、政务院副总理邓子恢作了汇报。邓子恢听后深表赞许,并将其归纳为"节节蓄水,分段拦沙",要求王化云尽快写出专题上报。5 月 31 日,王化云

① 中共中央文献研究室:《毛泽东传(1949—1976)》(上),中央文献出版社 2003 年版,第 99 页。

② 兰封县,1954 年与考城县的西部合并,称为兰考县。

③ 黄河志总编辑室:《毛泽东主席与治理黄河》,《水利史志专刊》1992 年第 5 期。

④ 黄河志总编辑室:《毛泽东主席与治理黄河》,《水利史志专刊》1992 年第 5 期。

⑤ 中共中央文献研究室:《毛泽东传(1949—1976)》(上),中央文献出版社 2003 年版,第 100 页。

⑥ 在随后的 1953 年、1954 年、1955 年三年中,毛泽东外出途经郑州时,都听取了黄河水利委员会有关治黄工作的汇报。

⑦ 黄河水利委员会编:《王化云治河文集》,黄河水利出版社 1997 年版,第 50 页。

向邓子恢呈报了《关于黄河基本情况与根治意见》和《关于黄河情况与目前防汛措施》的报告。6月2日，邓子恢将报告转呈毛泽东并写信说："我认为王化云同志对黄河基本情况的分析与黄河治本方针是正确的，符合实际的。中央如同意，可由水利部与黄河水利委员会作出大体计划，发晋、陕、宁、甘、豫五省研究。"①

根据"除害兴利，蓄水拦沙"的黄河治理设想，黄河水利委员会在开展地形测量、地质钻探、流域查勘、水土保持科学试验与推广的同时，还积极建立流域水文站网，加强水文测验，开展黄河泥沙研究。1953年，为了彻底弄清黄河泥沙和洪水的主要来源，水利部与农业部、林业部、中国科学院以及山西、陕西两省的水利局，组织了8个查勘队，在水土流失比较严重的西北黄土高原区进行有关地理、地质、土壤、植物、农业、林业、牧业等各方面的综合查勘。这一次查勘的工作规模、工作数量以及工作的深度都是空前的，参加工作的各方面专家、工程技术人员和行政干部共430余人，查勘面积达19万平方千米。黄河水利委员会主任王化云对黄河查勘情况描述道："数以千计的工作人员和工人跋山涉水，冒着严寒盛暑，从河源到入海口，从干流到支流，足迹几乎踏遍了整个黄河流域的原野。他们为了解黄河流域全面情况，作了宝贵的贡献。在这些基本工作中所搜集到的资料，都是确定治河方针、编定流域规划必不可少的依据。"②截至1954年，查勘的黄河流域面积达42万平方千米，查勘了3000多千米干流河道，发现优良坝址106处，广泛收集了地形、地质、水文、气象、土壤、植被、社会经济、水土流失等方面的资料，为编制黄河流域综合规划提供了可靠依据。③

有不少人认为，以当时国家的经济状况和技术条件，在黄河干流修建大水库有较大困难，于是提出从支流解决问题，主张在支流上建土坝。黄河水利委员会随即对各大支流进行全面查勘，找到支流坝址数十处，但经计算发现：支流太多，拦洪机遇又不十分可靠，且花钱多，效益小，需时长，还有交通不便和施工困难等，因此，仍需从干流的潼孟河段下手。黄河水利委员会提出了"蓄水拦沙"的治黄方略，除开展大规模的水土保持工作外，关键是要修建一座大水库。同时，燃料工业部水力发电建设总局从开

---

① 水利部黄河水利委员会编：《人民治理黄河六十年》，黄河水利出版社2006年版，第145页。

② 王化云：《九年来治黄工作的成就》，《人民日报》1955年8月11日。

③ 水利部黄河水利委员会编：《人民治理黄河六十年》，黄河水利出版社2006年版，第141页。

发黄河水力资源出发,也积极主张在干流上修建大型水电站,于是,三门峡水利枢纽工程被再次提出。1952 年 5 月,黄河水利委员会主任王化云、燃料工业部水力发电工程局副局长张铁铮和苏联专家格里柯洛维奇等查勘了三门峡坝址。专家认为,三门峡地质条件很好,能够建高坝。而在这时,黄河水利委员会主张把三门峡水库的蓄水位由 1950 年确定的 350 米高程提高到 360 米高程,拟用大水库的一部分库容拦沙,以解决水土保持不能迅速发挥减沙效益的问题,尽量延长水库寿命。为了解决水库寿命和淹没问题,当时有拦沙与冲沙之争论:前者主张提高三门峡枢纽的正常高水位,加大库容,枢纽实行分期修筑、分期抬高水位;后者则主张坝址下移到八里胡同建冲沙水库,利用该处的峡谷地形冲沙,并且可避免淹没关中平原。

根据详细的勘测和周密的研究,黄河干流阶梯开发计划选定在陕县的三门峡地区修建一座较大的防洪、发电、灌溉的重要综合性工程。三门峡在陕县以东和著名的"中流砥柱"以西,河心有两座石岛把河道隔成被称为"人门""神门""鬼门"的"三门"。由于河道窄狭,河底都是坚固的岩石,故便于修建大型的水坝。计划中的坝高 90 米左右,拦阻河水的水位可以高出海平面 350 米。被拦阻的河水由陕县上溯到潼关以北临晋和朝邑的黄河两岸,潼关以西临潼以下的渭河两岸和大荔以下的北洛河两岸,形成巨大的水库。它的容积达到 360 亿立方米,等于中国当时已有的丰满水库(100 亿立方米)的 3.6 倍、官厅水库(22.7 亿立方米)的 16 倍。它的面积约为 2350 平方千米,比太湖(2200 多平方千米)还大。此外,在青海的龙羊峡、积石峡(黄南藏族自治州)和甘肃的刘家峡(永靖)、黑山峡(中卫)也将修建大型的综合性工程。其中,刘家峡水库容积可达 49 亿立方米。[①]

三门峡水利枢纽是治理和开发黄河的关键,水库建成后,就可基本解决黄河严重的水灾威胁;河北、山东、河南三省广大农田将得到灌溉;利用水力发电,可使以上三省的工农业生产得到充分的电力供应;下游航运将得到发展。三门峡水利枢纽地质为坚硬的火成岩,是良好的高坝基础;地势优良,工程结构单纯,可在较短时期内建成。刘家峡水利枢纽,为黄河在河口镇以上的主要工程之一,这一水利枢纽完成后,不仅兰州一带的工业将得到充分的电力供应,同时还可免除黄河洪水对兰州的威胁,使原宁夏

---

① 邓子恢:《关于根治黄河水害和开发黄河水利的综合规划的报告》,《中华人民共和国国务院公报》1955 年第 15 号,第 730—731 页。

和后套广大灌溉区得到发展,银川至清水河一段的航运也得到了保证。《黄河综合利用规划技术经济报告》指出,黄河第一期灌溉工程完成后,全流域将有 50% 的水量用于灌溉,新的灌溉区将增加到现有灌溉面积的 2 倍。远景计划完成后,灌溉面积将增加到现有灌溉面积的 8 倍,实际上黄河的现有水量,将全部被利用。报告认为,在兴建第一期工程的同时,水土保持工作也应积极进行。[①]

1953 年 2 月,黄河水利委员会主任王化云向毛泽东汇报了三门峡建库及整个黄河的治理方策,毛泽东听后很高兴,认为可以研究。2 月 15 日,黄河水利委员会作出的《关于一九五三年治黄任务的决定》中指出:继续加强下游修防工作。强化堤坝,组织防汛,肃清堤身隐患,绿化大堤,准确运用溢洪、溢水堰,保证在发生 1933 年同样洪水时不决口,不改道。为解除洪水、凌汛威胁,对已选定的三门峡、邙山两水库大力进行规划工作,提请中央抉择。治本准备是中心任务之一,要以更大力量、更大规模进行干支流查勘,按照蓄水拦沙的方略和工农业兼顾的方针提出全流域的规划。其后,水利部指示黄河水利委员会:一要迅速解决黄河防洪问题;二要根据国家经济状况,花钱不能超过 5 亿元,淹没不能波及超过 5 万人。黄河水利委员会在整编黄河流域基本资料的基础上提出了《黄河流域开发意见》(简称《意见》)。《意见》提出:宁夏黑山峡以上,以发电为主,结合灌溉、航运和畜牧;内蒙古清水河以上以灌溉为主,结合航运、发电;河南孟津以上以防洪、发电为重点,结合灌溉与航运;孟津以下,以灌溉为重点,结合航运和小型发电;各段都要结合工业用水。同时选择了龙羊峡、龙口、三门峡三大水利枢纽,以控制调节黄河各段干流水量。

1953 年 6 月 17 日,根据周恩来总理的指示,国家计划委员会召集水利部、燃料工业部、地质部、农业部、林业部、铁道部和中国科学院等单位的领导人开会,具体商讨苏联专家来华帮助制定黄河规划前的各项准备工作。会议决定成立以水利部和燃料工业部为主的黄河研究组,国务院有关部委指定专人参加,在国家计划委员会的领导下,具体负责收集、调查、整理、分析黄河规划所需的各项资料。7 月 16 日,黄河研究组正式成立,李葆华任组长,刘澜波、王新三、顾大川、王化云任副组长。[②] 苏联专家组来华前,黄河研究组初始集中技术干部 39 人,在有关部、院的协助下,已整理并翻译

---

① 《黄河流域的规划工作胜利完成》,《人民日报》1954 年 12 月 23 日。
② 中共中央文献研究室:《周恩来传》(下),中央文献出版社 1998 年版,第 1368 页。

出黄河概况报告 17 篇，干支流查勘、各主要坝址地质调查、几个大水库的经济调查及水土保持调查等报告 30 余篇，各种统计图表 168 张，水文绪言资料 4 本，地质图 921 张。①

　　1954 年 1 月，中国政府聘请的由水工、水文、地质、施工、灌溉、航运等方面专家组成的来华帮助进行黄河流域综合规划工作的苏联专家组一行 7 人到达北京，组长为苏联电站部水电设计院列宁格勒分院副总工程师阿·阿·柯洛略夫。苏联专家综合组研究了上述各项基本资料后认为：现有资料基本上已具备编制《黄河综合利用规划技术经济报告》的条件。但为了深入解黄河实况，听取地方对治黄的意见和要求，国家计划委员会决定组成黄河查勘团。黄河查勘团由中央有关部门负责人、苏联专家和有关中国专家、工程技术人员等共 120 余人组成，由水利部副部长李葆华和燃料工业部副部长刘澜波任正副团长。

　　1954 年 2 月至 6 月，黄河查勘团行程 1.2 万余千米，从兰州上游的刘家峡到黄河入海口都进行了重点的实地查勘。查勘团查勘了黄河干流坝址 21 处、支流坝址 8 处、灌溉区 8 处、水土保持区 4 处、水文站 7 处、下游堤防约 800 千米，并查勘了沿河河道及航运等情况。在考察期间，燃料工业部水力发电建设总局副局长张铁铮、黄河水利委员会主任王化云、办公室主任袁隆、计划处副处长耿鸿枢等，陪同苏联专家乘船查勘了黄河干流潼关、三门峡、王家滩、八里胡同等坝址。在三门峡下船后，专家们仔细观察了两岸的形势和地质情况，认为该处建坝条件优越，应做比较详细的勘测工作，并为坝址指定了第一批地质钻探孔位。

　　3 月 27 日，查勘团在完成龙门到孟津一段的查勘任务后在西安召开技术座谈会。中国工程师及地质专家首先在会上发表意见，接着每位苏联专家先后发言。水文专家巴赫卡洛夫详细地阐述了三门峡水库对解决黄河洪水、泥沙及调节流量的优越性。地质专家阿卡林说："三门峡的地质条件是非常有利的，闪长斑岩的坚固性是无可怀疑的。"灌溉专家郭尔涅夫令人信服地提出了三门峡水库对下游灌溉的重要意义。航运专家卡麦列尔表示三门峡水库不但给下游航运创造了有利条件，水库本身也将是很好的通航湖泊。水工专家谢里万诺夫说："在这样坚固岩石基础上修建堤坝，它的设计和施工，从技术上来看是不会有什么困难的。"施工专家阿卡拉可夫说："只有三门峡才能有效地控制洪水和泥沙。三门峡的三个岩岛，给施工

---

　　①　王化云：《我的治河实践》，河南科学技术出版社 1989 年版，第 153 页。

导流造成了自然的有利条件,建筑物的结构简单,混凝土数量小,都是施工的有利条件。"最后,苏联专家组组长柯洛略夫总结了各位专家的发言,郑重地提出:"在黄河下游从龙门到邙山,在我们看过的全部坝址中,必须承认三门峡坝址是最好的一个。任何其他坝址不能代替三门峡,使下游获得那样大的效益;不能像三门峡那样能综合地解决防洪灌溉发电等各方面的问题。"①柯洛略夫阐述了著名的"用淹没换取库容"的理由:"为了解决防洪问题,想找一个既不迁移人口,而又能保证调节洪水的水库,这是不能实现的幻想、空想,没有必要去研究。"还说:"任何一个坝址,无论是邙山,无论是三门峡或其他哪一个坝址,为调节洪水所必需的水库容积,都是用淹没换来的。"中共中央西北局认为,在移民问题上西北确有困难,但只要方案确定,愿在中共中央的领导下努力设法解决;但从延长三门峡水库寿命和便于移民工作等方面考虑,建议水土保持和支流拦泥库的修建能够同时进行。② 经过这次查勘后,专家们一致肯定了三门峡坝址是治理和开发黄河中最好的而且应当首先建设的枢纽工程。

在黄河查勘团进行黄河现场查勘的同时,为了加强对治理黄河的领导,1954 年 4 月,政务院副总理李富春主持召开会议,决定在黄河研究组的基础上,成立黄河规划委员会。除黄河研究组原有 5 位组长为委员外,为了加强国家计划委员会对这一工作的领导,使各有关部门密切协作,及时解决问题,又增加张含英、钱正英、宋应、竺可桢、柴树藩、赵明甫、李锐、张铁铮、刘均一、高原、赵克飞、王凤斋等 12 人为委员,以李葆华、刘澜波为正副主任委员。委员会设立办公室,以配合苏联专家综合组工作,下设 11 个专业组,主要由水利部和燃料工业部的技术干部组成,负责编制《黄河综合利用规划技术经济报告》。之后,黄河规划委员会积极进行关于黄河规划设计文件的编制工作,并在苏联专家组的全力指导帮助下于 1954 年底完成了《黄河综合利用规划技术经济报告》的编制,其分为总述、灌溉、动能、水土保持、水工、航运、对今后勘测设计和科学研究工作的意见、结论等八个部分,全文 20 万字,附图 112 幅。黄河规划委员会所提出的黄河综合利用规划,就是按照根治水害、开发水利的方针制定的。

《黄河综合利用规划技术经济报告》第一次提出了根治黄河水害和开发黄河水利的计划。规划的任务是要解决五个迫切的问题:第一,有效地

①　李鹗鼎,《黄河查勘散记》,《人民日报》1955 年 7 月 23 日。
②　王化云:《我的治河实践》,河南科学技术出版社 1989 年版,第 155-156 页。

解决黄河下游的防洪问题;第二,合理地解决流域内的土地灌溉问题;第三,解决流域内新建和拟建各工业基地的电力供应问题;第四,大力开展西北黄土区的水土保持工作,制止水土流失,进一步发展西北地区的农业生产;第五,发展黄河的航运问题。[①] 黄河综合利用规划,包括远景计划和第一期计划两部分。在第一期工程的开发项目中,重要的工程项目是三门峡和刘家峡水利枢纽。同年,苏联156项重点援建项目出台,黄河流域规划列入重点援建项目之中,而且是唯一的水利工程项目。

1954年11月29日,国家计划委员会邀请国务院第七办公室、国家建设委员会、水利部、燃料工业部、地质部、农业部、铁道部、交通部、黄河规划委员会等有关单位负责人及苏联专家,集中听取苏联专家组组长柯洛略夫关于《黄河综合利用规划技术经济报告基本情况》的报告。李葆华、刘澜波在讲话中都表示同意该报告,希望中共中央早日决定。

1955年2月15日,黄河规划委员会正式将《黄河综合利用规划技术经济报告》和苏联专家组对该报告的结论等文件,上报国务院及国家计划委员会、国家建设委员会,提请审查。中共国家计划委员会党组和国家建设委员会党组审查《黄河综合利用规划技术经济报告》之后,于4月5日联名向中共中央和毛泽东、刘少奇、周恩来等41位中央领导人呈报了《关于〈黄河综合利用规划技术经济报告〉给中央的报告》。该报告认为:①规划报告中所提出的黄河综合利用远景和第一期工程都是经慎重研究和比较的,应当认为是今天可能提出的最好方案,建议予以批准;②三门峡水利枢纽,苏联已同意担负设计和供应设备,可于1957年开始施工;③黄河规划委员会为确保下游防洪安全和延长三门峡水库使用年限而提出的三门峡水库泄洪量标准是否定为8000立方米每秒,正常高水位是否定为350米,抑或定为355米、360米等问题,建议由黄河规划委员会向苏联专家组提出,在初步设计中研究确定。[②]

5月7日,刘少奇在中南海西楼会议室主持召开中共中央政治局会议,主要讨论黄河规划问题。朱德、陈云、董必武、邓小平、彭真、杨尚昆、薄一波、谭震林等46人参加。政治局基本通过《黄河综合利用规划技术经济报告》,决定提交第一届全国人民代表大会第二次会议审议;责成中共水利部党组起草关于黄河综合利用规划的报告和决议草案,送中央审阅。7月5

---

① 《黄河流域的规划工作胜利完成》,《人民日报》1954年12月23日。

② 中国社会科学院、中央档案馆编:《1953—1957中华人民共和国经济档案资料选编·农业卷》,中国物价出版社1998年版,第575页。

日,国务院副总理兼国家计划委员会主任李富春在第一届全国人民代表大会第二次会议上作《关于发展国民经济的第一个五年计划的报告》,指出:"五年内将开始进行黄河的根治和综合开发工作。黄河全长四千八百多公里,流经七省,流域面积七十四万五千平方公里,在我国历史上一直就是为害最严重的河道。根据黄河的综合利用的规划方案,在黄河中下游及其主要支流将修建水坝几十座,在三门峡等五处将建设足以调节流量的巨大水库,并建设巨大的水力发电站。在第一个五年计划期间,黄河的根治和综合开发工作将完成流域规划,并开始建设三门峡的水利、水力枢纽工程。"①7月18日,周恩来主持国务院第15次全体会议,通过了《关于根治黄河水害和开发黄河水利的综合规划的报告》,决定由邓子恢副总理代表国务院在第一届全国人民代表大会第二次会议上报告,并请大会审查批准。当天,邓子恢代表国务院在第一届全国人民代表大会第二次会议上作了《关于根治黄河水害和开发黄河水利的综合规划的报告》的报告。

该报告首先介绍了黄河的自然地理和资源概况,用大量的史实和事实历数黄河之害,并对黄河水患的产生作了全面的分析,介绍了人民治黄以来取得的成绩;接着提出了黄河治理开发的任务:"我们的任务就是不但要从根本上治理黄河的水害,而且要同时制止黄河流域的水土流失和消除黄河流域的旱灾;不但要消除黄河的水旱灾害,尤其要充分利用黄河的水利资源来进行灌溉、发电和通航,来促进农业、工业和运输业的发展。总之,我们要彻底征服黄河,改造黄河流域的自然条件,以便从根本上改变黄河流域的经济面貌,满足现在的社会主义建设时代和将来的共产主义建设时代整个国民经济对于黄河资源的要求。"随后,该报告论述了实现治理开发任务应采取的方针和方法。报告指出,历代治河方略都是把水和泥沙送走。几千年来的实践证明,水和泥沙是送不完的,是不能根本解决黄河问题的。因此,"我们今天在黄河问题上必须求得彻底解决,通盘解决,不但要根除水害,而且要开发水利。从这个要求出发,我们对于黄河所应当采取的方针就不是把水和泥沙送走,而是要对水和泥沙加以控制,加以利用。"这需要依靠两个方法:一是在黄河的干流和支流上修建一系列的拦河坝和水库,二是在黄河流域水土流失严重的地区(主要是甘肃、陕西、山西三省)展开大规模的水土保持工作。

该报告在叙述了黄河规划设计文件的编制经过后,说明了黄河综合利

---

① 李富春:《关于发展国民经济的第一个五年计划的报告》,《人民日报》1955年7月8日。

用规划的远景计划和第一期计划。①远景计划的主要内容是"黄河干流阶梯开发计划",就是在黄河干流上修建一系列的拦河坝,把黄河改造成为"梯河"的计划。该计划拟定:从青海贵德上游龙羊峡到河南成皋桃花峪止,在黄河中游分四段修建拦河坝44座,黄河下游修建用于灌溉的拦河坝2座。②第一期计划规定,首先在陕县下游的三门峡和兰州上游的刘家峡修建综合性工程。三门峡工程不仅对防止黄河下游洪水灾害有决定性作用,而且可以发电100万千瓦供给陕西、山西、河南等地相当时期内在工业上和其他方面的需要。刘家峡水库不仅可以保证下游原宁夏、绥远省境灌溉和航运的需要,而且可发电100万千瓦,满足甘肃一带新发展的工业区用电需要。三门峡水库和水电站拟于1957年开始施工,1961年完成。第一期工程初步估算需投资53.24亿元。①

邓子恢的报告话音刚落,中南海怀仁堂顿时发出雷鸣般的掌声。一千多位人民代表为黄河的美好远景而欢欣鼓舞,许多代表称该报告是激动人心的报告。著名水利专家张含英在会上说:"我从初次到黄河上做调查研究工作,到现在整整30年了,我在黄河上走过不少地方,也写过不少关于黄河的文章,我梦寐以求的是根治黄河的开端,但是在黑暗的反动统治时代,这只是幻想。"他称赞《关于根治黄河水害和开发黄河水利的综合规划的报告》是"治理黄河历史上的一个新的里程碑"。他说:"为了实现人民对黄河'利必尽兴、害必根除'的要求,为了开发黄河,以利国家,特别是内地的工业和农业的发展,几年来进行了规模巨大的调查、测量和研究工作,最后在苏联专家的帮助下编制了黄河综合利用规划,确定了治理黄河的最先进的策略,规划了无限美好的远景。"②他解释道:根据这样研究所拟定的远景方案,结合当前的需要和可能,黄河综合利用规划进一步制定出黄河综合利用的第一期各项措施。第一期工程完成后,可以基本上解除黄河水灾的威胁,并为各项利用创造了有利条件。

1955年7月20日,《人民日报》发表题为《一个战胜自然的伟大计划》的社论,对邓子恢的报告称赞说:"这个报告在我国历史上第一次全面地提出了彻底消除黄河灾害,大规模地利用黄河发展灌溉、发电和航运事业的富国利民的伟大计划。这个计划集中地体现了千百年来我国人民的愿望,也给今天正为祖国社会主义建设事业而忘我劳动的全国人民带来了巨大

① 邓子恢:《关于根治黄河水害和开发黄河水利的综合规划的报告》,《中华人民共和国国务院公报》1955年第15号,第730、734-736页。
② 张含英:《治理黄河的新的里程碑》,《人民日报》1955年7月21日。

的鼓舞。"社论提出:"为了实现黄河规划的第一期计划,当前的首要任务,就是要积极完成三门峡和刘家峡水电站的设计和施工的准备,用准确、有效的工作,保证这些工程按时开工。"

1955 年 7 月 30 日,第一届全国人民代表大会第二次会议一致通过了《关于根治黄河水害和开发黄河水利的综合规划的决议》。该决议明确规定如下。①第一届全国人民代表大会第二次会议批准国务院所提出的关于根治黄河水害和开发黄河水利的综合规划的原则和基本内容。并同意国务院副总理邓子恢关于根治黄河水害和开发黄河水利的综合规划的报告。②国务院应采取措施迅速成立三门峡水库和水电站建筑工程机构;完成刘家峡水库和水电站的勘测设计工作,并保证这两个工程的及时施工。③为了有计划有系统地进行黄河中游地区的水土保持工作,陕西、山西、甘肃三省人民委员会应根据根治黄河水害和开发黄河水利的综合规划,在国务院各有关部门的指导下,分别制定本省的水土保持工作分期计划,并保证其按期执行。④国务院应责成有关部门、有关省份根据根治黄河水害和开发黄河水利的综合规划,对第一期灌溉工程进行勘测设计并保证及时施工。①《关于根治黄河水害和开发黄河水利的综合规划的决议》的通过实施,将新中国治黄工作推进到一个全面治理、综合开发的历史新阶段。

二、三门峡水库的上马兴建

第一届全国人民代表大会第二次会议通过《关于根治黄河水害和开发黄河水利的综合规划的决议》之后,治理黄河工作进入了新的发展时期。三门峡水利枢纽是实施黄河综合规划的第一期重点工程。黄河上的第一座大坝选择建在三门峡,是因为三门峡具备当时建坝的多种有利条件:一是三门峡谷是黄河中游河道最狭窄的河段,便于截流;二是黄河三门峡谷水流湍急,建坝后容易发电;三是三门峡谷属石质峡谷,地质条件优越;四是人门、鬼门、神门三岛属岩石岛结构,可作为坝基,有利于施工导流;五是三门峡位于黄河中游的下段,是黄河上的最后一道峡谷,拦洪效果最佳;六是控制流域面积大,能最大限度地减轻下游水害。

当时三门峡水利枢纽的主体设计都委托给了苏联专家,设想规划是对黄河泥沙采取拦蓄为主的方针,首先以三门峡巨大的库容拦蓄,同时大力

117

---

① 《第一届全国人民代表大会第二次会议闭幕,一致通过五年计划、国家预决算、黄河规划和兵役法等重要议案》,《人民日报》1955 年 7 月 31 日。

开展水土保持,以此来减少泥沙来源,从而维护干支流水库的寿命。根据这个设想,三门峡水库的设计蓄水位是海拔 360 米,相应库容为 647 亿立方米,水库回水末端到达西安附近,关中平原需要大量移民。对于苏联专家制定的这个设想规划,尤其是对三门峡水库的淤积问题,存在着严重分歧和一系列激烈争论。

1955 年 8 月,黄河规划委员会将制定的《三门峡水利枢纽工程设计任务书》和《初步设计编制工作分工》上报国家计划委员会。三门峡大坝和水电站委托苏联电站部水电设计院列宁格勒分院设计,其余项目由国内承担。国家计划委员会审查任务书时,提出三点意见:①考虑水库寿命可能延长的问题,要求提出正常高水位在 350 米以上的几个方案供国务院选择;②为保证下游防洪安全,在初步设计中应考虑将最大泄量由 8000 立方米每秒降至 6000 立方米每秒;③应考虑进一步扩大灌溉面积的可能性。1956 年上半年,列宁格勒水电设计分院提出了初步设计要点报告:推荐下轴线混凝土重力坝和坝内式厂房;正常高水位选择,从 345 米起,每隔 5 米做一方案,直到 370 米,初步设计要点报告推荐 360 米高程,设计最大泄量为 6000 立方米每秒。1956 年 7 月,国务院初步审查了这个设计要点,决定三门峡大坝和电站按正常高水位 360 米一次建成,1967 年正常高水位应维持在 350 米,要求第一台机组于 1961 年发电,1962 年全部建成。正是按照国务院的这个审查意见,列宁格勒水电设计分院于 1956 年底完成了初步设计。

1956 年 7 月 10 日,黄河流域规划委员会李葆华、刘澜波致函苏联电站部水电设计院院长沃兹涅申斯基、列宁格勒水电设计分院院长雅诺夫斯基,通报说:1956 年 7 月 4 日,国务院根据设计总工程师柯洛略夫的报告,审查了 458 工程(即三门峡水利枢纽)初步设计要点,并作了以下决定。拦河坝和水电站应在一次修到正常高水位 360 米,在 1967 年以前水位保持在 350 米高程。采用重力坝,水电站形式希望采用坝内式,但在初步设计中应评价研究坝内式厂房或坝后式厂房两个方案。采用下坝轴线,在初步设计中,应进一步校核坝轴线,以便尽可能增加水电站基础闪长玢岩的厚度。编制施工进度,从 1957 年 2 月开始,1961 年拦洪,第一批机组发电,1962 年全部工程竣工。[1]

---

[1]　黄河三门峡水利枢纽志编纂委员会:《黄河三门峡水利枢纽志》,中国大百科全书出版社1993 年版,第 290-292 页。

　　1957年2月9日,国家建设委员会在北京主持召开三门峡水利枢纽初步设计审查会。各有关部门、大学和科研单位的专家、教授及工程师共140多人参加。为进行答辩,苏联派全苏水电设计总院总工程师华西林哥和三门峡水利枢纽设计总工程师柯洛略夫等专家来华参加审查会。在听取设计说明报告和专题报告后,中国专家分水利水能、水工、施工和机电四个组进行审查。全部审查工作于同年2月底结束并上报国务院审批。国务院在吸取专家意见的基础上,根据周恩来总理的指示提出:大坝按正常高水位360米设计,350米是一个较长时期的运用水位;水电站厂房定为坝后式;在技术允许的条件下,应适当增加泄水量与排沙量,因此要求大坝泄水孔底槛高程尽量降低。

　　虽然在1955年第一届全国人民代表大会第二次会议上苏联专家提出的三门峡水利工程方案被全票通过,但却同时遭到了清华大学水利工程系黄万里教授和电力工业部水力发电建设总局青年技术员温善章[①]的反对。早在1955年周恩来主持召开的关于黄河规划的第一次讨论会上,许多专家对苏联专家提出的规划交口称赞,只有黄万里反对,并当场指出:"你们说'圣人出,黄河清',我说黄河不能清,黄河清,不是功,而是罪。"[②]1956年5月,黄万里向黄河流域规划委员会提交了《对于黄河三门峡水库现行规划方法的意见》一文。该文全面否定苏联专家关于三门峡水库的规划,而不是只在个别问题上持不同意见。[③] 1957年上半年,三门峡工程即将开工之时,黄万里在清华大学水文课堂上给学生们讲述了他对三门峡工程的看法:一是水库建成后很快将被泥沙淤积,结果是将下游可能的水灾移到上游,成为人为的必然的灾害;二是所谓"圣人出,黄河清"的说法毫无根据,因为黄河下游河床的造床质为沙土,即使从水库放出的是清水,也要将河床中的沙土挟裹而下。他对"圣人出,黄河清"的说法甚为不屑,认为这种说法实出于政治阿谀而缺乏起码的科学精神。即便是三门峡水库正式开工后,黄万里仍然坚持对三门峡水库建设的反对意见。

---

　　① 1956年底和1957年3月,温善章先后两次向国务院和水利部呈送《对三门峡水电站的意见》,针对原方案中的"高坝(360米)、大库(650亿立方米库容)、蓄水、拦沙"的规划,提出了用低坝(335米)、小库(90亿立方米库容)、少淹没(由淹没350万亩降到50万亩以下,由需移民350万人降到15万人以内)、滞洪排沙的思路进行设计。

　　② 赵诚:《长河孤旅——黄万里九十年人生沧桑》,长江文艺出版社2004年版,第86页。

　　③ 该文后刊于《中国水利》1957年第8期,并收入了1958年4月水利电力部编印的《三门峡水利枢纽讨论会资料汇编》。

尽管存在着激烈的争论并且这种争论还在继续,但三门峡水库筹建的步伐并未停止。第一届全国人民代表大会第二次会议后,周恩来具体负责三门峡工程机构的组建工作。成立三门峡工程局,首先遇到的是这个局究竟是姓"水"还是姓"电",即其是由水利部领导还是由电力工业部领导的问题。因苏联未设水利部,故按苏联专家的意见,三门峡水电站应属电力工业部;而水利部则认为,新中国成立后的重大水利工程都是在水利部的领导下进行的,虽说水电站最终是要用来发电的,但建造水电站首先要治水,三门峡水电站应该归水利部领导。

为此,1955年11月2日,周恩来主持国务院常务会议,专门研究了三门峡工程的领导问题等。12月1日,周恩来致函毛泽东及中共中央,指出:在三门峡工程的施工领导问题上,电力工业部和水利部都认为这项工程重大,必须由两部合作,但在谁负主要领导责任问题上都认为应以自己这个部领导为主。两部经过数度协商,意见仍未能统一。经国务院常务会议研究,认为:由于三门峡工程施工任务繁重,技术要求很高,但两部对于大型水电站的建设的经验都是不足的,因此,"由哪一个部单独负责施工领导都是有困难的,必须集中两个部的技术力量和建设经验,共同负责,通力合作,各有关部门也必须大力支持"。周恩来认为,苏联不设水利部的体制不适宜中国,因为中国的河流很多,防洪、灌溉等水利工程的工作量极为繁重,而且考虑到电力工业的发展趋势,在第三个五年计划之后,水力发电比重将会超过火力发电,水电与火电的建设工作今后势必由两个部门分别管理;因此,水利部不仅现在有必要存在,而且将来除了农田水利外,作为水电工作的领导部门也是需要的。周恩来向中共中央建议:"在黄河规划委员会的领导下,由两部共同负责,并吸收地方党委参加组成三门峡工程局,统一领导三门峡的设计施工工作。局长、副局长应该是专职干部,并且应该按照企业领导的原则建立首长负责制。为着加强政治领导,工程局还应受河南省委领导。"他还建议:"三门峡工程局必须由得力的干部和熟悉业务的人员主持。"周恩来根据两部党组的干部配备方案,拟调湖北省省长刘子厚任局长,黄河水利委员会主任王化云、电力工业部水力发电建设总局副局长张铁铮、河南省委委员齐文川为副局长。①

1955年12月6日,国务院常务会议根据第一届全国人民代表大会第

---

① 中共中央文献研究室:《周恩来年谱(1949—1976)》(上),中央文献出版社1997年版,第513-514页。

二次会议《关于根治黄河水害和开发黄河水利的综合规划的决议》,确定兴建三门峡水利枢纽为根治和开发黄河的第一期重点工程,正式批准了黄河三门峡工程局领导成员名单。

1956年1月初,黄河三门峡工程局在北京开始办公,并由水利部、电力工业部分别提名汪胡桢、李鹗鼎为总工程师。7月5日,中共中央通知中共国家计划委员会、国家经济委员会、水利部、电力工业部、铁道部、交通部、邮电部、卫生部、公安部、高等教育部等部(委)党组,以及中共河南、山东、湖北省委及上海市委,要求各有关部门和地区的党委(组)按照黄河流域规划委员会向中央的报告中所提出的给三门峡工程局调配干部的名额、条件和调集日期进行抽调,在抽调干部时应注意保证质量。

1956年7月27日,黄河三门峡工程局机关从北京迁到三门峡工地办公。28日,黄河三门峡工程局驻京办事处正式成立,其工作任务是:禀局之命,驻京办事;联系各部,招待来往;搞好团结,便利工作。8月15日,中共河南省委作出《关于调整三门峡工地工作领导组织形式的决定》,指出:建立中共黄河三门峡工程局委员会。其任务为统一领导工地的各项工作,领导各工程建设单位党的组织。中共黄河三门峡工程局委员会受中共河南省委领导,以刘子厚为第一书记,张海峰为第二书记,王化云为第三书记。同时撤销黄河三门峡工地临时党委会。

1957年4月13日,经过长期多方面的筹备,隆隆的开山炮声打破了三门峡谷的宁静,新中国在黄河上修建的第一座大型水库——三门峡水利枢纽开工典礼在坝址区鬼门岛上隆重举行。黄河流域规划委员会副主任、水利部部长傅作义,国家计划委员会副主任柴树藩,电力工业部副部长王林,河南省省长吴芝圃,甘肃省省长邓宝珊,陕西省副省长谢怀德,黄河水利委员会副主任赵明甫,苏联专家组组长波赫等出席了开工典礼。中共山西省委、山西省人民委员会和山东省省长赵健民发来了贺电。傅作义在开工典礼上说:"我们现在举办这样一个工程,把千百年来的水害变成水利,只有在中国共产党的领导下才能办到。"[①]次日,《人民日报》就三门峡工程开工发表了题为《大家来支援三门峡啊!》的社论,号召全国人民关心支援三门峡工程建设。

三门峡大坝浇灌混凝土,是三门峡水利枢纽工程的第一个施工高峰。

---

① 《征服黄河的开端,举国瞩目的三门峡水利枢纽工程正式开工》,《人民日报》1957年4月14日。

1958 年 3 月 17 日,三门峡水利枢纽拦河大坝工程开始浇灌混凝土,三门峡工程的建设者在大坝左岸的基坑里举行了奠基典礼。水利电力部副部长李葆华、张含英、钱正英和苏联专家茹可夫斯基等人也参加了典礼,向建设者祝贺。在全国"大跃进"的形势下,三门峡建设者提出"苦战三年,提前一年拦洪,提前半年发电,提前一年竣工"的口号。据统计,从 1957 年 4 月开工到 1958 年 6 月初,经过全体职工的日夜苦干,已经挖填土石方 382 万多立方米,[①]把三门峡劈成两半,在神岛和张公岛抢筑起了一道 427 米长的防水线。[②]

截流工程是三门峡工程施工中的关键,不完成截流,拦河大坝就永远完不成。但截流只能在冬季枯水时期进行,一年只有一段短暂的时间,机会一失,便须等到来年。中共三门峡工程局委员会在 1958 年 2 月就确定了以截流为当年的中心任务。6 月,决定成立截流准备工作小组,专门进行和检查有关截流的一切准备工作,并委托西安交通大学举行水工模型试验。[③] 11 月,由三门峡工程局和三门峡市的党政领导同志组成了截流工程指挥部。各项工作都进行了预演,如演习大块石如何吊装方便,演习抛投 15 吨重的混凝土块等。11 月 17 日,进行了截流工程的演习。11 月 20 日,黄河三门峡水利枢纽工程开始了神门河截流工程。经过紧张战斗,三门峡截流工程在 25 日 6 时 45 分基本结束。神门河和神门岛中间的泄水道全部堵塞,鬼门河的闸门早已安装好,随时可以落闸截流。从此,流经这个峡谷的滚滚黄河水,一改自古以来凶猛顽劣的性格,驯服地顺从人们的意志,从左岸溢流部分的 12 个梳齿孔和右岸的鬼门河向下奔泻。三门峡的建设者们将顺利地堆筑围堰、开挖右岸大坝基坑和浇筑拦河大坝。[④] 这样的建设速度在世界水利工程中是少有的。

三门峡截流工程结束后,工程的重点开始由左岸转到右岸大坝的水电站部分。水利电力部黄河三门峡工程局总工程师汪胡桢对工程建设的情况描述道:"建设三门峡水利枢纽的人们正以昂扬的斗志掀起全面的生产高潮。一列列满载沙石与水泥的列车接连地通过陇海铁路到达工地。这些原料经过自动化的拌和楼加以搅拌,制成混凝土,由车水马龙那样的自卸汽车队把混凝土运往坝址,更由一群伸着长臂的起重机把混凝土吊到空

---

① 《今日三门峡》,《人民日报》1958 年 6 月 7 日。

② 张丽君:《一切为了截流》,《人民日报》1958 年 11 月 22 日。

③ 汪胡桢:《三门峡巨变》,《人民日报》1959 年 4 月 25 日。

④ 《三门峡截流工程神速告成,战斗八天斩断黄河》,《人民日报》1958 年 11 月 27 日。

中,倾泻到坝身的木模里。工人们分三班轮流工作,24 小时分秒不停。坝址上布满一簇簇方盒形的混凝土高台,很像天安门前正在建筑的高楼大厦。在这些高台形的木模里,工人们忙着用振动器振捣还很潮湿的混凝土,驱逐出其中所含的空气泡,使它充分密实。目前,每月混凝土的浇筑量已从几万方发展到十万方以上,今后还有越增越多的趋势。每个月浇筑十万方的混凝土已经是我国目前相当高的施工速度了。"①

　　三门峡水库在人们的争论中开工并建设着。面对少数专家对三门峡水利枢纽工程提出的异议,毛泽东和中共中央密切关注并努力加以解决。1957 年 2 月 5 日,邓子恢向毛泽东及中共中央报告说:三门峡水库是黄河综合利用的水利枢纽,它的建成将从根本上解决上千年的洪水灾害,保证黄河不改道,使冀、鲁、豫、苏、皖五省人民生命财产的安全得到保障。目前部分准备工作已经就绪,建议不要停止兴建,按原定计划在 1957 年 2 月动工,以争取在 1959 年汛期内部分蓄洪。次日,毛泽东向主持中央日常工作的邓小平作出批示:"此件请印发政治局、书记处各同志研究,请陈云同志的五人小组处理。"②

　　邓小平立即把毛泽东的批示转给陈云领导的中央经济工作五人小组研究。③ 1957 年 3 月 7 日,陈云为中央经济工作五人小组起草了给毛泽东并中共中央的信,提交了书面意见。五人小组认真研究了黄河三门峡水库建设的问题,提出不能把眼光仅仅放在三门峡水库本身上,而要想得更广更深,主张统筹考虑全国的水利建设工程。他们指出:"为了发展我国农业,必须有计划地治理我国为害最大的几条水系,这首先是黄河水系、淮河水系、海河水系,历史上这几条水系为害最大,而影响省区(苏、皖、鲁、豫、晋、陕等省)和人口亦最多,这是一方面。另一方面,治理这些水系要花很多钱,要用很多材料,一个一个地单独批准开工,势必造成应该治与暂时不可能治和摊子已经摆开而财力物力继续不上去的矛盾。"由此,他们向中央建议:在尚未确定全国水利工程全盘规划和进度前,三门峡工程摊子不能铺得太大,五人小组同意国家经济委员会和国家计划委员会提出的 1957 年对三门峡水库工程暂时"勒马"的办法,先投资 5000 万元开工,摊子不要

　　① 汪胡桢:《三门峡巨变》,《人民日报》1959 年 4 月 25 日。
　　② 中共中央文献研究室:《建国以来毛泽东文稿》(第六册),中央文献出版社 1992 年版,第300 页。
　　③ 中央经济工作五人小组,由陈云、李富春、薄一波、李先念、黄克诚组成,陈云任组长。

铺得太大。原定 1961 年竣工是不可能的,规模也可能要有些改变。①

陈云领导的五人小组提出的报告是比较慎重的。尽管他们在三门峡水库上马问题上持赞同态度,但还是尽量考虑到三门峡水库上马后可能会出现的各种问题。他们提出:请国务院有关部门研究三门峡水库及与其相关联的各项工程建设相互衔接的进度和投资、用材、用人的方案,研究第二个五年计划农林水投资中农业、农垦、水利、林业、气象等方面的分配比例,力求这种比例最有利于我国农业增产和木材增产。② 五人小组提出的报告得到毛泽东及中共中央的批准。

1957 年 5 月 24 日,周恩来主持召开国务院第 49 次全体会议。水利部副部长何基沣在就《中华人民共和国水土保持暂行纲要》作说明时谈到,黄河水利委员会在陕西绥德韭园沟所搞的拦沙水库,只三年已淤平(原计划十年淤平)。周恩来听后提醒与会者:"根据韭园沟的经验,三门峡也不能避免淤塞了。尽管现已开工,我还是有些不安。三门峡工程如何搞,应该研究。提议利用科学规划委员会开会的时机,由水利部主持,邀请水利、水力发电、水土保持等几方面的专家,和苏联专家一起研究讨论,最后由水利部提出方案报国务院。"③6 月,针对三门峡工程设计水位和运用方式以及移民的有关争论,周恩来指示水利部邀请各方面专家召开讨论会,对苏联专家制定的方案提意见、谈看法。

遵照周恩来和国务院的指示,水利部于 1957 年 6 月 10 日至 24 日在北京召开三门峡水利枢纽讨论会,对三门峡水库的任务、正常高水位、运用方式等问题进行讨论。参加讨论会的有水利部、电力工业部、清华大学、武汉水利学院、天津大学、三门峡工程局以及有关省的水利厅的专家、教授等。10 日至 17 日是大会一般发言,18 日以后是专题讨论发言,主要讨论三门峡水库的正常高水位和运用方式。会议由水利部副部长张含英主持,在苏联参加黄河三门峡工程设计的沈崇刚介绍了初步设计和实验情况。会上,温善章、叶永毅(黄河流域规划委员会工程师)等提出了建议方案,其主要论点是:第一,水库任务以防洪为主,照顾发电、灌溉和航运;第二,水库运用原则为拦洪排沙,不调节径流,汛期敞泄,汛后蓄水,供兴利用;第三,水库设计水位为 336~337 米,库容 110 亿~120 亿立方米,可满足 20 年内防

---

① 中共中央文献研究室:《陈云年谱》(中),中央文献出版社 2000 年版,第 367 页。
② 中共中央文献研究室:《陈云传》(下),中央文献出版社 2005 年版,第 1098-1099 页。
③ 中共中央文献研究室:《周恩来年谱(1949—1976)》(中),中央文献出版社 1997 年版,第45 页。

洪淤沙、1500 万～2000 万亩灌溉、25 万～30 万千瓦装机发电之用；第四，混凝土工程量 100 万～120 万立方米，迁人 15 万以下，淹地 50 万亩以下，造价 4.5 亿元，此较正常高水位 360 米高程的设计方案分别少 70 万人、250 万亩、12 亿元；第五，关中平原土地资源宝贵，将来可能比动力还缺乏；第六，拦河坝底孔高程 280 米，库水位 310 米时泄量 6000 立方米每秒，汛期中可有 88%泥沙排出库外。陕西代表介绍了陕西耕地的 85%是山地，平原只有 1000 多万亩。而水库淹没的多为平原高产区，其人口密度为 200 人每平方千米（全省的人口密度平均为 82 人每平方千米），故迁移不单是经济问题，而且是政治问题。拿迁移七八十万人口的代价换来一个寿命只有 50～70 年的泥沙库，群众很难通过。由于建议和原设计的蓄水拦沙原则截然相反，争论很激烈。[①]

在这次会议上，黄万里为代表的"反上派"（反对上三门峡工程）与"主上派"展开了激烈辩论。"主上派"描绘的是建高坝、拦洪蓄沙，让清水出水库的美妙图景；而黄万里则认为不能在这个淤积段上建坝，否则黄河下游的水患将移至关中平原，建坝拦沙让黄河清是违反自然规律的，清水出库对下游的河床不利。他发言说：三门峡以下河道大家都不同意淤积，为什么又同意淤在三门峡以上呢？我认为，水土保持即使完成了 100%，清水下来还是要带沙（当然沙要少一些）。河床是动的现象，三门峡大坝把黄河分为两大段，当然，水土保持工作完成后泥沙会减少了些，径流也可能小些，但总要带走泥沙，而淤积在上游，慢慢地造成上游地区闹水灾，等于说把现在的闹灾地区上移了几百千米，时间错后了一些，这种现象是不可避免的。所以，我认为最好还是把泥沙一直排下去，上游水灾问题也能解决，三门峡水库寿命也可以延长，下游河道的冲刷问题也可以少一些，除非真是没有办法才留在水库里面。坝下留底孔或采用其他的方法可以把沙排下去。黄万里断言，三门峡大坝修成后将淤没上游大片田地，造成严重的城市灾害。然而，由于出席会议的专家多数同意苏联专家的意见，黄万里虽经多次争辩仍然无效。故此，他退而建议："若一定要修此坝，则建议勿堵塞六个排水洞，以便将来可以设闸排沙。"[②]他的这个意见获得与会者的赞同，写入当时的规划之中。但后来施工时，苏联专家坚持其原设计方案把 6 个底

①　赵之蔺：《三门峡工程决策的探索历程》，《黄河史志资料》1989 年第 4 期。

②　赵诚：《长河孤旅——黄万里九十年人生沧桑》，长江文艺出版社 2004 年版，第 91、93 页。

孔都堵死了。① 黄万里关于三门峡水库建设的分析和预见不久就被验证了。三门峡水库于 1960 年 9 月建成，从第二年起潼关以上黄河及渭河大淤成灾，两岸受灾农田 80 万亩，工业重镇西安受到水灾的严重威胁。

在这次会议上，除了黄万里从根本上否定苏联专家的规划及温善章提出改修低坝意见之外，经分组讨论后，与会者面对中苏专家已完成的厚达半米的设计书和相关资料，大多数意见是维持原设计方案，仅建议分期抬高水位以缓和移民和泥沙问题；否定了拦洪排沙方案，一致赞同三门峡水库上马，温善章、叶永毅的意见也没有被采纳。

1957 年 7 月 24 日，国务院常务会议讨论三门峡工程问题并形成两项决议：①由水利部提出具体方案，经中央原则确定一两个方案，交全国专家讨论后，再作最后决定；②批准苏联专家对三门峡工程的初步设计，技术设计暂缓进行。② 10 月 19 日，周恩来主持国务院常务会议，再次审议关于三门峡水利枢纽问题的报告，并作出决定：三门峡水利枢纽势在必修，而且坝址要选在三门峡。由水利部根据这个精神，联系防洪、灌溉、发电、水土保持、水土浸润影响以及有关各省存在的其他顾虑，将修建这个水库的利弊作全面的分析比较，于 11 月 10 日前把这个报告改写好，报国务院批发有关各省征求意见。③

黄河的最大问题是泥沙多，每年从中上游的黄土高原要挟带 10 多亿吨的泥沙冲下来，这些泥沙部分被送入黄海，部分就在水势比较平缓的下游河床淤积下来，使黄河下游形成高出地面的悬河，主要靠两岸的大堤控制洪水。为了解决泥沙问题，三门峡工程的规划采取以拦蓄为主的方针，即首先以三门峡水库巨大的库容拦蓄，同时开展水土保持工作。根据这个思路，三门峡大坝设计蓄水位是海拔 360 米，相应库容 647 亿立方米，水库回水末端到达西安附近，关中平原需要大量移民。这个规划刚刚提出，就引起了激烈争论。有人认为这样做，整个水库会很快淤死；有人建议把大坝再提高一些；还有人提出把全部泥沙都放下去，不发电，不灌溉，就是将洪水拦一些，然后再放出去。这些争论一直到工程开工后还在继续，并且矛盾越来越尖锐。④ 尤其是陕西方面通过多种渠道力陈这项工程对关中地

① 20 世纪 70 年代，意识到要冲刷泥沙时，这些底孔又以每个 1000 万元的代价重新打开。

② 中共中央文献研究室：《周恩来年谱（1949—1976）》（中），中央文献出版社 1997 年版，第 62 页。

③ 中共中央文献研究室：《周恩来年谱（1949—1976）》（中），中央文献出版社 1997 年版，第 88 页。

④ 中共中央文献研究室：《周恩来传》（下），中央文献出版社 1998 年版，第 1387-1388 页。

区的影响,要求重新商议设计方案。陕西方面反对三门峡工程的理由是:沿黄流域水土保持好就能解决黄河水患问题,无须修建三门峡工程。

作为国务院主管财经工作的负责人,陈云对三门峡水库工程仓促上马是有怀疑的。他敏感地意识到,三门峡工程由于讨论不充分,对修筑大坝后导致的淹地、泥沙等问题考虑不周,将会产生不少严重问题,必须予以正视,并将其作为水利问题决策上的教训加以吸取。1957年9月11日,他在全国第四次农村工作会议上的讲话中,认为三门峡工程搞得过快。他说:"在动手之前要斟酌一下。我们许多问题来得快,淮河也快了,三门峡也快了。三门峡要搞,应该提出方案,在报上公布,全国讨论。现在,党内党外都有意见,对坝高坝低、淹地多了少了、搞不搞都有一些意见。治涝也应该提出方案,报上公布,全国讨论。棉花、化肥、化学纤维的问题,也要公开讨论。只有经过全民讨论,把好的意见吸收下来,才可以少犯一点错误。现在,我们有些问题决定得太快。"①

尽管人们对三门峡水库的上马有很大异议,但陈云认为,既然项目已经上马,就不要再追究责任,而应该总结经验教训,以利于今后的决策。他分析道:"建设三门峡水库,是全国人民代表大会通过的。像这样的问题,最好是人大通过议案以前,在报纸上公布,征求人民意见,大家讨论。现在社会上有议论,党内也有不同意见,说水库要淹那么多的地,水坝的泥沙淤积起来很快,二十年或者多少年以后就淤满了。有的人主张水坝搞高的,有的人主张搞低的;有的人说淤积不会发展,有的人说要发展,议论纷纷。现在要回过头来重新研究,说明当时不应急于定案。我认为农业上的大问题,许多工作上的大问题,可以在全国展开讨论,这样做只有好处,没有坏处。对中国农业如何发展,不仅共产党内有意见,社会上很多人也有意见。一切好的意见,我们都应该吸收过来。"②

既然中共中央和国务院已经作出了三门峡水库上马的决策,那么就要正视现实,采取补救措施解决工程建设中可能出现的问题。1957年10月31日,中共中央政治局会议虽然通过了《黄河流域规划委员会关于三门峡技术设计问题的报告》,但对已经存在的三门峡工程建设中的问题力图加以纠正。1957年11月,国务院审查批准了国家建设委员会《关于审查三门峡工程初步设计意见的报告》。该报告在吸收多方面专家意见的基础上,

① 中共中央文献研究室:《陈云文集》(第三卷),中央文献出版社2005年版,第216页。
② 陈云:《陈云文选》(第三卷),人民出版社1995年版,第85页。

对三门峡水库工程技术设计的编制提出了三条意见：①大坝按正常高水位360米高程设计，350米高程施工，350米高程是一个较长期的运用水位；②水电站厂房定为坝后式；③在技术允许的条件下，应适当增加泄水量和排沙量，将泄水孔底槛高程尽量降低。①

三门峡水利枢纽工程出现的激烈争论，反映了修建三门峡水库过程中还存在着许多没有解决的问题。为了吸收各方面人士的意见，国务院决定在三门峡建设工地召开现场会。为便于对陕西做说服工作，周恩来特意邀请了对西北局有巨大影响的彭德怀、习仲勋参加会议。

1958年4月21日，周恩来到三门峡工地上看望1万多名建设者，并于4月21日至25日主持召开三门峡工程现场会议，再次讨论三门峡工程的建设问题。会上争论热烈、气氛活跃。国务院副总理彭德怀、国务院秘书长习仲勋到会并讲话，陕西、河南、山西等省和水利电力部②、黄河水利委员会、三门峡工程局的负责人及有关专家都在会上发了言。陕西省参加会议的代表慷慨激昂地提出：三门峡水位高了，西安地区的土地碱化就会加重，粮食作物将会大面积减产，要求正常水位不能超过340米。而水利电力部和三门峡工程局则认为：对于三门峡这样一处难得的优良坝址，建低坝既不能彻底解决黄河洪水问题，又不能获得最大的综合效益，与根治黄河水害、开发黄河水利的指导方针不符。何况施工已全面展开，此时再改变设计方案，实属不可行。因此，主张维持原设计360米水位不变。③

4月24日，周恩来在综合各方面意见的基础上作了总结发言，系统阐述了上游和下游、一般洪水和特大洪水、防洪和兴利、战略和战术等辩证关系。他首先指出，召开会议的目的是听取大家的意见，特别是反面意见，树立对立面。"如果说这次是我们在水利问题上，拿三门峡水库作为一个中心问题，进行在社会主义建设中的百家争鸣的话，那么现在只是一个开始，还可以继续争鸣下去"。对于三门峡水库工程的减沙效果，周恩来认为不能估计过高："我如果估计保守了，我甘做愉快的'右派'。"他还说："我们把问题提出来，有些问题，我们能够解决的就解决，不能解决的后人会帮我们解决的，总是一代胜过一代，我们不可能为后代把事情都做完了，只要不给

---

① 黄河三门峡水利枢纽志编纂委员会：《黄河三门峡水利枢纽志》，中国大百科全书出版社1993年版，第293页。

② 1958年2月11日，水利部和电力工业部合并组成水利电力部。

③ 水利部黄河水利委员会编著：《人民治理黄河六十年》，黄河水利出版社2006年版，第161页。

他们造成阻碍,有助于他们前进。"①这些意见既照顾到整体利益,也适当照顾了局部利益,解除了陕西一些干部的顾虑。对三门峡水库工程本身的问题,他明确指出,修建三门峡水库的目标是:"要分别从主从、先后、缓急,目前以防洪为主,其他为辅,综合利用要量力而行,对防洪的限度,库容以不损害西安为前提。"他强调:"不能孤立地修水库,要配合进行综合治理,即要同时加紧进行水土保持、整治河道和修建黄河干支流水库的规划,不能只顾一点,不及其余"。②

由于周恩来等人的努力,最后决定泄水孔底槛高程降至 300 米。周恩来表示自己的意见也不成熟,还可以再讨论:"你们回去可以写信给我,或者写文章来争论,来讨论,在报纸上也可以。我们继续把这个问题弄清楚,这样才能使我们根治黄河的工作做得更好。"③这次现场会,在"上下游兼顾,确保西安,确保下游"的思想指导下,突出了整体利益,适当照顾了局部利益,进一步明确了修建三门峡水库对治理黄河,特别是对下游五省防洪的重要作用,回答了陕西省关于三门峡水库有没有必要修建的疑问。同时,采纳了大坝泄水孔底槛高程降低 20 米的意见,对三门峡水库兴建和改建后长期减少库区淤积和淹没损失,起到了关键性的作用。

1958 年 6 月 29 日,水利电力部党组综合了三门峡问题研究的意见后向中共中央呈送了《关于黄河规划和三门峡工程问题的报告》。8 月 17 日至 30 日,中共中央政治局在北戴河举行扩大会议,讨论了水利电力部党组的这份报告。最后一致同意:三门峡拦河大坝按正常高水位 360 米设计,350 米施工,1967 年前最高运用水位不超过 340 米,死水位降至 325 米(原设计 335 米),泄水孔底槛高程降至 300 米(原设计 320 米),坝顶高程按353 米修筑。在会议的最后一天即 30 日,周恩来亲自召集河南、河北、山东、山西、江苏、安徽、甘肃、陕西、青海、宁夏、内蒙古等省、自治区党委第一书记和国务院第七办公室、国家经济委员会、铁道部、水利电力部负责人,听取并讨论黄河水利委员会主任王化云关于黄河干支流水库、水土保持、下游河道整治的三大规划的汇报。汇报中,内蒙古、山西提出应把红河、大黑河、深水河列入规划;宁夏提出将黑山峡、大柳树、沙坡头合并修建大柳树,青铜峡已开工,中央还需解决 5000 吨水泥;青海提出希望龙羊峡、拉西

① 中共中央文献研究室:《周恩来传》(下),中央文献出版社 1998 年版,第 1388-1389 页。

② 中共中央文献研究室:《周恩来年谱(1949—1976)》(中),中央文献出版社 1997 年版,第 140-141 页。

③ 中共中央文献研究室:《周恩来传》(下),中央文献出版社 1998 年版,第 1388-1389 页。

瓦于 1960 年开工等。在总结发言中,周恩来指出:"大中型工程要推迟,以中小型土坝为主。黄河干流枢纽要先修岗李,后修桃花峪,泺口枢纽建在津浦铁路桥以下,龙羊峡以上继续查勘。关于水土保持方针,可提三年苦战,两年巩固、发展,五年基本控制。"①

但关于三门峡问题的争议并未完全消除。1959 年 8 月 17 日,国家经济委员会召集各有关部门讨论 1960 年三门峡水库拦洪蓄水的标准问题,初步决定按 335 米高程拦洪,要求铁路、公路、邮电等改线工作和库区移民工作在汛前完成。周恩来在听取国家经济委员会提交的报告后指示:为使三门峡工程 1960 年拦洪蓄水问题处理得更好,决定在三门峡工地再次召开现场会。

1959 年 10 月 13 日,周恩来第二次视察三门峡水利枢纽工程,并主持召开三门峡工程现场会议。参加会议的有中共河南省委第一书记、河南省省长吴芝圃,中共陕西省委书记方仲如,山西省省长卫恒,湖北省省长张体学,水利电力部副部长李葆华、钱正英,黄河水利委员会主任王化云,长江流域规划办公室②主任林一山,农业部副部长何基沣,石油工业部副部长李人俊,中共三门峡市委书记李浩,三门峡市市长刘莱,中共三门峡工程局委员会代书记齐文川,三门峡工程局代局长谢辉等。会议研究三门峡水利枢纽 1960 年拦洪发电后继续根治黄河的问题。周恩来指出:"根治黄河必须在依靠群众发展生产的基础上,大面积地实施全面治理与修建干支流水库同时并举,保卫三门峡水库,发展山丘地区的农业生产。水土流失问题,必须做到三年小部、五年大部、八年完成黄河流域七省区的水土保持工程措施和其他措施,逐步控制水土流失。"③最后经中央批准,确定三门峡水库 1960 年汛前移民高程为 335 米,近期水库最高拦洪水位不超过 333 米。

为争取三门峡大坝 1960 年汛期实现全部拦洪,必须使坝体全线升高到海拔 340 米高程,共需浇筑混凝土 139 万多立方米。为了抢在洪水前面把大坝浇筑到海拔 310 米高程,工人们从 3 月起就突破了月浇筑混凝土 10 万立方米的指标,使大坝节节上升,在伏汛期间 7 次滞蓄了黄河的巨大洪峰。到 1959 年 7 月 5 日,拦洪大坝的部分主体工程已达到 310 米的高程,

---

① 中共中央文献研究室:《周恩来年谱(1949—1976)》(中),中央文献出版社 1997 年版,第 164 页。

② 简称长办。1956 年,以原来的长江水利委员会为基础,成立长江流域规划办公室,首任主任林一山。1988 年,长江流域规划办公室改名为长江水利委员会,为水利部派出机构。

③ 中共中央文献研究室:《周恩来年谱(1949—1976)》(中),中央文献出版社 1997 年版,第 261 页。

可以起到部分拦洪作用。在坝体逐渐升高、施工条件更加困难的情况下,8月混凝土浇筑量比 7 月增长了 23.9%,9 月混凝土浇筑量比 8 月增长了 45.5%,10 月、11 月继续增长。特别是 11 月 20 日至 12 月 10 日平均日浇筑量都在 5000 立方米以上。①

经过广大工程建设者三年的努力,到 1960 年 6 月,三门峡大坝筑至 340 米,开始拦洪。9 月 14 日,三门峡水库工程正式竣工并开始蓄水。之后,于 1960 年 11 月至 1961 年 6 月,把 12 个导流底孔全部用混凝土堵塞。1961 年 4 月,三门峡大坝修建至第一期工程坝顶设计高程 353 米,枢纽主体工程基本竣工。1962 年 2 月,第一台 15 万千瓦机组投入试运行,后因水库运用方式改变,将其拆除后安装到丹江口水电站。王化云评价说,"三门峡水利枢纽工程,是当时我国修建的规模最大、技术最复杂、机械化水平最高的水利水电工程",还说,"三门峡工程的施工,不仅速度快、质量好,更重要的是培养了大批建设人才,把我国水利水电建设事业提高到一个新水平"②。

三、三门峡水库改建工程

三门峡水利枢纽工程是新中国成立后在黄河上兴建的第一座大型水利枢纽工程,被誉为"万里黄河第一坝"。但由于原规划设计不当,对水库泥沙淤积问题估计不足,三门峡大坝建成不久,泥沙淤积严重,工程不能发挥原来设想的效益,造成了资财的巨大浪费。当时的设计者认为,水土保持能很快生效,进入三门峡的泥沙能很快减少,因此可用三门峡的高坝大库全部拦蓄泥沙,使三门峡下泄清水来刷深黄河下游的河床,从而把黄河一劳永逸地变成地下河。这样的思路使得三门峡工程自身没有设计泄流排沙的孔洞。正因在建造时没有考虑排沙问题,三门峡工程蓄水运行后,泥沙淤积的问题开始显现。据水利电力部的历史资料,1960 年工程蓄水,到 1962 年 2 月,水库就淤积了 15 亿吨泥沙;到 1964 年 11 月,总计淤积了 50 亿吨③,淤积速度和部位都超出预计。黄河回水大有逼近西安之势。水库的先天设计缺陷,加之蓄水常年不按标准等利益驱动因素掺杂其中,致

---

① 《争取在明年汛期发挥全部拦洪作用,三门峡大坝日日高升,提前完成百万方混凝土浇筑和设备安装》,《人民日报》1959 年 12 月 11 日。

② 王化云:《我的治河实践》,河南科学技术出版社 1989 年版,第 170-171 页。

③ 《水利电力部党组关于黄河治理和三门峡问题的报告》,《建国以来重要文献选编》(第二十册),中央文献出版社 1998 年版,第 35 页。

使渭河河床不断抬高,并在渭河口形成"拦门沙",使渭河下游两岸农田受到淹没,土地盐碱化面积增大,严重危害农业生产。

当初黄万里等反对者所担心的库尾潼关泥沙淤积并导致西安水患等灾难出现了,严重威胁着关中平原和西安市的安全,引起各方面的更大争议。鉴于这种情况,1962 年 3 月,国务院决定将三门峡水库原来的运用方式由"蓄水拦沙"改为"滞洪排沙"(即汛期闸门全开敞泄,暂不考虑发电和灌溉,只保留防御特大洪水的任务)。但由于泄水孔位置较高,泥沙仍有60％淤积在库内,潼关河床高程也并未降低。而下泄的泥沙由于水量少,淤积到下游河床,反而使下游河床进一步恶化。三门峡工程严重的泥沙问题引起各界的关注,议论颇多。深受其害的陕西省反映最为强烈。他们多次向中央反映,甚至到毛泽东那里告了"御状"。1962 年 4 月,陕西省代表在第二届全国人民代表大会第三次会议上提出第 148 号提案,要求请国务院从速制定三门峡水库运用原则和管理方案,建议水库运用改以滞洪排沙为主,泄洪闸门全部开启,并研究增建设施加大泄流排沙能力,请国务院组织工作团深入库区,调查存在问题,指示解决办法,以减少库区淤积,确保居民的生产、生活、生命安全。[①] 对此提案,全国人民代表大会决定由国务院交水利电力部会同有关部门和有关地区研究办理。

为进一步论证三门峡水库改建的可行性,水利电力部于 1962 年 8 月和 1963 年 7 月先后两次邀请国家计划委员会、国家经济委员会、黄河水利委员会,陕西、山西、河南、山东等省以及有关专家、教授和工程技术人员,在北京召开三门峡水利枢纽问题的技术讨论会。在会上,绝大多数人认为,三门峡水库运用方式由蓄水拦沙改为滞洪排沙是正确的,但对于是否要增建泄流排沙设施,以及增建的规模等问题则分歧较大。这可以说关系到根治黄河的方向,关系到中下游千百万人民的切身利益。这期间,经过比较,黄河水利委员会还是推荐干流碛口拦泥水库方案,即在左岸增建两条泄流排沙隧洞,改建 5～8 号四条原发电引水钢管为泄流排沙管道,以加大泄流排沙能力,解决泥沙淤积的燃眉之急。但三门峡水库由"蓄水拦沙"改为"滞洪排沙"之后,仍未能制止淤积。到 1964 年 11 月,总计淤积了 50亿吨泥沙,渭河的淤积已影响距西安 30 多千米的耿镇附近。正因如此,周恩来曾在 1962 年 5 月 11 日的中共中央工作会议上坦白地说:"三门峡的

---

① 水利部黄河水利委员会编著:《人民治理黄河六十年》,黄河水利出版社 2006 年版,第 185页。

水利枢纽工程到底利多大，害多大，利害相比究竟如何，现在还不能作结论。原来泥沙多有问题，现在水清了也有问题。水清了，冲刷下游河床，乱改道，堤防都巩固不住了。上游清水灌溉，盐碱就不能统统洗刷掉。洪水出乱子，清水也出乱子。这个事情，本来我们的老祖宗有一套经验，但是我们对祖宗的经验也不注意了。"①

　　1964年4月16日，代理总理邓小平（因周恩来出访非洲）和彭真巡视西北抵达西安。邓小平就陕西省对三门峡淤积问题的意见与王化云谈话。王化云说："要解决三门峡库区淤积，还得靠修拦泥水库，见效快，花钱也不多。在总结以往经验教训的基础上，我认为拦泥工程应首先选在晋、陕峡谷的干流河段和泾、洛、渭河上控制面积大，淹没小，距三门峡近的河段。"②听完汇报后，邓小平赞同这个办法。邓小平回京后指示中央书记处找水利电力部定方案。当时，因周恩来正出访非洲，彭真开会过问了此事。会上，刘澜波和钱正英都不赞成修拦泥库的方案。周恩来出访归来，不顾旅途劳累，于5月3日深夜打电话把钱正英找去，详细询问三门峡淤积问题，嘱咐钱正英：下去调查研究，广泛听取各方意见，召开一次治黄讨论会。③随后，水利电力部于1964年6月在三门峡现场又召开技术讨论会，对工程改建方案继续进行讨论。同年8月初，水利电力部党组召开扩大会议，讨论三门峡水利枢纽改建和治黄方向问题。

　　其间，毛泽东听到陕西省的反映，很焦急，又没见到解决的确定方案，便对周恩来说："三门峡要真不行就炸掉它！"④炸坝是否可行？不仅陕西省有意见，而且水利电力部和黄河水利委员会的意见也有分歧。面对这种复杂的局面，为统一认识，周恩来决定专门召开治黄会议解决三门峡水库淤积问题。会议原定于1964年10月召开，但因10月15日夜传来了赫鲁晓夫下台的消息，治黄会议被迫延期。11月14日，周恩来从苏联访问回到北京。他本想在治黄会议前再次到三门峡水库视察，研究大坝的改建问题，但因要筹备召开第三届全国人民代表大会，所以未能成行。

　　1964年12月5日至18日，国务院在北京召开治理黄河会议，邀请持

----

　　① 周恩来：《认清形势，掌握主动》，《周恩来选集》（下卷），人民出版社1984年版，第405-406页。

　　② 王化云：《我的治河实践》，河南科学技术出版社1989年版，第189-190页。

　　③ 中共中央文献研究室：《周恩来年谱（1949—1976）》（中），中央文献出版社1997年版，第640页。

　　④ 钱正英：《解放思想，实事求是，迎接21世纪对水利的挑战》，《钱正英水利文选》，中国水利水电出版社2000年版，第160页。

有各种意见的专家参加,着重讨论三门峡水库改建问题。周恩来虽然忙于筹备人大和政协会议,但仍然抽出时间参加会议。他最担心的问题是三门峡水库的泥沙淤积问题,因为三门峡工程修建五年以来,泥沙淤积的问题一直没有得到解决,在这五年内,淤积泥沙达50亿吨。仅1961年和1964年两年就淤积了30多亿吨。三门峡水库如果不改建,再过五年,水库淤满后将对关中平原造成更大威胁。① 会上对这个问题进行了热烈讨论,出现了四种有代表性的争论意见。

一是"现状派",代表人物是北京水利水电学院院长汪胡桢。他认为,"节节蓄水,分段拦泥"的办法是正确的,不同意改建三门峡枢纽。二是"炸坝派",代表人物是河南省科委副主任杜省吾。他的观点核心是"黄河本无事,庸人自扰之"。他认为,黄土下泄乃黄河的必然趋势,绝非修建水土建筑物等人为力量所能改变,故力主炸坝。三是"拦泥派",代表人物是黄河水利委员会主任王化云。他主张在上游多修水库,以拦为主,辅之以排,实行"上拦下排"方针。四是"放淤派",代表人物是长江流域规划办公室主任林一山。他主张黄河干支流都应引洪放淤,灌溉农田,以积极态度吃掉黄河水和泥沙。②

会上的四派之争,实际上主要是"拦泥"与"放淤"之争。拦泥派认为,黄河规划思想没有错。要解决黄河问题,必须"正本清源"。"正本清源"的根本办法是水土保持,过渡办法是修建拦泥库。总之,必须把泥沙控制在三门峡以上,不使它为害下游。否则,就不能避免决口改道。

放淤派认为,黄河规划思想错了。在近期黄河不可能清,也可以不清。黄河的特点是黄土搬家。它破坏西北的黄土高原,发展华北(包括淮北)平原。黄河下游的问题,应该主要在下游解决。西北的水土保持工作,必须坚决搞,这是没有疑问的。至于黄河的泥沙能减去多少,还缺少实践的依据。在这种情况下,如果我们规定一些指标,例如在多少年内,要黄河减去百分之多少的泥沙,并根据这种指标来安排工程,这就必然要犯错误。

对于三门峡工程,拦泥派主张,最好不改建,最多小改建。他们认为,如果在三门峡增加放水洞,就要破坏下游的大好形势。放淤派主张,把三门峡彻底改建。他们认为,如果违反黄河的规律,要求三门峡担负过多的任务,那就必然走向事物的反面。只有多开放水洞,使三门峡在一般情况

---

① 周恩来:《在治理黄河会议上的讲话》,《周恩来选集》(下卷),人民出版社1984年版,第436页。

② 王化云:《我的治河实践》,河南科学技术出版社1989年版,第206-211页。

下,尽量地放水放沙,争取少淤,才能在特大洪水时,给下游真正解决问题。

"拦泥"与"放淤"之争是两种对立的战略思想。它们的分歧点在于:近期的治黄工作,究竟是放在黄河变清的基础上,还是放在黄河不清的基础上? 近期治黄的主攻方向选在哪里? 主要在三门峡以上筑库拦泥,还是主要在下游分洪放淤? 在战术问题上,两派都还没有落实。按照"拦泥"的原规划,三门峡就是最大的拦泥库,这显然行不通。为了维持三门峡的寿命,原规划的十座拦泥库,也认为不行了。不少同志认为,这些拦泥库的工程大,投资多,工期长,寿命短,上马需要慎重。放淤派是近年才发展起来的,只有一些原则设想,没有做出具体方案。这些设想是,在黄河两岸(主要在北岸),圈出一些洼涝碱地,分洪放淤,一方面安排黄河的洪水和泥沙,同时大规模地改造洼地。这样做,在放淤区需要大量地迁村建房,还有不少技术问题,也需要落实。① 会上,可谓是百家争鸣,各抒己见。

12 月 17 日,周恩来召集水利电力部副部长钱正英、国家计划委员会副主任王光伟、林业部党组副书记惠中权以及林一山、王化云等人开会。他先让林一山、王化云把各自的观点复述一遍。王化云的"上拦下排"与林一山的"大放淤"两种观点大相径庭,相持不下。周恩来转而征求其他三位同志的意见。钱正英支持林一山,惠中权支持王化云,王光伟因对治黄业务的事情不清楚,投了"弃权票"。最后周恩来指示:你们可按各自的观点作出规划,明天再开会讨论。

12 月 18 日,周恩来在听取各种意见之后做了总结发言。他支持改建三门峡工程的设想,明确指出:"对三门峡水利枢纽工程改建问题,要下决心,要开始动工,不然泥沙问题更不好解决。"他还强调:"三门峡工程二洞四管的改建方案可以批准,时机不能再等,必须下决心。"②然后,他对争论不休的三门峡工程存在的问题阐述了三条意见。①治理黄河规划和三门峡水利枢纽工程,做得是全对还是全不对,是对的多还是对的少,这个问题有争论,还得经过一段时间的试验、观察才能看清楚,不宜过早下结论。只要有利于社会主义建设,能使黄河水土为民兴利除弊,各种不同的意见都是允许发表的。②治理黄河规划即使过去觉得很好,现在看到不够了,也要修改。他强调:"像这些摸熟的东西还要不断地改,何况黄河自然情况这样复杂,哪能说治理黄河规划就那么好,三门峡水利枢纽工程一点问题都

---

① 《水利电力部党组关于黄河治理和三门峡问题的报告》,《建国以来重要文献选编》(第二十册),中央文献出版社 1998 年,第 36-38 页。

② 周恩来:《周恩来选集》(下卷),人民出版社 1984 年版,第 433、437 页。

没有,这不可能!"③当时决定三门峡工程急了点。头脑热的时候,总容易看到一面,忽略或不太重视另一面,不能辩证地看问题。原因就是认识不够。认识不够,自然就重视不够,放的位置不恰当,关系摆不好。①

周恩来对围绕着三门峡水库争论的问题作了解答。他首先强调:"不管持哪种意见的同志,都不要自满,要谦虚一些,多想想,多研究资料,多到现场去看看,不要急于下结论。"随后,他分析道:"泥沙究竟是留在上中游,还是留在下游,或是上中下游都留些?全河究竟如何分担,如何部署?现在大家所说的大多是发挥自己所着重的部分,不能综合全局来看问题。任何经济建设总会有些未被认识的规律和未被认识的领域,这就是恩格斯说的,有很多未被认识的必然王国。"他强调:"观察问题总要和全局联系起来,要有全局观点。谦虚一些,谨慎一些,不要自己看到一点就要别人一定同意。个人的看法总有不完全的地方,别人就有理由也有必要批评补充。"②

周恩来尽管不赞成"炸坝派"的观点,但对其提出炸坝这种大胆设想的精神仍予以鼓励,认为这样有利于发现和解决矛盾。他说:"我曾经说过,可以设想万一没有办法,只好把三门峡大坝炸掉,因为水库淤满泥沙后遇上大水就要淹没关中平原,使工业区受到危害。我这样说,是为了让大家敢于大胆地设想,并不是主张炸坝。因为我不这样说,别人不敢大胆地想。花了这么多投资又要炸掉,这不是胡闹吗!我的意思是连炸坝都可以想一想。不过不要因为我说了,就不反对,就认为可以炸了。毫无此意。我也是冒叫一声,让人家想一想。如果想出理由来,驳倒它,就把它取消,不必顾虑。专门性的问题,就是要大家互相发现矛盾,解决矛盾,有的放矢,这样,才能找出规律,发现真理。"③周恩来也不赞成维持原状的"不动派"。他说:"五年已淤成这个样子,如不改建,再过五年,水库淤满后遇上洪水,毫无问题对关中平原会有很大影响。"④他耐心地解释说:"反对改建的同志为什么只看到下游河道发生冲刷的好现象,而不看中游发生了坏现象呢?如果影响西安工业基地,损失就绝不是几千万元的事。对西安和库区同志的担心又怎样回答呢?"⑤

①　周恩来:《周恩来选集》(下卷),人民出版社 1984 年版,第 434-435、438 页。
②　周恩来:《周恩来选集》(下卷),人民出版社 1984 年版,第 433-435 页。
③　周恩来:《周恩来选集》(下卷),人民出版社 1984 年版,第 435 页。
④　周恩来:《周恩来选集》(下卷),人民出版社 1984 年版,第 436 页。
⑤　周恩来:《周恩来选集》(下卷),人民出版社 1984 年版,第 437 页。

对于以王化云为代表的"拦泥派",周恩来指出:"我看光靠上游建拦泥库来不及,而且拦泥库工程还要勘测试点。所以这个意见不能解决问题。"[1]他比较赞同林一山的意见,优先解决三门峡库区的淤积之急。林一山主张在黄河下游部分河段开展"放淤稻改",即把黄河水引向农田,并在泥沙沉淀的基础上种植水稻。在三门峡水库的改建上,周恩来也采纳了林一山的建议,降低水库水位,恢复潼关河段天然特征,并按水库长期使用理论,打开底孔排沙,以实现库区泥沙进出平衡。尽管如此,他仍然谨慎地说:"改建规模不要太大,因为现在还没有考虑成熟。总的战略是要把黄河治理好,把水土结合起来解决,使水土资源在黄河上中下游都发挥作用,让黄河成为一条有利于生产的河。"[2]

这次治黄会议批准了三门峡工程"二洞四管"的改建方案,即在大坝左岸增建两条泄洪排沙隧洞,改建 4 根引水发电钢管,以此来加大泄流排沙能力。尽管会议通过了这种方案,周恩来仍然慎重地指示:"如果发现问题,一定要提出来,随时给北京打电话,哪一点不行,赶快研究。不要因为中央决定了,国家计委批准了,就不管了。因为决定也常会出偏差,会有毛病,技术上发生问题的可能性更多。我再重复一句,决定二洞四管不是一件轻松的事,既然决定了,就要担负起责任。"[3]

这次治黄会议是中国治河史上一次重要的思想解放、百家争鸣的会议。周恩来的讲话对人们认识黄河的客观规律起到了促进作用。1965 年 1 月 18 日,水利电力部党组向中共中央提交了《关于黄河治理和三门峡问题的报告》,对新中国成立以来治理黄河的经验教训,主要是围绕三门峡工程展开的治黄论战情况进行了比较系统的总结。6 月 1 日,周恩来在批示中指出:此件报告"比较全面,并对过去治黄工作的利弊和各种不同意见做了分析。现印发给中央和有关各部委、各省、市负责同志一阅"。[4] 同日,周恩来的批示连同水利电力部党组的报告作为中央文件印发。

随即,作为救急方案的三门峡水库改建工程于 1965 年 1 月开工,期间建设者们努力排除"文革"的各种干扰,专心致志地施工,使"二洞四管"改建任务于 1968 年 8 月全部完成。改建后的水库泄量增大一倍,库区淤积

---

① 周恩来:《周恩来选集》(下卷),人民出版社 1984 年版,第 434 页。
② 周恩来:《周恩来选集》(下卷),人民出版社 1984 年版,第 434 页。
③ 周恩来:《周恩来选集》(下卷),人民出版社 1984 年版,第 438 页。
④ 《水利电力部党组关于黄河治理和三门峡问题的报告》,《建国以来重要文献选编》(第二十册),中央文献出版社 1998 年版,第 40 页。

有所缓解,但潼关以上库区及渭河下游的淤积仍在继续,水库的排沙能力明显不够。1966年,库内淤积泥沙已达34亿立方米,占库容的44.4%,三门峡水库几成死库。1967年,黄河倒灌,渭河口近9米长的河槽几乎被淤塞。1968年,渭河在华县一带决口,造成大面积淹没,关中平原受到严重威胁。1969年夏,因三门峡水库淤塞导致渭河水灾,西安再度告急。

为了进一步解决三门峡库区淤积,充分发挥三门峡水利枢纽综合效益,1969年6月,受国务院委托,河南省革委会主任刘建勋在三门峡主持召开晋、陕、豫、鲁四省及水利电力部参加的治理黄河会议,研究三门峡工程进一步改建和黄河近期治理问题。与会者认识到三门峡水库"二洞四管"改建方案难以根本解决淤积问题,"防止下游千年一遇的洪水"不再提起,变成了在"确保西安,确保下游"原则下进行三门峡水库第二期改建。最后,会议通过了《关于三门峡水利工程改建及黄河近期治理问题的报告》,并要求黄河三门峡工程局进一步制定改建方案。10月,水利电力部军事管制委员会将由陕西、山西、河南、山东四省和一机部等单位审议通过的《关于黄河三门峡水库进一步改建的意见》呈报国务院,很快获得国务院的批准。

1969年12月17日,水利电力部军事管制委员会下发了《转告国务院批准三门峡工程改建方案的意见》,根据《意见》要求,三门峡工程局立即组织力量着手第二次改建,并于当月正式开工。在1970年至1972年间,工程建设者相继打开溢流坝1~8号原施工导流底孔,改建电站坝体的1~5号机组进水口,将发电进水口底槛高程由300米下降至287米,安装5台轴流转桨式水轮发电机组,总装机容量为25万千瓦等。① 此外,在1973年11月又将水库运用方式由"蓄洪拦沙"改为"蓄清排浑"。到1973年,三门峡水库第二次改建工程完成。由于枢纽的调节水沙,避免了小水排大沙,提高了下游水流的输沙能力,加大了河道排沙入海的比例,自1974年起,黄河下游河道的泥沙淤积量较三门峡建库前有较大幅度的减少,据初步估算,每年可使下游河道少淤6000万吨左右,②基本上解决了三门峡库区泥沙淤积"翘尾巴"问题。三门峡水库库容变化情况,详见表3-1。

---

① 水利部黄河水利委员会编著:《人民治理黄河六十年》,黄河水利出版社2006年版,第229页。

② 杨庆安:《治理黄河的一次重大实践》,《水利史志专刊》1989年第5期。

表 3-1　三门峡水库库容变化表[1]　　　　　　单位:亿立方米

库容量名称 ＼ 年份	建库前 (1960 年 4 月)	1964	1970	1973	1977	1980
总库容	55.49	21.43	28.28	32.57	30.30	31.00
滩库容	35.49	13.26	10.76	10.76	10.76	10.76
槽库容	20	8.17	17.52	21.81	19.54	20.37

从表 3-1 可以看出,三门峡水库经过两期改建,不仅逐步恢复了库容,而且实现了常年泥沙进出基本平衡,使大部分有效库容得以长期使用。

经过两次改建后,枢纽的泄流排沙能力增大,潼关以下的库区已由淤积变为冲刷,潼关以上库区在部分时段内已开始有冲刷。1970 年至 1973 年,水库敞泄排沙,潼关以下冲刷出库的泥沙达 3.95 亿立方米。出库沙量与入库沙量的比值,从 1966 年的 71.62％增大到 1971 年的 117.19％、1972 年的 137.69％、1973 年的 102.66％。潼关站 1000 立方米每秒流量的水位在 1969 年 10 月 24 日为 328.7 米高程,至 1973 年 11 月 9 日已降为 326.7 米,下降了 2 米。330 米高程以下的库容,1969 年 10 月第一次改建工程全部投入运用后为 26.9 亿立方米,到 1973 年 10 月恢复到 32.6 亿立方米,增加库容 5.7 亿立方米,较 1964 年 10 月第一次改建之前的 22.1 亿立方米增加库容 10.5 亿立方米。第二次改建后,潼关以上库区淤积速度有所减缓,由 1960—1967 年间的年均淤积 3 亿吨降低到 1968 年至 1973 年的年均淤积 1.5 亿吨,渭河下游的淤积也趋于缓和,土地盐碱化有所减轻。[2] 1973 年 11 月开始三门峡水利枢纽采用"蓄清排浑"的运用方式,即汛期泄流排沙,汛后蓄水,变水沙不平衡为水沙相适应,使库区泥沙冲淤基本平衡。一直到 1985 年,潼关高程相对平衡。

1990 年以后,三门峡水利枢纽又相继打开 9～12 号施工导流底孔;1994 年和 1997 年,又先后扩装两台 7.5 万千瓦机组,总装机容量增至 40 万千瓦。[3] 进入 21 世纪后,三门峡水利枢纽参与黄河干流的调水调沙、人工塑造异重流,配合下游小浪底水库、上游万家寨水库联合运用,在黄河治

---

[1]　萧木华:《毛泽东与三峡论证》,《毛泽东百周年纪念——全国毛泽东生平和思想研讨会论文集》(下),中央文献出版社 1994 年版,第 262 页。

[2]　黄河三门峡水利枢纽志编纂委员会编:《黄河三门峡水利枢纽志》,中国大百科全书出版社 1993 年版,第 155 页。

[3]　中共河南省委党史研究室编:《中共河南历史大事年编(2004)》,中共党史出版社 2005 年版,第 334 页。

理开发与管理中发挥了不可替代的作用。

三门峡水利枢纽改建成功投入运用后，发挥出防洪、防凌、灌溉、发电等巨大的综合效益。同时通过三门峡水利枢纽工程的实践，加深了人们对黄河河情的认识，为多泥沙河流的治理探索了宝贵的经验。①

恩格斯说："我们不要过分陶醉于我们对自然界的胜利。对于每一次这样的胜利，自然界都报复了我们。"②三门峡水利枢纽工程的兴建和改建，再次应验了这个哲理。实践证明，三门峡水利枢纽是中国"一五"期间引入的不成功的重点建设项目，在新中国水利建设史上留下了极为惨痛的教训。

1964年12月治理黄河会议结束后不久，水利电力部党组立即于次年1月18日就黄河治理和三门峡问题上报中共中央，对过去治黄工作的利弊做了分析。报告说，"十年治黄，给了我们深刻的教育。前六年迷信洋人，当我们自以为对治黄最有把握的时候，实际上是最无知识的时候。后四年离开了洋人。三门峡一修好，淤积迅速发展，我们仓促应战，确实很苦恼。但是正如主席所常教导我们的，应当说，我们是比前六年强了，而不是弱了。在黄河上，碰了十年的钉子，办了不少蠢事，这才使我们一点一点地，开始认识黄河的规律。""在治黄中所犯的错误，使我们心情沉重。"③

1971年5月23日，水利电力部革命委员会主任张文碧在水利电力经验交流会议上严厉批评说："1954年的黄河规划，就是一个'大、洋、全'的典型。当时，请了一批苏联专家，由他们主持，搞了个'洋规划'。生搬硬套清水河流梯级开发的洋教条，在黄河这条多泥沙的河流上，规划了46个梯级水电站，在支流上规划了14个拦泥库。三门峡水库就是这个规划的关键工程。这个工程是远在列宁格勒设计的。为了兴建这个工程，国家投资9亿元，移民30万，淹地100万亩。虽然这个工程对防洪、防凌起了作用，但由于库区严重淤积，不能蓄水，设计的兴利效益大部没有实现，不得不把发电机拆走，工程一再改建，至今尚未结束。在三门峡下游，还搞大规模引

① 杨庆安：《三门峡工程的决策与经验教训》，黄河三门峡水利枢纽志编纂委员会编：《黄河三门峡水利枢纽志》，中国大百科全书出版社1993年版，第456页。

② 恩格斯：《自然辩证法》，《马克思恩格斯全集》（第二十卷），人民出版社1971年版，第519页。

③ 《水利电力部党组关于黄河治理和三门峡问题的报告》，《建国以来重要文献选编》（第二十册），中央文献出版社1998年，第39页。

黄灌溉,兴修 4 座枢纽,两岸修建许多引黄大闸。由于脱离实际,搞瞎指挥,盲目蛮干,只灌不排,加重了涝灾,造成了 1200 多万亩耕地的盐碱化,挫伤了群众的积极性,严重影响了沿黄地区人民的生产和生活。结果,4 座干流枢纽被迫拔掉 2 座(位山、花园口),停建 2 座(洛口、王旺庄),1 亿多人民币白白丢到黄河里。黄河规划中贪大求洋的教训,是 20 年来水利建设最沉痛的教训。"①

　　三门峡水利枢纽是在中共中央和国务院的直接领导下,由周恩来总理亲自主持、邓子恢副总理具体负责的大型工程项目,周恩来、刘少奇、朱德、陈云、邓小平、董必武、彭德怀、陈毅、李先念等党和国家领导人先后视察工程建设,为三门峡工程建设付出了大量心血,对建设过程中出现的问题采取了正视问题的态度,注意总结其中的经验教训。关于这一点,可以从主持三门峡水利枢纽工程的周恩来后来的多次讲话中,以及陈云的多次讲话中看出。

　　1964 年 6 月 10 日,周恩来在接见越南水利考察团时坦然承认:"三门峡工程上马是急了一些,对一些问题了解得不够,研究得不透,没有准备好,就发动进攻上马,革命精神有,但是科学态度不够严格,二者没有很好结合。我们历史上治黄是最重要的问题,还没有将历史经验加以科学总结。天下一切事物的发展总是吸取前人经验,后来者居上,这是一个教训。"②12 月 18 日,周恩来在治理黄河会议上再次检讨说:"当时决定三门峡工程就急了点。头脑热的时候,总容易看到一面,忽略或不太重视另一面,不能辩证地看问题。原因就是认识不够。认识不够,自然就重视不够,放的位置不恰当,关系摆不好。"③1966 年 2 月 23 日,他又坦然承认:"工业犯了错误,一二年就能转过来,农、林、水犯了错误,多年也翻不过身来。治水治错了,树砍多了,下一代人也要说你。我这几年抓了一下水利,心里可是不安。现在证明,三门峡工程调查不够,经验不够,泥沙淤积比我们设想的多得多,背了个大包袱。"④甚至到晚年,他在接见外宾时还说:"水利建设都应该综合规划、整体规划。但到现在为止,找不到一个像样的既有综合

　　①　《以毛泽东思想为武器批判水利电力建设中的"大、洋、全"思想——张文碧同志五月二十三日在全国水利电力经验交流会议上的发言》,安徽省档案馆藏:55-4-23 卷。

　　②　中共中央文献研究室:《周恩来年谱(1949—1976)》(中),中央文献出版社 1997 年版,第 647 页。

　　③　周恩来:《在治理黄河会议上的讲话》,《周恩来选集》(下卷),人民出版社 1984 年版,第 438 页。

　　④　中共中央文献研究室:《周恩来传》(下),中央文献出版社 1998 年版,第 1813 页。

规划、又有整体规划的水利工程。综合规划，第一是防洪，第二是灌溉，第三是发电，第四是运输。四个方面都照顾到，就是一个好的综合规划。但我们的水库还没有一个是这样的综合性水库。""治水要掌握水的规律，但到现在这个规律我们还掌握不好。"①

三门峡水库建设的决策失误，在陈云的心中留下了很深的伤痕。尽管当时他对三门峡上马"提出过怀疑"②，但在三门峡工程决定上马之后，他从不推诿自己在三门峡工程上马时的责任，号召全党共同吸取其中的惨痛教训。1979 年 3 月 21 日，他在中共中央政治局会议上谈及三门峡水库建设失败的教训时，坦诚地说："不要把我说得这么好，也有很多反面教训。一百五十六项中，三门峡工程是我经过手的，就不能说是成功的，是一次失败的教训。我要有自知之明。要我做工作，我只能做我认为最必要的工作，只能量力而行。"③这种敢于承担责任和善于吸取教训的做法，既是陈云"公道"作风的集中反映，也是共产党人敢于承认和修正错误的坦荡心胸的体现。

陈云不仅主动承担自己在三门峡工程项目上马过程中的责任，而且反复强调在重大工程建设中要科学决策，提倡把种种不同意见收集起来，认真加以研究，以避免工程建设项目上的片面性。1978 年 9 月 16 日，当得知南水北调工程规划已经确定下来后，陈云立即致函水利电力部部长钱正英："为了接受过去在三门峡工程中的教训，避免可能出现的弊病，我认为还应该专门召开几次有不同意见人的座谈会，让他们畅所欲言，充分发表意见。"还说："倾听一切对立面的意见，我认为这是全面看问题的主要方法。"④次年 6 月，当中国科协党组向中共中央报告有些科学家对南水北调工程规划提出不同意见后，陈云立即批示："我曾是热心于南水北调的，但必须按实际情况办事，因为这件事有关大局。我的意见由农委或水利部专门召集反对这一规划的科学家开几次会议。当然赞成原规划的同志也可参加几人，让反对的意见充分发表，并且结合他们所主张的意见（如地下水库等等）创造研究的条件。我们应该使南水北调这件事在进行之前，做到

---

① 中共中央文献研究室：《周恩来年谱（1949—1976）》（下），中央文献出版社 1997 年版，第241-242、397 页。

② 钱正英：《解放思想，实事求是，迎接 21 世纪对水利的挑战》，《钱正英水利文选》，中国水利水电出版社 2000 年版，第 159 页。

③ 《陈云文选》（第三卷），人民出版社 1995 年版，第 254-255 页。

④ 中共中央文献研究室：《陈云传》（下），中央文献出版社 2005 年版，第 1564 页。

确有把握才好。"①可见,陈云非常重视从三门峡工程决策失误中吸取有益的经验教训,强调广泛讨论及科学决策。

作为当事人的钱正英后来对三门峡工程的教训也进行了深刻反思。她说:"三门峡出了问题,没有重视不同的意见也是一个重要因素。搞水利必须树立唯物主义态度,水利跟自然打交道,有问题是客观存在的,不要怕别人提出问题,就怕别人看到问题不提。当时没有提出问题,事后再提出,那改正也来不及了。如果有彻底的唯物主义态度,就不怕人家提问题,问题早提有好处,可以避免错误。"②决策者不但要敢于坚持真理,而且要敢于改正错误。像三门峡这样一个影响巨大的工程,在发现错误后敢不敢公开承认,敢不敢彻底改正,这是对中国共产党和人民政府的严重考验。钱正英总结说:"水利决策涉及许多复杂因素,在判断中局部犯错误,甚至根本犯错误的情况,是经常可能发生的。在这种情况下,一定要以人民的利益为重,以一个革命者应有的勇气,及时承认错误,这是保证正确决策的至关重要的关键。"③

因此,重大水利工程项目上马前,务必进行充分的论证和广泛的讨论;工程项目上马建设过程中,要及时发现问题,并采取有效的补救措施;工程项目一旦出现决策失误,就要敢于承担责任,并吸取其中的教训——这是三门峡水库建设留给后人的宝贵经验。

四、小浪底水利枢纽工程的兴建

小浪底位于古都洛阳以北 40 千米的黄河干流上,是万里黄河最后一段峡谷。小浪底水利枢纽工程上距三门峡水库工程 130 千米,下距郑州花园口 128 千米。大坝顶长 1317 米,最大坝高 154 米,属黏土斜心墙堆石坝,当时在全国首屈一指,位列世界前 8 名。《人民日报》1996 年 2 月 2 日发文报道:主体工程总开挖量 3426 万立方米,填筑量 5357 万立方米,混凝土 288 万立方米,钢结构 3.1 万吨,工程量仅次于三门峡工程,相当于 7 个密云水库。安装 6 台 30 万千瓦水轮发电机组,年发电 51 亿千瓦时。工程竣工后,将在防洪、治沙、防凌、供水、灌溉、发电等方面发挥巨大的综合效

---

① 中共中央文献研究室:《陈云传》(下),中央文献出版社 2005 年版,第 1564 页。

② 钱正英:《解放思想,实事求是,迎接 21 世纪对水利的挑战》,《钱正英水利文选》,中国水利水电出版社 2000 年版,第 165 页。

③ 钱正英:《中国水利的决策问题》,《钱正英水利文选》,中国水利水电出版社 2000 年版,第 69 页。

益,形成总库容126.5亿立方米,有效库容51亿立方米,控制流域面积69.4万平方千米,占黄河流域面积的92.3%。可使黄河下游防洪标准由当时的60年一遇提高到千年一遇,可减少下游78亿吨泥沙,在20年内不会抬高河床,不用加高堤岸。小浪底工程泄洪系统有10座进水塔,由16条隧道的19个洞口组成,是当时世界上最大、最复杂的进水塔。3条泄洪洞出口的消力池,总长350米,宽70米,为当时世界第一。

小浪底水利枢纽工程是规模仅次于长江三峡水利工程的一项宏伟的水利工程,1995年5月概算动态总投资达300多亿元。它的作用以防洪、防凌、减淤为主,兼顾供水、灌溉、发电。小浪底水利枢纽工程主要建筑物由拦河大坝、泄洪排沙系统、引水发电系统三大部分组成,坝顶高程281米,正常蓄水位高275米,泄洪排沙和引水发电隧洞共15条,水电站总装机容量为180万千瓦,主体工程土石方开挖、填筑量达8511万立方米。①

小浪底水利枢纽工程的社会效益和经济效益在黄河水利工程史上是空前的,而它的技术复杂程度,在世界水利工程史上也是空前的。在小浪底兴建水利工程这一方案,早在20世纪50年代即已提出,但由于当时的条件不具备,故在较长时期内没有实施。1982年9月,王化云作为河南省代表参加党的十二次全国代表大会期间,就黄河问题做了专题发言,强调了黄河防洪和建设小浪底水利枢纽工程的重要性和迫切性。王化云会后向国务院主要领导汇报了黄河问题,主要有:一是防洪问题,包括当前防洪、防洪修堤和防御大洪水等问题;二是泥沙问题;三是关于水资源的开发利用、南水北调和修建小浪底水利枢纽工程等问题。随后,王化云召集相关单位写出了《开发黄河水资源为实现四化作出贡献》一文,集中论述了修建小浪底水利枢纽工程的必要性:兴建小浪底水利枢纽是防洪所必需,是给北京、天津和沿河城市供水的一项切实可行的重大措施,能提供再生的廉价能源,能提高沿河广大地区农业用水的保证率,对利用黄河泥沙也有好处。② 10月7日,该文报送国务院。11月1日,国务院主要领导将该文批转给国家计划委员会主任宋平和中国农村发展研究中心主任杜润生,"让有关同志讨论一次,看是否可行"。③

---

① 王锦鹄、岳富荣:《治理黄河的壮举——小浪底水利枢纽工程建设侧记》,《人民日报》1996年2月2日。

② 黄河水利委员会编:《王化云治河文集》,黄河水利出版社1997年版,第437-440页。

③ 王化云:《我的治河实践》,河南科学技术出版社1989年版,第270页。

　　1983年5月28日至6月2日,国家计划委员会和中国农村发展研究中心组织小浪底水库论证会,国务院有关部委、科研单位、高等院校、陕晋豫鲁四省水利厅有关领导、知名专家和水利工作者近百人参加,国家计划委员会主任宋平主持会议并强调了重大建设项目前期论证工作的重要性。他指出,小浪底水利枢纽工程是国家拟定的279个重大勘测设计项目之一,开这次会议的目的是吸取以往的教训,把小浪底水利枢纽工程的建设放在整个黄河的治理开发中考虑,进行全面切实地分析,把不利因素和有利因素分析透,为领导决策提供实际的科学依据。黄河水利委员会副主任龚时旸对《开发黄河水资源为实现四化作出贡献》一文进行了补充和说明,借以解除人们的思想顾虑。多数参会者认为,小浪底水利枢纽工程对于解决黄河下游防洪问题完全必要,赞成兴建。但在何时兴建该工程问题上产生了较大分歧,如有人认为小浪底水利枢纽工程前期准备工作不充分,黄河水利委员会对小浪底水利枢纽工程的效益、工期和投资估算过于乐观等。为了解答人们提出的问题,王化云在综合发言中从黄河下游防洪体系的组成、"减淤"问题、历史洪水灾害的特性与危害等方面,阐述了修建小浪底水利枢纽工程的迫切性。他说:"兴建小浪底水库,防洪减淤,在治黄整体规划上是非常必要的。特别是利用小浪底水库调水调沙,减缓下游河道淤积的作用,是任何其他工程难以替代的。"[1]但因水利电力部内部对兴建小浪底水利枢纽工程的意见存在着分歧,故会议并未形成兴建小浪底水利枢纽工程的决议。

　　宋平、杜润生在随后向国务院提交的《关于小浪底水库论证会的报告》中指出:"解决下游水患确有紧迫之感","小浪底水库处在控制黄河下游水沙的关键部位,是黄河干流在三门峡以下唯一能够取得较大库容的重大控制性工程,在治黄中具有重要的战略地位,兴建小浪底水库,在整体规划上是非常必要的。黄委要求尽快修建是有道理的。与会同志提出以下一些值得重视的问题(如要重新修订黄河全面治理开发规划、何时兴建小浪底工程的论证、水库的开发目标、水库运用、水库效益、工期和投资的估算等)目前尚未得到满意的解决,难以满足立即作出决策的要求。"[2]针对兴建小浪底水库存在的问题,水利电力部部长钱正英专门主持召开会议,要求黄河水利委员会进一步做好论证工作,尽量吸收大家的合理意见,提出可行

---

[1]　王化云:《我的治河实践》,河南科学技术出版社1989年版,第275页。

[2]　王化云:《我的治河实践》,河南科学技术出版社1989年版,第276页。

性研究报告,以加速小浪底水库的决策进程。

黄河水利委员会按照水利电力部的部署,协同有关单位进行了一系列的规划、设计、试验工作,陆续开展了黄河下游治理规划、黄河水资源的预测和上中游干流开发治理规划,研究了小浪底水库以防洪减淤为主的运用方式等。1984年2月,黄河水利委员会正式形成了《黄河小浪底水利枢纽可行性研究报告》,并于5月以黄设字[84]第7号文件的形式上报水利电力部。报告着重对小浪底水利枢纽工程在治黄规划中的作用,及小浪底水利枢纽工程的规模、效益、工程设计与施工概算等问题进行了进一步论证。

1984年4月,中共中央总书记胡耀邦和国务院主要领导先后到河南视察,王化云分别向他们汇报了黄河的形势和小浪底水利枢纽工程上马的必要性和紧迫性,并汇报了与美国柏克德工程公司合作的有关事宜。国务院主要领导表示:“同意与美国柏克德公司合作搞设计。我们缺乏经验,学点新东西没坏处”,“鉴于当前黄河下游防洪迫切要求,我赞成尽快兴建小浪底水库,并列入国家‘七五’建设项目。”[1]6月底,国务院副总理万里、李鹏,中央书记处书记胡启立和国家计委副主任黄毅诚,水利电力部部长钱正英等人到黄河考察,听取了流域各省、区党政负责人及黄河水利委员会的汇报。万里听取汇报后强调:“今后黄河规划的方针,就是要使从大禹治水以来没有解决的洪水问题,能够到本世纪末比较彻底地或基本上解决。也就是说在没有特殊原因的情况下,不再为患,不再不安宁。要达到这个水平是可能的。首先是小浪底水库必须在‘七五’或‘八五’计划期间,或者‘九五’计划期间建成。修建小浪底水库的主要目的不在于蓄水多少,发电多少,而是要使近一亿人口免于水患,这对国家是一个很重要的安定因素。这里是精华所在,所以小浪底必须上。只有小浪底上了以后,才能保证冀鲁豫和京津的安全,没有小浪底是不保险的。”[2]这个讲话,对小浪底工程的决策无疑起了重要的推动作用。

1984年8月,水利电力部对黄河水利委员会提出的小浪底水利枢纽工程可行性研究报告及分期施工的补充报告进行了审查,原则上同意《黄河小浪底水利枢纽工程可行性研究报告》,分项目提出了具体的审查意见。钱正英在总结发言时说:“黄河的问题是很复杂的,我们过去有很多经验教训。因此小浪底工程的决策要采取既积极又慎重的态度。但是老是议而

---

① 王化云:《我的治河实践》,河南科学技术出版社1989年版,第278-279页。

② 万里:《兴利除弊,搞好黄河治理》,《万里文选》,人民出版社1995年版,第351页。

不决,到 2000 年都无所作为,这也是国家、人民所不许可的。"①

1984 年 11 月,由 28 名工程技术人员组成的项目组在黄河水利委员会主任龚时旸率领下,飞赴美国旧金山与美国柏克德工程公司合作进行小浪底水利枢纽工程的轮廓设计。经过中美双方 13 个月的努力,于 1985 年 10 月完成了轮廓设计。12 月,黄河水利委员会在小浪底水利枢纽可行性研究报告和这次轮廓设计的基础上,正式向国家计划委员会提交了设计任务书。国家此时在基本建设程序上正在进行一项重要改革,即规定"七五"期间重大建设项目和技术改造项目,一律要通过中国国际工程有限咨询公司的审议评估,确认可行之后方可报国家计划委员会审定。为此,国家计委委托中国国际工程咨询有限公司对小浪底水利枢纽工程进行审议评估。1986 年 5 月,评估专家组正式成立,中国科学院、清华大学等 14 个单位的 50 多位专家,组成规划、水文、泥沙、地质、施工和经济等七个专业组。经过 3 个多月调查研究、核实资料、专题讨论,多数专家认为,从整个治黄规划看,兴建小浪底水利枢纽是其他方案难以代替的关键性工程,它的社会经济效益是显著的。因此,尽早修建小浪底工程是有利的。10 月 8 日,国务院主要领导对王化云和龚时旸联名要求中央及早作出决定的信件作出批示:"我认为对小浪底工程不要再犹豫了,该下决心了。"②同时,将此信批送国家计委。

1986 年 12 月 30 日,中国国际工程咨询有限公司向国家计划委员会正式提出《黄河小浪底水利枢纽工程设计任务书》评估报告。国家计划委员会对设计任务书和咨询公司的评估意见进行了审查,同意建设小浪底水利枢纽工程,并于 1987 年初向国务院呈送了《关于审批黄河小浪底水利枢纽工程设计任务书的请示》,国务院很快批准了该报告。

但小浪底水利枢纽工程上马之所以推迟到 20 世纪 90 年代初才最后确定,其最主要的原因,是有关专家在反复探索和论证它在技术上的可行性和可靠性,直至相关问题得以解决为止。小浪底水利枢纽工程的重大技术难题主要有:大坝坝基之下厚度 30～70 米的砂卵石的防渗处理;在北岸单薄而岩石疏松、破碎的山体上如何挖通密集的十几条大直径的隧洞,并保证隧洞通水后的山体稳定;如何防止泄水隧洞进水口被黄河水大量而快速沉积的泥沙淤堵;如何减缓泄洪洞高速水流的流速,降低洞内水压力;如何抵抗流量大、流速急、含沙多的水流对泄水建筑物的磨蚀。为了解决这

① 王化云:《我的治河实践》,河南科学技术出版社 1989 年版,第 280-281 页。
② 王化云:《我的治河实践》,河南科学技术出版社 1989 年版,第 283 页。

些难题,黄河水利委员会组织专家和工程技术人员进行了长达 30 多年的勘测、实验和设计,其间还多次请来外国专家进行咨询。自 1987 年开始,相关人员利用先进的科技手段,做了 300 多项试验。时任黄河水利委员会勘测规划设计研究院副院长的林秀山说:"所有水利水电工程中遇到的地质难题,在小浪底都遇到了。我们的工程设计图纸可以堆几米高。"①

1991 年 4 月 9 日,第七届全国人民代表大会第四次会议批准小浪底水利枢纽工程为国家"八五"期间开工兴建的重点建设项目。9 月 1 日,小浪底水利枢纽前期工程正式开工建设。小浪底水利枢纽前期工程包括南北岸对外公路、南北岸 7 条场内干线道路、黄河大桥以及施工供电、供水、通信、导流洞施工支洞、施工营地房建和施工征地移民等内容。据《人民日报》1992 年 8 月 13 日报道:至 1992 年 7 月底,各项工程已陆续全面展开,累计完成投资 1.6 亿元,完成土石方 300 多万立方米。南北岸对外公路和 5 条场内干线道路的部分路基已形成,为工程配套服务的黄河大桥正在加紧施工。②

自黄河小浪底水利枢纽前期工程动工开始,22 平方千米的施工区内已聚集了来自全国的 10 多支施工队伍,9000 余人,900 台套大中型设备。经水利部和河南省通力协作,各项工程进展顺利,截至 1992 年 11 月底,已完成施工征地 1 万亩,土石方 800 万立方米,供水、供电、道路、桥梁、通信、铁路转运站、营地等设施已现雏形。③

小浪底水利枢纽工程总投资 52 亿元,是治理开发黄河的关键性工程。为了引进国外资金和先进的工程施工技术及管理经验,促进工程的实施,国务院于 1990 年正式批准利用世界银行贷款兴建小浪底水利枢纽工程。自 1989 年开始,世界银行官员及邀请的专家先后对小浪底水利枢纽工程进行了 11 次考察。1992 年以古纳先生为团长的 17 位专家组成的代表团分别就工程的国民经济效益、枢纽技术问题及标书、工程建设等七个方面的问题进行了仔细的评议,并赴现场实地考察了准备工程的进展及移民试点新村。④

---

① 王锦鹄、岳富荣:《治理黄河的壮举——小浪底水利枢纽工程建设侧记》,《人民日报》1996 年 2 月 2 日。

② 李杰:《根治黄河下游水患,开发黄河水利资源,小浪底水利工程进展顺利》,《人民日报》1992 年 8 月 13 日。

③ 冯玉禄:《九百台套设备会战黄河两岸小浪底前期准备工程全面铺开》,《人民日报》1992 年 12 月 20 日。

④ 袁建年:《小浪底工程通过世行预评估》,《人民日报》1992 年 12 月 4 日。

　　小浪底水利枢纽前期工程开工后,工程建设管理局利用小浪底前期工程施工现场场地开阔的有利条件,及时组织众多施工队伍同时进场,形成全面会战的局面。工程建设引入了竞争机制,推行招标投标和项目法施工,收到了良好效果。到 1993 年 6 月初,进驻施工现场的工程队已达 23 个,参加施工的人员 15000 多人,大型机械 1900 多台。已完成投资 5 亿多元,完成土石方总量 1200 多万立方米,混凝土浇筑近 5 万立方米。黄河南北两岸主要施工区已实现双电源、双回路供电。工区三个供水系统,均已形成并供水。工程对外公路,除局部地段外,路基均已筑成。泥结碎石路面进入试验性施工,南北两岸对外公路混凝土路面浇筑已完成总量的一半。10 月 15 日,小浪底黄河公路大桥胜利合龙。①

　　截至 1994 年 1 月中旬,总长为 60 千米的施工场内外主要路段已经开通;设计荷载居国内公路桥梁之首的黄河大桥已经架通;承担近百万吨物资设备储运的铁路转运站基本完工,4 条货位专线已建成;施工供水系统投入运行;5 座变电站均已建成,南北岸施工区实现华中大电网供电;施工通信光缆系统已经开通;建筑面积 3 万多平方米的施工营地基本建成。两年间,前期工程累计完成投资 11.7 亿元,完成土石方工程量近 2000 万立方米,混凝土浇筑 13 万立方米。②

　　小浪底水利枢纽是一项治理黄河的战略性宏伟工程,工程浩大,举世瞩目。由于工程区内水沙条件特殊、地质条件复杂等多种因素影响,这项工程被中外一些专家视为世界上最复杂的水利工程之一,是一项具有挑战性的工程。1994 年 4 月,小浪底水利枢纽工程项目贷款获世界银行董事会批准。整个工程计划利用外资 10 多亿美元。世界银行贷款第一期为 5.7 亿美元,其中工程贷款 4.6 亿美元,移民贷款 1.1 亿美元,并于 1994 年 6 月 2 日在华盛顿签字。小浪底水利枢纽主体工程分大坝、泄洪工程、引水发电工程三个标进行国际竞争性招标,国际招标工作于 1992 年 7 月开始,1993 年 8 月 31 日在北京开标,共有 9 个国家的 34 家公司组成 10 个联营体参加了投标。③

　　1994 年 7 月 16 日,黄河小浪底水利枢纽工程国际招标合同签字仪式

149

---

①　李杰:《黄河小浪底水利枢纽加快建设前期工程已完成投资 5 亿多元,部分主体工程提前施工》,《人民日报》1993 年 6 月 9 日。

②　学俭等:《万名建设者鏖战两个春秋小浪底前期工程基本完工》,《人民日报》1994 年 1 月 31 日。

③　江夏:《小浪底主体工程全面开工邹家华出席国际招标合同签字仪式》,《人民日报》1994 年 7 月 17 日。

在北京举行,合同中标价 73 亿多元人民币。这标志着此项治理开发黄河的关键性工程开始进入主体工程全面开工阶段。国务院副总理邹家华出席了签字仪式。

1994 年 9 月 10 日至 12 日,国务院总理李鹏在洛阳考察了黄河小浪底水利枢纽工程,他在听取了小浪底水利枢纽工程建设及治黄工作汇报后,作《建设小浪底工程,为治理黄河水患而奋斗》的报告。李鹏指出:小浪底水利枢纽工程规模巨大,技术复杂,投资多,周期长,建设任务十分艰巨,要充分估计到这个工程建设的艰苦性和复杂性。水利部与河南省要加强对工程的领导。河南、山西两省要发扬团结治水、加强协作的精神,切实搞好水库淹没区开发性移民工作。国务院有关部门也要大力支持工程的建设。负责工程设计、施工、监理的单位,要坚持"百年大计,质量第一"的方针,群策群力,搞好国际合作,把小浪底水利枢纽工程建成一流设计、一流施工、一流质量、一流管理的优质工程。工程自 1991 年 9 月 1 日开始前期准备工程施工,通过建设、监理、设计、施工、移民等单位两年多的艰苦努力,到 1994 年 4 月 8 日验收,已完成"四通一平"等各项施工准备工程,施工区移民 1.05 万人已得到妥善安置,水库开发性移民工作已开始进行。[①]

1994 年 9 月 12 日,李鹏亲临现场宣布:小浪底水利枢纽主体工程正式开工。

小浪底水利枢纽工程规模宏大,技术和地质条件复杂,拥有多项国内外之最,被中外专家称为世界上最具挑战性的水利工程之一。由于实行了国际招标,引进了德、法、意等国的"世界强队",加上十几支"国内劲旅",主体工程施工几乎全部实现了机械化、自动化。到 1995 年春,国内最大的壤土斜心墙堆石坝的混凝土防渗墙已经形成。[②]

由于小浪底水利枢纽工程实行的是现代化的机械作业,在工地上看不到人头攒动的"大会战"场面。小浪底水利枢纽工程的管理运作体制与国际惯例接轨,工程部分利用了世界银行贷款,建设和管理采取业主负责制和工程监理制,主体工程采取国际招标选择施工单位。小浪底水利枢纽大坝、泄洪、发电三大主体工程的中标者,分别是由意大利英波吉罗为责任公司的黄河承包商联营体、由德国旭普林为责任公司的中德意联营体和由法

---

① 张玉林等:《李鹏在河南考察小浪底治黄工程时要求加快大江大河大湖治理开发》,《人民日报》1994 年 9 月 13 日。

② 戴鹏:《小浪底主体施工全面展开》,《人民日报》1995 年 3 月 25 日。

国杜美思为责任公司的小浪底联营体。这些国际承包商又通过招标,把大部分工程分包给了中国的水利水电工程公司施工。这样,在小浪底水利枢纽工程的建设队伍中,就出现了以小浪底建设管理局为代表的业主、由业主聘用的工程监理人员、外国承包商、中国分包商这样四个方面的不同角色。如何按照国际惯例,相互协作和制约,履行好各自的职责,确保工程的质量、进度和投资控制,维护各方的合理利益等,都须在实践中探索。①

1996 年 7 月,小浪底工程建设技术委员会成立,聘请了 36 名中国水利水电工程专家,并聘请张光斗、李鹗鼎、陈赓义、潘家铮和罗西北等 5 位著名专家为顾问。他们重点审查截流施工方案,提出了更为完善的建议。小浪底工程建设技术委员会同意小浪底水利枢纽工程导、截流期需要三门峡水库蓄水配合,但考虑到三门峡水库蓄水的限度,指出在确保小浪底大坝安全度汛的前提下,尽可能提高坝前拦洪水位和泄洪能力,以减轻三门峡水库超蓄的压力。1997 年 5 月 3 日至 5 日,小浪底工程建设技术委员会专家深入施工现场,就工程截流、度汛及合同管理等重大问题提供决策咨询意见。

1997 年 7 月,为了保证大坝截流,河南省开始进行库底清理,主要是拆除房屋、清理林地,对输电线路、通信线路、广播线路等进行规划等。为此,河南省共投工 7 万余人次。水利部组织专家在对有关工作进行检查后认为,库底清理的范围、内容及标准达到国家规定及设计要求,能够满足工程截流的需要。10 月 8 日,小浪底水利枢纽工程有关截流项目通过预验收,标志着小浪底水利枢纽工程已经具备截流条件。10 月 16 日至 18 日,由国家计划委员会会同水利部及河南、山西两省组成的验收领导小组,在水利部预验收的基础上,通过听取汇报、现场检查、查阅资料及认真讨论,一致认为:小浪底水利枢纽工程有关导、截流工程均已达到合同规定的形象和施工进度计划要求;各项工程施工质量均满足设计和合同文件的技术规范要求;截流方案和措施已经落实;截流所需的料物和施工设备满足需要;后续工程,特别是有关 1998 年安全度汛措施基本落实;截流涉及的库区移民搬迁及库底清理工作已经完成。据验收检查,位于黄河北岸山体内的三条导流洞,已具备过水条件。导流洞出口处的一、二号消力塘已完工。导流

---

① 王锦鹄、岳富荣:《治理黄河的壮举——小浪底水利枢纽工程建设侧记》,《人民日报》1996年 2 月 2 日。

引水、泄水渠围堰正在拆除。大坝上游围堰截流戗堤预进占已提前结束，共向河中抛投土石料 21 万立方米，原来 250 米宽的河道已被缩窄成 106 米宽的龙口。负责大坝施工的黄河承包商准备了 60 台大型施工机械和 23 万立方米的抛投材料，迎接截流。[①]

　　1997 年 10 月 28 日上午，小浪底水利枢纽工程实现截流。截流后，滔滔黄河水从此改道，穿过左岸山体的三条巨大导流洞，注入下游河道。国务院总理李鹏亲自参加了截流典礼，河南省委书记李长春、全国政协副主席马万祺、中央各部委及河南、山西两省负责人及世界银行官员和承包商所在国德国、法国、意大利的驻华大使也参加了截流仪式。李鹏目睹了截流的壮观景象后说："这标志着小浪底工程取得了重要的阶段性成果，也表明了我国在治理黄河的道路上又迈出了可喜的一步。"他代表党中央、国务院对截流成功表示热烈祝贺。他说："兴建小浪底水利枢纽工程正是党和政府为此而采取的重要举措。小浪底工程是一项具有防洪、防凌、减淤、灌溉、供水、发电等综合效益的水利枢纽工程。小浪底工程的建成将使黄河中下游防洪由现在防御六十年一遇洪水的标准，提高到防御千年一遇洪水的标准，并且为下游河道整治争取宝贵的时间，为开展黄土高原水土保持提供良好的机遇，也为黄河中下游经济发展打下坚实的基础。"[②]

　　黄河小浪底水利枢纽工程成功实现大河截流，标志着小浪底水利枢纽工程取得了阶段性的重大进展，表明中国对黄河的治理开发又翻开了崭新的一页。小浪底水利枢纽工程是中国水利水电建设进程中与国外进行全面合作的一项大型工程。工程的建设和管理，全面实行项目法人责任制、招标投标制、建设监理制。小浪底水利枢纽工程得到了世界银行的支持和重视。来自 51 个国家的 700 多名国外建设者，远离家乡、不辞辛劳，支援中国的经济建设，带来了国际上先进的施工技术和管理方法。[③]

　　小浪底水利枢纽工程成功截流后，转入了以确保 1998 年度汛和 1999 年第一台机组发电为重点的施工进程。为顺利度过截流后的第一个汛期，小浪底的建设者"在虎背扬鞭"，与洪水赛跑，以万无一失的高标准迎接截流后的第一个汛期。1999 年 6 月 14 日，随着最后一车混凝土浇筑完毕，小浪底工程 6 号机组土建达到发电机层高程，标志着首台发电机组二期混凝

　　① 王爱明：《小浪底工程截流项目通过验收大河截流可按预定计划进行》，《人民日报》1997 年 10 月 19 日。
　　② 李鹏：《在黄河小浪底水利枢纽工程截流仪式上的讲话》，《人民日报》1997 年 10 月 29 日。
　　③ 《翻开治黄新一页——热烈祝贺小浪底工程截流》，《人民日报》1997 年 10 月 29 日。

土施工结束,从而为机电安装创造了条件。10月25日,小浪底水利枢纽正式下闸蓄水,重300多吨的3号导流洞巨型闸门缓缓落下,这是该工程继1997年10月实现大河截流后的又一项重大阶段性成果,标志着水库开始发挥调蓄效益。

2000年1月9日,小浪底水利枢纽首台30万千瓦机组正式并网发电,标志着这项水利建设史上最具挑战性的工程已开始发挥巨大的综合效益。小浪底电站共安装6台混流式水轮发电机组,总装机容量180万千瓦,年平均发电量51亿千瓦时。机组全部采用中外最先进的设备。继第一台机组并网发电后,其余5台机组到2001年底全部投入运行。2001年12月27日,小浪底水利枢纽水电厂的第6台水力发电机组投产发电。至此,小浪底水利枢纽主体工程全部完工。自1998年9月首台机组蜗壳安装开始,施工者克服场地限制、交叉作业干扰等不利因素,按期完成了全部6台机组的安装任务。投入商业运行的发电机组已累计发电26.5亿千瓦时。

2002年12月5日,历经11年的艰苦努力,黄河小浪底水利枢纽工程圆满完成各项建设任务,顺利通过由水利部主持的工程竣工初步验收。小浪底水利枢纽工程总投资347.24亿元。[①]

五、小浪底水利枢纽工程的调水调沙

黄河流经黄土高原,每年进入黄河下游的泥沙多达16亿吨,其中有4亿吨沉积在河床,致使下游河段平均每年以10厘米的速率淤积抬升,形成地上悬河。减少泥沙淤积,一直是历代治黄专家孜孜以求的目标。多年的研究表明,黄河下游洪水流速在大于2500立方米每秒时,加上其他相关因素,能够对下游河床起到冲刷作用,从而减少黄河淤积甚至达到冲淤平衡,由此可从根本上遏止河床抬升。

以防洪、减淤为主,兼顾供水、灌溉、发电的小浪底水利枢纽建成后,人工调控其流量以使黄河下游水沙冲淤平衡成为可能。2002年7月4日上午9时,黄河小浪底水库多个闸门依次徐徐升起,不同层面导流洞喷涌出的巨大水流,奔向黄河下游河床。黄河首次进行的规模宏大的调水调沙试验正式开始,这是迄今为止世界水利史上最大规模的一次人工原型试验。这次试验,是通过小浪底水库调控水沙,变水沙不平衡为水沙平衡,形成有利于河床冲刷的水势,为小浪底水库的长期运用和下游河道减淤提供科学

---

① 李杰、王爱明:《小浪底工程通过竣工验收》,《人民日报》2002年12月7日。

的数据,从而实现"河床不抬高"的治黄目标。

为做好黄河调水调沙试验,黄河水利委员会进行了全面部署和安排,通过科学调度,在不影响两岸用水的情况下,使小浪底水库蓄水达到 43 亿立方米,为试验提供了可靠的保证。此次试验范围包括自小浪底水库至山东入海口的 900 多千米河段,在 900 多千米的河道上设立固定淤积测验断面 161 个。山东、河南两省为此关闭了所有引黄闸门,避免水量损失;组织了数千名堤防职工,做好料物、抢险等准备工作,以应付突发险情;山东还拆除了河道上的 40 多座浮桥,以保证水流畅通和测量数据的准确。①

据《人民日报》报道,经过三个多月的测验测算,黄河首次调水调沙试验有了结论:黄河下游河道共冲刷泥沙 0.362 亿吨,河道状况有了明显改善。此次调水调沙试验利用小浪底水库历时 11 天的大流量下泄,平均下泄流量为 2740 立方米每秒,下泄水量共 26.1 亿立方米,其中小浪底水库上游来水量为 10.2 亿立方米,小浪底水库补水 15.9 亿立方米(利用水库汛限水位以上水量 14.6 亿立方米)。小浪底水库恢复小流量后,黄河水利委员会组织了对下游河床冲刷情况的测验,结果表明,自小浪底坝下至河口 800 多千米河道内,共冲刷泥沙 0.362 亿吨,其中山东艾山以上河段冲刷 0.137 亿吨,艾山以下河段冲刷 0.225 亿吨,加上小浪底出库泥沙,调水调沙期间入海泥沙共计 0.664 亿吨。同时,试验期间开展了水位、流量、泥沙测验等多项监测项目,共获取了 520 多万组测验数据,为研究黄河自身的水沙规律及河道输沙理论提供了支持。②

调水调沙是解决黄河泥沙问题、实现黄河长治久安的重要举措之一,即通过骨干水库的调节,改变黄河"水少沙多,水沙时空分布不均衡,易于造成河道淤积"的自然状态,使出库泥沙与含沙量适应河道的输沙能力,最大限度地把泥沙输送入海,减少在河道中的淤积,达到最佳输沙效果。2003 年 9 月 6 日 9 时至 9 月 18 日 18 时 30 分,黄河水利委员会进行了更大空间尺度的调水调沙试验,并获得成功。12 天试验期内,通过四座干支流水库的科学调度,利用洪水输送泥沙 1.207 亿吨入海,其中,小浪底水库下泄泥沙 0.74 亿吨,冲刷下游河道泥沙 0.456 亿吨。这次调水调沙的指导思想是在确保防洪安全的基础上,充分利用洪水实现黄河减淤的综合目标。为了确保下游防洪安全、水库运用安全和实现减淤的目标,经国家防

① 王慧敏等:《科学调控小浪底水库冲刷河床减少淤积,黄河首次调水调沙》,《人民日报》2002 年 7 月 5 日。

② 李杰、戴鹏:《黄河首次调水调沙试验获得成功》,《人民日报》2002 年 10 月 17 日。

汛抗旱总指挥部批复,黄河防汛总指挥部结合小浪底水库防洪预泄实施了小浪底、陆浑、故县、三门峡四库水沙联合调度的调水调沙试验。① 通过连续两年的调水调沙试验,黄河这条世界上含沙量最大的河流已累计"卸掉"泥沙近 2 亿吨,从而有效地减少了小浪底水库和下游河道的泥沙淤积。

在连续两年成功实施调水调沙试验后,从 2004 年 6 月 19 日起,黄河水利委员会借助黄河干流水库防洪预泄"洪水",通过对万家寨、三门峡、小浪底三座水库联合调度,在 2100 多千米的河段上进行了第三次调水调沙试验。这次试验使小浪底水库不合理的淤积状态得到了调整,黄河下游河道卡口段主槽过洪能力明显提高,由 2004 年汛前的 2300 立方米每秒,恢复到 2900 立方米每秒。历时 25 天的黄河第三次调水调沙试验,下泄水量 43.75 亿立方米,黄河下游主河槽得到全线冲刷,共计 6071 万吨泥沙被冲刷入海。② 这是一种不同于前两次试验的调水调沙模式。由于高科技的应用,桀骜不驯的黄河水只冲河底泥沙,不淹滩上庄稼,科学治黄又迈出新的一步。

经过三次试验,2.46 亿吨泥沙被送入大海,河槽过流能力从试验前的不足 2000 立方米每秒提高到 3000 立方米每秒。更重要的是,三次调水调沙试验积累了丰富的经验,为调水调沙由试验走向生产运用创造了条件。

2005 年 6 月 16 日上午 9 时,黄河下游最重要的控制性工程——小浪底水库出口洞群四道大闸依次徐徐提升,伴随着震耳欲聋的轰鸣声,多股黄白的浪头奔腾而出,一路卷起中下游河床沉积的大量泥沙,直奔沧海。历时 15 天、跨度 2100 千米的第四次黄河调水调沙拉开大幕。这是小浪底水库首次正式实施调水调沙,标志着黄河调水调沙作为黄河治理开发与管理的常规措施,正式转入生产应用。③

2007 年,黄河防汛总指挥部按照洪水资源化和水沙联合调控的思路,在满足 2006 年冬和 2007 年春黄河下游工农业用水和河口三角洲生态系统用水的前提下,对万家寨、三门峡、小浪底等水库精心调度,为再次实施调水调沙创造了蓄水条件。据《人民日报》2007 年 7 月 16 日报道:经国家防汛抗旱总指挥部同意,此次黄河调水调沙于 6 月 19 日 9 时开始,这是

① 戴鹏:《黄河汛期大规模调水调沙试验成功,12 天输送 1.2 亿吨泥沙入海》,《人民日报》2003 年 10 月 23 日。

② 王明浩:《第三次调水调沙试验圆满结束,黄河 6071 万吨"泥沙俱下"入大海》,《人民日报》2004 年 7 月 16 日。

③ 赵永平、王明浩:《黄河调水调沙,疏通母亲河血脉》,《人民日报》2005 年 6 月 17 日。

2002 年以来调水调沙下泄流量最大的一次。当日,小浪底水库开始预泄。本次调水调沙历时 19 天,小浪底水库排沙洞出库水流含沙量高达 230 千克每立方米,共排沙出库 2611 万吨,这是调水调沙塑造异重流以来实现的出库最大含沙量。此次调水调沙期间,花园口站通过最大流量为 4290 立方米每秒,利津站通过的最大流量为 3910 立方米每秒,这是近十年来整个黄河下游河道通过的最大洪峰流量。自 2002 年开始的连续六次调水调沙,共有 4.2 亿吨泥沙冲入大海,大大减轻了黄河下游河道的淤积。下游主河槽也得到全线冲刷,过流能力由调水调沙前的 1800 立方米每秒提高到 3630 立方米每秒,提高了一倍多。在大流量的作用下,不仅使下游主河槽得到全线冲刷,而且还漫灌了黄河口湿地,为湿地保护及时补充了淡水资源,进一步丰富了湿地生态系统的生物多样性。[1]

由于调水调沙,黄河口湿地呈现勃勃生机,湿地以年均 5 万亩的速度增长,成为世界上土地面积自然增长最快的保护区。随着湿地面积的增加和淡水水位的上涨,已濒临灭绝的黄河刀鱼、海猪等珍稀水生动物再次大量出现,东方白鹳、丹顶鹤等多种国家级珍稀鸟类出现在黄河口,使三角洲鸟类增加到 280 多种。[2]

调水调沙,表明黄河治理已由单方面对抗治理转变为依照自然法则实现"水沙和谐"和"人水和谐"治理,这是黄河治理由传统走向现代的重要转折点。治理黄河、除害兴利,一直是中华民族的千古夙愿。伴随着黄河上的关键性工程——小浪底水利枢纽工程建成并发挥效益,黄河安澜的梦想逐渐变成现实。小浪底工程"防洪、防凌、减淤,兼顾供水、灌溉和发电"的综合效益,确保了黄河安全度汛,实现了黄河连续多年不断流,惠及了黄河中下游的广袤大地。

自 2002 年 7 月 4 日至 2009 年,黄河水利委员会成功实施了 9 次调水调沙,不仅使 3429 万吨泥沙排入大海,而且黄河下游河道主河槽得到全线冲刷,河道主河槽最小过流能力提高到 3880 立方米/秒[3],提高了下游防洪减淤能力,下游"二级悬河"形势得到了一定程度缓解,下游滩区"漫滩"状况得到明显改善。

由于断流使黄河口生态环境遭到重创,海水蚀退陆地,河口地区土地盐碱化、沙化,黄河三角洲湿地水环境失衡,近海生物多样性减少,当地特

① 曲昌荣:《科学调度治黄河,疏通经络清泥沙》,《人民日报》2007 年 7 月 16 日。

② 赵永平:《小浪底守护黄河》,《人民日报》2008 年 11 月 22 日。

③ 曹树林:《黄河下游河道行洪能力提高》,《人民日报》2010 年 2 月 22 日。

有的动植物遭遇灭顶之灾,黄河口独有的"刀鱼"在断流期间消失殆尽。面对这一状况,黄河水利委员会从2008年开始,根据黄河水情的变化不断适时调整调水调沙的目标,从确保黄河不断流发展到更加注重生态用水保障。特别是2008～2015年黄河调水调沙对河口地区实施生态调水,累计调水量达1.48亿立方米,使得分布在清水沟流路的10万公顷核心保护区不断得到黄河淡水资源的补充,湿地生态系统得以恢复,并维持良好状态。《中国海洋环境质量公报》显示:"黄河口生态系统2006年前为不健康状态,2007～2018年已恢复至亚健康状态。黄河下游生态基流得到保障,河道过流能力得到恢复,河流廊道功能初步修复,河流及河漫滩(嫩滩)湿地和土著鱼类栖息地得到一定程度的修复和恢复。"[①]

同时,黄河水利委员会在调度骨干水库实施调水调沙的过程中,积极探索黄河功能性不断流的方法,统筹兼顾经济用水、输沙用水、生态用水和稀释用水等四项功能目标及需求。2012年6月19日,黄河防总联合调度万家寨、三门峡、小浪底水库,实施黄河2012年汛前调水调沙,至7月9日8时水库调度结束,历时20天,控制花园口站最大流量4000立方米每秒左右。本次调水调沙按照"安全可控、平稳有序"的原则,在确保防洪安全的前提下保障引黄供水,兼顾发电和生态用水,实现水库减淤,维持下游河道中水河槽行洪输沙能力,充分发挥水资源的最大效益。期间,"小浪底水库出库泥沙达7280万t,7月4日15时30分最大出库含沙量0.398吨每立方米,排沙量及最大出库含沙量均为历次之最。"[②]

从2002年开始持续进行的黄河调水调沙,在2016年和2017年因黄河水沙总量明显减少而中断,2018年恢复调水调沙。期间,黄河水利委员会调度骨干水库实施19次调水调沙和2018年防洪运用,共排沙10.92亿吨,黄河下游河道最小过流能力由1800立方米每秒恢复到4200立方米每秒,遏制了河淤、水涨、堤高的恶性循环。特别是2014年、2015年汛前,根据水库蓄水及河道来水情况,统筹考虑三门峡水库排沙、小浪底水库异重流排沙减淤,兼顾7月上旬"卡脖子旱"抗旱用水,优化了调度方案,进一步提高了水资源利用综合效益。通过调水调沙,黄河从断流频仍到河畅其流,从羸弱不堪到水复其动,以全新的生命形态展现在世人面前,支撑着流域的经济社会发展。

①　陈晨:《"奔流到海"的黄河,回来了!》,《光明日报》2019年8月22日。
②　《2012年黄河汛前调水调沙结束》,《治黄科技信息》2012年第4期。

六、黄河上游的梯级开发

黄河上中游水土流失严重,导致中下游河床抬升,形成"地上河"。为了有效控制黄河中下游泥沙,必须在黄河上中游修筑堤坝,进行梯级治理和综合开发。黄河上游梯级开发以发电为主,以满足上游工农业用水和防洪、灌溉、防凌等综合利用要求,兼顾中下游部分工农业用水,这是黄河流域全面治理和水资源综合利用的组成部分。为此,国家在被誉为水电富矿的黄河上游青海省龙羊峡至宁夏回族自治区青铜峡河段进行了集中开发,该段全长 918 千米(一说 1023 千米),落差 1324 米(一说 1465 米),水能蕴藏丰富,并且工程投资较小、水库移民较少、对外交通方便。原先规划了龙羊峡、刘家峡、盐锅峡、青铜峡等 15 座大型梯级电站,后来又规划增加了 10 座中型电站,总装机容量 1824 万千瓦,年发电量 602 亿千瓦时。其中,刘家峡、盐锅峡、青铜峡、龙羊峡等水电站是典型代表。

(一) 刘家峡水电站工程

刘家峡水电站位于黄河上游的甘肃省永靖县境内黄河干流上。它是根据第一届全国人民代表大会第二次会议通过的《关于根治黄河水害和开发黄河水利的综合规划的决议》,按照"独立自主,自力更生"的方针,自己勘测设计、自己制造设备、自己施工安装、自己调试管理的国内第一座百万千瓦级大型水力发电站。

1952 年秋至 1953 年春,北京水力发电建设总局和黄河水利委员会组成贵(德)宁(夏)联合查勘队,对黄河干流的龙羊峡至青铜峡河段进行查勘,初步拟定在刘家峡筑坝。1954 年 3 月,国家相关水利部门与苏联专家共 120 余人组成黄河查勘团,再次对黄河干支流进行了大规模查勘,勘察从黄河上游直至刘家峡坝址。在坝址比较座谈会上,苏联专家经过研究后认为,兰州附近能满足综合开发任务的最好坝址是刘家峡。

1954 年黄河规划委员会编制的《黄河综合利用规划技术经济报告》,确定刘家峡水电站工程为黄河上游第一期开发重点工程之一。《黄河综合利用规划技术经济报告》拟定刘家峡水电站枢纽正常高水位 1728 米(实际建成高程为 1735 米)、总库容 49 亿立方米(实际建成为 57 亿立方米)、有效库容 32 亿立方米(实际建成为 41.5 亿立方米)、最高大坝高 124 米(实际建成 147 米)。电站装机 10 台(实际装机 5 台)、总装机 100 万千瓦(实际装机122.5万千瓦）。①刘家峡水电站枢纽的主要任务是发电、灌溉和防洪。1955年7月，第一届全国人民代表大会第二次会议通过了《关于根治黄河水害和开发黄河水利的综合规划的决议》，要求相关部门采取有效措施，尽快完成刘家峡水电站工程的勘测和设计工作，保证工程及时施工。

1958年初，水利电力部成立刘家峡水力发电工程局，承担刘家峡和盐锅峡两个水电站的施工任务，拟定了"两峡同上马，重点刘家峡，盐锅峡先行，八盘峡后跟"的施工方案。1958年9月27日，刘家峡水电站工程作为国家"一五"计划156个重点项目之一正式动工兴建。

1961年，因国家经济调整整顿，刘家峡水电站工程缓建。1964年，刘家峡水电站工程复工。该工程复工建设时，国家刚刚渡过三年困难时期，该工程确立了"先生产，后生活"的建设方针，施工条件异常艰苦，工程人员克服种种困难，研究发明新技术建设大坝。当时的重点任务是打导流洞，这个导流洞断面为13米×13.5米，工程局组织了两个开挖队对着打，任务重、工期紧，职工们克服了不少困难，日夜奋战，取得月进尺100米的好战绩，经过15个月的艰苦奋战，导流洞终于打通了。在1966年黄河汛期到来之前，工程项目建成了上游围堰，从而使电站基坑具备常年施工条件。

刘家峡水电站工程由主坝、副坝、溢洪道、泄洪洞、泄水道、排沙洞和厂房等组成。1966年4月20日，刘家峡水电站拦河大坝第一块混凝土开盘浇筑，工地上红旗招展，缆机吊着混凝土从天而降，拦河大坝在黄河两岸之间逐渐升起。到1969年8月，拦河大坝全部浇筑完工。左右岸副坝也分别于1968年和1969年先后浇筑完工。刘家峡水电站主要由挡水建筑物、泄洪建筑物和引水发电建筑物三部分组成。挡水建筑物包括河床混凝土重力坝（主坝），左、右岸混凝土副坝和右岸坝肩接头黄土副坝。主坝最大坝高147米，坝顶全长840米，坝长204米，顶宽16米，大坝右岸台地上建有长700米、宽80米的溢洪道。该水电站最大单机容量300×10³万千瓦，总装机容量1160×10³万千瓦，是我国独立自主、自力更生第一次设计、研制和生产的，并在运行中进行了改进和完善，为中国高坝建设和电力工业蓬勃发展积累了经验。

---

① 黄河水利委员会黄河志总编辑室编：《黄河志·卷九·黄河水利水电工程志》，河南人民出版社2017年版，第59、62页。

1968年10月15日,刘家峡水电站下闸蓄水。1969年3月29日,刘家峡水电站第一台机组并网发电。1974年12月,5台机组全部安装完毕投产发电。至此,全国第一座装机容量百万千瓦以上大型水电站正式建成。

刘家峡水电站是在中国共产党领导下,中国人民发扬自力更生、艰苦创业的革命精神,自行设计、自行施工、自行安装的百万千瓦级的大型水电站,是中华民族不怕艰难,勇于向大自然进军的象征,被命名为甘肃省爱国主义教育基地。该水电站工程总投资6.38亿元,总造价5.11亿元,单位千瓦投资512元,单位千瓦造价417元,1981年被评为国家优秀设计和优质工程,获全国优秀工程设计奖,被誉为"新中国第一座百万千瓦级大型水利枢纽"。

刘家峡水电站是黄河上游开发规划中的第7个梯级电站,兼有发电、防洪、灌溉、养殖、航运、防凌、旅游等多种功能。刘家峡水电站中央排列着5台大型国产水轮发电机组,分别担负着供给陕西、甘肃、青海等省用电的任务,在西北电网中主要承担发电、调峰、调频和调压任务,是西北电网的骨干电站,在西北电力系统中处于十分重要的地位。从1975年到1990年,该水电站平均发电量为48亿千瓦时,平均发电成本4.78元/千瓦时,从1982年到1990年共上缴税金4.0177亿元。按电力系统发电企业1990年不变价格计算,水电站累计产值69.678亿元,相当于电站总投资的10.92倍。①

刘家峡水库蓄水量为57亿立方米,水域呈西南—东北向延伸,长约54千米,面积130多平方千米。它每年为甘肃、宁夏、内蒙古的春灌补充水量8亿立方米,使灌溉保证率由原来的65%提高到85%,灌溉面积由1000万亩增加到1600万亩。它提高了黄河中下游梯级电站及兰州市的防洪标准,使盐锅峡水电站千年一遇标准提高到两千年一遇。凌灾是黄河多年存在的自然灾害,每年春天解冻时,水鼓冰裂,浮冰卡坝,造成河水泛滥、堤防决口的严重冰凌灾害。刘家峡水库与龙羊峡水库联合运行,解除其下游宁夏、内蒙古约1700千米地段黄河解冻期的冰凌危害。②

刘家峡水库建成后,对下游兰州、银川等城市的工业用水能够保证水量供应,其中每天为兰州市工业用水的供水量约为70万立方米,累计供水

---

① 杨成有、刘进琪:《甘肃江河地理名录》,甘肃人民出版社2014年版,第95页。

② 水利部黄河水利委员会编:《黄河年鉴(2000)》,水利部黄河水利委员会黄河年鉴社2000年版,第163页。

量 51.1 亿立方米。它还促进了甘肃渔业的发展,1970 年成立了水库渔场,1990 年渔场养鱼水面达 16 万亩。到 1990 年,共捕捞鲜鱼 90 万千克,创造产值 520 万元。[①]

刘家峡水库形成了黄土高原上罕见的"高峡平湖"景观,景色壮美,被誉为"黄河明珠"。1971 年 9 月,郭沫若到刘家峡视察时,欣然命笔,写下了著名的《满江红·游览刘家峡水电站》:"成绩辉煌,叹人力,真正伟大。回忆处,新安鸭绿,都成次亚。自力更生遵教导,施工设计凭华夏。使黄河驯服成电流,兆千瓦。绿水库,高大坝;龙门吊,千钧闸。看奔腾泄水,何殊万马。一艇风驰过洮口,千岩壁立疑巫峡。想将来高峡出平湖,更惊讶。"[②]

刘家峡水库建成后,库区的水上运输及参观旅游形成了一派繁荣景象,活跃了当地旅游经济的发展。到 1990 年已有 40 多艘船只,开辟了 3 条库区航线,其中交通运输航线 2 条,一条从坝前到大夏河,另一条从坝前到洮河中的巴米山。最长的航线为坝前到炳灵寺的旅游线。随着永靖黄河三峡旅游业的发展,刘家峡水电站作为现代文明的重要标志,成为黄河三峡风景名胜区内的主要旅游景点。

(二) 盐锅峡水电站工程

盐锅峡水电站位于黄河上游甘肃省永靖县盐锅峡镇附近黄河干流盐锅峡峡谷出口处,下距兰州市 70 千米,上距刘家峡水电站 32 千米,是黄河干流上最早建成发电的大型水电站。

1954 年,黄河规划委员会编制的《黄河综合利用规划技术经济报告》将盐锅峡水电站列为 46 个梯级中的第 10 级,定为远景开发项目。但为适应兰州地区 1959—1960 年的用电需要,国家决定提前建设盐锅峡水电站。[③]

1958 年 6 月,水利电力部西北勘测设计院(简称西北院)101 地质勘探队在盐锅峡峡谷的上、中、下 3 个坝址进行了勘测工作。为了实现盐锅峡水电站与刘家峡水电站同时施工,按照水电部指示,简化了勘测设计工作,设计工作在边勘测、边设计、边施工的过程中进行。1958 年 9 月,西北院提出的《黄河盐锅峡水电站初步设计要点说明书》中确定:盐锅峡水电站为二等大(2)型工程,主要建筑物按 Ⅱ 级设计,抗震设防烈度为 8 度。为使盐锅

---

① 水利部黄河水利委员会编:《黄河年鉴(2000)》,水利部黄河水利委员会黄河年鉴社 2000 年版,第 163 页。

② 丁茂远:《〈郭沫若全集〉集外散佚诗词考释》,浙江大学出版社 2014 年版,第 343 页。

③ 黄河水利委员会黄河志总编辑室编:《黄河志·卷九·黄河水利水电工程志》,河南人民出版社 2017 年版,第 91 页。

峡正常高水位高程与刘家峡水电站平均尾水位相接,确定正常高水位高程 1619 米,总库容 2.2 亿立方米;确定中坝址为主坝,坝型为混凝土重力坝,坝顶高程 1622 米,溢流堰顶高程 1609 米;坝后式厂房。该工程主要建筑物包括左岸挡水坝段(电站坝段)、右岸溢流坝段和两岸岸坡混凝土重力坝、坝后厂房和右岸进水闸。[①] 1961 年 12 月,西北院完成了《黄河盐锅峡水电站技施设计书》。

盐锅峡水电站是在边设计、边施工的情况下建成的,随着施工条件、施工要求的变化,在技施设计完成之前,对原设计已有不同程度的修改。在技施设计完成之后,根据施工情况和其他客观情况的变化,又对原设计进行了修改。如装机容量,水电站技施设计装机 10 台,至 1970 年 6 月已装机 6 台,容量 26.9 万千瓦。如坝高,1962 年 4 月,水利电力部西北工程质量检查组提出,刘家峡水电站建成前,为了提高盐锅峡水电站的防洪能力,在遭遇两百年一遇洪水时,确保盐锅峡水电站大坝安全度汛,要求将大坝加高 2.2 米,即坝顶高程抬高到 1624.2 米。[②]

盐锅峡水电站由刘家峡水力发电工程局盐锅峡分局负责施工。1958 年 9 月 15 日,成立刘家峡水力发电工程局盐锅峡工程处;1959 年 9 月 13 日,成立刘家峡水力发电工程局盐锅峡水力发电工程分局。全局有职工 13079 人,并相应建立了基层工作管理部门。

1958 年 9 月 27 日,盐锅峡水电站由刘家峡水力发电工程局盐锅峡分局正式开工建设,刘家峡工程局机电安装分局六处承担机电安装任务。盐锅峡水电站施工分为两个阶段:以 1961 年 11 月 18 日第一台机组(4 号)发电为标志,此前为大施工阶段;此后为补齐修改阶段。大施工阶段主要进行导截流工程、溢流坝、挡水坝、左右岸副坝、主副厂房施工;补齐修改阶段主要进行坝顶加高、溢流坝第 6 段下游泄槽加长等工程。

盐锅峡水电站以建设工期短、工程造价低、经济效益高、企业素质好而闻名。由于施工紧迫,一些施工机械不能如期运到工地,施工初期采用以人力为主的施工方法,进入工地职工 1884 人,仅有锹 900 把,镐 150 把,施工设备奇缺。在此情况下,该工程坚持"土法上马",在"艰苦奋斗,勤俭建

---

① 黄河水利委员会黄河志总编辑室编:《黄河志·卷九·黄河水利水电工程志》,河南人民出版社 2017 年版,第 93-94 页。

② 黄河水利委员会黄河志总编辑室编:《黄河志·卷九·黄河水利水电工程志》,河南人民出版社 2017 年版,第 95 页。

国"方针指导下,大干巧干,克服困难,保证了工程的顺利进行。[1] 1961 年 3 月底,盐锅峡水电站开始蓄水。11 月 18 日,第一台机组(4 号)并网发电。该工程从开工到第一台机组发电仅 38 个月,是黄河上发电最早的工程。随后,3 号和 2 号机组相继于 1964 年 4 月 17 日、1965 年 12 月 7 日投入运转。到 1975 年 11 月,原计划 8 台机组安装完毕;1988 年开始扩建 9 号机组,1990 年 6 月建成投产。水电站原设计装机 10 台 4.4 万千瓦机组,实际装 8 台共计 35.7 万千瓦,9 号机组安装完成后,水电站总装机达到 40.2 万千瓦。[2]

盐锅峡水电站的主要建筑物包括左岸混凝土宽缝重力坝、右岸溢流坝(混凝土重力坝)、两岸岸坡混凝土重力副坝及坝后式厂房。其防洪标准按百年一遇洪水(7020 立方米每秒)设计,相应洪水位 1620.8 米,设计抗震设防烈度为 8 度。大坝为混凝土重力坝,坝址以上流域面积 18.3 万平方千米,年径流量与刘家峡水库基本相同。该工程共完成土方 30 万立方米、石方 68 万立方米、混凝土 53 万立方米,安装金属结构和设备 5000 余吨;共耗用钢材 8500 吨、水泥 9 万余吨、木材 3.3 万立方米。

盐锅峡水电站是以发电为主、兼有灌溉效益的大型水利枢纽工程,被誉为"黄河上的第一颗明珠"。盐锅峡水电站自 1961 年 11 月 18 日第一台机组正式并网发电,至 1992 年底共发电 475.7 亿千瓦时,累计供电量 474.9 亿千瓦时。按 1990 年电力系统发电企业不变价格 79 元每兆瓦时计算,累计产值 37.5171 亿元,相当于工程总投资 1.8536 亿元(按 9 台机组算)的 20 倍。[3] 盐锅峡水电站的建成,有力促进了西北地区国民经济的发展。

(三)青铜峡水利枢纽工程

青铜峡水利枢纽工程位于宁夏回族自治区青铜峡市境内的青铜峡峡谷出口处,下距银川 80 千米,距包兰铁路青铜峡车站 6 千米。

青铜峡水利枢纽工程先后由水利部北京勘测设计研究院(简称北京院)、水利电力部西北勘测设计院(简称西北院)承担设计任务,青铜峡工程

---

[1]　黄河水利委员会黄河志总编辑室编:《黄河志·卷九·黄河水利水电工程志》,河南人民出版社 2017 年版,第 97 页。

[2]　黄河水利委员会黄河志总编辑室编:《黄河志·卷九·黄河水利水电工程志》,河南人民出版社 2017 年版,第 91、103 页。

[3]　黄河水利委员会黄河志总编辑室编:《黄河志·卷九·黄河水利水电工程志》,河南人民出版社 2017 年版,第 106 页。

局负责施工。1954年，黄河规划委员会编制的《黄河综合利用规划技术经济报告》，将青铜峡水利枢纽工程列入第一批修建计划，以灌溉为主，结合发电和航运进行综合性开发。为减少初期投资，分两期开发。第一期，正常高水位为1137.5米（大沽高程系），发展灌溉165万亩，但建筑物布置需考虑二期电站和船闸布置及拦河坝的加高。第二期，正常高水位为1145米，增加灌溉面积66万亩，装机容量10.5万千瓦。[1] 1956年4月，水利部勘测设计院104钻探队开始了青铜峡坝址钻探工作，同时成立青铜峡勘测处，从事灌区的勘测规划工作。

1957年5月，北京院完成《青铜峡枢纽工程规划报告》和《关于梯级开发的意见》报水利部。11月，水利部副部长李葆华主持召开会议，讨论了青铜峡水利枢纽工程的开发方案问题，并确定了坝址和坝高。同月，水利部派出以技术委员会袁子钧副主任为首的查勘团及苏联水工、地质专家赴青铜峡现场查勘，提出查勘报告认为：青铜峡坝址地质条件复杂，不宜修建高坝，并建议抬高水头15米，争取20米的开发方案。12月31日，水利部提出对《青铜峡枢纽工程规划报告》的审查意见："根据目前及第二个五年计划国民经济发展的要求以及峡谷地质条件，确定枢纽暂定抬高水头20米，正常高水位高程1156米（黄海高程系，下同）。枢纽任务以灌溉为主，结合发电和航运。"[2]

《黄河综合利用规划技术经济报告》中所选坝址为峡谷上段的山神庙。1955年11月，北京院西安分院李奎顺总工程师为首的坝址选线组，在青铜峡8千米长峡谷段选择了野马墩、点将台和龙王庙三个坝址。在初步设计中，对山神庙（峡谷上段）、点将台（峡谷中段）、龙王庙（峡谷出口）三个坝址进行比较，以施工场地开阔、对外交通方便和易与原灌溉渠道结合为由选定了龙王庙坝址。

1956年1月，北京院编制了《青铜峡工程初步设计任务书》，水利部随即批准《青铜峡水利枢纽设计任务书》和《青铜峡灌区工程设计任务书》。1958年5月，北京院将青铜峡水利枢纽设计工作移交给西北院承担。同年8月，西北院完成《青铜峡水利枢纽工程初步设计》并报水利电力部。初步设计确定枢纽正常高水位高程1156米，总库容5.65亿立方米。枢纽建筑

---

① 黄河水利委员会黄河志总编辑室编：《黄河志·卷九·黄河水利水电工程志》，河南人民出版社2017年版，第127页。

② 黄河水利委员会黄河志总编辑室编：《黄河志·卷九·黄河水利水电工程志》，河南人民出版社2017年版，第129页。

物由河床闸墩式电站、溢流坝、河西和河东渠首电站及灌溉引水工程、混凝土重力坝组成。1959 年 11 月,水利电力部批准《黄河青铜峡水利枢纽工程初步设计》,同意闸墩式布置方案。到 1965 年 9 月完成技施设计图,1967 年底《技施设计说明书(初稿)》编写完成。技施设计是在边设计、边施工过程中进行的,设计修改、变动较多,在初步设计的基础上进行了修改,如坝基断层处理方面,决定选用混凝土塞处理方案;如预留船闸位置方面,将右岸坝肩坝轴线向上游倾斜移动 72 度,并将混凝土副坝改为土坝,作为预留船闸位置;同时在灌溉引水流量方面也进行了部分改变等。

1958 年 8 月 26 日,青铜峡水利枢纽工程举行开工典礼,同时成立黄河青铜峡工程局(后改为青铜峡水利工程局),负责该枢纽工程的施工任务。青铜峡水利枢纽工程等级为Ⅱ级。抗震设防烈度为 8.5 度。正常高水位高程 1156 米(大沽高程系),坝顶高程 1160.2 米,最高洪水位高程 1158.8 米,最大坝高 42.7 米。总库容 6.06 亿立方米。枢纽建筑物由河床闸墩式电站、溢流坝、重力坝、河西和河东渠首电站、岸边泄洪闸、高干渠首闸、土坝等组成。[①] 该工程从 1958 年开工至 1967 年土建竣工及第一台机组发电,工期 9 年。该工程分三期进行,边设计边施工。

第一期工程,自 1958 年 8 月至 1960 年 2 月河床截流,历时 17 个月,分别筑成河东、河西围堰。在河西(左岸)基坑内浇筑河西重力坝、河西渠首电站和上下游导墙。在河东(右岸)基坑内浇筑河东渠首电站、右岸重力坝、下游导墙和上游纵向围堰,以及进行导流明渠的施工,东西两围堰间过水河道宽约 105 米。本期河西重力坝及上下游导墙浇至 1142 米,河西电站浇至 1140 米高程,河东梳齿浇至 1155 米,河东下游导墙浇至 1140 米,以上共浇筑混凝土 13.5 万立方米。

第二期工程,自 1960 年 2 月河床截流至 1966 年 10 月封闭河东重力坝导流梳齿,历时 6 年。河床截流后,立即加高围堰,堆筑河床上、下游围堰将全河水流导向左岸预留的 12 个各宽 6.5 米的梳齿和明渠下泄。上、下游围堰分别与第一期工程修好的混凝土导墙或纵向围堰相接。1966 年 5 月,由水利电力部、宁夏回族自治区组成的二期工程验收小组,认为工程质量符合设计要求,具备过水条件。

第三期工程,1966 年汛期后拆除上、下游二期围堰,10 月 25 日封堵河

165

---

① 黄河水利委员会黄河志总编辑室编:《黄河志·卷九·黄河水利水电工程志》,河南人民出版社 2017 年版,第 126 页。

东 12 个导流梳齿孔,河水通过已建的 7 个溢流坝段和 6 个电站下的泄水管泄流。同时,在右岸导流明渠下游修筑全长 350 米的围堰,以便泄洪闸及下游护坦、护岸、灌溉底孔、8 号电站尾水渠改建等工程清基施工。1967年 3 月,完成了梳齿的全部混凝土浇筑。1967 年 4 月初,枢纽工程开始蓄水,至月底库水位上升到 1151 米高程。同年 12 月 28 日第一台机组发电,3.5 万千伏及 11 千伏开关同时建成运行。至此,坝体土建工程全部竣工。[①]

青铜峡水利枢纽是以灌溉、发电为主,兼有防凌、防洪、城市供水等综合利用效益的水利枢纽工程。该工程建成后,在发展灌溉、提供电力,以及防凌、防洪、供水等方面发挥了重要作用,取得了巨大的经济效益。

青铜峡水利枢纽建成后,实现了"控制水量,减少泥沙,达到经济用水和减少岁修费用"的目标,结束了两千多年来宁夏灌区无坝引水的历史,促进了青铜峡灌区灌溉面积的发展。到 1992 年底,灌溉面积已由 150 万亩扩大到 450 万亩。因水量充足,灌区粮食单位面积产量和总产量迅速增长。小麦由 1965 年平均亩产 100 公斤提高到 1982 年 334 公斤;水稻由 1965 年平均亩产 184 公斤提高到 1982 年 521 公斤,增长了 1.8 倍。[②] 同时,还利用廉价的水利水电工程的电力发展提水灌溉,以解决宁夏南部干旱山区的灌溉和人畜饮水问题。

青铜峡水电站是中国唯一的河床闸墩式低水头电站,青铜峡水电厂机组从 1968 年开始陆续发电,促进了宁夏回族自治区的工业发展,全区发电量和粮食总产量大幅度上升。青铜峡水电厂年发电量占全区总发电量的50%~80%,且成本低。1985 年以前,它是宁夏电网的主力调峰、调频电厂,并担负全网近一半的负荷;1985 年宁甘联网以后,主要担负调峰任务;到 1993 年底,累计发电 215 亿千瓦时,总产值达 13.66 亿元,是工程投资的 5.3 倍,社会效益和经济效益显著。[③]

青铜峡水库具有削减洪峰的作用,能减少下游灌区的淹没损失。青铜峡—三盛公河段黄河呈南北流向,河流自南向北,每年冰融季节上游(南段)先开河,大量浮冰下泄,往往堵塞河道形成冰坝造成灾害。青铜峡水利

---

① 《宁夏水利志》编纂委员会编:《宁夏水利志》,宁夏人民出版社 1992 年版,第 101-104 页。

② 黄河水利委员会黄河志总编辑室编:《黄河志·卷九·黄河水利水电工程志》,河南人民出版社 2017 年版,第 143 页。

③ 水利部黄河水利委员会:《黄河年鉴(1995)》,水利部黄河水利委员会黄河年鉴社 1995 年版,第 208 页。

枢纽建成后,在每年3月凌汛期,控制下泄流量,以消除下游河段冰凌堆积成冰坝的危险。青铜峡水库使河流封冻期及封冻河段缩短,总冰量减少,对防洪水、防冰凌有利。坝下20多千米冬天不结冰,对河两岸的防冲设施尤为有利。

青铜峡水利枢纽的建成,还促进了旅游事业的发展。该工程周围有108座古塔,以及峡上口的牛首山寺庙群等古建筑。青铜峡库区形成3万多亩次生林和4万多亩草滩、沼泽,是鱼、虾的自然繁殖场,是珍禽野鸟的乐园,每年不仅有大批野鸭繁衍,还有珍贵的白天鹅、黑鹳等数十种候鸟在这里歇息,被国家确定为鸟类和植物自然保护区和旅游区,每年吸引着众多国内外游客,乘船前来观赏古峡风光。青铜峡水利枢纽工程的建成,不仅改变了当地的自然环境,而且发展了旅游业,带来了巨大的经济效益。

(四) 龙羊峡水电站工程

龙羊峡水电站位于青海省共和县与贵德县之间的黄河上游,是黄河上游已规划河段15级电站中的第一梯级,是黄河上游青藏高原第一个巨型水库,控制着黄河上游65%的水量和主要洪水来源,以发电为主,兼有防洪、防凌、灌溉、养殖、旅游、航运等综合效益,被誉为"天上黄河第一坝"。

"龙羊"是藏语,意为"险峻的悬崖深谷"。龙羊峡黄河大峡谷是黄河流经青海大草原后,进入黄河峡谷区的第一峡口,号称中国的"科罗拉多"。黄河自西向东穿行于峡谷中,两岸峭壁陡立,重峦叠嶂,河道狭窄,水流湍急,最窄处仅有30米左右,坚硬的花岗岩两壁直立近200米高,是建立大坝的宝地;大坝之上广阔的草原又是蓄存河水的良好湖区。

从1956年起,国家就开始了对龙羊峡水电资源开发的规划、勘测和设计工作。龙羊峡水电站是由水利电力部西北勘测设计院勘测设计的。原水利电力部北京勘测设计院和西北勘测设计院从1956年就开始对黄河龙羊峡到青铜峡之间的水电资源开发进行规划、勘测和设计工作,提出了黄河上游15级梯级开发规划,龙羊峡位于这个规划的第一梯级,计划在刘家峡、盐锅峡、八盘峡、青铜峡等水电站建成后,首先建设龙羊峡水电站。1958年,原水利电力部北京勘测设计院地勘第13队,在"进军黄河"号召下,奔赴龙羊峡进行具体的勘测设计。

1976年1月28日,国务院批准兴建龙羊峡水电站。承担龙羊峡水电站建设任务的是水利电力部第四工程局。该局从1958年到1975年先后在甘肃境内修建了刘家峡、盐锅峡、八盘峡等大型水电站,为黄河上游水电资源的开发做出了杰出贡献,积累了修建大型水电站的丰富经验。1976年

167

2月,地勘队伍进驻龙羊峡,水利电力部第四工程局施工队伍开始施工准备工作,从而形成该工程"边勘测、边设计、边施工"的特点。

龙羊峡水电站工程采用隧洞导流、基坑全年施工的方式。导流隧洞为马蹄形,底宽15米,上游堆石围堰高53米,长85米。围堰右端设有施工期用的非常溢洪道,底宽10.5米。[①] 1978年7月10日,工程施工导流隧洞开始掘进,1979年12月27日完工,三天后成功实施截流。1980年8月6日,龙羊峡上下游围堰提前竣工;1982年6月28日,拦河主坝开盘浇筑混凝土,进入主体工程大规模施工阶段。大坝混凝土日浇筑量最高达8.3万立方米,年最高达60.7万立方米。1986年10月15日,该工程正式下闸蓄水,呈现了高峡出平湖的奇观。1987年2月15日,该工程提闸放水,供下游灌溉;同年9月29日,龙羊峡水电站第一台机组正式并网发电。[②] 1989年6月第四台机组投入运行,1992年工程全部竣工。

龙羊峡水电站工程主要由混凝土重力拱坝、左右岸重力墩和副坝、泄水建筑物、引水系统、坝后主副厂房等组成;主坝长396米,最大坝高178米,底宽80米,顶宽23米,与左右岸重力墩和挡水副坝相连,前沿总长1226米,坝顶高程海拔2610米;泄水建筑物有表孔、中孔、深孔及底孔4层。该工程地质条件十分复杂,坝高库大,又处于高寒缺氧、地震(含水库地震)较频的工程环境中,它的建成代表了中国20世纪80年代水电工程建设的最高水平,集中反映了中国当时科研、勘测、设计、施工、制作、安装等各方面的先进技术,成为当时中国已建和在建的最高的大坝和最大的水库。

龙羊峡水电站是黄河上游第一梯级水电站,故有"龙头电站"之称。龙羊峡大坝的建成,就像一把钢筋和混凝土做成的大锁,将上游13万平方千米的汇水牢牢锁住。当黄河水从坝内奔腾而出时,声如巨雷,大地震抖,瀑布腾空,水雾弥漫,可谓惊心动魄。峡谷绝险,涛声雷动,惊涛拍岸,大坝巍峨,碧波平湖,构成了一幅奇妙的自然画卷。

龙羊峡水电站是一个以发电为主,兼顾防洪、灌溉、防凌,具有多年调节水库综合利用的大型水利枢纽工程。龙羊峡水电站距黄河源头1684千米,控制流域面积13.1万平方千米。水库正常高蓄水位2600米,最大库容为247亿立方米,水库面积383平方千米,回水总长度108千米;坝后主

---

① 赵纯厚、朱振宏、周端庄:《世界江河与大坝》,中国水利水电出版社2000年版,第363页。
② 《当代中国》丛书编辑委员会编:《当代中国的青海》(上),当代中国出版社1991年版,第266-267页。

厂房共装 4 台单机容量 32 万千瓦的水轮发电机组,总装机容量为 128 万
千瓦,年发电量 60 亿千瓦时,^①并入国家电网后,强大的电流源源不断输往
西宁、兰州、西安等工业城市,并将输入青海西部的柴达木盆地和甘肃西部
的河西走廊,支援中国西部的现代化建设。龙羊峡水电站与下游的刘家峡
水库补偿调节,可以提高已建成的刘家峡、盐锅峡、八盘峡、青铜峡水电站
的防洪标准和发电量。洪水季节,可以拦洪消灾;枯水时期,可以加大流
量,保证下游的农田灌溉和工业用水。

169

①　《当代中国》丛书编辑委员会编:《当代中国的青海》(上),当代中国出版社 1991 年版,第
264-265 页。

第四章

长江流域的综合治理

　　长江是中国第一大河流,全长 6300 余千米,流域面积 180 万平方千米,干流主源为金沙江,在四川境内先后会集岷江、沱江、嘉陵江、乌江等经三峡至宜昌进入平原,而后承纳湖南的湘、资、沅、澧四水(洞庭湖水系),至汉口纳汉江,至九江纳赣江(鄱阳湖水系),经江苏承泄淮河及太湖各水而入海。千百年来,浩瀚长江在孕育中华文明的同时,也给两岸人民带来深重的水患。据史料记载,从汉代开始到清末,即从公元前 185 年至 1911 年的 2096 年间,长江发生过大小水灾 214 次,平均不到 10 年就发生一次。相比而言,旱灾概率较小。据湖南省统计,从公元 626 年到 1951 年间,平均每 17 年发生旱灾一次;据安徽省统计,从公元 1643 年到 1804 年间,平均每 16 年发生旱灾一次;据淮河流域统计,自 14 世纪以后,每百年中水灾遭遇有 70 次,旱灾 50 次;华北平原在明清两代 542 年间发生大小水灾 361 次,旱灾 377 次。[1] 这些历史记载说明,长江流域水灾重于旱灾。据相关专家推算,像 1931 年那样的洪水,每 15 年有发生一次的可能;像 1949 年沙市(现荆州市)附近出现 44.49 米的洪水频率,则每隔 6 年有发生一次的可能。[2] 1949 年夏,长江发生严重洪灾,致使中下游地区受灾农田达 2721 万亩,受灾人口 810 万,淹死 5699 人。[3] 这种随时可能发生灾害的威胁,不仅

---

① 须恺:《中国的灌溉事业》,《1953—1957 中华人民共和国经济档案资料选编·农业卷》,中国物价出版社 1998 年版,第 655 页。

② 刘斐:《荆江分洪工程的伟大胜利》,《1949—1952 中华人民共和国经济档案资料选编·农业卷》,社会科学文献出版社 1991 年版,第 479 页。

③ 长江水利委员会洪庆余主编:《中国江河防洪丛书·长江卷》,中国水利水电出版社 1998 年版,第 85 页。

严重影响农业生产和人民生活，而且使国家工业化受到阻碍。如何解决长江中游的水灾，确实是新中国成立后经济建设中紧要的任务。

综合治理长江以造福人民，是中华民族的千年梦想。新中国成立后，中国共产党和人民政府一直把长江防洪问题放在重要位置来抓。1950年2月，中央人民政府为了解除长江流域人民遭受水灾的痛苦，在扬子江水利委员会的基础上成立了长江水利委员会（简称长委），林一山任主任，总部设在湖北省武汉市，专门负责治理长江的任务。继1952年荆江分洪工程完成后，国家又开始了汉江丹江口水利枢纽工程的勘测设计。1974年汉江丹江口水利枢纽初期工程建成。从20世纪50年代开始，党和政府就开始进行长江三峡工程的设计论证。1993年三峡工程项目正式上马。随后开始长江上游的梯级开发，建成了二滩水电站、向家坝、溪洛渡、白鹤滩、乌东德等水电站。

一、荆江分洪工程的兴建

长江上游（湖北宜昌以上部分）的河槽坡降很大，一般水势很急。长江自三峡奔腾而出，到湖北宜昌以下豁然开阔，地势平缓，在长江中游（湖北宜昌到江西湖口）地区形成辽阔的水网地带，滋润着湘鄂两省广袤肥沃的土地。正如唐朝诗人李白在《渡荆门送别》中描述的那样："渡远荆门外，来从楚国游。山随平野尽，江入大荒流。"但一到夏日，暴雨连绵，江河横溢，又严重威胁着人民的生命财产安全。其中，荆江（长江中游从湖北枝江到湖南岳阳城陵矶这一段的通称）更是首当其冲。当地流传这样的民谣："不惧荆州干戈起，只怕荆堤一梦终"，故自古便有"万里长江，险在荆江"之说。

荆江北岸从荆州区枣林岗起到监利县城南止，有一条长达182千米的大堤，称为荆江大堤，是长江堤防最为险要的堤段。这一段长江，江身弯狭，急流汹涌。保护北岸的荆江大堤平均12米高，内外堤脚相差七八米，洪水猛涨时极为危险。一旦溃决，湖北省江陵、监利、仙桃等十几个县市的300万人民、800万亩农田都有被淹的危险。因此，湖北沿江民众称荆江大堤为"命堤"。从长江上游带来的泥沙在荆江段淤积起来，造成许多沙洲和无数江底浅滩。被阻塞的江水常常泛滥，给两岸的人民带来无穷无尽的灾难。据史料记载，荆江地区是长江流域洪水灾害最频繁、受灾极为严重的区域。仅1912—1949年的38年间，荆江就有20年发生溃口，给沿江人民带来了深重的灾难。① 其中,1931 年长江发生全流域洪灾,荆江大堤决口,荆江北岸被淹良田就有 500 多万亩,灾民达 300 万人,故有"沙湖沔阳洲,十年九不收"的民谣流传。② 近代荆江最大的一次水灾发生在 1935 年 7 月。据当时出版的《荆沙水灾写真》记载:荆州城外"登时淹毙者几达三分之二。其幸免者,或攀树巅,或骑屋顶,或站高阜,均鹄立水中,延颈待食。不死于水者,将悉死于饥,并见有剖人而食者。"③荆江南岸的洞庭湖区 90%的堤垸被洪水冲垮,湖南 15 个县被淹没,受灾农田 300 余万亩,损失稻谷 26 亿多斤,受灾人口 300 余万,淹死 3 万余人。④

新中国成立后,鉴于荆江地段异常危险,中国共产党和人民政府首先着重长江中游的治理。人民政府积极发动沿江广大人民连年培修荆江大堤,一面修堤,一面派出了大批水利工程专家和技术人员勘察荆江,寻求解除荆江水患威胁的方案。1950 年 8 月,长江水利委员会经过查勘和研究后提出了《荆江分洪初步意见》,建议修建荆江分洪工程。这项意见得到中共中央和中央政府的高度重视。同年 10 月,毛泽东、刘少奇、周恩来听取了中南局代理书记邓子恢的汇报,认真研究了荆江分洪工程方案。不久,荆江分洪工程获得批准。11 月,长江水利委员会派出水利专家和技术人员进行勘察、钻探和测量等工作。

1951 年 1 月 12 日,在政务院第 67 次政务会议上,水利部部长傅作义作了《中央人民政府水利部关于水利工作 1950 年的总结和 1951 年的方针和任务》的报告,在谈到长江治理时指出:"长江最近几年的治理,侧重于整理并操纵沿江湖泊,以控制江水水位及流量,荆江的防洪工事尤应作为重点"。⑤ 周恩来在会上强调:"长江的荆江分洪工程,在必要时要用大力修治。否则,一旦决口,就会成为第二个淮河。"⑥随后,长江水利委员会一边对虎渡河东堤和安乡河北堤有计划的进行了培修,一边展开对荆江分洪工程的规划工作。1952 年初,长江水利委员会在完成各座闸基钻探和分洪区

---

① 《最新最美的图画——荆江两岸巡礼》,《人民日报》1972 年 5 月 20 日。
② 海波:《荆江分洪工程介绍》,《人民日报》1952 年 4 月 5 日。
③ 蔡清泉等:《荆沙水灾写真》,沙市荆报社 1935 年版。
④ 长江流域规划办公室、《长江水利史略》编写组:《长江水利史略》,水利电力出版社 1979 年版,第 189 页。
⑤ 《当代中国的水利事业》编辑部编印:《历次全国水利会议报告文件(1949—1957)》,1987 年版,第 97 页。
⑥ 中共中央文献研究室:《周恩来年谱(1949—1976)》(上),中央文献出版社 1997 年版,第 116 页。

勘察后,拟定了荆江分洪工程计划。

荆江分洪工程计划,是在荆江南岸太平口虎渡河以东,荆江南堤以西,藕池口安乡河西北,开辟一个大量分洪的地区,以便在荆江水位过高时分蓄洪水,减低荆江水位,减缓水势流速,以减轻荆江大堤的负担。设计中的分洪区,面积为921.34平方千米,可蓄洪水55亿立方米以上。

荆江分洪工程主要包括以下内容。①荆江大堤加固工程,这是第一期工程的重点。②修建南岸分洪区围堤,围堤由太平口附近开始,沿长江南岸到藕池口,折向西南到虎渡河,又沿虎渡河到太平口,成一袋形,堤工共计1200万立方米土方。③修建分洪区的进洪闸、节制闸、泄洪闸等。进洪闸将建在太平口附近,节制闸将建在虎渡河上黄山头附近,泄洪闸将建在藕池口北,分洪区蓄洪到一定水位时,分泄部分水量归入荆江下游。④开挖和疏通分洪区内的沟渠和修建其他涵闸等工程多处。这些工程可加速涸出分洪区土地以便播种冬季作物。⑤造保护堤岸的防浪林。⑥分洪区内的移民一部分移入安全区,一部分移到其他地区,全部工程除泄洪闸外均在本年汛前完成。①

修建荆江分洪工程,从长远来说对湖南和湖北两省均有好处,但由于历史上形成的"舍南救北"的矛盾,故湖北省方面态度积极,而湖南省方面则有顾虑。为了使荆江分洪工程顺利实施,必须处理好湖南和湖北两省的利害关系。1952年2月17日,中南区和湖南、湖北两省有关负责人召开荆江分洪工程会议,以调解两湖纠纷。与会者一致赞成荆江分洪工程尽快上马,但对于一旦发生长江特大洪水时湖南是否分洪,以及分洪后湖南能否免除洪水威胁的问题,与会者看法难以统一。2月20日,周恩来召集傅作义、李葆华、张含英等人和湖南、湖北两省有关人员开会,研究讨论荆江分洪工程的实施问题,批评中南局对分洪工程这样的大事在中央决定后仍未引起应有注意的消极态度,并提出与会人员就《政务院关于荆江分洪工程的规定》(草案)征求意见。② 23日,周恩来向毛泽东和中共中央作了书面报告,并送上他主持起草的《政务院关于荆江分洪工程的规定》(草案),请毛泽东审阅。2月25日,毛泽东作了重要批示:"(一)同意你的意见及政务

173

---

①　海波:《荆江分洪工程介绍》,《人民日报》1952年4月5日。

②　该草案后改为《政务院关于荆江分洪工程的规定》,参见《周恩来年谱(1949—1976)》(中),中央文献出版社1997年版,第217页。

院决定;(二)请将你这封信抄寄邓子恢同志。"①

　　1952 年 2 月底,为了进一步消除湖南的顾虑,水利部副部长李葆华陪同苏联水利专家布可夫前往荆江分洪地区考察。他们考察后认为分洪工程对湖南没有危险,且可减少水害。随后,经过多方商议,中共中央对《政务院关于荆江分洪工程的规定》(草案)进行了多次修改,形成了一个更充分考虑到湖南、湖北两省各自利益的方案。3 月 29 日,周恩来致信毛泽东并刘少奇、朱德、陈云:"送上一九五二年水利工作决定及荆江分洪工程的规定两个文件,请审阅批准,以便公布。关于荆江分洪工程,经李葆华与顾问布可夫去武汉开会后,又亲往沙市分洪地区视察,他们均认为分洪工程如成,对湖南滨湖地区毫无危险,且可减少水害。工程本身关键在两个闸(节制闸与进洪闸)。据布可夫设计,六月中可以完成。中南决定努力保证完成。我经过与李葆华电话商酌,并转商得邓子恢同志同意,同时又与傅作义面商,决定分洪工程规定修改如现稿。这样可以完全解除湖南方面的顾虑,因工程不完成决不分洪,完成后是否分洪还要看洪水情况,并须得政务院批准。"②

　　1952 年 3 月 31 日,政务院发布的《政务院关于荆江分洪工程的规定》指出:为保障两湖千百万人民生命财产的安全起见,在长江治本工程未完成以前,加固荆江大堤并在南岸开辟分洪区乃是当前急迫需要的措施。政务院特作六项规定如下。①1952 年仍以巩固荆江大堤为重点,必须大力加强,保证不致溃决,其所需经费可酌予增加。具体施工计划及预算由长江水利委员会会同湖北省人民政府拟订,限期完成。②1952 年汛前应保证完成南岸分洪区围堤及节制闸、进洪闸等工程,并切实加强工程质量。其所需人力,应由湖北、湖南和部队分别负担。③1952 年不拟分洪。如万一长江发生异常洪水威胁荆江大堤的最后安全,在荆江分洪工程业已完成的条件下,可以考虑分洪,但必须由中南军政委员会报请政务院批准。④湖北省分洪区移民工作应于汛前完成。⑤关于长江北岸的蓄洪问题,应即组织勘察测量工作,并与其他治本计划加以比较研究后再行确定。⑥为胜利完成 1952 年荆江分洪各主要工程,应由中南军政委员会负责组成一强有力的荆江分洪委员会和分洪工程指挥机构,由长江水利委员会、湖南、湖北两

---

　　①　中共中央文献研究室:《毛泽东传(1949—1976)》(上),中央文献出版社 2003 年版,第 96 页。

　　②　中共中央文献研究室:《毛泽东传(1949—1976)》(上),中央文献出版社 2003 年版,第 96-97 页。

省人民政府及参加工程的部队派人参加,并由中南军政委员会指派得力干部任正副主任。工程指挥机构的行政与技术人员由各有关单位调配。①

随后,荆江分洪工程委员会和荆江分洪工程总指挥部成立。荆江分洪工程委员会以李先念为主任委员,唐天际、刘斐为副主任委员,郑绍文为秘书长,黄克诚、程潜、赵毅敏等为委员。荆江分洪工程总指挥部以唐天际为总指挥,李先念为总政委。3月下旬,由于大批工人、民工到达工地,各部迅速抽调大批干部,组成了各级指挥机关,对广大工人、民工进行了初步的政治动员,对家庭生产进行了适当安排,并调运了大批工棚器材与工具,星夜突击抢修工程,建立了许多住房、仓库、供应站、贸易公司、救护站、广播台、俱乐部等,以争取迅速开工。

在长江流域治本工程大规模兴建之前,必须首先"设法分洪旁泄,以减轻荆江大堤所受洪水的威胁,并减少四口入湖的水量,延长洞庭湖的寿命,实为目前'湘鄂并重,江湖两利'的妥善办法。荆江分洪工程,就是在这个目标之下,为争取根本治理长江的时间而举办的。所谓分洪,就是有计划的做一个人工湖泊,在必要的时机,用来蓄纳洪水,降低洪峰,调剂长江流量,以免漫无限制的溃堤成灾。"②

经过充分的准备,1952 年 4 月 5 日,在中共中央、政务院、中南军政委员会、荆江分洪委员会的领导下,长江中游的荆江分洪工程全面开工。30万劳动大军奋战在 133 千米的荆江大堤和数百平方千米的分洪区工地上。荆江分洪工程的建设范围:在荆江以南,安乡河之北,虎渡河以东,共 920多平方千米的地区,修筑一座巨大的蓄水库(分洪区)。在水库北端太平口地带,建筑一座长 1054 米的进洪闸,在水库南端黄山头地带,建筑一座长336 米的节制闸,在水库四周筑成一道高大的围堤。在建筑这些分洪工程的同时,在荆江北岸对原荆江大堤进行培修加固,从万城起到麻布拐止,总长为 114 千米。筑成后的水库将可纳蓄洪水 60 亿立方米。

4 月上旬,荆江大堤加固工程完成了沙市(现荆州市)以下郝穴沿江一带的抛石护岸等工程。荆江分洪工程总指挥唐天际、中国人民志愿军归国代表董玉才、朝鲜人民访华代表朴英镐等曾赴工地视察,受到鼓励的军工、民工,展开了爱国主义的劳动竞赛,大大地推动了整个工程的进展。很多

---

① 中国社会科学院、中央档案馆编:《1949—1952 中华人民共和国经济档案资料选编·农业卷》,社会科学文献出版社 1991 年版,第 479-480 页。

② 刘斐:《荆江分洪工程的伟大胜利》,中国社会科学院、中央档案馆编:《1949—1952 中华人民共和国经济档案资料选编·农业卷》,社会科学文献出版社 1991 年版,第 484 页。

施工单位采取了培养典型以带动全局的有效做法,出现了松滋县(现松滋市)的郝秀荣小组、辛志英小组,石首县(现石首市)的李海棠小组等先进典型。在竞赛开展起来之后,许多单位及时进行了评功表扬模范、开展合理化建议运动,科学地组织劳动力,并利用板报、捷报、广播台等,进行热烈的现场鼓动,普遍提高了劳动工效。如"混凝土工程在数量上创造了每日浇灌 5800 方的全国最高纪录。混凝土平均工效为由开始时每人每天 0.23 方提高到每人每天 0.394 方;土方工效在 80 公尺到 120 公尺的平均运距以内由每人每天 0.6 公方,提高到了每人每天 2.02 公方……码头的起卸率由开始的每日两三千吨提高到每日万吨,最高纪录达到每日两万吨。闸工方面,铆钉安装纪录由每日 300 个提高到每日 834 个,与工程开始时铸造蜗轮及闸门横梁眼比较,工效提高了 8 倍,弯钢筋的平均工效由 20 人一公吨提高到 8 人一公吨。"[1]同时,民工创造了泄网方法,解决了搬抛大块蛮石的困难。他们在打碪中主动提出"层土层碪",使堤身修得又坚又牢。这样,截至 1952 年 5 月 11 日,荆江大堤加固工程的护堤脚抛石工作全部完成,完成土方 25 万立方米,完成了加固工程的 74% 以上。荆江分洪工程的太平口进洪闸和黄山头节制闸两闸底板的扎钢筋和浇灌混凝土工作全部完成后,工程总进度完成了 44% 以上。

　　1952 年 5 月 19 日,水利部部长傅作义偕同苏联水利专家布可夫赶到荆江分洪工程工地,视察荆江大堤加固和荆江分洪工程的兴修情形,慰问广大军工、民工和全体员工,并颁发印有毛泽东主席题词的四面锦旗。锦旗上的题词为:"为广大人民的利益,争取荆江分洪工程的胜利!"毛泽东的题词还精印了 1.4 万份,奖励给工程建设中的模范人物。5 月 24 日,授旗慰问大会在湖北沙市(现荆州市)隆重举行。傅作义代表毛泽东授旗,荆江分洪工程总指挥唐天际代表 30 万军工、民工接旗。傅作义发表讲话说:"一个半月来,已完成了整个分洪工程任务的 60%。这一巨大工程能在短期内获得这样大的成绩,是由于毛主席和中央人民政府的英明领导,同时也证明了新民主主义的伟大优越性。"[2]傅作义对工程中涌现出的英雄模范人物致以亲切的慰问,并号召再接再厉,把工程做得更好。

---

　　① 荆江分洪总指挥部:《荆江分洪工程提前竣工基本经验总结报告》,中国社会科学院、中央档案馆编:《1949—1952 中华人民共和国经济档案资料选编·农业卷》,社会科学文献出版社 1991 年版,第 482-483 页。

　　② 《水利部部长傅作义视察荆江分洪工程,代表毛主席授旗慰问广大员工》,《人民日报》1952 年 5 月 29 日。

5月28日，荆江分洪前线中共党委召开紧急会议。会议发布决定，号召采取一切办法，争取于6月20日前完成全部工程，并坚决要求"只准做好，不准做坏，只准成功，不准失败"。① 这个决定由各工地、各单位的共产党员、青年团员、干部、劳动模范和广大群众讨论后，得到了全体员工的一致拥护。从每个单位到每个人都根据各自的具体情况，采取"包干"办法，定出了具体计划，保证提前完成自己所担负的任务，将爱国主义劳动竞赛向前推进了一步。荆江分洪水闸分太平口进洪闸与黄山头节制闸两大部分，闸门（包括附件）共重1700多吨。这两部分闸门分别由武汉市江汉船舶机械公司、江岸桥梁厂和衡阳铁路局工务处承制。为了在6月底长江夏汛到来以前全部安装完毕，各厂职工展开竞赛，发挥高度的积极性和创造性，于5月底分批运到工地安装。至6月7日，荆江大堤加固工程接近完成，荆江分洪工程已完成了83%以上。②

在荆江大堤加固和第一期荆江分洪工程即将完工之际，为保证工程质量符合标准要求，荆江分洪工程总指挥部和所属各工程领导机关组织力量，对已完成的各项工程和正在施工的工程进行了全面检查，并对已发现的个别不合标准的工程迅速设法进行了补救。荆江大堤加固和荆江分洪工程施工中，广大建设者认识到工程质量的好坏是决定工程成功与失败的关键，在施工中采用了一边施工、一边检查的方法，及时纠正了某些建筑工程不合标准的现象。各个工程领导机关根据这次全面检查，对工程中的缺陷迅速设法进行补救。荆江大堤加固工程原计划土方34万多立方米，检查后将沙市（现荆州市）一段坏堤上的房屋全部拆除进行了彻底补修，增加土方4万多立方米。沿江农民对发现的獾穴、蚁洞也进行了有效堵塞，荆江大堤沙市段改变了过去"豆腐渣"堤的坏称号，变为新土堤。黄天湖新堤增加了排渗层后半月来有的已渐干固。③

6月14日，从湖北省江陵县枣林岗到监利县麻布拐的133千米长的荆江大堤加固工程，宣布胜利完工；18日，太平口进洪闸工程竣工；20日，黄山头节制闸和分洪区围堤同时竣工。至此，荆江分洪工程全部竣工。

荆江分洪一期工程从1952年4月5日破土动工，到6月20日完成，共用了75天，比原计划提前了15天。"整个工程共完成了土、石、沙、混凝土

---

① 《荆江分洪工程完成百分之七十二》，《人民日报》1952年6月3日。

② 《荆江分洪工程完成百分之八十三以上，全部工程将在六月二十日完工》，《人民日报》1952年6月11日。

③ 《荆江分洪工程进行普遍检查》，《人民日报》1952年6月13日。

近 1000 万方,其中包括完成土方 828 万方,混凝土 117000 方。开采石料 253400 多方,抛砌块石 161000 多方,钢筋 3480 多吨,并运输器材、工具、粮秣共 1 亿余吨千米。尚有其他许多附属工程,如修筑 145 公里的轻便铁道,以及 122 公里的公路等。"[①]荆江分洪工程委员会副主任委员刘斐自豪地说:"其规模之大和技术性之高,与突击施工的神速,不仅是打破了中国历史上的纪录,就是世界工程史上也是空前没有的。"[②]

不仅如此,荆江分洪工程在施工中超额完成了工程定量,其中混凝土工程比原订计划超过 6%,土方比原计划超过了 3.6%。加固后的荆江大堤即使再遇 1949 年那样的洪水,堤顶还高出水面 1 米。进洪闸、节制闸和围堤构成的分洪区,虽然本年不拟分洪,但如遇荆江洪水过大,荆江大堤危险,即可能分洪以减轻荆江大堤的负担。中共中央中南局、中南军政委员会、中南军区,湖北、湖南两省党、政、军领导机关,以及湖北省各人民团体,为荆江分洪工程的胜利竣工,分别致电荆江分洪工程总指挥部暨全体工作人员,表示祝贺。中共中央中南局、中南军政委员会和中南军区的贺电指出:荆江分洪工程提前竣工,"是中国历史上工程记录的奇迹。它充分说明了在毛泽东时代我们祖国人民勇敢勤劳的优秀品质,标志了新民主主义社会制度的优越性"。贺电着重指出:这一工程的竣工将有效地消除荆江的水患,保证两湖广大人民生命财产的安全,巩固长江航运的畅通,更为今后全国巨大规模的水利建设工程创造了丰富的经验。[③]

6 月 28 日,水利部派出了以副部长张含英为首的验收工作人员和中南军政委员会水利部部长刘斐为首的验收团,进行工程验收。验收团认为:各项工程都合乎标准,准予验收。验收团还认为:在这样短的时间内完成这样巨大的工程,实在是空前的成就。张含英在讲话中说:"短短两个多月的时间修建好这样大的一个工程,这在中国水利建设史上是一个空前的成就。它的胜利给我们今后从事大规模的水利建设以极大的信心。我们有充分把握在今后建设中使水完全听我们的指挥,要它灌溉农田,要它便于航运,要它供电照耀城市和农村。"[④]

荆江分洪工程仅仅用了两个多月的时间就全部竣工,除了党和政府的

---

① 荆江分洪总指挥部:《荆江分洪工程提前竣工基本经验总结报告》,《1949—1952 中华人民共和国经济档案资料选编·农业卷》,社会科学文献出版社 1991 年版,第 482 页。

② 刘斐:《荆江分洪工程的伟大胜利》,《1949—1952 中华人民共和国经济档案资料选编·农业卷》,社会科学文献出版社 1991 年版,第 489-490 页。

③ 《荆江分洪工程全部完工,全体员工向毛主席报捷》,《人民日报》1952 年 6 月 23 日。

④ 《荆江分洪工程验收完毕各项工程合乎标准》,《人民日报》1952 年 7 月 13 日。

支持和组织、广大水利科技人员的精心设计及广大民工的忘我劳动以及苏联专家的帮助外，还与中国人民解放军的支持密不可分。有近 10 万人民解放军指战员参加了荆江分洪工程的建设，在工程建设中起到了骨干作用。他们担负了整个工程中最艰巨、最困难的任务，如黄天湖的排淤、黄山头的堵坝工程，都是以人民解放军为主来完成的。他们在整个工程中完成的任务最多、工效最高，他们人数只占总施工人数三分之一，却完成了全部工程中土方的 49%，混凝土的 73%；超额完成土方 40%，并在一天内能完成混凝土 5800 立方米，码头起卸一天能完成 2 万吨。在工效方面，如挖北闸闸基，当民工平均土方工效为 0.52 立方米时，部队即达 1.25 立方米。这种模范行动和骨干作用，引起了工农弟兄的极大尊敬与钦佩，他们说："哪里有军队，哪里就能胜利。"①

荆江分洪工程第一期工程完成了荆江大堤加固工程、太平口进洪闸、黄山头节制闸和拦河坝以及分洪区的南线围堤等工程后，党和政府为了根治荆江，接着部署进行第二期工程。第二期工程主要包括：①在分洪区内就原有水系整理一条长 100 多千米的排水干渠（包括一座新式排水闸），使分洪区内的积水都能经过此渠排入虎渡河，保护分洪区内农作物不再受淹涝的威胁；②培修分洪区围堤，包括荆江右堤太平口到藕池口段的加培，虎渡河东堤、西堤的培修，黄天湖新堤的护坡，安乡河北堤、虎渡河东堤抛石护脚等工程，以保证分洪区平时不致遭受荆江、虎渡河、安乡河等溃堤的威胁，分洪时又能安全蓄洪；③在分洪区内培修 20 个安全区的围堤（垸子），并修筑 7 个安全台（高地），以保障分洪期间分洪区内 18 万人民生命财产的安全；④在虎渡河西（分洪区外）挖一条排水渠，以便利虎渡河西农田积水的排泄；⑤刨毁分洪区内废堤高地和进洪闸、节制闸的上游和下游的滩地，以免分洪时影响进洪量。据初步计划：整个第二期工程共需做土方、石方 1500 多万立方米，动员 17 万民工参加。为了贯彻"施工、生产两不误"的方针，施工时间计划为两个多月，整个工程计划在 1953 年春耕前完成。②

1952 年 11 月 14 日，长江中游荆江分洪工程的第二期工程正式开工。中南军政委员会调整了荆江分洪工程总指挥部，任命长江水利委员会副主任任士舜为总指挥，湖北省宜昌专署副专员李涵若为副总指挥，荆州专署专员阎钧为政治委员，具体领导第二期工程施工。

---

① 唐天际：《站在经济建设的前线——庆祝人民解放军建军二十五周年》，《人民日报》1952 年 8 月 1 日。

② 《荆江分洪工程第二期工程开工》，《人民日报》1952 年 12 月 2 日。

在荆江分洪工程第二期工程中,工程指挥机关关心民工生活,及时供应民工生活资料、劳动工具,并重视卫生工作。民工们劳动热情始终饱满,并在春节前后展开了热火朝天的劳动竞赛。湖北省宜都县(现宜都市)民工王有泰在土方工程上创造了"深挖陡劈"法,将每人每天的工作效率由平均 1.68 立方米提高到 7.6 立方米。湖北省江陵、松滋、监利等地民工在水深泥厚、天寒冰冻的渠道工程中,创造了"深沟放淤""篾箕系草"等先进工作法,使每人每天工作效率最高提高到 9.7 立方米。

荆江分洪二期工程从 1952 年 11 月 14 日正式开工,到 1953 年 4 月 25 日结束。在 5 个多月的时间里,完成的工程包括:荆江右堤的加培,虎渡河东堤、西堤的培修,分洪区内 13 个安全区围堤的加培,又新建了 7 个安全区、8 个安全台,整理了分洪区渠道,刨毁了进洪闸和节制闸上、下游的滩地,完成了虎渡河东堤抛石护岸等工程,共完成土方、石方 1100 多万立方米。施工计划外,还完成了 13 座安全区涵管工程,在分洪区围堤上植树 39.7 万多株,并在分洪区和安全区内开挖和修筑了中心排水沟 57 条,生产大道 87 条,中小桥梁 195 座。至此,长江中游的荆江分洪工程全部胜利告成。[①]

荆江分洪工程是新中国成立以后在长江上修建的第一个大型水利工程,是根治长江的开端,也是新中国成立以来紧接治淮工程所兴建的第二个大型水利工程。荆江分洪工程第二期工程的完成,进一步巩固了荆江分洪工程的成果。它不仅解除了荆江段的严重水灾,保障了荆江两岸人民生命财产安全,而且促进了农业生产的发展,保障了荆江两岸粮食丰收。时任荆江分洪工程委员会副主任委员的刘斐对该工程给予了高度评价。他说:荆江分洪工程是以防洪为目的,解除长江中游水患的第一步计划。以此为基础,"将进一步办理荆江裁弯取直工程,及整理洞庭湖洪道,使湘资沅澧四水各有泄水的洪道和蓄洪垦殖的区域。同时有计划地在荆江北岸分洪放淤,以加高江汉平原的陆地高度,并控制中下游湖泊,实行蓄洪垦殖,这样,即使遇到比 1931 年更大的洪水年,我们也能够有计划地蓄洪吞吐,不致发生灾害。因此,我们就有条件争取更多的时间,来完成根治长江的治本工程了。所以荆江分洪工程,不仅是技术性很高,而且是具有伟大的政治意义和历史意义的。"[②]

---

① 新华社:《荆江分洪工程第二期工程胜利完工》,《人民日报》1953 年 5 月 7 日。

② 刘斐:《荆江分洪工程的伟大胜利》,《1949—1952 中华人民共和国经济档案资料选编·农业卷》,社会科学文献出版社 1991 年版,第 485 页。

1953 年 10 月 3 日新华社报道：新修的荆江分洪工程和加固的荆江大堤，保卫着荆江沿岸人民的安全。两年来，荆江两岸大部分地区连续获得两个丰收。一向被称为"沙湖沔阳州，十年九不收"的沔阳、洪湖两县（现仙桃、洪湖两市），该年水稻平均比上年增产三成以上。荆江两岸的丰收带来了集镇的繁荣景象："在通往每个集镇的道路上，来往的手推车、驴子、担子增多了，河道内的小木船也增多了。农民们纷纷到集镇去把新收的粮食、棉花卖给国家，换回耕牛、犁耙、水车、锄头、轧花机、肥料和油盐、布匹、百货等。为农民修配和制造轧花机的沙市利民机器厂，秋收以来日夜开工，仍供不应求。"①

荆江分洪工程竣工后，经受住了 1954 年长江特大洪水的考验，发挥了应有的作用。1954 年夏，长江流域连降暴雨，荆江沿线洪水水位打破了百年来最高纪录，发生了百年不遇的特大洪水。7 月上旬，荆江水位超过了警戒水位，到 8 月底，共出现 6 次大洪峰。在洪峰到来之际，经中央批准，先后 3 次启动荆江分洪工程。荆江防汛分洪总指挥部为确保荆江大堤和长江两岸人民的安全，当沙市（现荆州市）水位涨到 44.39 米时，荆江分洪区北端太平口进洪闸第一次开启闸门，分泄了大量洪水，减轻了洪水对大堤的威胁。正当这次洪峰逐渐退落时，长江上游连续下来 3 个险恶洪峰，情况非常紧急。党和人民政府为了确保荆江大堤，一边继续开启进洪闸分洪，一边在枝江县（现枝江市）百里洲和监利县上车湾等地主动分洪，使沙市（现荆州市）最高水位仅达 44.67 米，减轻了荆江大堤的负担。②

荆江分洪工程在抗洪救灾中起到了显著作用，不仅使江汉平原和洞庭湖区直接受益，而且对九省通衢的武汉三镇和沿江城乡 7500 万人民的生命财产安全都起到重要的作用。没有这些工程，要战胜百年不遇的特大洪水是不可想象的。毛泽东得知这一喜讯，再次挥笔题词："庆祝武汉人民战胜了一九五四年的洪水，还要准备战胜今后可能发生的同样严重的洪水。"③当然，荆江分洪工程当时只能算一项应急的过渡性治标工程，还不能

---

① 新华社：《秋季市场的繁荣景象》，《人民日报》1953 年 10 月 3 日。
② 新华社：《荆江两岸人民保住荆江大堤，战胜百年以来空前未有的洪水》，《人民日报》1954 年 9 月 15 日。
③ 中共中央文献研究室：《毛泽东传（1949—1976）》（上），中央文献出版社 2003 年版，第 97 页。

从根本上解决长江洪水的威胁。后来世界瞩目的长江三峡①水利枢纽工程的兴建,才从根本上解决了长江洪水的威胁。不过,荆江分洪工程仍然是长江中下游平原地区的重要水利枢纽,是保护荆江大堤防洪工程系统的重要组成部分。因此,它不仅是荆江地区的核心防洪工程,而且在上游三峡水库和山谷水库建成后,仍然担负配合组成长江防洪系统,解决长江较大和稀遇洪水危害的任务。因此,荆江分洪工程是治标与治本相结合的大型水利枢纽,是平原水利综合利用的典范工程。2006 年 5 月 25 日,荆江分洪闸被国务院批准列入第六批全国重点文物保护单位名单。

二、丹江口水利枢纽初期工程的建成

汉江全长 1530 千米,是长江最长的支流,流域面积为 17.4 万平方千米(1968 年下游涢、沭水进行人工改道后直接注入长江,故扣除这部分集水面积约 1.5 万平方千米后为 15.9 万平方千米,汛期集水面积为 14.2 万平方千米),年平均径流总量约 600 亿立方米。丹江口以上为上游,流域面积9.52 万平方千米,丹江口至碾盘山为中游,流域面积 4.6 万平方千米。汉江的水力资源十分丰富,干流总落差为 1964 米,水能蕴藏量为 330 万千瓦,流域内 80% 地区为山区和丘陵区,20% 地区为盆地和平原。但由于上游雨量大而分布极不均匀(每年 7～10 月的降雨量占全年降雨量的 65%),造成汛期洪水来量特别大,加之中下游河槽的排泄量又很小,因此,汉江中下游地区历来是洪水灾害频繁发生的地区。据历史记载,1931 年至 1948年的 18 年间,汉江发生大的水灾有 9 次之多,11 次溃口。

新中国成立后,汉江治理开发进入了新的历史时期。1950 年,长江水利委员会筹建汉江遥堤(现称大柴湖区)、小江湖蓄洪垦殖区,对遥堤区临江废堤进行堵口复堤施工,并组织查勘碾盘山、丹江口、小孤山等坝址。1952 年荆江分洪工程第一期工程完成后,水利部副部长李葆华提出及早兴建汉江丹江口水库,以控制汉江洪水。1953 年,长江水利委员会开始对汉江干流梯级开发方案进行勘测设计研究,并对汉江流域进行了社会经济调查。1954 年,长江中下游发生了百年不遇的特大洪水,沿江人民的生命财产受到巨大损害。由此治理长江的问题再次提上日程,1954 年正式开始了汉江流域规划工作。经过近两年的努力,汉江流域规划要点报告基本完

---

① 长江三峡是长江上游末端瞿塘峡、巫峡和西陵峡三段峡谷的总称。它西起四川奉节的白帝城,东至湖北宜昌的南津关,长 204 千米。这里两岸高峰夹峙,江面狭窄曲折,江中滩礁棋布,水流汹涌湍急。

成。1956 年 5 月,水利部主要领导、水利专家与有关部门进行专门审查,基本通过该规划报告,并指示规划选定的第一期工程——丹江口水利枢纽初步设计工作要抓紧进行,在此以前,还批准兴建杜家台分洪工程。1958 年 2 月,周恩来听取了汉江流域规划及丹江口水利枢纽设计的汇报,批准了兴建丹江口工程。5 月,长江流域规划办公室根据中共中央指示的精神,完成了丹江口水利枢纽初步设计报告,水利电力部和湖北省组织审查通过了设计方案。[①]

丹江口水利枢纽工程是综合治理开发汉江的第一期工程。它是在苏联专家的帮助和指导下,由中国自行设计和装备的大型水利工程。1958 年,周恩来明确指示,丹江口水利枢纽工程近期要满足防洪、发电、灌溉、航运的需要。它的主要组成部分包括拦河大坝、溢洪道、两岸副坝和电站厂房。拦河大坝的高度为 110 米,相当于 28 层楼高,由 270 多万立方米混凝土筑成,是中国当时最大高坝之一;大坝和副坝的总长度是 3062 米,坝顶宽 25 米,上面的公路桥宽 8～10 米,可以并排走两部汽车。整个工程完成后,水库总容量为 283 亿立方米,可以控制汉江洪水期集水面积的 68%,从而能够彻底消灭汉江有记录以来的最大洪水(约为百年一遇)灾害,保障中下游数百万人民的生命财产安全。在发展灌溉方面,按引水保证率 80% 的标准计算,水库建成后,可从汉江引水灌溉汉江支流唐白河流域的属于河南、湖北两省的 1200 万亩农田,每年可以得到 30～60 亿立方米的水量灌溉,加上唐白河本身的径流,可使唐白河区域发展成为 1520 万亩的大型灌溉区。丹江口水利枢纽发电的装机容量初步计划为 70 多万千瓦(后改为 90 万千瓦),年平均发电量为 47 亿度,如果它同洛阳、黄石、宜昌等地发电联系起来,将构成中国中部的一个巨大的电力网。丹江口水利枢纽建成后,还可以调节径流,使洪水流量大大降低,而枯水流量则可提高 3 倍以上,因此,只要对航道略加整理,就能使中、下游的航运条件大为改善,其中从襄阳到武汉可终年通行 500～1000 吨拖驳所组成的现代化机动船队。由于丹江口水库面积达 900 平方千米,利用其来养殖淡水鱼类,收益也是十分巨大的。[②]

为了保证丹江口水利枢纽工程的顺利建成,专门成立了丹江口工程委员会和丹江口工程局,丹江口工程委员会由湖北省省长张体学担任主任委

---

①　魏廷珍:《汉江丹江口水利枢纽规划设计中的若干重大问题》,《人民长江》1988 年第 9 期。

②　《与三门峡工程比美的汉江关键工程,丹江口水利枢纽今年兴工》,《人民日报》1958 年 7 月 14 日。

员,由长江流域规划办公室主任林一山和河南省副省长彭笑千担任副主任委员。通过引汉济黄(河)总干渠,不仅可以解决华北、淮北地区的缺水问题,还可以利用引水总干渠开辟南北大运河,从而使中国著名的四大河流——长江、淮河、黄河、汉水贯通起来。为了保证该工程顺利施工,国家调拨了数量巨大的水泥、钢材、木材等,其中仅水泥就有45万多吨,钢材也在5万吨以上。另外,在施工期间,这里还需修筑铁路、架设桥梁,以及各种附属企业的工程建筑。因此,从它的建设规模和技术复杂程度来看,都可以与当时正在施工中的三门峡水利枢纽工程相媲美。[①]

1958年9月1日,丹江口水利枢纽工程举行开工仪式,比预定的开工日期提前了一个月。10月初,湖北、河南两省所属的襄阳、荆州、南阳3个地区17个县的2万多民工挑着干粮,带着简陋的工具,汇集到工地,到11月初增加到6万多人,最后为10万多人。10万建设大军昼夜奋战,铺设了一条从武汉经襄阳到丹江口的全长431千米的汉丹铁路。经过建设者的努力,第一期围堰工程于次年5月完成。1959年11月初,丹江口水利枢纽工程的第二期围堰工程正式开工。第二期围堰工程(即截流工程)开始的第一天,截流队伍和28只抛石船,共抛块石1000立方米。中共汉江丹江口水利工程委员会副书记任士舜、夏克,副总指挥长史林峰、廉荣禄等人和工人一道,在15分钟内,把堆放在铁驳上的70立方米块石全部抛下水,打响了"腰斩汉江"的第一炮。这次截流工程的特点是:任务重,时间短。要求在两个半月时间内,完成176万立方米土砂石方和200块共重1600吨的混凝土截流体的抛填任务;从抛石下河到堵口合龙只有45天时间。10万建设工人响应工地党委的号召,"高度集中,协同作战,分秒必争,抢枯水,赶桃汛,跑在大汛前面""人人为截流服务,争取当截流英雄"的口号响遍了丹江口工地。[②]

当时,兴建丹江口水利枢纽这样大型水利工程所需要的重型机械设备还比较缺乏,但10万建设大军自力更生,土法上马。开挖基坑时缺乏风钻,就用人工打眼放炮;没有电铲,就用手镐;没有自卸汽车,就肩挑人抬。浇筑混凝土,从开采砂石到拌和、振捣,开始时都是采用人工操作,保证了工程的顺利进行。为了清基、筑坝,首先要在汉江的右岸河床修建低水围堰,把江水堵在外面。按照原来的施工方案,修建围堰需要1000多吨钢板

① 田庄:《苦战三年,根治汉水,丹江口水利枢纽工程动工》,《人民日报》1958年9月2日。

② 《丹江口水利枢纽第二期围堰工程开工,十万工人打响腰斩汉江头一炮》,《人民日报》1959年11月21日。

桩,而这种钢板桩当时国内还不能生产。为了解决这个难题,整个工地展开了热烈的讨论,提出了各种各样的施工建议,最后提出取消钢板桩,采取土砂石组合围堰的方案。[①]

到 1959 年 12 月中旬,10 万建设大军经过 16 个月的艰苦劳动,完成了 920 万立方米土石方和 41 万立方米混凝土,把右岸大坝修筑到了截流所需要的高程。12 月 26 日,丹江口水利枢纽工程截流工程顺利完成,工地举行了庆祝大会。国务院副总理李先念在庆祝大会上讲话指出,丹江口水利枢纽工程第一期工程的完成和胜利截流,是工地十万职工在党的领导下,在全国各地人民的大力支援以及苏联专家的亲切帮助下,以冲天的干劲,进行了忘我劳动的结果。在第一期工程的施工过程中,工地提供了一些重要的施工经验,如"以土赶水,土、沙、石组合围堰"的办法,在大型水利工程中还是一个创举。他最后说:汉水的截流对保证全部工程提前完工有着决定性意义。但是,目前已经完成的工作量,与全部的工作量比较起来,还只是一部分,大量工程还在后面。今后工程已经进入全面施工阶段,因此更要鼓足干劲,必须用最快的速度,最好的质量,最勤俭的办法来完成今后的工程。中共湖北省委书记处书记兼汉江丹江口工程委员会主任张体学、河南省副省长齐文俭、中共湖北省委常委李尔重、长江流域规划办公室主任林一山、长江流域规划办公室苏联专家组组长巴克塞也夫等先后在会上讲话,祝贺丹江口工程高速度施工的胜利。[②]

汉江截流后,导流坝段、纵向围堰以及二期上游围堰起到滞洪作用,发挥了一定的防洪效益。随后,丹江口水利枢纽工程进入左岸围堰和大坝全面浇筑的新阶段,争取在汉水大汛(6 月)到来以前,把左岸围堰浇筑到 125 米左右的高程。1960—1961 年,完成了左岸河床基坑及大坝混凝土浇筑,1961 年底总计完成大坝混凝土 102 万立方米。该水库设计工程规模是坝顶高 175 米,正常蓄水位 170 米。工程修建期适逢我国三年经济困难时期,依据当时国家的经济情况和施工条件的变化,缩小了建设规模,坝顶浇筑到 162 米,但预留了坝基,以利日后继续建设,达到最初的设计规模。通过多次混凝土质量检查,发现存在严重质量问题,经研究讨论,国务院决定从 1962 年春起混凝土施工暂停,进行大坝混凝土质量补强,并积极进行大坝混凝土机械化施工的准备工作。此后,国家开始对基础建设进行压缩。

---

① 《征服汉江——记汉江丹江口水利枢纽工程的建设》,《人民日报》1974 年 2 月 24 日。

② 田庄:《丹江口水利枢纽工程胜利合龙,腰斩汉水,为民造福》,《人民日报》1959 年 12 月 28 日。

后经多方努力,丹江口大坝没有下马,而是将主体工程停下来,开始处理质量事故。1964 年 12 月,国务院批准丹江口水利枢纽工程复工。但此时,丹江口水利枢纽工程变成了分期进行。前期工程将大坝修建到 162 米高程,实现能够防洪、发电。1967 年 11 月,大坝达到挡水发电高程,开始拦洪蓄水。1968 年 10 月,丹江口水电站的第一套发电机组正式发电。1970 年 7 月,混凝土大坝达到了初期工程设计的高程。最后一套机组在 1973 年国庆前夕投产,其成为鄂、豫两省重要的电源之一,有力地支援了这些地区的工农业生产。[①]

1974 年 2 月,丹江口水利枢纽初期工程建成。丹江口水利枢纽工程由拦江大坝、发电站、升船机和两个灌溉引水渠渠首四部分组成,大坝坝顶高程为 162 米,混凝土大坝坝高 97 米,大坝总长 2494 米(其中混凝土坝长 1141 米),设计蓄水水位 157 米,泄洪能力为 9200 立方米每秒,电站装机 6 台,单机容量 15 万千瓦,总容量 90 万千瓦,年发电量为 40 亿千瓦。升船机经过改造升级后一次可载重 300 吨级驳船过坝。两个引水渠渠首分别是位于河南淅川的陶岔(即南水北调中线工程的取水口,设计流量为 500 立方米每秒)和位于湖北的清泉沟隧洞,设计流量为 100 立方米每秒。1975 年,经国务院正式批准按 157 米蓄水。

在丹江口水利枢纽工程的建设中,工地涌现了许许多多值得称道的模范人物,被称为"不怕死的朱祥绪"就是其中的一个突出代表。共产党员朱祥绪是潜水工,他几次冒着生命危险,潜入几十米深的水下排除故障,为工程的建设作出了重要贡献。有一次,电站一台机组水下系统突然发生了故障。眼看江水就要漫进厂房,毁坏所有的机组,急需下水把故障排除。朱祥绪为了保卫电站安全,不顾个人安危,潜入几十米深的水下,机智地越过重重障碍,经过一个多小时的战斗,排除水下的故障,避免了一场严重事故。1973 年初,安装第六台机组油压启闭机时,朱祥绪担负清除水下门槽杂物的任务,由于在水下长时间地紧张劳动,他的双手失去了控制,全身血液淤滞,整个皮肤都变成了紫黑色,面临死亡的威胁。后经有关部门紧急抢救脱险。有人劝他:"你已进过死亡大门了,改改行吧。"他回答说:"任务还没有完成,怎么能改行呢?"回工地的第三天,他又潜入水下投入了新的战斗。像朱祥绪这样的模范人物,在丹江口工地几乎每一个单位都有,如被誉为丹江口"老黄牛"的欧阳仁山、老木工王本立、浇灌队长项关福、电焊

---

① 《汉江丹江口水利枢纽初期工程建成》,《人民日报》1974 年 2 月 24 日。

工何国荣等。[1]

　　1958 年,中共中央决定兴修丹江口水利枢纽时,充分肯定了其技术可行性和经济可行性,对财务可行性也进行了基本估计。当时设计概算是 7.09 亿元,工程规模为设计蓄水位 170 米;防洪库容预留 100 亿立方米;灌溉方面近期引水 8 亿立方米,远景引汉济黄,实现中线南水北调,引水量 100 亿～230 亿立方米;发电装机 60 万千瓦,安装 6 台 10 万千瓦机组;航运考虑当时情况,预计过坝货运量不大,采用临时过坝措施,预留过坝建筑物位置。周恩来总理批准工程设计时,定为投资 7 亿～8 亿元。当时估计施工准备期一年,正式施工后第五年发电,平均每年投资 1.2 亿元左右。开工以后不久,遇到国家三年经济困难,基本建设投资规模大大压缩,1961 年水利电力部提出研究分期开发,先实现防洪、发电,后发展灌溉、航运、引水。施工开始时,考虑到武汉地区用电紧张,能源严重不足,将电站装机规模扩大到 90 万千瓦,即装 6 台 15 万千瓦的水轮发电机组。1961 年以后,做出了停工处理质量事故和做好机械化施工准备的安排,每年国家投资很少,更加要求认真研究分期建设和缩小初期规模,利用有限投资尽快受益的问题。[2]

　　丹江口水利枢纽初期工程建成后,汉江中、下游的河道可基本保持稳定,改变了过去航道经常变更,不能正常通航的情况。汉江上游原来河道狭窄,水流湍急,航运极为困难,丹江口水利枢纽初期工程建成后,150 吨的驳船可以从武汉溯江而上,直达陕西白河,大大促进了城乡物资交流。此外,丹江口水库宽阔的水域也为大力发展水产养殖事业创造了极为有利的条件。[3]

　　襄阳地区北部历史上是有名的缺水干旱地区。1969 年冬,湖北省襄阳地区的大型水利灌溉工程——丹江渠道正式动工兴建,旨在引丹江水灌溉襄阳北部农田,改变这个地区的干旱面貌。1974 年 9 月,丹江渠道主体工程建成通水。丹江渠道是汉江丹江口水利枢纽工程的重要组成部分,这项工程包括引水渠、隧洞、总干渠、渡槽和沿渠各种建筑物,担负这项工程建设的襄阳(现襄阳市襄州区)、光化(现老河口市)两县的广大民工和工人,经过三年多的努力,终于在湖北、河南两省交界处的朱连山下,凿通了宽 7

---

　　[1]　《征服汉江——记汉江丹江口水利枢纽工程的建设》,《人民日报》1974 年 2 月 24 日。

　　[2]　魏廷玲:《汉江丹江口水利枢纽工程规划设计中的若干重大问题》,《人民长江》1988 年第 9 期。

　　[3]　《汉江丹江口水利枢纽初期工程建成》,《人民日报》1974 年 2 月 24 日。

米、高 7 米、长 6700 多米、引水量 100 立方米每秒的清泉沟隧洞；开挖了 45 千米长的总干渠和 1852 米长的引水渠，修建沿渠各种建筑物 184 处。接着，他们又用一年多的时间，在襄阳县（现襄阳市襄州区）境内建成了一座大渡槽——长 4320 米、流量为 35～38 立方米每秒的排子河渡槽，开挖了 18 千米长的总干渠。随着这项大型灌溉工程的建成，光化（现老河口市）、襄阳（现襄阳市襄州区）两县的 220 万亩耕地从此摆脱了干旱的威胁。①

继完成丹江口水利枢纽初期工程之后，汉江流域又相继兴建了黄龙滩、石泉、石门等大型水利水电工程。到 1976 年初，汉江上游已建成库容达 200 多亿立方米的 4 座大型水库和装机总量近 120 万千瓦的水电站，以及为丹江口水利枢纽配套的两个引水灌溉渠首、清泉沟隧道、排子河大渡槽以及陶岔电灌站等大型工程。在汉江下游，继 1956 年兴建的杜家台分洪工程之后，又在北岸开挖了全长 110 多千米的汉北河排涝工程。这些水利设施发挥了显著的效益。在防洪方面，丹江口等大型水库有效地拦蓄了上游的洪水，把下游的流量控制在 1.7 万立方米每秒以下，同时，由于有杜家台分洪闸和其他一些分洪排涝工程的配合，使下游基本上解除了洪灾的威胁。②

丹江口水利枢纽工程是效益相当好的大型水利工程，被周恩来誉为"五利俱全"（即防洪、发电、灌溉、航运、养殖）的大型水利枢纽工程。"五利俱全"，是周恩来提出来的一个新概念。1972 年 11 月，周恩来在主持召开讨论葛洲坝工程的会议上，意外地向与会者提出：我们搞了这么多年的水利建设，哪一个工程能做到防洪、发电、灌溉、航运、养殖五利俱全？人们众说不一，议论纷纷。周恩来说：丹江口水利枢纽工程能做到五利俱全。③ 同时，他又嘱咐长江流域规划办公室主任林一山说："要集中力量把葛洲坝工程搞好；对这项工程，要抱有战战兢兢、如临深渊、如履薄冰的谨慎态度。"④

丹江口水利枢纽工程是综合治理、开发汉江的第一期工程。早在 1958 年 2 月 26 日，周恩来到长江考察，在船上听取长江流域规划办公室魏廷琤关于汉江流域规划和丹江口水利枢纽工程设计的汇报，讨论并通过建设丹江口水利枢纽工程的决定时，就在总结发言中指出："一定要建好丹江口水

---

① 《人民日报》1974 年 9 月 14 日。
② 《人民日报》1976 年 2 月 3 日。
③ 黄彩忠：《流动的黄金——记丹江口水利枢纽工程》，《人民日报》1989 年 12 月 10 日。
④ 中共中央文献研究室：《周恩来年谱（1949—1976）》（下），中央文献出版社 1997 年版，第 562 页。

利枢纽工程。"①周恩来明确指示,丹江口工程要满足防洪、发电、灌溉、航运的需要。在防洪方面,丹江口大坝初期规模阶段的大坝坝顶建至 162 米高程,正常蓄水位 157 米,防洪限制水位 149~152.5 米,可控制汉水 75% 的水量,配合其他防洪措施,基本结束了江汉平原"三年两涝""十年九不收"的灾难史。在发电方面,丹江口水电站位于华中电网中以火电为主的河南省和以水电为主的湖北省的中间,并邻近西北电网的关中地区,处于非常重要的中心位置。电站装机 90 万千瓦,年平均发电量约 40 亿千瓦时,为华中电网主要调峰电站,有力地保证了华中地区的工农业生产。在灌溉方面,丹江口水库为鄂豫两省引丹灌区 360 万亩耕地提供自流引水水源,使昔日荒凉多难的"水泡子""旱岗子"成了旱涝保收的商品粮基地。在航运方面,丹江口水库建成后,经水库调节,汉江枯水期流量成倍增加,洪水流量得到控制,汉中至汉口全长 1500 千米的水道发生了本质变化,航深增加,浅滩减小,汉江成了一条水上黄金路。在养殖方面,丹江口水库的有效养殖面积约 100 万亩,养殖条件较好,可建成年产 500 万千克商品鱼基地。②

　　丹江口水利枢纽工程是 20 世纪 60 年代中国最壮观的水利工程,又是综合治理开发汉江的关键工程,也是南水北调中线工程的水源地。据《人民日报》1988 年 10 月报道:当年总共投资 8 亿元的丹江口水利枢纽,使江汉平原基本上结束了"三年两涝""十年九不收"的灾难史,汉江上游近 300 万亩干旱的土地变成了旱涝保收的商品粮基地,装机 90 万千瓦的水电厂在投产的 20 年中还源源不断地把 110 亿千瓦时的电输入华中电网。由于水库的调节作用,汉江的水运量显著增加。丹江口水利枢纽已发展成以防洪、发电、灌溉、航运、养殖为主,兼顾多种经营的巨型联合企业,目前已创造 199 亿元的综合社会效益,居全国大型水利枢纽之首。丹江口水利枢纽管理局从单纯的水利工程管理型单位发展成为一个以工程管理为主,兼营冶炼、修造、陶瓷、化工、建材、建筑、商业、服务业等 20 多个行业的综合性联合企业,他们还与国外一些公司合资扩大冶炼业的生产。③

　　当然,丹江口水利枢纽在建设过程中也有失误之处。钱正英后来总结

　　① 中共中央文献研究室:《周恩来年谱(1949—1976)》(中),中央文献出版社 1997 年版,130-131 页。

　　② 黄彩忠:《流动的黄金——记丹江口水利枢纽工程》,《人民日报》1989 年 12 月 10 日。

　　③ 刘刚:《丹江口建成巨型联合企业,建设三十年效益近二百亿元》,《人民日报》1988 年 10 月 11 日。

说:"丹江口在 1958 年'大跃进'中开工后,因施工质量不好,加上原定的建设目标过高,于 1960 年停工整顿。经 1962 年复议,认为原定的建设目标由于考虑了南水北调的远景,使工程规模过大,决定第一期工程不考虑南水北调,设计水位从 170 米降为 157 米,移民减少 20 万人,经国务院批准复工。"但"项目由于建设中的失误,都造成了浪费和损失"。① 这些深刻的教训是值得汲取的。

三、三峡工程的规划与葛洲坝工程的建设

长江是中国第一大河。开发治理长江,兴建三峡工程,强国富民,是中华民族的百年梦想。早在 1919 年,孙中山在《实业计划》中提出在三峡筑坝建库的设想:"自宜昌而上,入峡行,约一百英里而达四川之低地""改良此上游一段,当以水闸堰其水,使舟得溯流以行,而又可资其水力。"②这是中国人首次提出三峡水力开发问题。

新中国成立后,毛泽东、周恩来极为关注大江大河的治理。毛泽东于 1953 年 2 月视察长江时,向长江水利委员会主任林一山询问有关长江治理的情况。林一山展开长江规划图说,长江水利委员会计划在长江上游干流及主要支流上陆续修建一批水库,拦洪发电,改善航道,综合利用,从根本上解决长江中下游的洪水威胁。毛泽东说:"那太好了,那太好了。修这么多水库,都加起来,你看能不能抵上一个三峡水库?"林一山回答:"这些水库加起来,也抵不上一个三峡水库。"毛泽东指着图纸上的三峡口说:"那为什么不把这个总口子卡起来,毕其功于一役? 就先修这个三峡水库如何?"林一山说:"我们自然很希望能修三峡大坝,可现在还不敢这么想。"毛泽东叮嘱道:"三峡工程暂时还不考虑开工,我只是摸个底。"③

1954 年,长江中下游发生百年不遇的大洪水,尽管通过荆江分洪工程保住了荆江大堤、武汉市堤,但湖南、湖北、江西、安徽、江苏等 5 省有 123 个县市受灾,受灾农田面积 4755 万亩,受灾人口 1888 余万人,京广铁路 100 天不能正常运行,灾后疾病流行,仅洞庭湖区死亡达 3 万余人。④ 严重的灾情使治理长江的问题提上了日程。12 月,毛泽东、周恩来在武汉至广

---

① 钱正英:《中国水利的决策问题》,《钱正英水利文选》,中国水利水电出版社 2000 年版,第 49 页。
② 孙中山:《孙中山全集》(第六卷),中华书局 1985 年版,第 300 页。
③ 林一山:《高峡出平湖:长江三峡工程》,中国青年出版社 1995 年,第 35 页。
④ 骆承政等:《中国大洪水——灾害性洪水述要》,中国书店 1996 年,第 270 页。

州的专列上听取了林一山关于长江三峡水利枢纽工程的汇报。随后,长江水利委员会集中技术力量进行长江流域规划编制,应中国政府邀请的以德米特里也夫斯基为首的第一批苏联 12 位专家到达武汉,指导长江流域的规划工作。

1955 年 10 月,以水利部副部长李葆华为首的中苏专家 143 人组成的长江查勘团,分综合、灌溉、航运、地质测量 4 个组,对汉口以上长江干流及主要支流进行了历时 70 天的实地查勘。12 月 30 日,周恩来听取了长江查勘团的汇报后指出,三峡工程有"对上可以调蓄,对下可以补偿"的独特作用,应是长江流域规划的主体。这个意见得到了德米特里也夫斯基的赞同。[①]

在三峡工程规划工作全面展开时,1956 年 6 月,毛泽东在武汉畅游长江后填写了《水调歌头·游泳》这首广为传诵的词作,其中写道:"更立西江石壁,截断巫山云雨,高峡出平湖。神女应无恙,当惊世界殊。"[②]毛泽东以磅礴的诗篇,描绘出治理长江的宏伟蓝图。

1958 年 1 月,南宁会议讨论三峡问题时,出现了两种不同观点:一种观点以长江水利委员会主任林一山为代表,主张"先修三峡,后开发支流",理由是三峡水利枢纽具有防洪、发电、航运等综合效益;而另一种观点以电力工业部部长助理兼水电建设总局局长的李锐为代表,主张"先支流、后干流",也就是先在长江支流上兴建水力发电工程,后建设三峡工程,理由是三峡工程规模过于巨大,不是当时国力所能承受的。当林一山汇报到长江每年流失相当于 4000 万吨优秀煤的能量时,毛泽东说:"我们祖先已经烧了 2000 多年的煤,现在我们会用水来发电,应尽量少用煤,让煤再埋它个 2000 年,留给我们的子孙吧,但可先修大坝防洪。"并对周恩来说:"这个问题,你来管吧!"[③]毛泽东在听取了两人的意见后,指示他们每人写一篇文章阐述自己的意见,两天交卷,并交与会人员传阅。[④] 同时,毛泽东提出对三峡工程要采取"积极准备,充分可靠"的方针。[⑤] 其中,"积极准备",表明毛泽东仍支持建设三峡工程;"充分可靠",说明他也看到了三峡工程的艰巨性和复杂性。

①　曹应旺:《周恩来与治水》,中央文献出版社 1991 年,第 37 页。
②　毛泽东:《毛泽东诗词选》,人民文学出版社 1986 年,第 83 页。
③　顾龙生:《毛泽东经济年谱》,中共中央党校出版社 1993 年版,第 411 页。
④　李锐:《大跃进亲历记》(上卷),南方出版社 1999 年版,第 28 页。
⑤　林一山:《高峡出平湖:长江三峡工程》,中国青年出版社 1995 年版,第 47 页。

1958年2月,周恩来和李富春率领100多位中外专家、学者及国务院有关部委和湖北省的领导就三峡工程问题进行实地考察,并召开了现场会议。与会者各抒己见,畅所欲言。会议的结论是:"三峡必须搞,也能够搞。"同时决定先上汉江中游的丹江口水利枢纽工程,因为汉江洪水也直接威胁武汉市的安全。

因为即将召开的成都会议要讨论三峡问题,周恩来决定在会前先沿江实地进行勘察。2月26日,周恩来到长江流域对三峡地区进行实地考察,并召开会议。会议听取了长江流域规划办公室魏廷铮关于汉江流域规划和丹江口水利枢纽工程设计的汇报,讨论并通过了建设丹江口水利枢纽工程的决定。随后,周恩来实地考察了荆江大堤的几个险要地段。陪同他一起勘察的湖北省委第一书记王任重在日记中写道:"大堤上,长办(指长江流域规划办公室——编者注)主任林一山同志向他汇报了长江洪水水位高出地面十多米。假如荆江大堤有一处决口,不但江汉平原几百万人生命财产将遭毁灭性的灾害(可能有几十万、上百万人被淹死),武汉市的汉口也有被洪水吞没的很大可能。在大水年,湖南洞庭湖区许多垸子也将决口受灾,长江有可能改道。为了防洪,为了确保荆江大堤,加高培厚堤防只能是治标的办法。当然,修堤防汛抢险是当前主要的防洪手段。有了三峡大坝,也还要修堤防汛,但那时的安全程度就大不一样了,再遇到1954年那样的洪水,分洪区可以不用了。建立分洪区也只是两害相权取其轻,在一定程度上缩小洪水的灾害。只有修建三峡大坝,迎头拦蓄调节汛期上游来的洪水(占中游洪水来量的70%),才能从根本上防止洪水可能产生的大灾难。周总理等人边看边听,频频点头。"①

1958年3月1日,周恩来率领随行人员视察南津关和三斗坪两处坝址。经过两天的实地考察后,3月2日至3日,在周恩来主持下,围绕中央关于"如何积极准备兴建三峡水利枢纽"的问题进行讨论,这也是对三峡工程进行的第一次规模较大的论证。当时,船舱内挂着规划和设计示意图,气氛十分热烈。苏联专家组组长德米特里也夫斯基首先发言,他着重谈了大坝工程的地质条件、技术、造价、期限等问题,对南津关、三斗坪坝址的优劣条件进行了综合比较。他充分肯定了三峡大坝的综合效益,也提出了不能忽视长江的几条重要支流,应当将这些支流的规划方案同三峡方案进行比较。在会上,李锐和林一山都发表了各自的意见。3月5日,周恩来在重

---

① 中共中央文献研究室:《周恩来传》(下),中央文献出版社1997年版,第1377-1378页。

庆主持讨论由林一山起草的《总结纪要》。

1958 年 3 月 6 日，经与李先念、李富春、王任重、李葆华等交换意见后，周恩来为三峡现场会议作总结发言，他着重讲了四个问题。一是说明这次会议的目的是积极准备兴建三峡工程，同时涉及整个长江流域规划的问题。二是肯定长江流域规划办公室的工作是有成绩的。他指出，三峡是千年大计，如果对问题只强调一面，很容易走到片面。为了把三峡工程搞得更好，是可以争论的，这样才有利于工作，而不是妨碍工作。三是修建三峡本身的问题。周恩来说，兴建三峡工程的准备工作要认真搞，按照毛泽东提出的"积极准备，充分可靠"的原则去做；三峡综合利用，不能孤立地谈，要与干支流、上中下游结合搞。他还谈到要正确处理防洪、发电、灌溉和航运的关系。四是提出以三峡为主体的长江流域规划的方针是"统一规划，全面发展，适当分工，分期进行"。周恩来最后建议：成立长江流域规划委员会，由水利电力部提出组织方案报中央批准，长江流域规划办公室属长江流域规划委员会和水利电力部领导，以上问题报毛泽东和中央批准后才能执行。①

经过对三峡工程的实地考察，周恩来对制定长江流域规划有了比较全面的认识。1958 年 3 月 23 日，周恩来在成都会议上作了题为《关于三峡水利枢纽和长江流域规划》的报告。25 日，会议同意该报告，并专门通过了《中共中央关于三峡水利枢纽和长江流域规划的意见》（以下简称《意见》），指出："从国家长远的经济发展和技术条件两个方面考虑，三峡水利枢纽是需要修建而且可能修建的；但是最后下决心确定修建及何时开始修建，要待各个重要方面的准备工作基本完成之后，才能作出决定。估计三峡工程的整个勘测、设计和施工的时间约需十五到二十年。现在应当采取积极准备和充分可靠的方针，进行各项有关的工作。"②4 月 15 日，中央政治局会议批准了这个文件。这是 1953 年提出动议以来，中共中央对三峡工程所作出的第一个正式决议。

《意见》提出，三峡大坝的正常高水位应当控制在 200 米，同时还应当研究 190 米和 195 米两个方案。周恩来特别指出，建三峡工程必须保护重庆，并尽可能减少四川地区的淹没损失。1958 年 4 月，成立了三峡科研领导小组。6 月，在武汉召开了三峡工程第一次科研会议，有 82 个相关单位

193

---

① 中共中央文献研究室：《周恩来传》（下），中央文献出版社 1997 年版，第 1380-1381 页。

② 中共中央文献研究室：《建国以来重要文献选编》（第十一卷），中央文献出版社 1995 年版，第 228 页。

的 268 人参加,会后向中央报送了《关于三峡水利枢纽科学技术研究会议的报告》。从此,三峡工程进入勘测设计和方案论证阶段。①

1958 年 8 月,周恩来在北戴河主持召开了长江三峡会议,具体研究了进一步加快三峡设计及准备工作的有关问题,要求 1958 年底完成三峡初设要点报告。1959 年 5 月,长江流域规划办公室上报三峡工程初设重点报告,建议蓄水位 200 米,除解决中下游防洪外,可装机 2500 万千瓦。但由于工程规模太大,当时国力难以承受,加上随后出现苏联专家撤走、黄河三门峡水库发生严重淤积及大水库的防空问题等情况,致使三峡工程的修建难以付诸决策。②

20 世纪 70 年代初,中共中央决定先兴建三峡工程的航运梯级——葛洲坝工程,在解决华中地区缺电问题的同时,为建设三峡工程做准备。1970 年 12 月 24 日,周恩来向毛泽东送审中共中央关于兴建葛洲坝水利枢纽工程给武汉军区、湖北省革委会的批复稿。批复稿中说,中央同意修建宜昌长江葛洲坝水利枢纽工程的报告。毛泽东批示说:"赞成修建此坝。"但他对修建葛洲坝工程不无担心,写道,"现在文件设想是一回事。兴建过程中将要遇到一些现在想不到的困难问题,那又是一回事。那时,要准备修改设计。"③这样,葛洲坝工程在没有报批设计的情况下于 12 月 30 日开工。由于许多问题没有研究清楚,如船闸布置和航道防淤方面存在严重缺陷,这样就使得工程开工后遇到很多困难,只能于 1972 年 11 月被迫停工整顿,重新进行设计。为了使葛洲坝工程重新启动,周恩来指定林一山组建葛洲坝工程技术委员会,修改设计和施工方案,同时组建了葛洲坝工程局担任施工任务。

1974 年 10 月,经周恩来批准,停工 22 个月的葛洲坝工程正式复工,此后工程进展基本顺利。1981 年 1 月大江截流成功,7 月第一期工程开始通航发电。第二期工程从 1986 年起已有 5 台机组开始发电。1988 年 12 月,葛洲坝工程全部建成,装机容量 271.5 万千瓦,强大电力送往华中和华东地区,有力地支持了这些地区用电的需要。葛洲坝水利枢纽中还设有三线单级船闸,使长江航道通行无阻。长江干流上第一座大坝和电站的诞生,

---

① 李鹏:《〈众志绘宏图——李鹏三峡日记〉前言》,《人民日报》2003 年 8 月 16 日。

② 钱正英:《三峡工程的论证》,《钱正英水利文选》,中国水利水电出版社 2000 年版,第 282 页。

③ 中共中央文献研究室:《建国以来毛泽东文稿》(第十三册),中央文献出版社 1998 年版,第 197 页。

为后来的三峡工程建设培养了大批的施工和管理人才,提供了极其宝贵的经验。①

四、三峡工程"主上"与"反上"的争论

1978 年,中共的十一届三中全会决定把工作重点转移到经济建设上来,三峡工程列入了议事日程,中共中央、国务院对三峡工程的准备工作格外重视。1979 年 5 月,国务院副总理王任重来到宜昌葛洲坝工程的工地视察,赞成尽快兴建三峡工程。他说:"兴建三峡工程是毛主席、周总理的遗愿,这个工程一定要搞,一定要尽可能快搞。"然而,刚恢复水利部副部长职务不久的李锐对三峡工程提出了不同意见。水利部将李锐的反对意见反映到在武汉洪山宾馆召开的三峡坝址选择会议上。关于三峡工程的"主上"与"反上"的争论,仍然较为激烈。

1980 年 7 月 11 日,邓小平为了探求修建三峡工程的可能性,由四川省省长鲁大东、湖北省委第一书记陈丕显、交通部副部长彭德清、中共长江航运局委员会副书记张绍震陪同,从重庆前往武汉实地考察。邓小平向长江流域规划办公室副主任魏廷琤、宜昌地委书记马杰、葛洲坝工程局局长廉荣禄等人,询问了三峡大坝建成后对下游生态的影响和三峡大坝的选址问题,并视察了正在施工的葛洲坝一期工程的二号船闸、二江电站厂房。② 根据邓小平的指示,国务院及有关部门负责人专程从北京赶到武汉,开会研究三峡工程问题。邓小平在会上再次听取有关三峡工程的汇报,并在实地考察和听取多方面意见后指出,航运上问题不大,生态变化问题也不大,而防洪作用很大,发电效益很大。他说:"应该很好地研究三峡工程问题,轻率否定搞三峡不好。"③邓小平的三峡之行,加快了论证三峡工程的步伐。8月,国务院常务会议决定由国家科学技术委员会、国家基本建设委员会负责组织水利、电力等方面的专家对三峡工程进行论证。

1983 年 3 月,长江流域规划办公室编制了《三峡水利枢纽 150 米方案可行性研究报告》。5 月,国家计划委员会组织 350 余位专家对该报告进行审查后建议国务院原则批准。12 月 22 日,邓小平在听取姚依林、宋平汇报

① 李鹏:《〈众志绘宏图——李鹏三峡日记〉前言》,《人民日报》2003 年 8 月 16 日。
② 中共中央文献研究室编:《邓小平年谱(1975—1997)》(上),中央文献出版社 2004 年版,第654 页。
③ 刘思华:《邓小平视察宜昌葛洲坝前后——访著名水利专家魏廷琤》,《三峡晚报》2007 年10 月 5 日。

时间:"三峡工程怎么样? 能不能上? 投资安排不可能那么准确,要安排得十分科学不可能,重要的是要争取时间,要把争取时间放在首位。这方面要勇敢点,太稳了不行。没有闯劲,翻两番翻不起来。"①这些谈话,再次表明邓小平对修建三峡工程的支持态度。

1984年2月17日,国务院财经领导小组召开会议,讨论水利电力部呈报的《建议立即着手兴建三峡工程的报告》,同意正常蓄水位150米、坝顶高程175米的设计方案,争取1986年正式开工;并决定成立三峡工程领导小组、三峡行政特区(后未能成立,改设为国务院三峡地区经济开发办公室)、三峡开发总公司。4月5日,国务院原则批准《长江三峡水利枢纽工程可行性研究报告》,决定成立以李鹏副总理为组长的国务院三峡工程筹备领导小组。4月24日,李鹏主持召开三峡工程筹备领导小组第一次会议,宣读了中共中央办公厅、国务院办公厅转发《关于开展三峡工程建设的筹备工作的报告》的通知,听取了钱正英关于三峡工程准备情况的汇报,并对近期需要决定的重大问题进行了初步安排。

1985年1月,邓小平谈到三峡工程建设时指出:"三峡是个大项目,我们要从长远利益考虑,给子孙后代留下点好的东西。要认真考虑中坝。中坝可以多发电,万吨船可以开到重庆,这是多么了不起。"②为了推动三峡工作的迅速开展,1985年3月,国务院成立了三峡省筹备组③,在开发性移民规划和试点方面做了大量工作。

此后,有关部门、地方和社会各界人士,本着对国家和人民负责的精神,对三峡工程提出了各种不同意见,或反对,或赞成,或推迟。反对者主张长江开发应先支流后干流,待上游水库建好后再建三峡工程,他们担心三峡工程复杂,没有把握;赞成者看到三峡工程巨大的综合效益,认为长江上游建坝解决不了江汉平原和洞庭湖区防洪的燃眉之急。这两种对立的意见,从20世纪50年代以来公开争论了30多年。一些专家主张推迟三峡工程上马时间,等从理论上解决了泥沙淤积、生态环境、移民安置等方面的难题后再进行决策。

为了弄清这些争议问题,从1985年7月至12月,新华社特派喻权域、

① 中共中央文献研究室编:《邓小平年谱(1975—1997)》(下),中央文献出版社2004年版,第950页。

② 中共中央文献研究室编:《邓小平年谱(1975—1997)》(下),中央文献出版社2004年版,第1026页。

③ 1986年5月,中共中央、国务院决定撤销三峡省筹备组,改设国务院三峡地区经济开发办公室,后又改为国务院三峡工程建设委员会移民开发局、国务院三峡工程建设委员会办公室。

王海征两名记者从重庆沿江而下,考察长江三峡和计划中的三峡大坝坝址,采访有关部门负责人和学者专家,采写了5篇调查报告,①以解答人们对兴建三峡工程的疑惑。新华社记者采访调查后的结论是"党内外许多同志误解了三峡工程的意义,以为它的作用仅仅是(或主要是)发电。其实,修建三峡水利枢纽工程的首要目的是防洪,其次才是发电与航运。如果说三峡工程的发电作用可以用别的办法代替的话,它的防洪、航运作用则是无法代替的。三峡工程应该建,而且要抓住最好时机上马,错过了机会将来后悔莫及。"②然而,以孙越崎为组长的全国政协经济建设组在考察后,得出了"三峡工程近期不能上,至少'七五、八五'期间不该上"的结论。③

　　为了使三峡工程决策更加科学、民主和稳妥,中共中央和国务院决定重新论证。1986年6月2日,中共中央、国务院下达《关于长江三峡工程论证工作有关问题的通知》(中发[1986]15号),将决策的过程分为以下三个层次。一是由水利电力部广泛组织各方面的专家,围绕各方面提出的问题和建议,进一步深入论证,得出有科学依据的结论意见,重新提出可行性研究报告。二是由国务院三峡工程审查委员会负责审查可行性报告,提请中央和国务院批准。三是提请全国人民代表大会审议。具体内容包括:决定根据各种不同意见,组织各方面的专家对三峡工程的可行性报告进行进一步的论证补充,以便为正确的决策提供科学依据。负责组织进一步论证工作的原水利电力部,为确保重新提出的三峡工程可行性报告建立在严格的科学基础上,经得起历史的考验,在组织论证队伍时充分考虑到人员的广泛性和权威性。论证领导小组的成员包括了有关部门的正副部长和总工程师、副总工程师等,并且请全国人大、全国政协、国务院经济技术社会发展研究中心、中国科学院、中国社会科学院、国家计委、国家科委、中国科协、财政部、交通部、电子工业部、国务院三峡地区经济开发办公室、湖北省、四川省为论证领导小组推荐了特邀顾问,以协助和监督论证工作。与

---

　　①　包括《三峡工程是费省效宏的工程——对三峡工程问题的采访调查(之一)》《泥沙问题并不像传说的那样严重——对三峡工程问题的采访调查(之二)》《修建三峡工程并无特殊技术难题——对三峡工程问题的采访调查(之三)》《充分的基础准备工作世界罕见——对三峡工程问题的采访调查(之四)》《移民安置和古迹保护的难与易——对三峡工程问题的采访调查(之五)》等五篇,分别发表于《人民长江报》1985年7月30日、8月27日、10月8日、11月5日、12月10日。
　　②　喻权域、王海征:《三峡工程是费省效宏的工程——对三峡工程问题的采访调查(之一)》,《人民长江报》1985年7月30日。
　　③　中国人民政治协商会议经济建设组:《急建三峡大坝,危害四化,殃及后代——关于三峡工程利弊的几点结论》,《水土保持通报》1987年第5期。

此同时,聘选了水利电力部系统内外对三峡工程持不同观点的专家参加各专题的论证工作。这些专家分属 40 个专业,具有广泛的代表性和专业的权威性,其中教授和副教授、研究员和副研究员、高级工程师就有 355 人,还有 15 位是中国科学院的学部委员,不少人是国内外知名专家。①

6 月 19 日,水利电力部正式成立由 12 人组成的三峡工程论证领导小组,负责组织、领导论证工作。论证领导小组首次会议将论证工作分为 10 个专题,由领导小组成员分工主持,组成地质与地震、枢纽建设物、水文、防洪、泥沙、航运、电力系统、机电设备、移民、生态与环境、综合规划与水位、施工、投资估算、综合经济评价等 14 个专家组,聘请国务院所属 17 个部门、单位,中科院所属的 12 个院所,全国 28 所高等院校和 8 个省市专业部门共 40 个专业的 412 位专家,全面开展三峡工程的论证工作。6 月 23 日至 24 日,水利电力部三峡工程论证领导小组召开第一次会议,确定了论证工作的目标、要求、方法、主要内容、阶段划分及组织机构等。论证的内容,主要集中在兴建三峡工程的必要性、技术上的可行性、水库移民安置、生态环境问题、经济上的合理性、三峡工程的建设方案和兴建时机等方面。

三峡工程论证是一项巨大的复杂系统工程,论证的程序采用先专题后综合,专题与综合交叉结合的方法。各专家组首先审查各专题的基本资料,制定专题论证纲要,进行初步论证工作。在初步论证的基础上,综合择优选出有代表性的设计水位方案,再由各专家组深入论证。论证过程中,各专家组在本专业范围内独立负责地工作。经过反复调查研究、充分讨论,分别提出专题论证报告,并签字负责。14 个专家组提出各自论证报告。在重新论证的基础上,编写了三峡工程的可行性研究报告。② 至 1989 年 3 月初,经过水利部三峡工程论证领导小组召开第十次(扩大)会议完成了新编报告的审议,并原则通过了根据论证报告重新编写的《长江三峡水利枢纽可行性研究报告》(审议稿)。1989 年 9 月,连同 14 个专题论证报告一并报送国务院三峡工程审查委员会。至此,三峡工程重新论证工作结束。

重新提出的三峡工程可行性报告总的结论是:三峡工程对"四化"建设是必要的,技术上是可行的,经济上是合理的,建比不建好,早建比晚建有利。①关于三峡工程建设方案,可行性报告推荐采用"一级开发,一次建成,分期蓄水,连续移民"方案。②关于兴建三峡工程的必要性,推荐方案

---

① 于有海:《按决策民主化科学化要求,三峡工程正在进一步论证》,《人民日报》1988 年 5 月 31 日。

② 赵鹏、蒲立业:《三峡工程论证始末》,《人民日报》1991 年 12 月 18 日。

认为三峡工程效益巨大。一是可以控制长江上游洪水,减免长江中下游广大地区的洪水灾害,保障经济建设和社会发展;二是为华中、华东及川东地区提供大量的电力,可有效地缓和这些地区能源供应长期紧张的矛盾;三是使宜昌至重庆间航运条件显著改善,为万吨级船队直达重庆创造条件。③关于工程的技术可行性,推荐方案认为,三峡工程基本资料充分可靠,前期工作相当充分,工程建设中需要解决的技术难题已有明确结论,技术上没有不可逾越的障碍,在技术上是可行的。④关于移民和生态环境,是兴建三峡工程中最关键和最困难的问题。移民安置任务艰巨,但有解决途径,工程越早建对移民工作越有利。①

1990 年 7 月,国务院召开三峡工程论证汇报会,出席会议的有中共中央政治局、中央顾问委员会、全国人大、全国政协、国务院各部委、各民主党派等有关方面负责人共 175 人。在听取了重新论证的情况汇报和各方面的意见后,国务院调整了三峡工程审查委员会的人员,由国务委员兼国家计委主任邹家华任主任,王丙乾、宋健、陈俊生三位国务委员任副主任,委员中包括三峡工程涉及的各部部长及中国科学院、中国社会科学院的负责人共 21 人,负责对可行性研究报告进行审查。国务院三峡工程审查委员会的审查工作,采取先分 10 个专题进行预审,再由审查委员会集中审查的办法,明确要认真地研究各方面提出的一些疑点、难点和不同意的意见,并作为此次审查工作中的一个重要方面,力求使审查得出客观、科学、公正的结论。10 个预审组共聘请了 163 位专家,其中过去未参加过三峡工程论证工作的占 62%,时任各有关部门行政领导、拥有技术职务的占 73%。12 月11 日,国务院三峡工程审查委员会第一次会议在北京举行。国务院副总理、审查委员会主任邹家华主持会议。会议研究部署了三峡工程审查工作,听取了审查委员会办公室常务主任张春园关于审查工作准备情况及工作安排的汇报。

1991 年 7 月 9 日至 12 日,国务院三峡工程审查委员会召开第二次会议,听取了 10 个预审组的预审意见。委员们本着实事求是、尊重科学的精神,进行了认真的讨论和审议,一致认为三峡工程的前期工作规模之大,时间之长,研究和论证程度之深,在国内外是少见的。它是成千上万的专家和工程技术人员长期不辞辛苦、埋头实干的结晶,也是发扬民主,听取不同意见,反复论证的结果。审查委员会认为,无论赞成的、疑问的或者不同意

---

① 赵鹏、蒲立业:《三峡工程论证始末》,《人民日报》1991 年 12 月 18 日。

的意见,都是为了如何更好地解决长江中下游的防洪和治理,都是从对国家和人民负责出发的。这些意见对增加论证深度、改进论证工作以及完善论证结果都起到了十分积极的作用。对待所有意见都应采取博收其长、吸取合理部分的态度,而不应采取排斥对立的态度。因此,在论证、审查中,对有关部门、地方和社会各界提出的意见和建议进行了认真研究,采纳了许多有益的意见。审查委员会一致认为,在重新论证基础上编制的可行性研究报告,其研究深度已经满足可行性研究阶段的要求,可以作为国家决策的依据。1991 年 8 月 3 日,审查委员会召开最后一次全体会议,一致通过了对长江三峡工程可行性研究报告的审查意见,认为三峡工程建设是必要的,技术是可行的,经济是合理的。建议国务院及早决策兴建三峡工程,提请全国人大审议。①

　　1991 年 11 月 13 日至 24 日,全国人大常委会组成了以全国人大常委会副委员长陈慕华为组长的全国人大常委会三峡工程考察组一行 25 人,在四川、湖北、湖南就三峡工程的有关问题,先后考察了重庆、涪陵、丰都、万县、云阳、奉节、巫山、巴东、秭归、宜昌、沙市(现荆州市)、公安、安乡、岳阳等地市县和三峡工程坝址三斗坪、葛洲坝水利枢纽、荆江大堤、荆江分洪区、洞庭湖区等地,听取了各地党政部门、三峡工程的有关部门和单位的汇报;深入实地察看了三峡库区的开发性移民试点工程,以及荆江分洪区和洞庭湖蓄洪区;同各地党政负责人和人民群众进行了座谈讨论。这是新中国成立以来全国人大常委会组织的对一项工程进行实地考察的规模最大的考察组。

　　在汇报、座谈、讨论中,各地各部门认为:三峡工程是治理开发长江的关键性工程,它的兴建可以有效地减免长江中下游地区的洪水灾害,保护千百万人民的生命财产安全,为华中和华东地区的经济发展提供大量的廉价电力,同时,将显著改善川江航运条件,大大提高长江的通航能力,其社会效益和经济效益是十分巨大的。三峡工程在技术上是可行的,经济上是合理的,国力是可以承担的,移民问题通过 5 年多的试点取得了成功经验,经过努力也是可以安置好的。生态环境有利有弊,对可能产生的一些不利影响,只要高度重视,可以减少到最低程度。总之,无论是从国家的长远发展需要上看,还是从当前防洪、能源、交通的紧迫情况来看,兴建三峡工程

---

　　① 《邹家华副总理在七届人大五次会议上作〈关于提请审议兴建长江三峡工程的议案〉的说明》,《人民日报》1992 年 4 月 6 日。

都是十分必要的。①

1991 年 12 月 23 日,陈慕华在七届全国人大常委会第二十三次会议上,汇报全国人大常委会三峡工程考察组关于三峡工程考察的情况。她指出,三峡工程是综合治理和开发长江的关键性工程,效益显著,其他方案无法替代根据长江三峡工程论证领导小组的推荐。三峡工程具有巨大的经济效益和社会效益:防洪、发电和改善川江航运。此外,将来如果兴建南水北调工程,三峡水库还可以为其提供一定的水源保证条件。她还指出:"兴建三峡工程的条件已经具备。"因此,"考察组一致赞成可行性研究报告的结论,即'三峡工程对四化建设是必要的,技术上是可行的,经济上是合理的,建比不建好,早建比晚建有利。'建议国务院尽早将三峡工程建设方案提交全国人大审议。"

陈慕华还提出了几点建议:①对三峡工程的必要性、重要性、可行性以及产生的巨大综合经济效益等要加强正面宣传,使全国人民对三峡工程有正确的认识,以统一思想;②工程投资概算要力求准确,资金来源要落实;③移民安置工作要坚持贯彻开发性移民的方针,加强领导,因地制宜地统筹规划,合理安排;④要建立高度集中、统一的指挥机构;⑤三峡工程对生态环境会产生一些不利的影响,要高度重视,认真对待,坚持依法办事,加强监督。②

1992 年 1 月 17 日,国务院常务会议认真审议了审查委员会对三峡工程可行性研究报告的审查意见,原则同意兴建三峡工程,提请全国人民代表大会审议。2 月 20 日至 21 日,中央政治局常务委员会第 169 次会议原则同意国务院对兴建三峡工程的意见,由全国人民代表大会审议。

1992 年 3 月 16 日,国务院总理李鹏向七届全国人大五次会议提交了《国务院关于提请审议兴建长江三峡工程的议案》。该议案指出:兴建三峡工程是综合治理长江中下游防洪问题的一项关键性措施,同时,三峡工程还有发电、航运、灌溉、供水和发展库区经济等巨大的综合经济效益和社会效益,对加快我国现代化建设进程,提高综合国力,具有重要意义。国务院的议案提出,经过多年的研究、论证和审查,三峡工程坝址选在湖北省宜昌

---

① 张宿堂:《听取各方意见为人大审议作准备,人大常委会组团考察三峡工程》,《人民日报》1991 年 11 月 25 日。

② 陈慕华:《人大常委会考察组关于三峡工程考察情况的汇报》,《中国水利报》1991 年 12 月 23 日。

县(现宜昌市夷陵区)三斗坪镇。工程的拦河大坝全长 1983 米,坝顶高程 185 米,最大坝高 175 米。水库正常蓄水位 175 米,总库容 393 亿立方米。水电站总装机容量 1768 万千瓦。工程静态总投资 570 亿元(按 1990 年价格)。主体工程建设工期预计 15 年。国务院常务会议经过认真讨论,建议将兴建三峡工程列入国民经济和社会发展 10 年规划,由国务院根据国民经济的实际情况和国家财力物力的可能,选择适当时机组织实施。

3 月 21 日,国务院副总理邹家华受国务院委托,在七届人大五次会议上就该议案进行说明。他首先阐述了兴建长江三峡工程的重要性和必要性,接着,重点阐述了三峡工程建设方案的可行性,并对三峡工程建设资金的筹集、水库移民、生态环境等问题进行了详细说明。他最后谈了关于三峡工程决策的建议。他说:国务院三峡工程审查委员会认为,三峡工程是一项规模宏大的水利枢纽工程,在防洪、发电、航运和供水等多方面将产生巨大的综合效益,特别是对保障荆江两岸 1500 多万人民的生命财产安全具有十分重要的作用。从对增强我国综合国力和为下世纪初国民经济发展打下坚实的基础来说,兴建三峡工程也是十分必要的。三峡工程的前期工作已经可以满足可行性研究阶段的要求。三峡工程建设是必要的,技术上是可行的,经济上是合理的,随着经济的发展,国力是可以负担的,当前决策兴建三峡工程的条件已经基本具备。[①]

1992 年 4 月 3 日,第七届全国人民代表大会第五次会议举行全体会议,议题之一是审议通过三峡工程决议。2633 名代表对国务院关于提请审议兴建长江三峡工程的议案进行表决。表决结果是:1767 票赞同,177 票反对,644 票弃权,25 人未按表决器。赞成票占多数,议案通过。[②] 会议根据全国人民代表大会财政经济委员会的审查报告,决定批准将兴建长江三峡工程列入国民经济和社会发展 10 年规划,由国务院根据国民经济发展的实际情况和国家财力、物力的可能,选择适当时机组织实施。对已发现的问题要继续研究,妥善解决。至此,长达近 40 年的三峡工程规划论证工作终于结出丰硕成果,中国历史上最大的水利工程进入具体实施阶段。

三峡工程的反复论证,从一个侧面反映了中国决策民主化、科学化的进程。重新论证需要时间,更需要气魄和胆略。为了使工程决策民主化、

---

① 《邹家华副总理在七届人大五次会议上作〈关于提请审议兴建长江三峡工程的议案〉的说明》,《人民日报》1992 年 4 月 6 日。

② 赖仁琼:《科学的论证,民主的决策——写在人大会议通过兴建三峡工程决议的时刻》,《人民日报》1992 年 4 月 4 日。

科学化,中共中央、国务院于 1986 年 6 月联合发出通知,要求水利电力部广泛组织各方面的专家重新提出可行性报告。通知明确要求:"要注意吸收有不同观点的专家参加,发扬技术民主,充分展开讨论。"在三峡工程的各个决策阶段,持不同意见的专家充分发表了自己的见解,有关部门将这些反对意见汇集成书。全国政协委员李京文既参加了论证,又参加了审查,对三峡工程决策的民主化感慨尤深。他说,专家组、特邀顾问中都有不同意见的专家。每次开讨论会,还特邀民主党派人士和有关部门参加。对不同意见较多的单位,会议通知上会特别注明"名额不限"。全国政协委员、论证领导小组成员魏廷琤说:"美国的胡佛大坝开始争论也很激烈,最后由罗斯福总统拍板。而三峡工程反复论证,现在又提交全国人大审议,这正是社会主义民主决策的充分体现。"①

五、三峡工程的建设实施

兴建长江三峡工程议案尘埃落定后,这项工程进入了具体的实施阶段。三峡工程总工期 17 年,分 3 期建设。第一期工程从 1993 年开始至 1997 年,包括施工准备,以及在右岸(水利建设者以面向下游方向来区分江河的左岸、右岸)修建一期土石围堰、纵向混凝土围堰及开挖修建导流用的明渠等,以大江截流为标志。第二期工程从 1998 年开始至 2003 年,在大江截流后建的二期土石围堰保护下建泄洪坝段和左岸电站厂房坝段等,以水库初期蓄水、首批机组投产发电和双线五级通航为标志。第三期工程从 2004 年开始至 2009 年,以实现机组全部发电和枢纽主体工程完成建设为标志。

七届全国人大五次会议通过兴建三峡工程之后,中共中央、国务院对三峡工程的准备工作十分重视。国务院成立了三峡工程建设委员会筹备小组,召开了三峡库区移民对口支援工作会议,具体布置了全国支援三峡库区移民工作。为了在三峡工程和库区开发建设中发挥地区性中心城市的作用,重庆市政府成立了三峡工程建设和库区开发委员会,由市政府 10 多个综合职能部门主要负责人和属于三峡库区的长寿、江北、巴县、江津四县(现重庆市长寿区、江北区、巴南区、江津区)县长组成。为了确保三峡工程建设的顺利进行,1993 年 1 月,国务院决定成立三峡工程建设委员会,李

---

① 赖仁琼:《科学的论证,民主的决策——写在人大会议通过兴建三峡工程决议的时刻》,《人民日报》1992 年 4 月 4 日。

鹏任主任委员,邹家华、陈俊生、郭树言、贾志杰、肖秧、李伯宁任副主任委员,钱正英担任顾问,成员包括国务院有关部委的负责人。这个委员会是三峡工程高层次的决策机构,下设办公室,具体负责三峡工程建设的日常工作;以及三峡工程移民开发局,负责三峡工程移民工作规划、计划的制定和监督实施。同时成立中国长江三峡工程开发总公司,这是一个自负盈亏、自主经营的经济实体,是三峡工程项目的业主,全面负责三峡工程建设和经营。①

1993 年 7 月,国务院三峡工程建设委员会第二次会议审查批准了《长江三峡水利枢纽初步设计报告(枢纽工程)》,至此,长江三峡工程建设进入正式施工准备阶段。这次会议审查的问题主要有:①施工期通航和施工导流方案问题;②关于单机容量与装机总规模;③关于总工期和第一批机组发电工期;④枢纽工程概算问题;⑤单项工程技术设计审查问题;⑥三峡工程科研和重大装备研制的经费问题;⑦环保、气象、文物、卫生等部门所需经费问题;⑧大型水轮发电机组的国际合作与国内制造问题。②

1994 年 9 月 7 日至 9 日,邹家华考察了处于施工准备阶段的长江三峡工程,并在宜昌主持召开三峡工程建设现场办公会,进一步动员各方面力量抓紧抓好施工准备工作。他同三峡工程的业主、设计、施工单位负责人一起,围绕三峡工程的设计、施工组织管理、资金筹措等方面的问题进行了讨论和研究,他要求参加三峡工程建设的有关单位,本着对子孙万代高度负责的态度,精心做好三峡工程的设计,精心组织好工程施工,千方百计确保工程质量和进度。③ 10 月中旬,江泽民到宜昌考察三峡水库淹没区、移民安置开发点和大坝施工现场三斗坪后指出,“三峡工程具有防洪、发电和航运等巨大效益,它不仅在中国而且在世界上也是罕见的特大工程,是利在当代、造福子孙的伟大事业。对此,我们既要有下定决心、不怕困难的勇气和热情,又要有实事求是的科学态度。工程建设的有些科学论证工作还需要不断深化。各项工程要确保质量,务求万无一失。”④

①　刘振敏、姬斌:《国务院成立三峡工程建设委员会李鹏任主任委员　委员会召开第一次会议》,《人民日报》1993 年 4 月 3 日。

②　焦然:《三峡工程进入正式施工准备阶段》,《人民日报》1993 年 7 月 27 日。

③　施勇峰:《邹家华主持三峡工程建设现场办公会要求抓紧抓好三峡工程施工准备》,《人民日报》1994 年 9 月 11 日。

④　何平:《江泽民在四川湖北考察时强调继续促进改革发展和稳定群策群力狠抓落实再落实》,《人民日报》1994 年 10 月 20 日。

按照全国人大批准的"一级开发,一次建成,分期蓄水,连续移民"的建设方案,三峡工程建设分三期进行。1993—1997 年是第一期工程,从施工准备、正式开工到实现大江截流,完成移民 15 万人。1998—2003 年是第二期工程,三峡大坝要实行第二次截流,水库蓄水到 135 米高程,为此需要完成移民 55 万人,保证第一批 4 台水轮发电机组并网发电,永久船闸通航,输电线路连接华中和华东电网,保证把三峡电力输送出去。[①]

经过两年多的努力,三峡工程的前期准备工作基本就绪。1994 年 12 月 14 日,长江三峡工程开工典礼大会在三峡大坝坝址——湖北省宜昌市三斗坪举行。邹家华主持开工典礼。李鹏在长江三峡工程开工典礼大会上宣布,当今世界上最大的水利枢纽工程——长江三峡工程正式开工。黄菊、陈慕华、杨汝岱、谢世杰、肖秧、贾志杰、王茂林以及中共中央和国务院有关部门负责人出席开工典礼。李鹏发表了《功在当代利千秋》的重要讲话,并代表党中央、国务院向多年来参加工程勘测设计、科研和论证的专家学者,向参加三峡工程的广大建设者,向一切为三峡工程作过贡献和表示关心的国内外人士表示崇高的敬意和亲切的慰问。他指出,三峡工程是目前世界上最大的水利水电工程。我们一定要把它建成世界第一流的工程。第一流的工程要有第一流的现代科学管理、第一流的文明施工、第一流的工程质量。要按照社会主义市场经济原则和现代企业制度进行工程管理,实行项目法人责任制、招标投标制、工程监理制和合同管理制。三峡施工要采用先进的施工机械和施工方法,做到用人少、工期短、质量好、效益高。施工现场要实行封闭式管理,建立良好的工作秩序,为文明施工创造有利的条件。[②]

三峡工程的决策者、建设者一直思索着运用新的机制建设三峡,树起三峡工程的崭新形象。1984 年 11 月,三峡工程还处于论证阶段,国务院副总理李鹏就在给中央的报告中建议:用过去的老办法,全部由国家投资上三峡是不行的。要上三峡工程,必须改革,成立三峡工程开发总公司,使之成为自负盈亏的、既管建设又管生产的、责权利结合的经济实体。1993 年 1 月,国务院作出决定,成立中国长江三峡工程开发总公司,全面负责三峡工程的建设和管理。这是一个自负盈亏、自主经营的经济实体,是三峡工程项目的业主。它集责、权、利于一身,从工程的立项、资金筹措、设计、施

---

① 李鹏:《〈众志绘宏图——李鹏三峡日记〉前言》,《人民日报》2003 年 8 月 16 日。
② 孙本尧、杨振武:《长江三峡工程正式开工》,《人民日报》1994 年 12 月 15 日。

工直到建成后的生产经营管理,实行全过程负责。9月,国务院正式批准成立中国长江三峡工程开发总公司。在此基础上,三峡工程在建设中全面实行了招标制、工程监理制、合同管理制等一系列管理办法,初步形成了运用市场机制建设和管理三峡工程的格局。1993年9月8日,三峡工程推出第一标——西陵长江大桥,铁道部大桥工程局(现中铁大桥局集团有限公司)以3.5亿元中标。从1993年9月开始招标到1995年初,三峡工程共对52个项目进行招标,合同总金额达44.56亿元。参加投标的单位有115家,35家中标。到1995年8月底止,通过招标共发包和签订405项合同,总金额59.5亿元人民币。[①]

长江三峡工程建设遵循了市场经济的要求,运用市场经济机制,实行项目法人责任制,实行招标承包制、项目合同管理制、工程监理制,引入了竞争机制,保证了工程质量,工程进度有所提前,工程投资控制在概算之内。1993—1995年三年间,三峡工程累计共完成土石方挖填1.4亿立方米,混凝土浇筑135万立方米。通过各种形式招标,三峡工程发包合同1500多项,合同总金额87亿多元。公开竞争为控制投资打下了基础,三年间,三峡工程完成总投资115亿元,整个工程无论是静态投资还是动态投资,都控制在设计概算范围内。[②]

1995年11月初,李鹏在考察三峡工程时指出:三峡工程建设正式开工以来,进展顺利,成绩显著。他要求参加三峡工程建设的全体建设者及有关各方齐心协力,共同努力,为实现1997年长江截流的目标而奋斗。

三峡工程以长江截流成功作为一期工程结束的标志。能否高质量完成长江截流,直接关系到工程能否进入第二期工程的施工。三峡截流无论是在技术上还是施工规模上,都是难度极高的工程。特别是它的截流设计流量,施工水深和施工强度,都属世界水电工程之最。三峡工程要进行的大江截流,就是通过修筑上下游两道围堰截断长江主河床,将两道围堰包围起来的63万平方米江面抽去江水,清除淤泥,然后在干枯的河床上修筑三峡工程左岸电站厂房和大坝。大江截流,实际上是指对上游围堰的龙口进行合龙。三峡截流是当时世界水利工程中截流综合难度最大的截流工程。[③]

---

① 施勇峰:《以市场机制建三峡》,《人民日报》1995年2月16日。
② 施勇峰:《三峡工程建设开局良好主体工程工期比计划有所提前,发包合同达1500多项》,《人民日报》1996年3月4日。
③ 施勇峰:《三峡工程如何进行大江截流》,《人民日报》1997年10月13日。

　　三峡截流的施工分三个阶段进行。第一阶段是围堰"预进占"阶段,也就是预先在长江主河道上分 4 个堤头,将上下游两道围堰向江心推进,使上下围堰分别只留下 460 米和 480 米宽的江中门口。与此同时,在门口的江底大量抛投石料,将河床深槽部位垫高,使水深由 60 米减少到 20 多米。第一阶段施工是从 1996 年 11 月开始的,到 1997 年 4 月全部完成施工目标;第二阶段施工是从 1997 年 9 月初开始到 11 月 3 日,将截流所在的上游围堰江中门口由 460 米束窄到 130 米宽,形成截流龙口;第三阶段就是截流合龙,拟在 11 月 6 日至 8 日,根据气象水文条件,在狭窄的围堰堤头上连续 3 天每日抛投 7 万立方米土石料,这样高的施工强度,在世界水利建设史上也是罕见的。[1]

　　三峡截流和二期围堰施工是采取招标方式选择施工队伍的。曾经在长江上修建过万里长江第一坝的中国葛洲坝集团有限公司承担了三峡截流和围堰施工这个艰巨任务。1997 年 10 月 13 日,李鹏主持召开了国务院第 63 次常务会议,时任国务院三峡工程建设委员会副主任的郭树言汇报了三峡工程大江截流前的验收情况,会议批准于 11 月 8 日实现长江大江截流。10 月 23 日,长江三峡水利枢纽工程上游围堰戗堤正式形成宽 130 米的龙口,比预期提前了两天。龙口的形成,标志着大江截流圆满完成了非龙口段的进占,进入龙口合龙阶段。10 月 26 日,龙口进占阶段施工开始,到 27 日凌晨,三峡工程大江截流龙口缩至 40 米,龙口进占施工提前达到了预定的阶段性目标。

　　1997 年 11 月 8 日,举世瞩目的长江三峡工程顺利实现了大江截流。这是长江三峡工程第一个具有里程碑意义的重大胜利,标志着为期五年的三峡水利枢纽一期工程建设顺利完成,从此转入更艰巨的二期工程建设。上午 9 时,李鹏在龙口附近的工地上正式下达了合龙令。现场副总指挥发射的 3 颗信号弹腾空而起。刹那间,上下游围堰 4 个堤头上整装待发的车辆如同一群威武的雄狮,直逼江水奔腾的龙口。葛洲坝集团一公司车一队司机朱显清驾驶着自卸车一马当先,向龙口抛投下第一车石料。400 多辆巨型装载车紧张有序地轮番在上下游围堰 4 个堤头向龙口抛投石料,激起阵阵浪花,发出巨大的轰响。下午 3 时,大江截流仪式开始,国务院副总理邹家华主持了截流仪式。中国长江三峡工程开发总公司总经理陆佑楣向出席仪式的各界代表汇报了三峡工程的进展情况。下午 3 时 30 分,上游

① 施勇峰:《三峡工程如何进行大江截流》,《人民日报》1997 年 10 月 13 日。

围堰截流成功,左右两道戗堤完全连接在一起。李鹏宣布截流成功后,江泽民代表党中央、国务院向三峡工程的建设者、科技工作者和库区干部群众表示热烈祝贺和亲切慰问,向所有支援三峡工程的海内外人士表示衷心感谢。他指出:"我们在长江三峡兴建这一世界上规模最大、综合效益最广泛的水利水电工程,将对我国国民经济的发展起到重大促进作用。它是一项造福今人、泽被子孙的千秋功业。它体现了中华民族艰苦创业、自强不息的伟大精神,展示了中国人民在改革开放中改天换地、创造未来的宏伟气魄。"①他要求参加建设的各个单位,切实加强管理,保证工程质量,继续搞好科研攻关和试验,确保2003年实现首批机组发电。在三峡工程建设中,要坚持按社会主义市场经济规律办事,同时大力发扬社会主义团结协作精神;坚持独立自主、自力更生的方针,同时积极开展国际合作和交流。

经过大江截流前验收,三峡工程一期工程质量总体良好;移民工作任务顺利完成,截至1997年底,累计搬迁安置移民9.5万人;部分输变电工程开始建设。三峡工程按照预定计划实现大江截流之后,进入了以主体施工为主的第二阶段。1998年1月,李鹏主持召开国务院三峡工程建设委员会第七次全体会议,回顾总结三峡工程一期工程建设情况,对三峡工程二期工程建设的任务作出总体部署。三峡工程二期工程施工的主要目标是:确保2003年水库蓄水至135米,首批机组发电,永久船闸通航。其主要工程量为:土石方开挖3625万立方米,土石方填筑1594万立方米,混凝土浇筑1978万立方米,金属结构制造安装20万吨,进行左岸电站水轮发电机组制造安装,争取4台投入运行;二期移民安置55万人。会议认为,二期工程是三峡工程建设的关键时期。混凝土浇筑的高峰年强度达500万立方米,高峰月强度达50万立方米,金属结构安装高峰年强度达7万吨,均超过了世界水电建设的最高纪录。移民安置平均年强度达到9.2万人。②

1998年5月1日,长江三峡工程第一个建成的综合性项目——三峡工程临时船闸正式通航。三峡工程临时船闸是三峡工程的辅助通航设施,它与1997年10月6日投入使用的导流明渠一道,在此后6年时间里迎送过往三峡工地水域的船只。在一般水流条件下,船舶从导流明渠通过。当长江进入汛期,流量大于1万立方米每秒时,马力较小的船舶就要由临时船

---

① 江泽民:《把三峡工程建设成世界一流工程》,《江泽民文选》(第二卷),人民出版社2006年版,第68页。

② 张宿堂:《国务院三峡建委第七次会议召开,总结一期建设情况部署二期建设任务》,《人民日报》1998年1月13日。

闸通过;当流量大于 2 万立方米每秒时,所有船舶由临时船闸通行。三峡临时船闸布置在三峡工程长江左岸,可以通过 3000 吨级船队。它不仅是保证三峡二期施工的通航手段,而且作为三峡工程建成的第一个综合性项目,在土建与机电设备、工程设计、制造、施工与运行调度等方面,为永久船闸、升船机等工程积累了经验。到 2003 年三峡工程永久船闸投入使用后,它将结束通航使命,改建为两孔冲砂闸,用于冲刷航道中的泥沙。

三峡工程二期建设是整个工程施工最关键、也是最为困难的阶段。它的主要目标是:2003 年水库蓄水至 135 米高程,实现首批机组发电和永久船闸通航。截至 1998 年底,三峡工程建设共完成总投资 356.7 亿元,共完成土石方开挖 16225 万立方米,其中主体工程完成了 10770 万立方米。已浇筑混凝土 597 万立方米,其中主体工程 468 万立方米。三峡工程实现了质量、进度、投资三控制。[①]

永久船闸是三峡水利枢纽三大主体工程之一,既是长江航运通过三峡大坝的主要通航建筑物,也是长江干流航线上的人工运河。它全长 6442 米,宽 300 米,双线五级,年单项通过能力为 5000 万吨,是 2003 年三峡水利枢纽首批机组发电的控制性项目,也是当今世界规模最大、水头最高、技术最复杂的巨型船闸。担负这一重点工程施工任务的数千名武警水电部队(现中国安能建设集团有限公司)官兵,于 1994 年 4 月 17 日打响了工程建设的第一炮,他们克服了立体交叉作业、高空作业等困难,攻克了一批技术难题,施工质量和施工安全受到中国长江三峡工程开发总公司和监理、设计单位有关专家的好评。永久船闸全线开挖完工,标志着三峡工程建设又取得重要阶段性成果。1999 年 11 月 9 日,武警水电部队(现中国安能建设集团有限公司)在三峡水利枢纽建设工地集会,庆祝三峡工程永久船闸主体工程开挖全线完工。[②]

1999 年,三峡工程迎来第一个混凝土施工高峰年,建设者们创下了混凝土月浇筑和年浇筑强度的世界纪录。8 月,三峡工程月浇筑量超过 40 万立方米,打破了由苏联古比雪夫水电站保持的月浇筑 36.5 万立方米的世界纪录;当年混凝土浇筑量达到 458.5 万立方米,把巴西伊泰普水电站创造的年浇筑混凝土 320 万立方米的纪录远远抛在后头。在这一年,三峡工程还攻下了世界上最大的双线五级船闸高边坡开挖稳定的世界难题。

①　钱江:《三峡工程我们继续关注你》,《人民日报》1999 年 2 月 24 日。

②　黄秋生、方金勇:《三峡工程建设取得重要阶段性成果三峡永久船闸主体工程开挖完工》,《人民日报》1999 年 11 月 10 日。

2000 年,是三峡工程大坝、发电厂房及船闸工程混凝土施工的高峰年;大坝接缝灌浆全面开始;金属结构和机电埋件进入全面安装阶段;全年计划浇筑混凝土 520 万立方米,金属结构和机电埋件安装 3.8 万吨。经过全体建设者的不懈努力,截至 2000 年 4 月,三峡工程累计完成土石方开挖 16880 万立方米,完成混凝土浇筑 1251 万立方米,其中 1999 年一年浇筑混凝土 458 万立方米,创造了同行业世界纪录。截至 2000 年 6 月底,三峡工程累计完成固定资产投资 516.14 亿元,完成土石方开挖 16985.05 万立方米,完成混凝土浇筑 1346.82 万立方米。截至 2001 年 4 月底,三峡工程已完成主体土石方挖填 14676 万立方米,混凝土浇筑 1612 万立方米,分别占二期工程结束时应完成总量的 81% 和 71%。[①]

　　2003 年是三峡工程实现发电、通航、蓄水等二期工程既定目标的关键年份,摆在三峡工程建设者面前的是一场难度空前的新挑战。从施工难度而言,三峡工程最艰巨的任务,还是高强度、高要求的大坝混凝土浇筑。虽然三峡工程在 1999 年和 2000 年实现了高强度混凝土施工,并一再刷新混凝土浇筑世界纪录,但从 2001 年起,三峡大坝浇筑不仅要保持年浇筑 400 万立方米以上的高强度,而且开始全面进入导流底孔、深孔、闸门等复杂部位的施工,不仅浇筑难度剧增,而且与金属结构埋件、机组安装交叉进行,相互干扰,施工异常艰巨。这种艰难的施工局面一直要持续到 2002 年底。到 2002 年 10 月,二期大坝要全线浇筑到 185 米最终坝顶高程,并具备蓄水发电条件。如何在强度大、工期紧、施工复杂的条件下,高质量完成三峡大坝的浇筑任务,是 2003 年之前三峡工程面临的最大挑战。2003 年之前,三峡工程还要面临的另一个挑战,就是要在 2002 年 12 月进行第二次长江截流。由于长江过流和通航的需要,全长 2300 米的三峡大坝要分二期工程和三期工程两个阶段浇筑。三峡工程在 1997 年 11 月 8 日实现的大江截流,是为了修筑全长大约 1600 米的二期大坝。要修筑 900 多米长的三期大坝,就必须进行第二次截流。由于第二次截流要在宽度只有 350 米的导流明渠上进行,故其截流难度大大高于三峡工程第一次截流和葛洲坝截流。

　　三峡工程二期大坝由 23 个泄洪坝段和布置有 14 台大型水轮发电机组的厂房坝段以及挡水的非溢流坝段组成。到 2002 年 5 月初,二期大坝

---

　　① 孙杰:《朱镕基在国务院三峡工程建设委员会全会上强调千秋大业质量第一》,《人民日报》2001 年 6 月 4 日。

已浇筑混凝土 1200 多万立方米,大坝平均浇筑到 167 米海拔高程,已经具备蓄水到海拔 135 米高程所需的挡水条件。在三峡大坝破堰进水之前,三峡工程二期工程验收委员会组织了对二期大坝的验收。安全鉴定专家组认为,二期大坝建坝的工程地质和水文地质条件优良,大坝基础开挖和地质缺陷处理体系总体上满足了设计要求,坝体稳定性、应力、构造设计安全性满足了规范规定和设计审查意见要求;大坝金属结构总体布置合理、选型适宜,设备质量良好。专家们认为,三峡工程二期大坝已经具备安全运行条件,没有安全隐患,大坝可以进水运行。[①]

　　2002 年 10 月 10 日至 15 日,验收组组织了 47 名国内知名专家深入三峡工程的工地进行技术性验收。在技术性验收的基础上,国务院长江三峡二期工程验收委员会枢纽工程验收组进行了明渠截流前的正式验收。验收结果表明,三峡工程二期大坝的施工质量满足了设计要求,大坝工作性态正常;导流明渠截流设计、施工技术措施可行,施工安排合理,截流准备基本就绪;二期围堰拆除工程可以满足导流明渠截流分流要求;导流明渠禁航后航运措施和截流后的度汛方案已经落实,三峡工程实施导流明渠截流的条件已经完全具备。10 月 17 日,国务院长江三峡二期工程验收委员会枢纽工程验收组宣布,三峡工程已经具备导流明渠截流条件,同意导流明渠在同年 11 月实施截流。

　　10 月 25 日,国务院长江三峡二期工程验收委员会召开了全体会议,决定在 11 月进行导流明渠截流。为了加强对导流明渠截流现场工作的指挥和协调,成立了三峡工程导流明渠截流现场指挥部,现场总指挥的是时任中国长江三峡工程开发总公司工程建设部主任的彭启友,中国葛洲坝集团有限公司承担上游围堰的施工,武警水电部队(现中国安能建设集团有限公司)承担下游围堰的施工。

　　导流明渠截流,是如期实现三峡工程二期工程目标的关键,是水库初期蓄水、永久船闸通航和首批机组发电的先决条件。全长 3.7 千米、渠宽350 米的导流明渠,是为解决三峡工程二期工程施工期间通航和过流而开挖出来的一段"人造长江"。三峡工程要在 2003 年实现水库初期蓄水、船闸通航和首批机组发电三大目标,必须在 2002 年 11 月完成导流明渠的截流,随后浇筑起用于挡水的三期混凝土围堰。2002 年 11 月 6 日上午 9 时50 分,长江三峡工程导流明渠截流合龙。这次截流是世界水利水电工程中

---

　　① 施勇峰:《三峡工程二期大坝已具备安全运行条件》,《人民日报》2002 年 5 月 2 日。

综合施工难度最大的一次截流,创造了中外水利史上江河截流的奇迹。导流明渠截流规模大、工期紧;合龙工程量大、强度高;截流水力学指标高、难度大;双戗双向立堵截流,上下戗堤配合要求高;截流各项准备工作和预进占均在通航条件下进行,安全保障的工作难度特别大。三峡工程建设者精心组织,沉着应对,尊重科学,从实际出发,攻克了各种难关,充分准备了风险处理预案,赢得了导流明渠截流的圆满成功。

三峡工程三期碾压混凝土围堰工程自 2002 年 12 月 16 日开始施工,至 2003 年 3 月,创造了 5 项世界纪录:浇筑仓面的面积世界最大,最大仓面达到 19012 平方米;月浇筑强度 47.6 万立方米;碾压混凝土日浇筑、班浇筑、小时浇筑量分别达到 21066 立方米、7438.5 立方米、1278 立方米,分别刷新了世界纪录。[①] 截至 2003 年 4 月底,三峡工程土石方开挖 14223 万立方米,土石方回填 4791 万立方米,混凝土浇筑 2180 万立方米,机电及金属结构设备安装 18.1 万吨。左岸大坝已全线达到坝顶设计高程 185 米,右岸三期碾压混凝土挡水围堰已达到设计高程 140 米;双线五级船闸已完成有水调试。[②]

2003 年 5 月 27 日,国务院长江三峡二期工程验收委员会第二次全体会议审议通过了三峡二期工程验收成果。会议决定将验收成果提请国务院三峡工程建设委员会审议,并由国务院三峡工程建设委员会下达蓄水、试通航令。验收成果表明,三峡工程建设十年来取得了显著成就,135 米蓄水、永久船闸通航、首批机组发电三大目标的实现指日可待。截至 2003 年 3 月底,三峡移民工程已累计搬迁安置移民 72 万多人,累计建设各类移民房屋 3237 万平方米;搬迁、破产、关闭工矿企业 1065 户;完成了大量公路、码头、输变电、通信等专项设施的复建,三峡输变电工程已开工建设交流线路 4374 千米,投产 2599 千米,开通三峡至常州、三峡至广东直流线路 2 条 1822 千米。三峡库区淹没设计的 13 个全淹和半淹城市(县城)已基本复建完成,库区面貌发生了翻天覆地的变化。截至 2003 年 4 月底,三峡枢纽工程共完成土石方开挖 14223 万立方米,土石方回填 4791 万立方米,混凝土浇筑 2180 万立方米,机电及金属结构安装 18.10 万吨。至此,永久船闸顺

---

① 杜华举:《三峡工程三期碾压混凝土围堰浇筑创五项世界纪录》,《人民日报》2003 年 3 月 4日。

② 张毅、刘成友:《十年建设,十年艰辛,三峡大坝的雄姿已清晰地展现在世人眼前》,《人民日报》2003 年 6 月 1 日。

利完成了无水和有水调试,具备了船闸试通航的条件。[①]

2003 年 5 月 29 日,国务院三峡工程建设委员会第十二次全体会议在北京召开,国务院总理温家宝充分肯定了三峡工程建设取得的成绩,对今后三峡工程建设提出了明确的要求:第一,高度重视三峡工程质量;第二,抓紧整改验收中发现的问题;第三,继续做好移民和库区经济发展工作;第四,十分重视库区地质灾害和水污染治理;第五,认真做好二、三期工程建设的衔接;第六,加强工程建设各方面的团结协作。会议批准国务院长江三峡二期工程验收委员会的验收意见,同意枢纽工程 6 月 1 日下闸蓄水,6 月 16 日五级船闸试通航,8 月首批机组并网发电。[②]

2003 年 6 月 1 日,举世瞩目的三峡工程开始下闸蓄水,成功下闸蓄水宣告历时十年建设的世界最大水利枢纽工程开始在拦洪、发电、改善内河航运方面发挥作用,标志着三峡工程从建设期转向建设与管理并举的时期,将逐步实现"防洪、发电、通航"三大目标。6 月 16 日,蓄水水位达到 135 米高程以后,中断了 60 余天的三峡航运随即恢复,船只通过双线五级船闸穿越大坝。8 月,首批大型发电机组并网发电。[③]

2003 年 10 月 24 日至 26 日,温家宝先后来到三峡库区的万州、云阳、奉节、秭归等地,考察了移民新区、对口支援企业、迁建学校、乡村农舍等。每到一处,他都同库区移民群众亲切交谈,详细询问他们的生活和生产情况。温家宝十分关注三峡库区生态环境保护和地质灾害防治工作,在考察中,他实地察看了一些地方的库底清理现场、滑坡治理现场和污水处理厂等。他与三峡工程建设者亲切见面,勉励他们艰苦奋斗,连续作战,顽强拼搏,为三峡工程建设作出新的贡献。

2003 年 12 月 22 日至 23 日,国务院三峡工程建设工作会议在北京召开。会议总结了一、二期工程的经验,对三期工程的建设任务进行了全面部署。会议宣布,国务院三峡工程建设委员会决定,授予湖北省移民局等 65 个单位"三峡工程建设先进集体"荣誉称号,授予刘福银等 54 名同志"三峡工程建设先进工作者"荣誉称号;人事部、国务院三峡工程建设委员会办公室决定,授予王爱祖等 10 名同志"三峡工程建设先进工作者(劳动模

213

① 张毅:《三峡工程具备按期蓄水和试通航条件,135 米蓄水、永久船闸通航、首批机组发电即将实现》,《人民日报》2003 年 5 月 28 日。

② 《温家宝在国务院三峡工程建设委员会全体会议上强调,再接再厉、高度负责、高质量完成三峡工程建设各项任务》,《人民日报》2003 年 5 月 30 日。

③ 龚达发、杜若原:《从建设期转向建设与管理并举时期,三峡工程成功下闸蓄水》,《人民日报》2003 年 6 月 2 日。

范）"荣誉称号；中华全国总工会决定授予中国长江三峡工程开发总公司工程建设部等 6 个先进集体"全国五一劳动奖状"，授予邢德勇等 14 名先进个人"全国五一劳动奖章"。会议强调，三期工程建设中，要始终高度重视移民工作和库区经济发展，把移民工作的重点从"搬得出"逐步放在"稳得住""能致富"上，放在解决移民长远生计问题上。要始终高度重视库区的生态环境保护和地质灾害防治，始终高度重视工程建设质量，全面做好三峡建设各项工作。会议要求，搞好三峡三期工程重点需做好四个方面的工作：第一，全面提高工程建设质量、安全保障和运行管理水平；第二，继续做好移民安置和库区经济发展工作；第三，进一步加强库区地质灾害防治、生态环境保护建设和水库管理工作；第四，加强领导，团结协作，强化监督，狠抓落实，确保全面、按期、顺利地完成各项建设任务。①

2006 年 5 月 20 日，随着最后一方混凝土浇筑完毕，举世瞩目的三峡右岸大坝顺利封顶。至此，这座世界上规模最大的钢筋混凝土大坝全线达到海拔 185 米设计高程。这是三峡工程建设史上又一重要的里程碑。三峡大坝比预计工期提前 10 个月全线封顶，为 2006 年汛后蓄水至 156 米高程打下坚实基础，三峡工程的防洪能力提前两年发挥作用。三峡大坝建成后，三峡工程完成了总量的 80%，三峡工程三期工程建设还要实现围堰爆破、右岸厂房施工、导流底孔封堵、地下厂房建设、船闸完建、升船机建设等一系列重要建设目标。2008 年 9 月，三峡工程开始首次试验性蓄水。

2009 年 8 月，长江三峡水利枢纽三期工程最后一次验收——正常蓄水175 米水位验收获得通过。这标志着三峡水利枢纽工程建设任务已按批准的初步设计基本完成，三峡工程可以全面发挥其巨大的综合效益。

三峡大坝属于混凝土重力坝，其主体建筑由拦河大坝、发电站厂房和通航建筑物组成。坝轴线全长 2309.47 米，坝顶宽 15 米，底部宽 124 米，坝高海拔 185 米。三峡水电站拥有 32 台单机容量为 70 万千瓦的发电机组，2 台单机容量为 5 万千瓦的电源电站机组，总装机容量 2250 万千瓦，年发电量 1000 亿度，占目前全国水力发电总量的 1/9，相当于 6 个葛洲坝水电站，是世界上装机容量最大的水电站。

随着蓄水、试通航、发电三大目标相继实现，三峡工程建设开始以巨大的效益回报社会。三峡工程防洪效益显著。防洪库容 221.5 亿立方米，可

---

① 张毅：《三峡工程三期建设进入全面实施阶段，曾培炎出席三峡工程建设工作会议并讲话》，《人民日报》2003 年 12 月 24 日。

为长江中下游 1500 万人民和 150 万公顷土地提高安全屏障。2012 年汛期三峡工程成功抵御 4 次超过 50000 立方米每秒的洪峰,经受住了建库以来 71200 立方米每秒的最大洪峰考验,保证了长江安澜。2015 年,三峡工程连续第 6 年成功蓄水至 175 米。三峡工程向下补水效益明显,试验性蓄水以来平均补水期为 139 天,年平均补水量 157.6 亿立方米。

三峡水库形成后,极大地改善了长江航运里程约 660 千米,同时降低了运输成本,每千吨千米的平均油耗由蓄水前的 7.6 千克下降到 2.0 千克。三峡工程在枯水期向下游补水,平均增加航道水深约 1 米,提高了下游航道的通航标准及船舶航行安全。2015 年,三峡船闸过闸货运量首次双线均突破 5000 万吨,过闸货运总量 1.11 亿吨,再创历史新高。

三峡建设者在筑起一座巍峨大坝的同时,也创造出一种全新的工程建设管理机制——"三峡模式"。国务院批准成立的中国长江三峡工程开发总公司,是三峡工程的业主,是自负盈亏、自主经营的经济实体。这昭示着宏伟的三峡工程将在一个全新的管理模式下组织运作。"业主负责制、招标投标制、合同管理制、建设监理制"的国际通用机制,与社会主义制度的优越性结合后,立即显示出巨大的社会经济效益。业主运用招投标和合同管理的办法对资源进行科学配置,对工程的设计、成本、施工质量、进度进行有效调控。公正科学的招标投标制,在峡江两岸摆开一个宏大的"擂台"。坝区汇集了国内最精锐的水电施工队伍,汇集了全世界最先进的施工设备和最优秀的水电工程技术人员。三峡工程建设整体提升了中国大型工程建设管理和水电工程技术水平,提升了国内企业参与国际建筑市场竞争的综合实力。三峡工程开工后全面推行的项目招标承包机制,为高质量、高速度地建设好三峡工程,打下了良好的基础。①

六、金沙江水资源的梯级开发

水资源的综合开发是国家实施西部开发的重要内容,而长江上游的金沙江是中国乃至世界著名的水能资源富集的河流之一,可开发水电装机总容量达 7500 万千瓦,约占全国可开发水能资源的五分之一。开发金沙江的水能资源,是中国电力发展实现"西电东送"、减轻北煤南运和环境保护压力、优化华中及华东地区能源结构的重大战略措施,是保证三峡工程长久发挥防洪、拦沙、发电、航运作用,持续取得综合效益的必要步骤,也是发

---

① 龚达发、刘成友:《与国际接轨的"三峡模式"》,《人民日报》2003 年 9 月 11 日。

展西部经济的迫切需要,对落实党中央西部大开发战略,实现资源、经济优势互补,谋求共同发展具有重大而深远的意义。①

长江上游干支流金沙江、雅砻江、大渡河、乌江等属峡谷河流,水能资源丰富,流域内人口密度较小,耕地分散,有利于修建高坝水库,充分开发水能,提高径流调节程度,以满足本流域防洪和长江中下游地区防洪要求。长江上游各主要支流和干流梯级开发远景规划为:①金沙江中下游河段按12个枢纽梯级开发方案,主要任务是发电,同时满足防洪要求,将成为"西电东送"的主要基地;②雅砻江规划21个枢纽梯级开发方案,以发电为主,兼顾工农业用水,促进航运发展,同时,控制本河流洪水,分担长江干流防洪任务;③岷江干流开发任务是灌溉、发电、防洪、航运以及工业与生活用水,以沙坝和紫坪铺两枢纽为骨干,规划14个枢纽梯级开发方案。岷江支流大渡河的主要任务是发电,兼顾航运和灌溉,并分担干流和长江中下游防洪任务,规划16个枢纽的梯级开发方案。

金沙江是长江的上游河段,流域跨越青海、西藏、四川、云南四省区。主源沱沱河发源于青藏高原唐古拉山脉。沱沱河与当曲汇合后称通天河,通天河流至玉树附近与巴塘河汇合后称金沙江,至四川宜宾与岷江汇合后称长江。金沙江坡陡流急,水量丰沛且稳定,落差大且集中。国家将金沙江水能开发重大项目向家坝、溪洛渡水电站,作为西部大开发的标志性项目列入国家总体计划。

20 世纪 50 年代以来,长江水利委员会和成都、昆明、中南勘测设计研究院及武警水电部队等单位,对金沙江流域的开发进行了大量的勘测、规划、设计工作,提出了多份研究规划报告。其中比较重要的是长江流域规划办公室于 1959 年提出的《长江流域综合利用规划要点报告》和长江水利委员会 1990 年修订的《长江流域综合利用规划简要报告》,后者于 1990 年 5 月由全国水资源与水土保持工作领导小组主持审查通过并由国务院批准实施,其所拟定的梯级开发方案,是以 1960 年长江流域规划办公室编制的《金沙江流域规划意见书》梯级开发代表方案为基础,考虑流域经济和自然条件发生的新变化,选择虎跳峡、洪门口、梓里、皮厂、观音岩、乌东德、白鹤滩、溪洛渡、向家坝 9 个坝址,组成本河段的梯级开发方案。②

《长江流域综合利用规划简要报告》明确了金沙江下游河段的开发任

---

① 《李敦伯代表提出:加快开发金沙江水电资源》,《光明日报》2000 年 3 月 12 日。

② 彭亚:《金沙江水电基地及前期工作概况(一)》,《中国三峡建设》2004 年第 4 期。

务,提出金沙江的开发可以从向家坝和溪洛渡两个水电站中选择第一期工程的推荐意见。向家坝和溪洛渡电站作为金沙江水电基地拟首批开发的两个巨型电站,建设条件好,技术指标优越,造价低,外送能力大。电力工业部中南勘测设计研究院(简称中南院)和电力工业部成都勘测设计研究院(简称成都院)分别对向家坝、溪洛渡两座水电站进行了长期的勘测设计和研究工作,于 1995 年编制完成《向家坝水电站预可行性研究报告》和《溪洛渡水电站预可行性研究报告》。1996 年 10 月,中国长江三峡工程开发总公司在宜昌主持召开了向家坝和溪洛渡水电站可行性研究勘测设计科研大纲审查会。1997 年 1 月,国家计划委员会副主任兼国务院三峡工程建设委员会副主任郭树言主持召开了向家坝和溪洛渡水电站综合比选工作协调会,审议并通过了《金沙江向家坝和溪洛渡水电站综合比选报告编制工作大纲》。1997 年 3 月,中国长江三峡工程开发总公司和水利部水利电力规划设计总院签订《金沙江向家坝和溪洛渡水电站综合比选阶段工作委托合同》,委托合同的签订标志着综合比选工作的正式开始。①

2002 年 6 月,国家计划委员会在北京主持召开了向家坝和溪洛渡水电站立项建设论证会议。9 月,国务院批准向家坝和溪洛渡水电站同时立项,随后中国长江三峡工程开发总公司着手开展两个电站的筹建工作。2002 年 10 月,国家计划委员会经上报国务院批准,以“计基础〔2002〕2004 号文”同意向家坝和溪洛渡水电站两项目立项。②

按照规划,金沙江下游将建成 4 座梯级电站,即乌东德、白鹤滩、溪洛渡、向家坝。向家坝处于最末一个梯级,坝址位于向家坝峡谷出口处,左岸是四川省宜宾市,右岸是云南省水富市。向家坝水电站的开发任务以发电为主,同时可改善上、下游通航条件,兼顾灌溉,结合防洪、拦沙。向家坝水电站正常蓄水位 380 米,死水位 370 米,总库容 51.85 亿立方米,调节库容9.03 亿立方米。拦河坝采用常规混凝土重力坝,坝顶高程 383 米,坝顶长度 897 米,最大坝高 161 米,溢流坝位于主河道,发电厂房分两岸布置,左岸为坝后式厂房,右岸为地下式厂房。③ 按 1996 年的价格水平估算,工程静态投资为 249.44 亿元,计及物价上涨和建设期贷款利息的工程总投资

---

① 彭亚:《金沙江水电基地及前期工作概况(二)》,《中国三峡建设》2004 年第 5 期。

② 《中国水力发电年鉴》编辑部编:《中国水力发电年鉴 2003》,中国电力出版社 2004 年版,第 297 页。

③ 《中国水力发电年鉴》编辑部编:《中国水力发电年鉴 2003》,中国电力出版社 2004 年版,第 298 页。

为 598.57 亿元。① 向家坝水电站是中国长江三峡工程开发总公司继三峡工程后,开发金沙江,实现水电工程滚动开发的首批工程之一。作为中国第三大水电站,它建成后与三峡工程、溪洛渡水电站共同构成长江干流上巨型水电站的"三驾马车"。向家坝水电站建成后,近期上游在有锦屏一级、溪洛渡等水电站调节时,保证出力 200.9 万千瓦,年发电量 307.47 亿千瓦时;远期上游干支流规划的虎跳峡、两河口、白鹤滩等梯级大型调蓄水库相继建成后,保证出力将增加到 350 万千瓦以上,发电量和电能质量将稳定提高。② 巨大电能将通过直流特高压送往华中、华东等地,成为中国经济发展的强劲"引擎"。

2002 年 10 月,向家坝水电站经国务院正式批准立项。2006 年 11 月 26 日,向家坝水电站正式开工,成为国家"十一五"期间开工建设的第一座巨型水电站。中共中央政治局委员、国务院副总理曾培炎出席开工仪式并宣布正式开工。他强调,向家坝水电站建设要按照全面协调可持续发展的要求,有序开发水能资源,做好移民搬迁安置、地质灾害防治和生态环境保护各项工作,始终坚持质量第一、安全第一的方针,严格遵循进度服从质量安全的原则,确保工程建设质量和移民工程质量,努力提高水电建设现代化水平,造福于广大人民群众。③ 根据施工进度计划,向家坝水电站预计 2008 年截流,2010 年二期工程大坝混凝土开始浇筑,2012 年坝体具备挡水条件,水库蓄水,2015 年机组全部投入运行,工程竣工。

2008 年 12 月 28 日,随着最后一车渣土倒入向家坝水电站大江合龙龙口中,向家坝水电站成功实现大江截流。2011 年 1 月,中国拥有完全自主知识产权的世界单机容量最大水轮发电机组在向家坝电站进入正式安装阶段。这套国产单机容量达 80 万千瓦的水轮机组,不仅拥有目前世界上最大的单机容量,而且是目前世界上最大的水轮机,水轮机发电机定子高度达 6.3 米,总重量达 1976 吨。④ 2012 年是向家坝水电站蓄水发电的关键一年。通过全体建设者的共同努力,向家坝工程顺利实现了下闸蓄水和首批机组发电目标。2012 年 9 月 28 日,枢纽工程蓄水验收正式获得批准。

① 《中国三峡建设年鉴》编纂委员会:《中国三峡建设年鉴 1997》,中国三峡建设年鉴社 1997 年版,第 319 页。

② 刘涛等编著:《江上明珠——长江流域的水坝船闸》,武汉出版社 2014 年版,第 112 页。

③ 《中国水力发电年鉴》编辑部编:《中国水力发电年鉴 2006》,中国电力出版社 2007 年版,第 102 页。

④ 《中国投资年鉴》编辑委员会编:《中国投资年鉴 2011》,中国计划出版社 2012 年版,第 626 页。

同年 10 月 10 日,向家坝水电站正式下闸蓄水,这标志着向家坝水电站首台机组即将迎来投产发电。2012 年 11 月 19 日,金沙江向家坝水电站实现首批两台机组全部并网发电目标。此举标志着中国已建和在建的第三大水电站开始发挥发电效益。

2013 年 7 月,向家坝水电站水库蓄水达到 370 米高程,右岸地下电站 4 台世界上单机容量最大的机组单机出力首次达到 80 万千瓦,全站总出力达到 320 万千瓦,首次全部实现满负荷运行。2014 年,向家坝水电站工程顺利实现最后 2 台机组汛前投产发电、水库汛末蓄水至高程 380 米,完成和超额完成年度生产经营目标。2015 年是向家坝水电站开工的第九年,也是全部机组投产运行的第一个完整年,主体工程(除升船机外)施工基本收尾,并实现汛末 380 米蓄水,水电站开始全面发挥防洪、发电等社会经济效益。截至 2015 年底,向家坝水电站工程自开工累计完成投资 717.79 亿元。截至 2017 年 9 月 14 日,"向家坝水电站历年累计发电量达 1357 亿千瓦时,相当于减少标煤消耗约 4233 万吨,减排二氧化碳 10868 万吨"[1],为国家经济社会发展注入了强劲的"绿色"动力,为国家节能减排、环境保护作出了积极贡献。

随着向家坝水电站建成蓄水,形成高坝大库,库区航道条件得到了根本改善——向家坝至上游梯级溪洛渡 130 千米(总长 156.6 千米)河段,尤其是向家坝至新市镇河段,彻底改变以前航道浅、窄、滩险流急的碍航局面,成为行船安全的深水航道。1000 吨级及以上船舶不再担心急流、暗礁、险滩的航行安全,船舶全部是"满载快跑",不再有蓄水前的"半载缓行"、甚至禁航等情况。库区深水航道的形成优化了金沙江航道,淹没了大部分碍航险滩,节约了大量整治河道费用,对库区港口航道建设、上游支流通航产生有利影响,同时降低了船舶运行成本,使水运优势得以彰显。

溪洛渡水电站是金沙江梯级的倒数第二级,位于四川省雷波县和云南省永善县境内,坝址被四川雷波县、云南永善县所夹持,是一座以发电为主,兼有拦沙、防洪和改善下游航运等综合利用效益的巨型水电站。该水电站正常蓄水位 600 米,水库总库容 125.7 亿立方米,调节库容 64.6 亿立方米。拦河大坝采用混凝土双曲拱坝,坝顶高程 610 米,坝顶长度 700 米,最大坝高 278 米,左右两岸布置地下式厂房,各装 9 台机组。溪洛渡水电

---

① 《向家坝电站累计发电超 1350 亿千瓦时》,《四川水力发电》2017 年第 6 期。

站于 2003 年筹建、2004 年 7 月开工安排、静态总投资为 445.73 亿元人民币。① 三峡水库的泥沙大部分来源于金沙江,溪洛渡和向家坝可以进行有效拦截。两库联合运行 30 年,将减少向下游输沙 63 亿吨,占同期来沙量的 86%。② 两库联合运行,还可使三峡水库入库泥沙颗粒变细,有效减少三峡库尾的泥沙淤积,充分发挥三峡水库和重庆港的巨大作用。

在重点开发兴建溪洛渡和向家坝水电站的同时,国家对白鹤滩水电站和金沙江乌东德开展前期论证准备。白鹤滩水电站位于四川省宁南县和云南省巧家县交界的金沙江干流上,是金沙江下游河段四个梯级电站(乌东德、白鹤滩、溪洛渡、向家坝)中的第二个梯级,是中国继长江三峡和金沙江溪洛渡水电站之后的第三座千万级巨型电站,工程开发任务为以发电为主,兼顾防洪,并促进地方经济社会发展和移民群众脱贫致富。该工程建成后还有拦沙、发展库区航运和改善下游通航条件等综合效益,是"西电东送"的骨干电源点之一。金沙江白鹤滩水电站工程由拦河坝、泄洪建筑物、引水发电系统和通航过坝建筑物组成。拦河坝采用混凝土双曲拱坝,最大坝高 275 米;泄洪采用坝身和隧洞相结合的方式。水电站装机容量 1400 万千瓦,库容 195 亿立方米,年发电量 480 亿千瓦时。③ 其建成后为三峡工程分担防洪任务,减少三峡、溪洛渡水库淤积和增加梯级发电效益,与三峡、溪洛渡、向家坝共同承担"西电东送"任务,其经济效益和社会效益巨大。

白鹤滩水电站于 2001 年纳入国家计划委员会前期工作计划,并于 2002 年 1 月对预可行性研究勘察设计工作进行招标,通过评标,确定华东勘测设计研究院为中标单位。2002 年 11 月 30 日,在湖北省宜昌市召开的金沙江溪洛渡和向家坝水电站建设第一次协调会议上,国家计划委员会明确白鹤滩水电站的项目业主为中国长江三峡工程开发总公司。中国长江三峡工程开发总公司作为金沙江乌东德和白鹤滩水电站的项目业主,2003 年开始组织乌东德和白鹤滩两水电站的前期工作。两水电站作为金沙江干流西电东送第二电源点,电力将主送华中、华东地区。2005 年,完成预可

---

① 《中国水力发电年鉴》编辑部编:《中国水力发电年鉴 2003》,中国电力出版社 2004 年版,第 298 页。

② 顾仲阳、朱隽:《11 月 26 日,向家坝水电站正式开工,作为我国第三大水电站,建成后将与三峡工程、溪洛渡水电站共同构成长江干流上巨型水电站的"三驾马车"——走近向家坝》,《人民日报》2006 年 11 月 27 日。

③ 长江年鉴编纂委员会编:《长江年鉴 1996》,水利部长江水利委员会长江年鉴社 1997 年版,第 244 页。

行性研究;2008年,完成两水电站可行性研究工作和项目核准手续,适时开展项目筹建工作。

2017年8月3日,历时十多年的科研、勘测、设计,由中国三峡集团有限公司投资建设的全球在建装机规模最大水电站——白鹤滩水电站主体工程全面开工建设。这是继金沙江溪洛渡、向家坝水电站建成投产和乌东德水电站核准建设以来,中国乃至世界水电史上又一具有里程碑意义的重大事件。根据施工总体规划,白鹤滩水电站将于2021年5月开始蓄水,2022年年底投产,届时将成为"西电东送"的骨干电源点。

白鹤滩水电站是继三峡工程、溪洛渡水电站、乌东德水电站之后又一项千万千瓦级巨型水电工程。白鹤滩水电站是当今世界在建的综合技术难度最大的水电工程,其在建装机容量、抗震参数、地下洞室群规模等均居全球第一。特别是电站将首次全部采用国产的百万千瓦级水轮发电机组,这是中国重大水电装备又一次历史性飞跃。

水电站大坝为混凝土双曲拱坝,坝高289米,坝体混凝土总量约720万立方米,水库总库容206.27亿立方米。水电站装机16台,总装机容量1600万千瓦,名列世界第二,仅次于三峡水电站。白鹤滩水电站单机容量达到百万千瓦,将世界水电带入"百万单机时代"。[1]

221

白鹤滩水电站以高坝大库、百万机组、复杂的地质条件和工程技术成为全球关注的焦点,工程面临着复杂地质环境条件下高拱坝建设、高地震烈度、坝身大泄量、坝基层间层内错动带稳定和渗漏处理、混凝土温控防裂以及坝基柱状节理玄武岩变形控制等关键问题,堪称"中国乃至世界技术难度最高的水电工程"。中国电力建设集团有限公司作为工程建设的主力军,华东勘测设计研究院承担工程设计任务,四川二滩国际工程咨询有限公司承担工程监理任务,中国水利电力第八工程局有限公司承建右岸坝肩边坡开挖、右岸大坝土建及金属结构安装等工程,中国水利电力第四工程局有限公司承建左岸坝肩边坡开挖、左岸大坝土建及金属结构安装等工程,中国水利电力第五工程局有限公司承建泄洪洞工程,中国水利电力第七工程局有限公司承建左岸引水发电系统土建及金属结构安装工程,中国水利电力第十四工程局有限公司承建左右岸引水发电系统土建(尾水部分)工程。

---

① 王兆惠:《全球在建最大水电工程金沙江白鹤滩水电站全面开工建设》,《三湘都市报》2017年8月26日。

白鹤滩水电站是典型的高坝大库型水电站,工程建设过程中将进行高坝筑坝、大型地下洞室施工、高水头大流量泄洪消能、超高坝建筑材料等技术攻关,在解决这些工程建设重大技术难题的过程中,将实现工程技术水平的进步。白鹤滩水电站这类巨型水电站的设计、施工、运行是一个复杂的系统工程。依托白鹤滩水电站建设,可全面提升中国水电行业的勘测、设计、施工、运行管理水平,培养一批专业水平领先、科技创新能力突出的人才和团队,促进中国水电开发核心能力的提升。

乌东德水电站是金沙江下游河段四个梯级电站(乌东德、白鹤滩、溪洛渡、向家坝)中的第一梯级,位于四川会东县和云南禄劝县交界的金沙江河道上。2015年12月,该项目获国务院核准,是国家"十二五"期间在金沙江下游建设的重大水电工程。建成后融发电、防洪、航运和拦沙等功能为一体,对四川和云南两省经济社会发展和"西电东送"具有重要战略意义。

乌东德水电站是世界上少有的巨型水电站,拦河大坝为混凝土特高双曲拱坝,最大坝高270米,设计正常蓄水位975米,预计在2020年投产发电,总装机容量相当于两个三峡水电站的装机容量。[1] 现在,该工程正在建设中。2017年3月16日,乌东德水电站大坝工程正式启动混凝土浇筑施工。

---

① 赵汉斌:《乌东德水电站:"在豆腐块里施工"》,《科技日报》2018年1月12日。

第五章

南水北调工程的兴建

南水北调工程是缓解中国北方水资源严重短缺的战略性工程,是实现中国水资源优化配置、促进经济社会可持续发展、保障和改善民生的重大战略性基础设施。早在 1952 年 10 月 30 日,毛泽东在视察黄河时首先提出南水北调工程的设想。据此,从 20 世纪 50 年代开始,国家有关部门组织各方面专家根据我国水资源分布的实际情况,对南水北调进行了近 50 年的勘察、调研和可行性研究。最后规划的总体布局为:分别从长江上、中、下游调水,即南水北调西线、中线、东线工程,以适应西北、华北和华东各地的经济社会发展需要。南水北调实施后,与长江、黄河、淮河、海河相互连接构成中国水资源的"四横三纵、南北调配、东西互济"的总体格局。进入 21 世纪后,南水北调工程开始实施,东线一期工程于 2002 年 12 月 27 日开工建设,2013 年 11 月正式通水;中线一期工程于 2003 年 12 月 30 日开工建设,2014 年 12 月 12 日正式通水。这极大地缓解了中国北方水资源短缺的状况。

一、"南水北调"构想的慎重决策

为了解决北方水源不足的问题,早在 1949 年 11 月召开的各解放区水利工作联席会议上,朱德副主席就提出了长江与黄河沟通的问题。1952 年 8 月,黄河水利委员会组织黄河河源查勘队,任务之一就是勘察黄河源与长江上游通天河的河势、水量、调水线等,以供南水北调规划所用。在随后形成的《黄河源区及通天河引水入黄查勘报告》中,首次提出了从长江上游通天河调水 100 亿立方米到黄河上游的初步设想。①

1952 年 10 月 30 日，毛泽东在第一次视察黄河时，与黄河水利委员会主任王化云谈起了黄河的治理情况。王化云在汇报黄河治理开发的规划设想时说："将来黄河水不够用，需要从长江上游的通天河，把水引到黄河里，解决西北、华北水量不足的问题。"毛泽东听后风趣地说："通天河就是猪八戒去过的那个地方吧？"并明确表示："南方水多，北方水少，借一点来是可以的。"②或许，南水北调这个雄伟的战略设想就是在这时萌生的。到1953 年 2 月，王化云再次向毛泽东汇报治黄工作时，正式提出"从长江上游通天河引 100 亿立方米水进入黄河"的设想。从此，拉开了中国研究南水北调的序幕。

按照毛泽东的意见，1952—1957 年，黄河水利委员会提出了由通天河引水到黄河源的线路；长江水利委员会提出了从汉江、丹江口水库引水到淮、黄、海流域的方案，还提出了从长江下游沿京杭运河东线调水的方案。

1958 年 3 月，中共中央在成都召开政治局会议，批准兴建丹江口水利工程。毛泽东在讲话中提出："打开通天河、白龙江与洮河，借长江济黄。丹江口引汉济黄，引黄济卫，同北京连起来。"③8 月 29 日，毛泽东签发的《中共中央关于水利工作的指示》中指出："全国范围的较长远的水利规划，首先是以南水（主要指长江水系）北调为主要目的，即将江、淮、河、汉、海河各流域联系为统一的水利系统的规划，和将松、辽各流域联系为统一的水利系统的规划，应即加速制订。"④从此，"南水北调"一词正式出现在中共中央的文件中。

此后的几十年间，围绕南水北调这一战略构想，不同范围、不同层次的勘测、规划、研究和论证工作，尽管有起有伏，时急时缓，但从未中断，充分体现了决策过程的科学化、民主化。

1972 年华北遭遇大旱以后，水利电力部经过大量的勘察，提出从长江下游抽水，大体沿着古老的京杭大运河送水到华北平原的规划，即南水北调东线方案。这个方案引起有关专家和科研单位的重视，多次展开了广泛深入的讨论。1978 年 10 月，水利电力部发出《关于加强南水北调规划工作

---

① 水利部黄河水利委员会编：《人民治理黄河六十年》，黄河水利出版社 2006 年版，第 122页。

② 水利部黄河水利委员会编：《人民治理黄河六十年》，黄河水利出版社 2006 年版，第 91-92页。

③ 李锐：《大跃进亲历记》（上卷），南方出版社 1999 年版，第 203 页。

④ 《中共中央关于水利工作的指示》，《人民日报》1958 年 9 月 11 日。

的通知》，着重规划东线方案。东线方案为：从长江下游扬州附近抽引长江水，大体沿着京杭大运河的路线，流经洪泽湖、骆马湖、南四湖和东平湖，在位山附近穿过黄河进入河北、天津，以补充苏、皖、鲁、冀、津四省一市的工农业用水。输水干线长达 1150 千米，其中黄河以北 490 千米，黄河以南 660 千米。从扬州江都水利枢纽开始到黄河南岸，沿线需建设 15 个梯级、30 个大型抽水机站，总装机 100 万千瓦左右。穿过黄河后，由于地形逐渐下降，水即可自流到天津。

1982 年冬，为了解决黄河以南淮河以北地区水源不足的问题和发展航运，水利电力部所属的治淮委员会（现水利部淮河水利委员会）提出了南水北调东线第一期工程方案：先打通长江到黄河南岸的输水线路，使长江水经江苏向北流到黄河南岸的东平湖，同时从扬州通航到济宁。东线第一期工程主要是利用京杭大运河和江苏省已有的工程设施进行扩建。江苏省自 20 世纪 60 年代起，为解决苏北灌溉和排涝问题，先后兴建了江都、淮安两个大型抽水站和一些简易抽水站，已将长江水沿着大运河送到了徐州地区。东线第一期工程，将充分发挥这些工程设施的效益，整体工程量较少，投资较省。由于分期实施，量力而行，讲求实效，稳扎稳打，工程比较经济实惠，为把水送到华北打下良好基础。[1] 1983 年 1 月，经有关部门和科研单位审查，认为这个方案符合分期实施、先通后畅的原则，所提出的工程规模、引水线路、实施步骤以及对环境影响所作的结论是恰当的，工程的经济效益是好的，同意上报国务院批准实施。

把长江水引到黄河以北的南水北调工程，是五届人大确定兴建的。1983 年春，经过多方面的科学论证和调查研究，国务院批准水利电力部提出的《南水北调东线第一期工程可行性研究报告》，决定南水北调东线工程分期实施，第一期工程的主要任务：打通长江到黄河南岸的输水线路，让长江水沿着京杭大运河向北送到山东的济宁。[2] 东线调水的优势很多：一是有现成的水利工程可以利用；二是有洪泽湖、骆马湖、南四湖的上级湖和下级湖等四个湖泊可以调蓄；三是有规划、设计科研等基础；四是与治淮、京杭大运河结合，可以综合利用，达到投资小、见效快、收益大的效果。[3]

南水北调东线第一期工程的供水区域主要为淮河及沂、泗、汶河下游

---

① 邢凤炳、任润余：《把长江水调到中原大地》，《人民日报》1983 年 4 月 10 日。

② 邢凤炳：《国家已安排"七五"期间上"南水北调"和"黄水东调"工程》，《人民日报》1983 年 3 月 15 日。

③ 《南水北调工程的研究》，《人民日报》1983 年 10 月 4 日。

平原,包括京杭大运河及苏北灌溉总渠、梁济运河两侧和洪泽湖、南四湖周边地区,涉及江苏、山东、安徽三省的扬州、淮阴(现淮安市淮阴区)、徐州、枣庄、济宁、菏泽等市、地区和工矿区。东线第一期工程,输水干线主要利用原京杭大运河扩建而成,并充分利用江苏已建成的江都、淮安抽水站等工程设施,工程量比较小。输水线路从江都站抽长江水,沿京杭大运河的里运河,经中运河、不牢河、韩庄运河入南四湖,再经梁济运河到东平湖,全长 646 千米。第一期工程分两步走:①1985 年前利用现有工程和临时设施,增修少量工程,做到在冬春灌溉闲季能每秒送水 100 立方米入南四湖下级湖,每秒送 50 立方米入上级湖;②1990 年前完成其余工程。工程完成后,每年可引长江水向沿线城市和工矿区供水 21 亿立方米;可使 2100 万亩灌溉面积的供水保证率由 50%～90% 提高到 75%～95%,水稻面积可由 1000 万亩增加到 1400 万亩。工程完成后,京杭大运河扬州到济宁段可以长年通航,山西的煤炭可经新乡、菏泽送到济宁,然后从京杭大运河运往上海等地,徐州、枣庄、邹县等地的煤炭也可由水路南运。[①]

南水北调东线第一期工程在江苏省境内,主要是利用过去已建好的水利枢纽、抽水站和现成河道,将长江水调往北方。为了完成工程任务,需要改建淮阴和运西两个抽水站,以增加沿运河北调的水量;需要新建郑集抽水站,以便把水送入微山湖。1983 年 4 月,江苏省有步骤地开始了第一期工程的实施工作,工程技术人员进入泰州引江河工程工地进行实地勘探,3个抽水站的设计、筹建工作也加紧进行。承担这项科学试验单位的专家和工程技术人员经过周密勘测、设计,在广泛听取有关人士意见的基础上,选定了在黄河河底建大型隧洞输水的方案。该隧洞位于山东省东平县解山村和东阿县位山村间黄河河底 70 米深处,洞长 488 米,高 2.6 米,宽 2.9米。承担设计和试验工作的为水利电力部天津勘测设计院(现中水北方勘测设计研究有限责任公司)。1985 年 6 月开工,1988 年 2 月完工。科学试验输水隧洞的成功开通,探明了该线路及其附近的地质情况,取得了多项穿黄必需的科学试验数据和施工技术资料,证明在此开挖大型输水隧洞穿黄的方案是可行的。[②]

南水北调工程是中国继三峡工程后又一项实施水资源优化配置的战

① 邢凤炳:《国家已安排"七五"期间上"南水北调"和"黄水东调"工程》,《人民日报》1983 年 3 月 15 日。

② 肖俊熙:《南水北调东线江水穿黄,输水试验隧洞开通成功》,《人民日报》1988 年 4 月 16 日。

略工程。经多年研究,南水北调工程逐渐形成了东、中、西三条线路的基本格局。1995 年冬,水利部组织专家对该工程再次进行全面论证。这次论证的主要内容包括:合理供水范围论证,受水区资源短缺程度分析,调出区可调水量分析,各调水线路技术可行性论证,工程量及投资、运行费评估,环境影响评价,经济评价,社会评价及国家经济承受能力分析,近期实施方案选择等。在这些内容中,对东、中、西三条调水线路进行全面综合比较,推荐近期实施的调水方案,是专家们论证的重点。这次大规模的南水北调工程论证工作,坚持以下三项原则:①南水北调的近期主要目标,是缓解京、津及华北地区日益严重的缺水状况,以解决沿线城市用水为主,兼顾其他用水;②认真研究用水需求和投资效益,考虑国家经济承受能力,工程实施应区别轻重缓急,循序渐进;③对工程投资、借贷数额和偿还年限等问题,要在充分考虑各种因素的前提下认真研究清楚,筹资渠道要可靠,地方筹资部分要明确必要的保证措施,确保建设资金的落实。①

　　2000 年 6 月,水利部为了加强领导,把南水北调规划办公室更名为南水北调规划设计管理局,负责南水北调工程的规划设计管理工作。水利部邀请有关领导、专家实地考察了南水北调中线、东线有关枢纽和输水线路。专家认为:南水北调工程势在必行,兴建南水北调中线、东线工程是当代技术、经济能力可以承受的,如近期实施,可以缓解华北地区严重的缺水状况。10 月,中共中央十五届五中全会审议通过了《中共中央关于制定国民经济和社会发展第十个五年计划的建议》(以下简称《建议》)。《建议》要求,加紧南水北调工程的前期工作,并尽早开工建设。这表明,酝酿多年的南水北调工程已基本具备实施条件,各项准备工作应加快步伐。

　　2000 年 10 月,国务院总理朱镕基在中南海主持召开南水北调工程座谈会,听取国务院有关部门领导和各方面专家对南水北调工程的意见。他在会议上强调,必须正确认识和处理实施南水北调工程同节水、治理水污染和保护生态环境的关系,务必做到先节水后调水、先治污后通水、先环保后用水,南水北调工程的规划和实施要建立在节水、治污和生态环境保护的基础上。他说:解决北方地区水资源短缺问题必须突出考虑节约用水,坚持开源节流并重、节水优先的原则。目前,我国一方面水资源短缺,另一方面又存在着用水严重浪费的问题。许多地方农田浇地仍是大水漫灌,工业生产耗水量过高,城市生活用水浪费惊人。因此,在加紧组织实施南水

---

①　唐虹、蒋亚平:《南水北调工程开始全面论证》,《人民日报》1995 年 11 月 25 日。

北调工程的同时，一定要采取强有力的措施，大力开展节约用水。要认真制订节水的规划和目标，绝不能出现大调水、大浪费的现象，其关键是要建立合理的水价形成机制，充分发挥价格杠杆的作用。逐步较大幅度地提高水价，是节约用水的最有效措施。现行的水价过低，既不利于节约用水，也不利于供水事业的发展，必须坚决改革，理顺供水价格，促进节约用水。①

在这次座谈会上，水利部部长汪恕诚、中国国际工程咨询有限公司董事长屠由瑞、国家发展计划委员会副主任刘江就南水北调工程中的有关问题进行了汇报。他们全面汇报了有关部门和专家对南水北调工程的调研论证和工程实施意见。南水北调工程包括西线、中线、东线三个调水方案，汇报对这三个调水方案进行了分析比较。两院院士、著名水利专家、清华大学原副校长张光斗，两院院士、水利部教授级高工徐乾清，水利部原副部长何璟，两院院士、中国工程院副院长潘家铮，长江水利委员会主任黎安田、黄河水利委员会主任鄂竟平、淮河水利委员会主任宁远等专家在会上发了言。

张光斗认为：南水北调势在必行，只要准备工作做好，越早建设越好，要分期进行，逐步建成。东线南水北调工程从扬州附近的长江引水，经扩大的南北大运河和平行河道，扬水64米到东平湖，然后过黄河经扩大的南北大运河到天津，还从东平湖西水东调到烟台等城市。东线水源丰富可靠，可利用南北大运河，沿线有湖泊调蓄，工程较简易，便于分期进行，较为灵活。山东、河北东部沿津浦铁路缺少水源，浅层地下水已枯竭，深层含氟地下水有损人体健康，所以必须加快调水，并建议一、二期工程同时进行。东线工程的主要问题是黄河南北沿线水污染，为此要加大投入，进行污水处理。中线南水北调工程从丹江口水库引水，修渠道经分水岭方城垭口，到郑州，过黄河，修渠道引水到北京、天津。中线南水北调主要供京津、沿京广铁路城市用水和华北环境用水，兼顾农业用水。西线南水北调从大渡河、雅砻江、通天河调水150亿立方米到黄河上游，供宁夏、内蒙古、陕西、山西用水，但目前只是设想，技术上不可行。他指出，《南水北调工程实施意见》提出的管理体制设想，即东线分段组建公司，中线组建有限责任公司及各省市配水公司，按合同和市场经济办事，政府起宏观调控作用，照顾全局整体利益，是必要的。②

① 刘磊、孙杰：《听取有关部门汇报和专家意见，国务院召开南水北调工程座谈会》，《人民日报》2000年10月16日。

② 张光斗：《南水北调工程势在必行》，《人民日报》2000年10月16日。

徐乾清在会上指出：南水北调工程的总体布局基本合理，规划的引水方案基本可行。根据规划中的东、中、西三条调水路线的具体供水范围和各方面条件，近期应首先建设东线工程，尽快完成穿黄隧洞，将水送到天津，先通后畅、先小后大。东线工程应当重点解决：①补充胶东地区水资源不足；②为停止津浦铁路沿线超采深层地下水创造条件（这已经是十分紧迫的任务）；③为开发黄河以北运河以东地区创造条件，这一地区地广人稀，濒临渤海，是今后城市港口重点开发的地区，必须解决淡水资源问题；④为天津干旱年份供水提供保证。东线工程沿途有适宜的调蓄场所，可以逐步加大供水能力，适应用水量逐步增加的特点。东线工程的关键是要治污先行，加大治理污染的力度。他还指出，南水北调工程必须在节水和治污的基础上，在城市增加供水的同时，必须加强污水处理，把处理后的污水用于农田灌溉和城市绿化。①

何璟在会上指出：东线调水工程的前期工作比较充分。由于有江苏省江水北调之经验，无论在工程的设置上还是在概算的核定上都比较有经验，应该尽快开工。从缺水情况看，天津比北京更缺水，沧州、衡水地区比京广沿线城市更缺水，要求解决水的问题更紧迫。从工程造价上看，东线干线中90%的河道和调蓄湖泊都是现成的，投资额仅是中线的三分之一左右。从配套要求看，江苏、山东、天津的配套能力和对水价的承受能力比较强。关键的问题是水污染治理。东线水源是很好的二级水，由于河道高程低，受沿线城市污水排放的影响，骆马湖以北水质恶化。对此，即便没有南水北调，水污染问题也要解决，也要依法保护水环境，做到谁污染谁治理。现在更应该借南水北调的东风，促进治理，促进环境保护。我们不应该容忍违反《中华人民共和国环境保护法》的行为，不应该容忍继续污染水资源而不搞东线。南水北调是水利的大手笔，21世纪环境保护是重要课题，也会有大手笔。只要国务院重视，各方面加强力量，相互配合，水污染问题应该能够解决。②

为了加快南水北调前期工作的进度，2001年1月，水利部、国家发展计划委员会联合召开了南水北调前期工作座谈会，对有关工作进行了部署。南水北调前期工作的核心是按照"先节水后调水、先治污后通水、先环保后用水"的要求，在调水之前，首先做好节水、治污和环保规划，并落实好相应

---

① 徐乾清：《实施南水北调工程要注意节水和治理水污染》，《人民日报》2000年10月16日。
② 何璟：《东线调水的条件比较成熟》，《人民日报》2000年10月18日。

的措施和投资。水利部部长汪恕诚在座谈会上指出：水价问题是实施南水北调工程的核心问题，要南水北调，必须合理确定不同用途用水的水价，处理好不同水源的水的价格关系。城市和工业用水要逐步较大幅度提高水价，专户存储，建立南水北调基金，用于南水北调工程建设。还要对工程方案进行进一步研究论证，对调水量、工程布局、资金筹措、管理体制、水价政策等进行多方案的论证和选比，以求得最大的综合效益。按照"政府宏观调控，股份制运作，企业化管理，用水户参与"的原则，处理好中央与地方以及各省之间的关系。①

2001年9月4日至6日，温家宝考察了南水北调东线工程泰州引江河高港枢纽、江都抽水站，以及里运河、洪泽湖、骆马湖、不牢河、韩庄运河、梁济运河、南四湖、东平湖沿线的泵站、闸、坝，听取了江苏省、山东省和水利部、环保总局（现生态环境部）关于南水北调工程的汇报。温家宝说，南水北调工程是涉及全局的复杂的系统工程，要从长计议，全面考虑，科学选比，周密计划。要按照"先节水后调水、先治污后通水、先环保后用水"的要求，充分考虑调水的经济效益、社会效益和生态效益，对东、中、西线进行全面规划，科学论证，慎重决策。他强调，实施南水北调，节水是前提。要强化全民节水观念，采取各种有力措施，推动工业节水、农业节水、生活节水，在节水的基础上科学调水，避免和减少投资浪费和水资源浪费。不仅北方干旱地区要节水，南方丰水地区也要节水。高耗水、高污染已经严重影响经济和社会发展，必须从根本上改变这种状况，走节水防污的路子。在考察过程中，他特别关心调水工程沿线的污染防治问题，每到一处都询问水质情况，了解防治污染的措施。他说，南水北调东线工程要经过现有的河湖引水到北方，这些河湖水污染状况比较严重，能否解决好水污染防治问题，关系到南水北调工程的成败。有关部门已经制定了水污染防治的方案，要继续组织多方论证，进一步补充完善。调水工程沿线地区要把南水北调工程作为一个契机，高度重视并切实担负起水污染防治工作的责任，加大工作力度，加快结构调整，减少污染排放，发展高新技术产业，发展无公害农业和绿色农业，改善环境质量，保证调水工程的水质。②

2001年11月中旬，水利部副部长张基尧在国务院新闻办记者招待会

---

① 王立彬：《水利部部长汪恕诚宣布南水北调工程前期工作正加紧进行》，《人民日报》2001年1月15日。

② 秦杰、汤涧：《温家宝考察南水北调工程强调，节水治污生态全面规划统筹兼顾》，《人民日报》2001年9月8日。

上介绍：经过近 50 年的勘测、规划、研究和论证，对南水北调总体规划的重大原则问题已经基本达成共识，前期工作取得了实质性进展。第一，以"三先三后"原则为指导，认真做好节水、治污、生态环境保护规划。《南水北调工程节水规划要点》《南水北调东线工程治污规划》和《南水北调工程生态环境保护规划》均已完成，并通过专家的审查。第二，以南水北调受水区城市水资源规划和水资源合理配置成果为依据，确定调水工程规模。水利部组织完成了南水北调东、中线沿线 44 个地级以上城市的水资源规划。《南水北调城市水资源规划》和《海河流域水资源规划》已通过专家的审查，《黄淮海流域水资源合理配置》不久将提请专家审查。第三，以水资源合理配置为目标，确定工程总体布局。南水北调东、中、西三条调水线路，与长江、淮河、黄河、海河相互连通，构成中国水资源"四横三纵、南北调配、东西互济"的总体格局。东、中、西三线都采取分期建设的方案，所选定的东线、中线的近期工程建设方案和西线工程的前期工作内容，其深度能够满足规划要求。《南水北调西线工程规划纲要及第一期工程规划》《南水北调中线工程规划（2001 年修订）》已顺利通过专家审查。第四，适应社会主义市场经济的要求，建立水价形成机制和工程建设管理体制。通过调整水价，促进节约用水。根据各受益地区获得的水量，按比例分担工程投资。南水北调工程除使用部分银行贷款外，中央投资的资本金由中央财政负担，各地的资金来源，可以通过在现阶段适当提高水价筹措部分资金，不足部分由各级政府通过财政等渠道予以补足。目前，《南水北调工程水价分析研究》和《南水北调工程建设与管理体制研究》已基本完成，不久提交专家审查。①

2002 年 11 月，国务院批准的南水北调工程总体规划再次对工程总体布局进行了深入研究论证，提出东线、中线和西线三条调水线路，规划分三期实施。第一，东线工程利用江苏省已有的江水北调工程，逐步扩大调水规模并延长输水线路。东线工程从长江下游扬州江都抽引长江水，利用京杭大运河及与其平行的河道逐级提水北送，并连接起调蓄作用的洪泽湖、骆马湖、南四湖和东平湖。出东平湖后分两路输水：一路向北，在位山附近经隧洞穿过黄河；另一路向东，通过胶东地区输水干线经济南输水到烟台、威海。规划分三期实施。第二，中线工程将从加坝扩容后的丹江口水库陶岔渠首闸引水，沿规划线路开挖渠道输水，沿唐白河流域西侧过长江流域

---

① 江夏：《张基尧在国务院新闻办记者招待会上介绍南水北调工程前期工作取得实质性进展》，《人民日报》2001 年 11 月 15 日。

与淮河流域的分水岭方城垭口后,经黄淮海平原西部边缘在郑州以西的孤柏嘴处穿过黄河,继续沿京广铁路西侧北上,可基本自流到北京、天津。规划分两期实施。第三,西线工程将在长江上游通天河、支流雅砻江和大渡河上游筑坝建库,开凿穿过长江与黄河的分水岭巴颜喀拉山的输水隧洞,调长江水入黄河上游。西线工程的供水目标主要是解决涉及青海、甘肃、宁夏、内蒙古、陕西、山西等六省(自治区)黄河上中游地区和渭河关中平原的缺水问题。结合兴建黄河干流上的骨干水利枢纽工程,还可以向邻近黄河流域的甘肃河西走廊地区供水,必要时也可相机向黄河下游补水。通过三条调水线路与长江、黄河、淮河和海河四大江河的相互连通,可逐步构成以"四横三纵"为主体的总体布局,有利于实现中国水资源南北调配、东西互济的合理配置格局,具有重大的战略意义。要从根本上缓解黄淮海流域、胶东地区和西北内陆河部分地区的缺水问题,三条调水线路都需要建设。①

南水北调东线工程要利用现有河湖引水到北方,能否处理好水污染防治问题,关系到南水北调东线工程的成败,也关系到这些地区的可持续发展。南水北调东线工程治污规划以实现输水水质达Ⅲ类标准为目标,规划了清水廊道工程、用水保障工程及水质改善工程三大工程。清水廊道工程主要规划投资建设城市污水处理厂,辅以必要的截污导流工程及流域综合整治工程,以确保输水主干渠沿线污水零排入,主干渠输水水质达Ⅲ类标准。除规划投资建设城市污水处理厂之外,用水保障工程还将通过截污导流等工程,达到本规划区内用水水质达到Ⅲ类水标准的目标。而水质改善工程主要规划投资建设城市污水处理工厂,关闭年纸浆生产能力在2万吨以下的草浆造纸生产线,以保证淮河干流水质达Ⅲ类,入洪泽湖支流水质达Ⅳ类,避免对山东滨海地区的污染,改善卫运河、漳卫新河、淮河干流及洪泽湖水质。南水北调东线工程规划实施确保清水廊道、用水保障和水质改善三大工程,投资240亿元人民币建设369项工程,其中第一期工程投资140亿元人民币。工程完工后,东线输水干线和用水规划区的水质可达到国家地表水环境质量Ⅲ类标准。②

2002年12月27日,南水北调工程开工典礼在北京人民大会堂和江苏省、山东省施工现场同时举行。国务院总理朱镕基在北京人民大会堂主会

---

① 江夏:《〈南水北调工程总体规划〉确定三条调水路线》,《人民日报》2002年11月26日。
② 《东线将实施清水廊道等三大工程》,《人民日报》2002年12月28日。

场宣布工程正式开工,中共中央政治局常委、国务院副总理温家宝发表讲话。他指出,南水北调是一项科学的工程。几十年的规划设计、科学论证和反复选比,凝聚了各方面专家和广大工程技术人员的心血和智慧。决策过程充分发扬了民主。南水北调是一项具有综合效益的工程。按照经济规律建立工程建设管理体制、调水管理体制和运营机制,合理配置生活用水、生产用水和生态用水,兼顾了经济效益、社会效益和生态效益。南水北调是一项可持续发展的工程。总体规划把节水、治污和生态环境保护摆到突出位置,提出保持水源地一池清水、建设清水廊道的目标,统筹规划了东、中、西三条线路以及长江、黄河、淮河、海河四大流域的水资源配置。温家宝强调,南水北调工程是迄今为止世界上最大的水利工程,是事关中华民族子孙后代的千秋伟业,必须把工程质量放在第一位。要实行严格的工程设计、施工、监理责任制,确保工程建设万无一失。要推进工程建设管理体制和运营机制的创新,提高资金使用效益和工程效益。10 时 15 分,江苏省、山东省主要负责人分别在南水北调三阳河、潼河、宝应站工程和济平干渠工程开工典礼分会场报告开工准备完毕。随即,朱镕基宣布:"南水北调工程开工!"江苏省委书记回良玉在江苏分会场、北京市委书记刘淇在人民大会堂主会场出席开工典礼。在北京主会场出席开工典礼的有北京、天津、河北、河南、湖北五省市政府负责人和党中央、国务院有关部门负责人。[①]

为了保证工程建设顺利进行,国务院成立南水北调工程建设委员会,加强对工程建设的领导。2003 年 8 月 14 日,国务院南水北调工程建设委员会在北京召开第一次全体会议。会议听取了工程建设委员会办公室的汇报,讨论并原则上同意了办公室提出的计划新开工项目,包括中线石家庄至北京团城湖段、丹江口水库大坝加高工程和穿黄工程、东线城市污水处理厂建设等八个项目,要求加快前期工作,尽早开工建设。温家宝主持会议并讲话,强调南水北调工程建设必须遵循客观规律,严格按照基本建设程序和原则办事。一要坚持"先节水后调水,先治污后通水,先环保后用水",始终把节水、治污放在首位。二要严格执行规划,坚持质量第一,高标准、高效率地搞好工程建设。三要充分发挥市场机制的作用,建立良好的筹资、管理、运营机制,把调水工程建设与改革管理体制、水价形成机制结合起来,把水污染防治工程建设同改革排污收费机制结合起来。四要坚持

---

①　夏珺等:《南水北调工程开工典礼举行》,《人民日报》2002 年 12 月 28 日。

科学民主决策,工程的设计、建设和运行管理,都要建立科学民主的决策程序,完善论证决策的各项制度。他对做好工作提出三点要求:第一,加强对工程建设的组织领导,实行严格的责任制;第二,加强前期工作,加快研究制定工程建设的筹资、移民、节水、治污、水资源保护的规划和政策措施,要把解决京津冀地区应急供水问题摆到突出位置;第三,健全运行机制,要建立和完善工程建设的各项政策、法规和规章制度,工程建设要按照政企分开的原则,严格实行项目法人责任制、招标投标制、建设监理制、合同管理制。[①]

二、南水北调东线工程的实施

南水北调工程是中国一项跨世纪的重大水利建设工程,东、中线一期工程静态总投资达 1240 亿元。这项重大工程的资金需求量巨大,除财政拨款和南水北调工程基金之外,还需要银行提供长期、稳定、足额的资金支持。同时,工程建设的复杂性、长期性、系统性,也对金融服务提出了更高、更全面的要求。鉴于南水北调工程特殊的金融需求,在国家发展和改革委员会、水利部和南水北调工程建设委员会办公室的大力支持下,由国家开发银行牵头,中国建设银行等四家国有独资商业银行和民生银行等四家股份制商业银行共同组建了南水北调主体工程银团。银团囊括了中国基础设施信贷领域的主力银行,具有资金实力强、金融手段全、服务网点多等特点,具备为南水北调这类特大型工程提供充足资金和全面服务的能力。

2004 年 6 月 15 日,"南水北调主体工程银团贷款银行间框架合作协议"签字仪式在北京举行。根据协议,以国家开发银行为牵头行的国内九家金融机构将为南水北调主体工程提供总额达 488 亿元(不含东线治污贷款 70 亿元)的银团贷款,其中国家开发银行将提供 200 亿元信贷支持。[②]

2004 年下半年,南水北调东、中线工程计划开工 10 个项目,总投资 600 亿元,这意味着南水北调东、中线建设全面展开。计划开工的 10 个项目中东线工程有 6 个项目,包括江苏骆马湖至南四湖段工程、山东韩庄运河段工程、南四湖周边水资源控制与监测工程、江苏骆马湖以南段工程、穿黄工程和南四湖至东平湖段工程。中线工程有 4 个项目:丹江口水库大坝

---

① 《温家宝在国务院南水北调工程建设委员会第一次全体会议上强调,精心组织,精心设计,精心施工,把南水北调工程建成世界一流工程》,《人民日报》2003 年 8 月 15 日。

② 富子梅:《"南水北调"获四百八十八亿元银团贷款,开行作为牵头行提供二百亿元信贷》,《人民日报》2004 年 6 月 16 日。

加高工程、穿黄工程、黄河北至漳河南段工程和漳河北至石家庄段工程。①

2004年10月25日,国务院南水北调工程建设委员会在北京召开第二次全体会议。温家宝主持会议并讲话。温家宝指出:中央高度重视南水北调工程建设,经过各方面的共同努力,目前南水北调各项工作取得了较大进展,前期工作加快推进,在建工程进展顺利,东线治污正在展开,项目法人组建基本完成,这些都为工程建设奠定了良好的基础。他强调,要正确处理局部与整体的关系,正确处理工程建设与治污和生态环境保护的关系,正确处理调水与节水的关系,正确处理主体工程与配套工程的关系,正确处理质量与进度的关系,建立良性的调水和用水机制,建设节水型社会。把水污染防治作为重中之重,使南水北调工程成为"清水走廊""绿色走廊"。切实加强工程质量管理,建立质量责任制和责任追究制,实行全过程质量监督,努力把南水北调工程建设成为一流的水利工程。要采取得力措施全面推进工程建设。一是加快前期工作,保证工程建设按计划进行。二是健全和完善管理体制,使工程建设尽快走上规范化、制度化管理轨道。三是加强建设资金管理,严格控制工程投资。四是切实做好征地补偿和移民安置工作,促进工程建设顺利实施。五是加大污染治理力度,做好环境保护工作。②

与南水北调的中线、西线工程不同,东线工程最大的"拦路虎"不是技术问题,而是污染治理。污染治理既是东线工程通水的先决条件,也是确保工程成功的关键因素。东线工程将穿越淮河、海河两大流域,而这两大流域是当时中国七大流域中污染较重的地区。2000年的数据显示,东线工程沿线地区全年的废水排放量为29.51亿吨,入河量为21.1亿吨;COD的排放量为94.1亿吨,入河量为65.3亿吨;氨氮排放总量为13.5万吨,入河量达9.36万吨。其中,既有工业污染,又有农业污染,还有城镇的生活污染。③因此,水污染治理、水环境保护是南水北调工程成败的关键,党中央、国务院提出了"先节水后调水,先治污后通水,先环保后用水"的原则,并把治污作为总体规划的重要组成部分。由南水北调工程建设委员会办公室、国家发展和改革委员会、监察部、建设部(现住房和城乡建设部)、水

---

① 赵永平:《南水北调东、中线建设将全面展开》,《人民日报》2004年9月2日。
② 《温家宝在国务院南水北调工程建设委员会全会上强调,加强领导,密切配合,扎实推进南水北调工程建设》,《人民日报》2004年10月27日。
③ 赵永新:《如何打造"清水廊道"——访〈南水北调东线工程治污规划〉总报告负责人夏青》,《人民日报》2003年1月8日。

利部和环保总局（现生态环境部）六部门制定出台的《南水北调东线工程治污规划实施意见》指出，治污工程要在布局、规模、投资、时序安排等方面与调水工程建设同步，并适当超前，做到"清一段，通一段"，形成"治理、截污、导流、回用、整治"一体化的治污工程体系，在输水干线实施清水廊道工程，在用水区实施用水保障工程，在规划影响区实施水质改善工程。

国务院批复《南水北调东线工程治污规划》以后，在沿线各级政府和国务院有关部门的努力下，通过采取调整产业结构、治理工业污染、推行清洁生产、建设城市污水处理厂、减少化肥和农药使用、加强畜禽养殖污染防治、实施生态清淤和建设防护林等综合措施，南水北调东线水质恶化趋势基本得到遏制，但总体来说，污染依然十分严重。东线工程治污重点在山东，难点在南四湖。东线工程的污染治理分两个阶段：2008 年之前治理黄河以南地区，2008 年以后治理黄河以北地区。

为使南水北调山东段水质早日达标，山东省做了大量前期准备工作。一方面，山东省加大了南水北调山东段的治污力度，取缔、关闭南四湖、东平湖流域 15 类"五小"企业 368 家。另一方面，山东省投巨资治理沿线污染，总投资达 80 亿元，分别用于建设城市污水处理厂 43 家，截污导流工程 17 项，工业治理工程 111 项，流域综合治理工程 4 项，工业结构调整项目 33 项。[①] 继在全国率先关停 1 万吨以下草浆纸厂后，山东省政府再次推出新举措：从 2001 年 10 月至 2002 年 8 月底前，关闭 41 家造纸厂的两万吨及以下草浆造纸生产线。此次关闭行动带来固定资产损失 10.7 亿元，涉及 1.4 万名职工的再就业问题。2003 年 6 月，山东省政府批准建立南四湖省级自然保护区。同时，地处南四湖区、投资 6700 万元的微山县污水处理厂也已试运行。这是山东省把南四湖区打造成南水北调"清水走廊"的重要步骤。

2003 年 10 月 15 日，南水北调工程建设委员会办公室分别与江苏和山东两省人民政府签订了《南水北调东线工程治污工作目标责任书》。作为东线工程治污规划江苏段和山东段的第一责任人，两省人民政府承诺：制订产业结构调整计划，坚决关停污染严重、达标无望的企业；大力推进清洁生产，实现节能、降耗、减污、增效；城市污水处理厂将加强配套污水再生利用设施建设，提高污水再生利用率和农业灌溉用水效率，提高污水资源化水平；加强输水沿线城镇生活垃圾的收集和处置，逐步实现生活垃圾的"减

---

① 王科：《山东治理南水北调沿线污染》，《人民日报》2001 年 11 月 21 日。

量化、资源化、无害化"。①

在南水北调东线工程沿线，治污攻坚战全面展开。山东省重拳出击，关闭了沿线 40 条 2 万吨以下造纸企业草浆生产线、8 条 5 万吨以下不能稳定达标排放的草浆生产线和所有 5000 吨以下酒精生产线；陕西、湖北和河南三省共关闭了黄姜加工企业近 70 家。② 江苏省对调水沿线所有新上项目实行环保"一票否决"，所有高耗水、高污染的项目一律不能上马。2004年，全省共关停了 14 条化学制浆造纸生产线，关闭"十五小"和"新五小"企业 156 家，使沿线的工业污染比重从 60％降到了 45％。2005 年水质监测显示，南水北调东线工程江苏省沿线已有 7 个断面的水质达到Ⅲ类水标准，完全可满足饮用、灌溉等需要。③

2005 年 10 月 29 日至 31 日，国务院副总理曾培炎先后考察了江苏省扬州市江都水利枢纽工程、宝应站工程、宿迁市中运河城区段综合整治工程、徐州市解台站工程，山东省枣庄市韩庄运河段万年闸泵站、新薛河入湖口人工湿地工程。在微山县南四湖，曾培炎实地察看了湖区水质状况。11月 1 日，国务院南水北调东线治污工作现场会在山东济宁召开，曾培炎出席会议并听取有关部门的汇报。他指出，实施南水北调工程是党中央、国务院作出的战略决策，也是落实科学发展观的一次重要实践。要严格遵循"先节水后调水，先治污后通水，先环保后用水"的"三先三后"原则，加大水源及沿线水污染防治力度，努力把南水北调工程沿线打造成"清水走廊""绿色走廊"，争取早日发挥工程的经济、社会和生态综合效益。为此，他提出五点要求：加快实施规划中的治污项目，深化污水处理收费改革，推进产业结构调整，积极开展面源污染防治，搞好沿线生态环境保护。④

为加强南水北调工程沿线区域的水污染防治，保证调水水质，山东省出台法规，实行沿线区域分级保护制度，在核心保护区，禁止设置工业排污口，禁止使用农药、化肥等。根据南水北调工程调水水质的要求，将沿线区域划分为三级保护区：核心保护区、重点保护区和一般保护区。核心保护区是指输水干线大堤或者设计洪水位淹没线以内的区域。在核心保护区

---

①　江夏：《南水北调东线工程治污目标明确，一期工程 4 年后水质将达三类标准》，《人民日报》2003 年 10 月 16 日。

②　赵永平：《南水北调将迎来建设高潮》，《人民日报》2005 年 9 月 19 日。

③　赵永平：《南水北调东线的水质恶化已基本得到遏制，但治污工作仍然十分艰巨——南水北调不会成"污水北调"》，《人民日报》2005 年 8 月 29 日。

④　《曾培炎在国务院南水北调东线治污工作现场会上强调，切实贯彻五中全会精神，坚持"三先三后"原则，把调水沿线打造成"清水走廊""绿色走廊"》，《人民日报》2005 年 11 月 3 日。

内，禁止使用农药、化肥等农业投入品；在重点保护区内限制使用农药、化肥。在核心保护区内，禁止从事规模化畜禽养殖；对畜禽粪便、农作物秸秆、农用地膜等农业生产残留物，要进行无害化处理和资源化利用。核心保护区内不得新建、改建、扩建直接向输水干线排污的饭店、旅馆或者其他旅游、娱乐设施；已建成的，应当限期治理；经治理后仍不符合要求的，依法予以拆迁或者关闭。[①]

为规范污水处理厂的正常运行，山东省人大于 2006 年审议通过了《山东省南水北调工程沿线区域水污染防治条例》（后简称《条例》），并于 2007 年 1 月 1 日起实施。这是国内首次以地方立法的形式对南水北调工程沿线区域的水污染防治进行规范性约束。《条例》要求污水处理厂不得超标排放污水，因设施改造或者技术检修等原因确需停止运行的，必须启动应急预案，并向当地建设和环境保护行政主管部门报告。对超标排放的污水处理厂，《条例》规定处以 5 万元以上 10 万元以下的罚款。《条例》还突破性地引入了生态补偿机制。为保证调水水质，南水北调工程沿线区域实行了较其他地区更高的水污染物综合排放标准，沿线区域政府承担了更重的治污任务，治理成本加大；同时，沿线区域的相关企业、湖区渔民和农民承担了更为严格的水污染防治责任，其经济利益受到了不同程度的影响。鉴于以上情况，《条例》在考虑沿线区域对南水北调工程水污染防治的实际付出和有益贡献基础上，从兼顾公平的原则出发，规定了山东省人民政府应当建立沿线区域水污染防治生态补偿机制。[②]

至 2007 年，山东省共完成水污染物减排项目 435 个、大气污染物减排项目 323 个。全省所有县（市、区）都已建成或已开工建设污水处理厂。其中，2007 年新建成污水处理厂 30 家，每天增加污水处理能力 109.4 万吨，年新增 COD 削减能力 9 万吨。2007 年新建成 5 万千瓦及以上国家和省重点现役脱硫机组 26 台。企业和污水处理厂的达标率明显提高，由 50% 左右分别上升到 85% 和 70% 左右。全省主要河流 COD 平均浓度下降了 7.76%，氨氮平均浓度下降了 7.83%，17 座城市的空气质量平均改善了 10% 左右。山东省从源头上控制污染排放，淘汰落后产能。

2007 年，山东省共关停小火电机组 113 台，装机容量达 171.7 万千瓦，超额完成年初确定的关停 130 万千瓦的任务；淘汰落后产能 370.6 万吨钢

① 苏长虹：《山东南水北调核心区禁用农药化肥》，《人民日报》2007 年 1 月 10 日。
② 赵永平：《南水北调出台首部治污地方法规，山东：污水厂超标排放，重罚》，《人民日报》2006 年 12 月 12 日。

和 248 万吨铁,涉及钢铁企业 17 家,拆除水泥立窑生产线 110 条,淘汰落后水泥生产能力 850 万吨,完成了 2007 年度国家下达的钢铁、水泥落后产能关停任务。山东省实行严格的污染排放标准,初步建立了地方性污染物排放标准体系,先后出台南水北调沿线、小清河流域、海河流域、半岛流域等覆盖全省的水污染物排放标准,其中 COD 排放标准最高严于国家行业标准 6 倍多,氨氮排放标准最高严于国家行业标准 7 倍。大力推行差别电价政策,对电解铝、钢铁、水泥等 8 个重污染行业的 138 家企业实行了差别电价。[①]

2004 年 10 月 24 日,南水北调东线一期工程骆马湖至南四湖段的解台泵站开工建设。解台泵站是继江苏三阳河潼河宝应站工程、山东济平干渠工程开工以后,东线一期工程的又一开工项目。根据规划,南水北调东线工程从长江下游抽引江水,沿京杭大运河逐级提水北送,经 13 级提水,总扬程 65 米,向黄淮海平原东部供水,最终抵达天津。工程分三期,其中一期工程主要是向江苏和山东两省供水,主体工程工期五年,计划于 2007 年建成通水。解台泵站是南水北调东线的第 8 级抽水泵站,工程设计流量为 125 立方米每秒,初步设计总投资 1.86 亿元。该泵站的作用是实现从骆马湖向南四湖调水,向山东省提供城市生活用水、工业用水,改善徐州市的用水和不牢河的航运状况,为加快南水北调东线工程的省际通水创造条件。

据《人民日报》2004 年 12 月 1 日报道:东线一期工程、中线一期工程建设进展顺利,工程质量总体良好。截至 2004 年 11 月 23 日,南水北调东线山东段工程建设已完成投资 8 亿多元,占工程总投资的 70% 以上,工程总体进展顺利。南水北调东线山东段主干线自山东、江苏省界进入山东省韩庄运河,经台儿庄、万年闸、韩庄三级泵站提水入南四湖下级湖。南水北调东线一期工程在山东省境内南北干线长 487 千米,东西干线长 704 千米,全长 1191 千米,工程建成后将形成 T 字形输水大动脉。[②]

截至 2005 年 8 月底,在建项目累计完成投资 28.43 亿元,占在建项目总投资的 43%。东线首批开工建设的江苏三阳河潼河宝应站工程、山东济平干渠工程基本完工。工程项目累计完成土石方 5438 万立方米,占在建

---

① 苏长虹:《控制污染排放,淘汰落后产能,山东去年超额完成减排任务》,《人民日报》2008 年 2 月 15 日。

② 何勇:《南水北调山东段完成投资逾 8 亿,占工程总投资 70% 以上》,《人民日报》2004 年 12 月 1 日。

项目总土石方量的 80％；累计完成混凝土浇筑 77 万立方米，占在建项目混凝土总量的 41％。《人民日报》2005 年 9 月 19 日报道：随着中线京石段应急供水工程全面加速，南水北调标志性工程——丹江口大坝加高和中线穿黄工程近期开工建设，南水北调即将迎来建设高潮。[①] 截至 2005 年底，南水北调工程已有 9 个单项工程相继开工，涉及工程投资规模近 300 亿元。累计完成土石方 6116 万立方米，占在建工程设计总量的 57％。南水北调首批开工项目——东线三阳河潼河宝应站工程和济平干渠工程已经建成并开始发挥效益。[②] 据国务院南水北调办公室统计显示，截至 2008 年 10 月底，南水北调东、中线一期工程累计完成投资 221 亿元，占在建设计单元工程总投资的 68％。南水北调，这个迄今为止规模最大的调水工程，正由梦想变成现实。[③]

穿越黄河工程是南水北调东线的关键控制性项目。该工程位于山东泰安市东平县和聊城市东阿县境内、黄河下游中段，工程由东平湖湖内疏浚及出湖闸、南干渠、埋管进口检修闸、滩地埋管、穿黄河隧洞、出口闸、穿引黄渠埋涵、连接明渠等建筑物组成，主体工程全长 7.87 千米，湖内疏浚 9 千米，工程总投资 6 亿多元。

2007 年 12 月 28 日，南水北调东线唯一一个穿黄河工程在山东省聊城市东阿县刘集镇位山村正式开工。整个东线穿黄河工程从东平湖出发，先建出湖闸，再开挖南干渠至黄河南大堤前（子路堤），在此处建进口检修闸，并以埋管的方式穿过子路堤、黄河滩地至解山村。然后，经隧洞穿过黄河主槽及北大堤，在位山村以埋涵的形式穿过位山引黄渠渠底，经出口闸与黄河北输水干渠相接，全长 7.87 千米。整个工程遇到了很多难题，最大的困难是在解山开挖深达 70 米的隧道。这不仅要做好内渗的处理，还要充分保证衬砌的质量。南水北调东线山东段首个截污导流工程——宁阳县洸河截污导流工程也同时开工。宁阳县洸河截污导流工程位于南四湖主要入湖河流洸府河上游，涉及洸河、宁阳沟两条河。在南水北调东线干线工程输水期，该工程用于拦截工业及城市污水处理厂达标排放的中水，并通过泵站和输水管道向洸河右岸、宁阳沟左岸灌区输送，可改善农田灌溉面积 7.33 万亩。与洸河截污导流工程类似的项目山东省共有 21 项，总投

---

① 赵永平：《南水北调将迎来建设高潮》，《人民日报》2005 年 9 月 19 日。

② 赵永平：《国务院南水北调工程办公室宣布，南水北调首批开工项目建成》，《人民日报》2006 年 1 月 22 日。

③ 赵永平：《南水北调梦成真》，《人民日报》2008 年 11 月 21 日。

资 11.9 亿元。相关工程在保证调水水质的同时,为区域内近 185.3 万亩农田提供灌溉水源。①

南水北调东线一期工程于 2002 年 12 月 27 日开工建设,2013 年 11 月正式通水。工程自江苏省扬州市引长江水,向北抵达山东东平湖后,一路抵达鲁北地区,另一路向东直达烟台、威海、青岛。工程全长 1467 千米。东线一期工程的供水目标主要是补充苏北、鲁南、鲁北、胶东半岛及安徽省部分地区的城市生活、工业和环境用水,兼顾农业、航运和其他用水。水量调配原则规定,供水区各种水源的利用次序依次是当地水、淮河水和江水。根据黄河以北和山东半岛输水河道的防洪除涝要求,东线一期工程向胶东和鲁北的输水时间为 10 月至翌年 5 月。东线一期工程北调水量多年平均比现状增抽江水 39 亿立方米,向山东多年平均供水量为 13.5 亿立方米。

东线一期工程自 2013 年底通水至 2018 年以来,江苏段 5 年内完成 19 次调水任务,向山东调水量从 2013 年的 0.8 亿立方米逐步增加至 2018 年的 10.88 亿立方米。截至 2018 年 12 月,累计向山东调水相当于 2600 多个大明湖水量。其中 2013—2014 年度完成台儿庄泵站调水量为 0.79 亿立方米;2014—2015 年度完成水利部批复的台儿庄泵站的调水量为 3.27 亿立方米;2015—2016 年度完成水利部批复的台儿庄泵站的调水量为 6.02 亿立方米;2016—2017 年度完成水利部批复的台儿庄泵站调水量为 8.89 亿立方米;2017—2018 年度完成水利部批复的台儿庄泵站调水量为 10.88 亿立方米。② 截至 2019 年 6 月,南水北调东线一期工程已累计向山东调引长江水超过 35 亿立方米,有效缓解了山东部分地区生产和生活用水问题,超过 4000 万人口从中受益。③

随着山东省配套工程的建设,东线工程运行平稳、供水量逐年稳定增长。2014 年 7 月 14 日南四湖水位降至低于最低生态水位 0.24 米(最低生态水位 31.05 米),湖区水面较兴利水位时水面缩减 60% 以上,蔺家坝泵站于 2014 年 8 月 5 日启动机组向南四湖下级湖应急调水 0.81 亿立方米,顺利完成应急调水任务。2017 年胶东地区大旱,半岛严重缺水,南水北调东

241

① 刘成友:《南水北调东线一期穿黄河工程年底开工》,《人民日报》2007 年 12 月 5 日。
② 汪易森:《南水北调是缓解我国北方水资源严重短缺的战略性工程——兼回应网上南水北调工程负面评议》,水利部网站 2019 年 3 月 22 日。
③ 《南水北调东线北延应急试通水成功　首次把长江水输向天津、河北》,央视网 2019 年 6 月 22 日。

线及时调水,确保了青岛、烟台等地的用水需求,维持了济南泉水继续喷涌。①

按照 2019 年初水利部等四部委关于压采华北地区深层地下水置换农业用水的要求,南水北调东线工程从 4 月 21 日至 6 月 21 日,通过六五河节制闸向北方天津、河北输送了 6868 万立方米的水量。此次调水,主要借助原有的引黄济津渠道,从山东引水到天津九宣闸,全长约 487 千米。此次通水不仅在一定程度上回补了河北和天津部分地区地下水,改善了水生态和水环境,同时为沿线城乡生活用水尝试提供新的可靠水源,并对下一步东线一期工程北延进行检验。② 这是东线工程自 2013 年正式通水以来,首次把长江水输向河北、天津。

南水北调东线调水成败在于治污,15 年前人们质疑这一条条"酱油河"能否变清。15 年后的 2019 年,东线工程已经成为流域治理的范例:2003—2013 年,COD 平均浓度下降 85% 以上、氨氮平均浓度下降 92%、水质达标率从 3% 到 100%。水清了,岸绿了,南水北调东线一期工程有力促进了沿线各地经济社会发展和生态环境的保护。

三、南水北调中线工程成功调水

继 2001 年 9 月考察南水北调东线后,2002 年 5 月 8 日至 11 日温家宝又考察了南水北调中线工程项目,察看了丹江口水利枢纽、陶岔渠首闸、穿越黄河工程、百泉灌区、石津干渠古运河枢纽、瀑河水库、永定河倒虹吸工程等中线调水的一些关键性工程项目,看望了丹江口库区移民,到沿线农村进行了调查,听取了湖北、河南、河北、天津、北京等沿线省市和有关部门的汇报,了解各方面的意见和建议。

温家宝在考察时指出,实施南水北调,必须制定科学的规划。南水北调是千年大计,一定要以严谨、科学和实事求是的态度进行充分可靠的论证,经得起历史的检验,对子孙后代负责。要贯彻从长计议、统筹考虑、科学选比、周密计划的指导思想,以及先节水后调水、先治污后通水、先环保后用水的原则。调水要综合考虑各方面的因素,不仅要有一个好的工程规划,还要有好的节水规划、经济结构调整规划、污染治理规划、生态保护规

① 汪易森:《南水北调是缓解我国北方水资源严重短缺的战略性工程——兼回应网上南水北调工程负面评议》,水利部网站 2019 年 3 月 22 日。
② 《南水北调东线北延应急试通水成功 首次把长江水输向天津、河北》,央视网 2019 年 6 月 22 日。

划、水价形成机制规划。温家宝强调,要切实解决好调水工程的突出问题。一是生态问题。南水北调必须把生态建设与环境保护摆在突出位置。调水既要让北方干旱地区受益,也要保证水源地区生态不受大的影响,实现调水区和受水区经济、社会、生态的协调发展。水源地区要大力实施退耕还林、封山育林,严格控制污染物排放,确保水源永远是一库清水。调水沿线要搞好污染防治、绿化建设,努力使调水渠道成为清水走廊、绿色长廊。二是移民问题。要高度重视库区移民工作,重点解决好移民的生计问题,切实把移民安置好、稳定住,并帮助他们脱贫致富。三是节水问题。解决北方地区水资源短缺,必须把立足点放在节水上。要调整经济结构,发展节水型工业、节水型农业,建设节水型城市、节水型社会。[①]

2003 年 12 月 30 日,南水北调中线京石段应急供水工程——北京永定河倒虹吸工程动工,这标志着南水北调中线工程正式启动,南水北调工程东、中线从此进入同步建设阶段。南水北调中线工程从湖北省的丹江口水库引水,重点解决北京、天津、石家庄、郑州等沿线大中城市的缺水问题,兼顾供水区生态环境和农业用水。根据规划,2008 年调黄河之水到北京;2010 年,中线工程全线通水,引长江之水到北京。南水北调到北京后,直接供水范围 3247 平方千米。为尽快缓解北京市水资源紧缺状况,国家决定在中线工程全线通水之前,先期实施中线总干渠京石段通水,将河北省岗南、黄壁庄、王快、西大洋四座水库与总干渠连接,相继向北京应急供水。这一工程工期 3 年,总投资 173 亿元。2007 年即可应急向北京供水 4 亿至 5 亿立方米。京石段应急供水工程北京段起点在房山拒马河,经房山区,穿永定河,过丰台,沿西四环路北上,至终点颐和园团城湖。

2003 年 12 月 30 日,南水北调中线工程河北省第一个建设项目——滹沱河倒虹吸工程正式开工建设。这一工程位于河北省石家庄市正定县新村村北的滹沱河上,设计流量为每秒 170 立方米,防洪标准为百年一遇。滹沱河倒虹吸工程是南水北调中线北京至石家庄段应急供水工程的重要组成部分。

2004 年 9 月 1 日,随着数十台挖掘机的轰隆声,南水北调中线唐河倒虹吸工程和釜山隧洞工程正式开工建设,这标志着南水北调中线京石段应急供水工程已进入全面建设阶段。这两个项目除近期担负着向北京市应

---

①　韩振军:《温家宝在考察南水北调中线时强调,统筹规划科学论证,加紧做好前期工作》,《人民日报》2002 年 5 月 13 日。

急供水的任务外,还担负着南水北调中线一期工程全线贯通后的输水任务。唐河倒虹吸工程位于河北省曲阳县,是中线工程穿越唐河的大型交叉建筑物,工程工期24个月,总投资2.19亿元。釜山隧洞工程位于河北省徐水县(现保定市徐水区)与易县的交界处,工程工期35个月,总投资1.99亿元。[①]

2004年7月13日,南水北调中线干线工程建设管理局正式成立,这预示着南水北调中线干线工程步入了全线大规模建设的快速轨道。南水北调中线干线工程建设管理局承担南水北调中线干线主体工程建设期间的项目法人职责,条件具备后,改组成南水北调中线干线有限责任公司。南水北调工程建设期间,组建了南水北调东线江苏水源有限责任公司、南水北调东线山东干线有限责任公司、南水北调中线水源有限责任公司和南水北调中线干线有限责任公司(南水北调中线干线工程建设管理局)4个项目法人,具体履行南水北调东线、中线主体工程建设期间的项目法人职责。南水北调中线干线工程建设管理局的成立,标志着南水北调工程项目法人组建工作迈出了关键一步,对于促进中线工程的顺利建设起到重要作用。

2005年9月26日,丹江口水利枢纽大坝加高工程开工建设,标志着南水北调工程进入建设高峰。丹江口大坝加高工程是南水北调控制工期、施工技术最为复杂的工程之一,工程总投资为24.25亿元。大坝加高后,正常蓄水位从157米提高至170米,可相应增加库容116亿立方米,通过优化调度,可提高中下游防洪能力、扩大防洪效益。2010年调水量95亿立方米,到2030年调水量达到120亿至130亿立方米,可基本缓解华北用水的紧张局面。

南水北调中线工程于2003年12月30日开工建设,至2005年9月中线(北)京石(家庄)段应急供水工程已经开工建设5个单项工程。[②]

2005年11月下旬,南水北调中线标志性工程——丹江口大坝加高主体工程左岸25坝段、右岸12坝段分别开仓浇筑第一仓混凝土。这标志着丹江口大坝加高主体工程混凝土浇筑全面进入实施阶段,丹江口水利枢纽大坝真正开始"长高",为南水北调中线按期通水提供了保障。丹江口大坝加高主体工程混凝土浇筑前的三个系统(砂石系统、混凝土拌和系统、混凝土浇筑系统)已基本完成,仓位准备、技术准备工作也已经完成。主体工程

---

① 赵永平:《南水北调东、中线建设将全面展开》,《人民日报》2004年9月2日。

② 赵永平:《南水北调工程进入建设高峰,丹江口大坝加高工程开工建设》,《人民日报》2005年9月27日。

比计划提前一个月实现混凝土开仓浇筑。[①]

丹江口水库流出的甘甜长江水一路北上，在郑州市附近将通过黄河。经过论证，确定在黄河河床底部 60 米处，打两个平行隧洞穿过黄河。"穿黄"工程位于郑州市以西约 30 千米处，从孤柏山嘴湾处穿过黄河，两条平行"穿黄"隧洞内径 7 米、长 3.45 千米，设计洪水标准为 300 年一遇，主要建筑物抗震烈度为 7 度。这是当时国内最大的穿越大江大河的交叉建筑工程，也是南水北调施工难度最大的工程，因此被称为南水北调的"咽喉工程"。2005 年 9 月 27 日，河南省荥阳县（现荥阳市）黄河岸边人头攒动，彩旗飘扬。上午 11 时，数十台推土机、工程车隆隆启动，奏响了南水北调中线穿越黄河工程开工的"号角"。这是继 26 日丹江口水利枢纽大坝加高工程开工后的又一个关键性工程。两大工程接连开工，标志着南水北调中线工程已进入全线建设阶段。[②]

2006 年 9 月，南水北调中线工程河南段开工建设。在南水北调中线工程规划中，河南既是水源地，又是受水区，是渠道最长、移民最多、计划用水量最大的省份。南水北调中线一期主体工程静态总投资 1367 亿元，其中河南境内投资约为 670 亿元。截至 8 月底，南水北调京石段应急供水工程累计完成投资 52.10 亿元，占该段在建项目总投资的 29%，累计完成土石方 1561 万立方米，完成混凝土浇筑 78.2 万立方米。国务院南水北调工程建设委员会办公室负责人表示，截至 2006 年 8 月底，京石段工程整体进展顺利，已进入全面攻关建设阶段，目标是确保 2008 年奥运会前具备通水条件。截至 2007 年 1 月底，南水北调中线一期工程累计完成投资 91.29 亿元，占在建设计单元项目总投资的 36%；累计完成土石方 9383 万立方米，占在建设计单元项目总土石方量的 42%。

丹江口大坝加高工程，是在原来老坝体基础上先培厚再加高，即先将原来的大坝坝体加宽加固，然后再加高。2007 年 3 月 22 日，南水北调中线水源工程湖北丹江口大坝加高全面展开。这是国内当时最大的大坝加高工程，技术复杂、施工难度大、工艺要求高。2007 年五一前夕，南水北调中线的控制性工程——丹江口大坝加高工程培厚混凝土浇筑全线完工，这标志着丹江口大坝加高工程即将进入全面升高阶段。整个丹江口大坝加高

---

① 赵永平：《南水北调中线源头，丹江口大坝昨起"长高"，水库水质达到 I 类标准》，《人民日报》2005 年 11 月 26 日。

② 赵永平：《9 月 26 日和 27 日，丹江口大坝加高工程、"穿黄"工程相继开工建设》，《人民日报》2005 年 9 月 28 日。

工程于 2013 年完工。

中线穿黄工程被称为南水北调的"咽喉工程",穿黄隧洞是穿黄工程的最大难点,也是中国穿越大江大河规模最大的输水隧洞。工程建设不仅直接关系到黄河的防洪安危,也关系到中线一期工程的成败。工程总投资为 31 亿多元,主体工程施工期 51 个月。穿黄工程由南北岸明渠、南岸退水建筑物、进口建筑物、邙山隧洞段、穿黄隧洞段、出口建筑物、北岸新老漭河渠道倒虹吸、南北岸跨渠建筑物和南岸孤柏嘴控导工程等组成。根据设计,在黄河河底开挖两条平行的隧洞,单洞直径 7 米,全长 4.25 千米(穿黄隧洞段包括南岸 800 米邙山隧洞段和 3.45 千米过黄河隧洞段,共长 4.25 千米)。经过科学比选,穿黄工程的隧洞挖掘采用世界上较为先进的盾构技术,其技术含量高,施工工期长。在国内用盾构方式穿越大江大河尚属首例。

2007 年 7 月 8 日,在河南郑州附近的黄河北岸河床底部近 40 米深处,南水北调中线穿黄隧洞盾构机开始正式掘进,这标志着南水北调中线关键性控制性工程——穿黄工程施工进入关键阶段,为实现南水北调 2010 年的通水目标创造了条件。这次首发掘进的是右引水洞,盾构机掘进速度为 10 米/日左右,2008 年 9 月穿过黄河,10 月开始邙山斜洞掘进,2009 年 3 月完成右隧洞盾构施工任务。

10 月 11 日,为确保南水北调中线工程水质安全,促进区域经济社会发展,南水北调中线工程水源地丹江口库区及上游水土保持工程启动,此项工程在同等项目中投入最多,单位面积投入达每平方千米 20 万元。根据南水北调中线工程建设的总体安排,到 2010 年,在丹江口库区及上游的陕西、湖北、河南三省水土流失严重的 25 个县实施水土保持工程,年均减少土壤侵蚀量 0.4 亿至 0.5 亿吨,林草植被覆盖度增加 15%～20%,年均增加水源涵养能力 4 亿立方米以上。

11 月 10 日,随着最后一跨槽身混凝土浇筑的完成,国内最大的输水渡槽——南水北调中线漕河渡槽主体工程完工。该工程作为南水北调中线京石段应急供水的控制性工程,为实现向北京应急供水奠定了基础。漕河渡槽是南水北调中线京石段应急供水工程的一个重要组成部分,又是应急供水工程如期实现向北京供水的卡关项目之一,是 300 千米长的京石段应急工程的重中之重。该工程位于河北省保定市满城县(现保定市满城区)境内,主体工程是总长 2300 米、底宽 20 米的跨越漕河的巨型渡槽。

南水北调工程中线从长江支流汉江中上游的丹江口水库引水,调水总干渠起自丹江口水库陶岔枢纽,全线自流到天津、北京,经过河南、河北、北京、天津四省市,总长 1432 千米。2008 年 9 月 26 日,南水北调中线一期工程总干渠膨胀土试验段工程(南阳段)开工建设,这是南水北调中线干线工程黄河以南的首个开工项目,是实现中线河南段"黄河北连线、黄河南布点"建设目标的关键一环。该工程的开工建设,标志着南水北调中线工程黄河以南段建设进入新的阶段。

2008 年 10 月 3 日起,北京居民可以喝上南水北调工程调来的清水了。随着京冀交界处北拒马河暗渠进水闸闸门缓缓提起,从河北调来的汩汩清水沿着主干渠流入北京。南水北调中线京石段应急供水工程正式建成通水,意味着南水北调工程建设取得阶段性成果。

2008 年 10 月 31 日,为加快南水北调工程建设步伐,国务院南水北调工程建设委员会在北京召开第三次全体会议。参加会议的有国务院南水北调工程建设委员会全体成员及有关部门和单位、南水北调东线和中线沿线有关省市的负责人。会议听取了南水北调工程的建设进展、基本做法、建设经验、存在问题以及工程水价有关情况的汇报。

中共中央政治局常委、国务院副总理、国务院南水北调工程建设委员会主任李克强主持会议并讲话。他指出:南水北调工程开工以来,已经取得显著进展和积极成效。以国务院审议通过的南水北调东、中线一期工程可研总报告为标志,南水北调工程建设进入全面展开的新阶段。要进一步加强组织领导,完善体制机制,优化设计方案,科学安排施工,继续抓好在建项目,及时开工一批单项重点工程,扎实做好各项工作,促进工程优质、高效、按时建成,如期发挥经济、社会和生态效益。他强调,要全面贯彻党的十七大和十七届三中全会精神,深入贯彻落实科学发展观,以对国家对人民高度负责的精神,认真总结经验,加强监督管理,在确保建设质量和提高资金效益的前提下,加快南水北调工程的建设步伐,统筹做好征地移民、治污环保、文物保护等工作,优质高效又好又快地推进南水北调工程建设,促进经济平稳较快增长和全面协调可持续发展。①

随着党和政府的高度重视,南水北调中线一期工程加快了建设步伐。到 2014 年 12 月 12 日,南水北调中线一期工程正式通水。对此,习近平总书记作出重要指示,强调南水北调工程是实现我国水资源优化配置、促进

---

①　高云才:《国务院南水北调建委第三次全体会议召开,李克强强调,优质高效又好又快,推进南水北调工程建设》,《人民日报》2008 年 11 月 2 日。

经济社会可持续发展、保障和改善民生的重大战略性基础设施。经过几十万建设大军的艰苦奋斗，南水北调工程实现了中线一期工程正式通水，标志着东、中线一期工程建设目标全面实现。这是我国改革开放和社会主义现代化建设的一件大事，成果来之不易。希望继续坚持先节水后调水、先治污后通水、先环保后用水的原则，加强运行管理，深化水质保护，强抓节约用水，保障移民发展，做好后续工程筹划，使之不断造福民族、造福人民。[1]

中线工程的供水目标主要是城市的生活和工业用水，兼顾农业和生态用水。在充分考虑节水、治污和挖潜的基础上，本着适度偏紧的精神，合理配置受水区用水，根据汉江来水条件，实施多水多调，少水少调。也就是说，中线一期工程多年平均调水 95 亿立方米，这是基于丹江口水库多年平均入库径流量和受水区设计水平年需水过程得出的，并不意味每年都应调水 95 亿立方米。

自 2014 年底正常通水以来，截至 2019 年 3 月 20 日，中线工程已累计入渠水 205 亿立方米，分水量 192.66 亿立方米。其中，北京 44.04 亿立方米，天津 36.82 亿立方米，河北 42.38 亿立方米，河南 69.42 亿立方米。其中 2014—2015 年度，输水 20.20 亿立方米；2015—2016 年度，输水 38.43 亿立方米；2016—2017 年度，输水 48.48 亿立方米；2017—2018 年度，输水 74.50 亿立方米；2018—2019 年 3 月 19 日，已输水 24.10 亿立方米。随着配套工程的完善，年度输水量在逐年增加。其中 2018 年入渠最大输水流量已达到 352.13 立方米每秒，略超设计输水流量，说明南水北调在正式通水四年后已验证了设计输水能力。据了解，美国加利福尼亚州北水南调工程主干线长约 1060 千米，于 1973 年竣工，最终 1990 年达到设计输水能力，年调水量近 50 亿立方米。[2]

中线工程供水水质优良，已达到国家饮用水 Ⅰ～Ⅱ 类水质要求，有效保障了北京的供水安全、生态安全。北京不合理供水结构正在改变，按照"喝、存、补"的用水原则，用于自来水厂供水、存入密云等大中型水库和回补应急水源地，包括向密云、十三陵、怀柔等地表水库引水，首都告别单一水源的困境。全市人均水资源量由原来 100 立方米提升到 150 立方米，城

---

① 《中国水利年鉴》编纂委员会编：《中国水利年鉴 2015》，中国水利水电出版社 2016 年版，第 185 页。

② 汪易森：《南水北调是缓解我国北方水资源严重短缺的战略性工程——兼回应网上南水北调工程负面评议》，水利部网站 2019 年 3 月 22 日。

区自来水日供水量近七成来自南水。供水范围基本覆盖中心城区、大兴、门头沟、昌平和通州部分地区,自来水硬度由原来的 380 毫克/升降至 130 毫克/升。到 2015 年 12 月 12 日南水北调通水一周年时,北京向水源地试验补水 1.5 亿立方米,增加水面面积 550 公顷。监测显示,北京地下水水位 16 年来首次出现回升。[①] 南水北调工程使北京的水资源配置格局得到了优化,形成了一纵一环输水大动脉,南水占主城区的自来水供水量的 73%,密云水库蓄水量自 2000 年以来首次突破 25 亿立方米,中心城区供水安全系数由 1.0 提升到 1.2。至 2018 年 5 月底,北京市平原区地下水位与上年同期相比回升了 0.91 米。[②]

在北京受水的同时,天津市 2016—2017 年度也受水 10.29 亿立方米,水质 24 项指标全年在地表水Ⅱ类以上,全市 14 个行政区、910 多万居民受益。石家庄市南水占供水比例 73%,南水已成居民主力水源。河北省黑龙港地区 1300 万人长期饮用高氟水、苦咸水现状有望彻底改变。[③]

南水北调中线一期工程通水有效缓解了受水区地下水超采局面,使地区水生态恶化的趋势得到遏制,并逐步恢复和改善了生态环境。此外,2017 年和 2018 年连续两年中线工程通过优化调度,利用汛期弃水累计向河北、河南、天津等地补水 11.6 亿立方米,生态环境效益十分显著。2018 年 9 月起向河北省滹沱河、滏阳河、南拒马河试点生态补水 4.7 亿,补水水流均已到达河流终点,形成水面 40 平方公里,滹沱河时隔 20 年重现大面积水面,滏阳河、南拒马河重现生机。[④]

---

① 赵永平:《通水一年,二十二亿立方米长江水润泽北方,南水北调中线惠及三千八百万人》,《人民日报》2015 年 12 月 12 日。

② 《南水北调东中线全面通水四周年综合效益显著》,《中国水利报》2018 年 12 月 12 日。

③ 汪易森:《南水北调是缓解我国北方水资源严重短缺的战略性工程——兼回应网上南水北调工程负面评议》,水利部网站 2019 年 3 月 22 日。

④ 汪易森:《南水北调是缓解我国北方水资源严重短缺的战略性工程——兼回应网上南水北调工程负面评议》,水利部网站 2019 年 3 月 22 日。

第六章

农田水利工程建设

　　水利不但是农业的命脉,而且关系着国家的繁荣与发展,关系着人民的安危与福祉。如果说除害主要是指通过江河治理以防洪除涝的话,那么兴利就是要兴修农田水利工程,保障和扩大农田灌溉,以增加农业生产。新中国成立后,中国共产党和中央人民政府在优先治理江河水灾的同时,也加大了对农田水利建设的投入,不仅修复了河北省的金门渠、蓟运河的扬水灌溉工程,还修复了山东省的绣惠渠、四川省的都江堰、陕西省的洛惠渠等工程,而且新建了盘山灌溉区、东辽河灌溉区、河北省石津渠、河南省引黄灌溉济卫工程(后改为人民胜利渠)与绥远省(绥远省,于1954年撤销,并入内蒙古自治区)黄杨闸工程(后改名为解放闸,现位于内蒙古自治区境内)。随着"大跃进"运动和农业学大寨运动的开展,全国掀起了两次大规模的农田水利建设高潮,不仅对中小流域进行全面治理,如㳡河和沙颍河的治理、松辽平原的洪涝治理等,而且陆续建成大批骨干灌溉排水引水工程,如江都排灌站、宝鸡引渭上塬工程、都江堰扩建工程、引丹灌溉工程、㵲史杭灌区工程和河南林县(现林州市)红旗渠,逐步提高了抗御水旱灾害的能力,有效地发挥了水资源的使用效益,扩大了农田水利灌溉面积。

一、引黄灌溉济卫工程的修建

　　新中国成立后,鉴于当时大规模治理黄河的条件还不成熟,为了给大规模地利用黄河水灌溉农田创造经验,中央人民政府在1949年11月中旬各解放区水利工作联席会议上,决定修建河南省境的引黄灌溉济卫工程与绥远省境的黄杨闸工程。

　　随后,黄河水利委员会于1949年11月29日在河南开封召开所属干部大会,传达水利工作联席会议的决议。黄河水利委员会副主任赵明甫说:中央人民政府已批准 1950 年治黄预算并决定兴建引黄灌溉济卫工程(即在黄河铁桥附近设闸,引黄河水至新乡城东入卫河,约可灌溉 20 万亩,并有利于卫河航运),故 1950 年任务十分艰巨。他勉励全体干部,坚决完成 1950 年治黄任务。随后,黄河水利委员会组织引黄测量大队,至黄河北岸工地开始测量工作。该队共分地形(三个组)、水准(两个组)、导线等组,其测量范围由郑州黄河铁桥北岸上口至新乡分渠首,沉沙池及东西干渠各灌田渠。地形测量计 1272 平方千米。在测区内河流每一千米测量一次断面,每 10 千米测量一次流量等,并在渠首元村镇、新乡县、获嘉县、汲县(现卫辉市)设永久测站。

　　1950 年 1 月 22 日至 30 日,黄河水利委员会在开封召开第一次治黄工作会议。这是新中国成立后的第一次全河工作会议。到会的有沿河主要治黄负责干部、黄河水利委员会委员、水利专家等共 50 余人。水利部副部长张含英参加了会议。会议根据水利工作联席会议精神,结合黄河的具体情况,经过反复讨论确定了 1950 年治黄工作的方针与任务、1950 年工作计划和预算草案,黄河水利委员会组织编制草案和工作制度等。会议讨论了治理黄河的最终目的,正式提出了“变害河为利河”的指导思想。但会上对于是否兴建引黄灌溉济卫工程有不同意见,引起了一场争论。

　　早在 1949 年 11 月召开的各解放区水利工作联席会议上,引黄灌溉济卫工程就被作为“有极大收益的重要工程”之一予以支持。1950 年是新中国财政很困难的一年,但中央批准给黄河的工程费仍占全国水利建设费用的 1/4(折合 8500 万千克小米)。有人认为这笔钱来之不易,应首先集中用于下游修防,多做防洪工程,保证黄河不决口,就是对两岸人民最大的兴利,现在应该是“雪中送炭”,而不是“锦上添花”。有人对在黄河大堤上开口子建涵闸,能否保证大堤安全表示怀疑,不敢贸然表示同意。有人担心黄河水引不出来,因为黄河游荡得很厉害,即使水能引出来,因为泥沙多,恐怕用不了几天,渠道就淤平了……总之,反对和怀疑的意见不少。[①] 支持兴建者认为,让黄河兴利是建设新中国的需要,引黄灌溉济卫工程具有较好的前期工作基础,应快快兴建。持稳健态度的支持者认为,在黄河治本问题未解决前,全面兴利是不可能实现的,但利用可能的条件试办中型和

---

　　① 王化云:《我的治河实践》,河南科学技术出版社 1989 年版,第 137-138 页。

小型灌溉工程,帮沿河群众发展生产,还是必要的。[①]

会议经过认真讨论,最后统一了认识,决定修建引黄灌溉济卫工程,并要求对干流进行查勘工作,为制定统一治理黄河的规划作准备。会议确定1950年治黄工作的方针与任务是:以防御比1949年更大的洪水为目标,加强堤坝工程,大力组织防汛,确保大堤不溃决;同时观测工作、水土保持工作及灌溉工程也应认真、迅速地进行,搜集基本资料,加以分析研究,为根本治理黄河创造条件。关于修黄方面,应立即开始运石、集料、植柳工作,准备复堤整险。在治本研究工作方面,必须首先搜集研究基本资料,同时建立与巩固水利建设,进行观测勘察。黄河上中游的水土保持工作,应结合人民利益,发动人民进行试验。兴修水利工作,应争取局部试办中小型灌溉与放淤工程,帮助沿河人民发展生产。会议决定,平原省(1952年撤销)进行引黄济卫(河),山东省试办放淤,宁(夏)绥(远)勘测旱沪渠等项工程。为了保证完成1950年的治黄任务,会议决定统一治黄机构,加强领导。黄河水利委员会在山东、平原、河南下设三个黄河河务局,上游在西安设西北工程处。[②] 这次会议,是黄河由分区治理走上统一治理的开端,为新中国治黄工作打下了从思想上、组织上、工作上统一的基础。[③]

在"变害河为利河"的思想指导下,黄河下游历史上第一次利用黄河水造福人民的引黄灌溉济卫工程加快了测量规划工作,迅速开展了灌区社会经济调查、科学试验、规划设计、编制施工计划等项技术工作。引黄灌溉济卫工程,是从郑州黄河铁桥北岸以西引水,沿京汉铁路东侧总干渠流入新乡市卫河。引黄灌溉济卫工程有两个目标:一是为了灌溉,计划浇灌平原省汲县(现卫辉市)、新乡、获嘉及延津四县农田约40万亩;二是为了济卫,增加卫河水源,以增进新乡至天津间的航运。该工程引水地点在京汉铁路黄河铁桥以西北岸,筑闸引水。总干渠自进水闸至新乡卫河边止长50余千米,渠水量为40立方米每秒,以20立方米每秒灌溉新乡专区的棉田36万亩;以20立方米每秒济卫,增加卫河水量,以利于平原省省会新乡直达天津的航运。待整理河道后,以便航行200吨汽船和帆船。[④]

---

① 水利部黄河水利委员会编:《人民治理黄河六十年》,黄河水利出版社2006年版,第117页。

② 《黄河水利委员会在开封召开治黄会议,决定加强堤坝工程大力防汛,兴修水利帮助沿河发展生产》,《人民日报》1950年2月5日。

③ 王化云:《我的治河实践》,河南科学技术出版社1989年版,第86页。

④ 王化云:《二年来人民治黄的伟大成就》,中国社会科学院、中央档案馆编:《1949—1952中华人民共和国经济档案资料选编·农业卷》,社会科学文献出版社1991年版,第473页。

　　经过 1950 年的筹备,1951 年 3 月,引黄灌溉济卫第一期工程正式开工,主要包括修筑总干渠、西干渠、东一干渠以及水闸、桥梁等主要工程。为了确保工程顺利完成,黄河水利委员会成立了引黄工程指挥部,下设 5 个施工所、3 个转运站、2 个土木工程指挥部。6 月 27 日至 7 月 14 日,水利部部长傅作义同副部长张含英、苏联顾问布可夫、黄河水利委员会副主任赵明甫、清华大学教授张光斗等人对黄河进行了查勘,视察了黄河堤防,勘定了引黄灌溉济卫工程渠首的位置,查勘比较了潼关至孟津蓄水库的库址坝址,以准备黄河治本工作。1952 年 4 月,经过 500 余名干部、1 万多名工人的辛勤劳动,第一期工程基本完成。4 月 10 日,在渠首举行了放水典礼,许多群众赶来观看。当他们看到黄河水从闸门中涌出时,高兴地说:"我们再不受旱症了,永不怕棉花开花不结桃、谷子出穗不结粒了!"[1]受典礼现场人民群众热烈情绪的感染,平原省人民政府副主席罗玉川提议将这项工程改名为"人民胜利渠",得到大家的赞同。同年 10 月,毛泽东视察黄河时听了汇报后也盛赞"人民胜利渠"这个名字起得好。[2]

　　1952 年 7 月,引黄灌溉济卫第二期工程正式开工,修筑东二、东三、新磁、小冀四个灌区工程及沉沙池扩建工程,到 12 月第二期工程完成。1953 年 2 月,第三期工程开工,主要进行部分工程的加固和整修及沉淀区的建筑物工程,同年 8 月竣工。

　　引黄灌溉济卫工程,是新中国农田灌溉史上值得大书特书的事情。在工程设计中,工程设计者打破了过去一般工程设计上只重视干支渠的错误传统,敢进行斗毛渠的具体设计,使挖渠工作全面展开,因之完工之后即能放水浇地,当年即浇到 28 万亩。[3]

　　在"变害河为利河"治黄思想的指引下,新中国成立后不久结束了"黄河百害,唯富一套"的历史。引黄灌溉济卫工程到 1953 年 8 月全部修建完成,共建成渠首闸、总干渠、西灌区、东一灌区、东二灌区、东三灌区、小冀灌区、新磁灌区和沉沙池等大小建筑物 1999 座。修筑斗渠以上渠道长达 4945 千米。灌溉渠可引入巨大流量的黄河水,灌溉黄河北岸新乡、获嘉、汲县(现卫辉市)、延津等地 72 万亩农田。8 月中旬,黄河水利委员会撤销了引

---

　　① 定曼:《引黄灌溉区中的一个农村——王官营》,《人民日报》1952 年 4 月 17 日。

　　② 水利部黄河水利委员会编著:《人民治理黄河六十年》,黄河水利出版社 2006 年版,第 118-119 页。

　　③ 水利部:《1952 年全国农田水利工作总结和 1953 年工作要点》,中国社会科学院、中央档案馆编:《1949—1952 中华人民共和国经济档案资料选编·农业卷》,社会科学文献出版社 1991 年版,第 513-514 页。

黄灌溉济卫工程处,将引黄灌溉济卫工程全部移交给河南省人民政府管理。

引黄灌溉济卫工程全部完成后,不仅保证了京汉铁路两侧新乡、获嘉等6县70余万亩缺水农田获得及时灌溉,还保证了船只在卫河枯水期仍能航行无阻,使新乡到天津900多千米的卫河航运得以畅通。"自引黄以来,就保证了卫河航运的畅通,100吨的木船可满载。1952年完成卫河货物航运吨千米数约为1951年的162%,增加运费收入200亿元。1953年计划货运吨千米数较1952年扩大了20%,单是第一季度已完成全年计划的35.9%"。①

1956年6月,为了充分发掘灌溉的潜力,黄河水利委员会决定续修引黄灌溉济卫扩建工程。工程内容包括:加固渠首和总干渠,把引水量由当时的每秒50立方米增加到每秒70立方米;进行渠系改善和灌区扩展,把灌溉面积由72万亩扩大到160万亩;在总干渠上一号和三号跌水处建两处水力发电站,发电900千瓦到1200千瓦,除扬水灌溉12多万亩农田外,还要供给农产品加工和农村照明用电。②

1958年5月1日,引黄灌溉济卫扩建工程举行放水典礼。工程的总干渠和干渠上共完成闸门、桥梁、涵洞、跌水等建筑物50座。这项工程引水,可灌溉天津和沧县一带900多万亩土地,其中有600多万亩水稻;灌溉山东省德州、武城一带150万亩土地;灌溉河南省近500万亩土地。③

黄河水利委员会主任王化云高度评价说,引黄灌溉济卫扩建工程"是历史上的创举,并为黄河下游开辟了利用黄河水兴修水利的道路,这不但有很高的经济价值,而且有重大的政治意义。"直到1988年,王化云仍称赞说:"实践证明,30多年前的决策是正确的。据统计,这个灌区从1952年开灌以来,仅粮棉增产总值就达4.4亿元,为灌区总投资的18倍,如今人民胜利渠已成为'渠道纵横地成方,粮棉增产稻花香'的全国先进灌区。"④

二、洙河和沙颖河治理

经过新中国成立初期的治水实践,党和政府形成了以群众运动方式兴修小型水利的基本思路。1957年8月,水利部召开的全国农田水利工作会

---

① 范鹏:《引黄灌溉济卫工程效益显著,河南省治淮后数千万亩秋田获丰收》,《人民日报》1953年10月14日。
② 牛立峰:《引黄灌溉区的今天和明天》,《人民日报》1956年6月5日。
③ 《引黄济卫扩建工程放水,可灌溉三个省的一千五百万亩农田》,《人民日报》1958年5月4日。
④ 王化云:《我的治河实践》,河南科学技术出版社1989年版,第138页。

议提出，今后农田水利工作的具体方针：积极稳步，大量兴修，小型为主，辅以中型，必要的可能的兴建大型工程。① 这样，依靠群众、依靠合作社、小型为主的水利建设方针，逐渐明晰起来。会后，中共中央、国务院发布的《中共中央、国务院关于今冬明春大规模地开展兴修农田水利和积肥运动的决定》指出："根据我国农田水利条件的有利特点，必须切实贯彻执行小型为主，中型为辅，必要和可能的条件下兴修大型工程的水利建设方针。"② 这样，党和政府明确提出了小型为主、社办为主的农田水利建设方针。

小型为主、社办为主进行农田水利建设之路能否走得通？河南省济源县（现济源市）治理漭河流域的初步成功及随后产生的治理淮河支流沙颍河流域的规划，为这条治水方针的可行性提供了实践依据。

新中国成立以来，河南省配合党和政府开展了大规模的治淮工程。随后，全省各地也纷纷掀起以小型工程为主的群众性治水运动，其中最著名的有济源县的漭河小流域治理和禹县鸠山（现禹州市鸠山镇）的水土保持工程。1957 年 10 月 21 日至 27 日，河南省水利工作会议根据中共八届三中全会精神，总结了河南农田水利建设的成功经验。其中最重要的经验之一，就是在治水方针上坚持依靠群众，以小型为主，中型为辅，大中小工程相结合。会议指出："在治水上，必须是依靠群众，以小型为主，中型为辅，大中小工程相结合。以小型为主，才能成为群众性的水利建设运动。形成群众性的治水运动，才能根除水旱灾害。以小型为主，才能够依靠群众。"这显然是对中央初步形成的小型为主、社办为主的水利建设方针的细化，阐述得更加清晰。通过肯定成绩、总结经验，这次会议更加明确了"依靠群众兴修以小型为主"的农田水利工作方针，并批评了单纯依靠国家搞大型工程的思想。

这次会议总结的另一条治水经验，是明确提出了"以蓄为主、以排为辅、蓄泄兼施"的治水方针。会议分析说："根据自然情况，在治水上必须坚持以蓄为主、以排为辅、蓄泄兼施的方针。河南省的自然情况是：汛期雨量集中，夏秋多涝、冬春多旱，且又处五大水系的上游。这一自然情况，决定了在解决水旱灾害问题上不能只靠排水或蓄水一个办法解决，更不能采取以排水为主的方法。因此，在一个流域面积内，不论是上游、中游、下游都

---

① 《提高单位面积产量的首要依靠，发展中小型水利，邓子恢在全国农田水利工作会议上作报告》，《人民日报》1957 年 8 月 29 日。

② 《中共中央国务院关于今冬明春大规模地开展兴修农田水利和积肥运动的决定》，《人民日报》1957 年 9 月 25 日。

应采取以蓄为主、以排为辅的方法。要把拦蓄洪水和河道整理结合起来，把防旱和防涝结合起来，否则就不能解决水旱灾害。"①

1957年10月27日至11月1日，中共河南省委召开了豫北13个县座谈会，总结和推广新乡专区(现新乡市)治理浪河的经验，研究治理卫河的规划，中共林县(现林州市)、安阳、新乡、济源等县县委书记和县水利局局长，中共新乡、安阳地委和专署的负责人、水利局局长及省直属机关有关部门负责人共40多人参加会议。中共中央书记处书记谭震林参加座谈会听取汇报，并作了重要的指示。

谭震林听取了浪河流域治理经验和中共新乡、安阳两地委以及豫北各县的详细汇报。他在会上首先就如何运用治理浪河的经验来做好卫河治理规划问题作了重要指示。他说，浪河治理经验，不在于具体的工程和技术，在于全面规划、综合治理和集中治理；在于全面发展，综合利用，密切结合当前生产，把长远利益和当前利益结合起来；在于依靠群众性的、多样性的小型工程为主，辅之以必要的中型工程；在于认真总结经验，虚心学习各地经验，及时推广经验；在于党委负责，书记动手，全党动员，坚持贯彻。卫河治理应该吸收这些方面的经验，应该将深山、浅山、丘陵、平原、洼地、碱地、沙地等全面规划在治理范围内；应该对封山育林、造林、植林，整修梯田，挖水窖、旱井，修水库、谷坊，挖沟洫，修台田，种水稻等方面进行综合性的治理；在规划排水工程时，就应当想到用水的问题，即如何把卫河流域全面水利资源用于灌溉这个地区的土地。最后，谭震林作了五点指示：①全面规划，综合治理，集中治理；②全面发展，综合利用；③依靠群众，小型为主；④认真总结本地经验，虚心学习外地经验；⑤党委负责，书记动手，全党动员，坚持贯彻。② 会议进一步激发了河南省全省兴修水利的热潮。

1957年召开的河南省水利工作会议，正式提出"以蓄水为主"，并将它与"小型为主、社办为主"并列，初步形成了水利建设的"三主"方针。河南省提出"三主"方针引起了中共中央的高度重视。1957年12月10日，中共河南省委在郑州召开了沙颍河治理工作座谈会，中共中央书记处书记谭震林到会参加。会议总结了沙颍河流域全面治理的典型经验，并吸取全面治理浪河的经验，决定以蓄水为主、以小型为主、以社办为主的"三主"方针来治理沙颍河。沙颍河上游山区和丘陵区许多先进的治理典型证明：只要充

① 《水利建设要有愚公移山的毅力》，《人民日报》1957年10月31日。
② 《豫北十三县举行水利座谈会，总结和推广治理浪河经验》，《人民日报》1957年11月15日。

分发挥群众的力量,广泛搞各种小型工程,完全能够做到一次降雨 200 毫米的情况下,水不下山,泥不出沟。会议还认为,在下游平原和低洼易涝地区,贯彻以蓄水为主、小型为主、社办为主的方针,利用挖坑塘、壕沟、筑畦田、围田等方法,分割雨水,节节拦蓄,既能避免雨水集中,也能蓄水灌溉,或将旱田改种水稻、改种耐涝作物。沙颍河流域在这方面也创造了很好的范例。[①]

谭震林听取汇报后,充分肯定了"以蓄为主,以小型为主,以社办为主"的治理沙颍河方针,并在讲话中指出,对群众性治水不能求全责备,而应热情支持。有人不赞成把山区蓄水的办法推行到平原上,指出"以蓄为主是根据山区经验总结出来的,不宜在平原推行。根据黄、淮、海平原易涝、易渍、易碱的特点,农田必须立足于排,否则会对水土环境造成破坏——地表积水过多会造成涝灾,地下积水过多会造成渍灾,地下水位被人为地维持过高则利于盐分向表土聚集形成碱灾,涝、渍、碱灾并生,后果不堪设想"。[②]谭震林对这种不同意见采取了谨慎态度,指示说:"山区的问题解决了,平原的问题还有待调查研究。"尽管存在少数人的不同意见,但会议最后还是形成了以蓄为主、以小型为主、以社办为主的"三主"治水方针。

尽管人们对"以蓄为主"有不同的意见,但一致赞成"小型为主、社办为主"的方针。1957 年 12 月 15 日,《人民日报》发表了题为《大兴水利必须依靠群众》的社论,公开倡导依靠群众大兴水利,强调了"小型为主、社办为主"。社论批评了单纯依靠国家兴办大中型水利的观点,鼓励大搞群众性的小型工程,并列举了河南省治理漭河和治理沙颍河的经验,论证了"小型为主、中型为辅"的方针是正确的。河南省济源县(现济源市)和孟县(现孟州市)在农业合作化以后打破县界,共同成功地治理了漭河;河南省委采取同样做法治理淮河支流中含沙量最大的沙颍河,也取得了成效。

1958 年 3 月 21 日,《人民日报》发表题为《蓄水为主、小型为主、社办为主》的社论,肯定了河南省治理漭河的经验,对水利建设为什么要以蓄水为主、小型为主、社办为主进行了详细的阐述。社论充分肯定并介绍了河南省确定的治理沙颍河的三条方针:①以蓄水为主,在满足全流域对水的需要之后,作适当的排泄;②以小型工程为主,辅之以必要的中型工程;③小型工程全部由农业合作社自办,在特别困难的地区,国家给予必要的支持,

---

① 君谦:《找到了治理沙颍河的钥匙》,《人民日报》1958 年 3 月 21 日。
② 陈惺:《"大跃进"时期河南的水利建设追忆》,《中共党史资料》2008 年第 4 期。

中型工程以社办为主,国家给予必要的补助。

《人民日报》社论表扬说:河南省大规模综合治理潴河、治理沙颍河流域的经验证明,多种多样的小型工程(如小水库、谷坊、鱼鳞坑、截水沟、水平沟、地埂等)的治水效果是明显的,基本上达到了水土不下山的要求。这说明,只要整个沙颍河流域都因地制宜地修建各种小型工程,就可以基本上消除洪、涝、旱灾。因此,社论强调:"无数的事实已经证明小型工程虽然规模小,但是到处可以大量修建,因此它们控制的面积很广大;而少数的大型工程所能控制的流域面积却是有限的。只有把少数大型工程和大量的小型工程配合起来,它们才会相得益彰,收效更大。同时还要看到,依靠成千上万的小型工程治理好了小河流,根除大河流的水患也就容易了。"

小河流的治理既然以小型工程为主,那么,治理工程就必须主要依靠农业合作社来办。因为小型水利工程每个县都要做几千几万个,必须发动农民群众有人出人,有钱出钱,有料出料,有计献计。各地的经验证明:依靠群众兴办水利工程,还可以节约经费,避免浪费。因此,社论号召各地坚决走群众路线,鼓励千百万农民投入群众性水利建设中,"要综合利用各种水利工程,全面发展生产,把水土保持、防洪、排涝、发展灌溉结合起来,把农、林、牧、副业全面发展起来。"《人民日报》在发表上述社论的同日,还以《'三主'方针深入人心,治理沙颍河工程突飞猛进》为题,对河南省治理沙颍河流域的经验进行了专题报道。

三、四川省都江堰扩建工程

在 20 世纪 60—70 年代的农业学大寨运动中,全国农村掀起了农田水利基本建设的高潮,陆续建成一批大中型骨干灌溉排水工程,如江苏省江都排灌站、陕西省宝鸡引渭上塬工程、四川省都江堰扩建工程、湖北省引丹灌溉工程、甘肃省景泰川高扬程提水一期工程等,提高了防洪抗旱能力,扩大了农田灌溉面积,对改变这些地区的贫困面貌发挥了重要作用。

四川省都江堰扩建工程是在农业学大寨运动中建成的大中型骨干灌溉排水工程,对扩大四川省农田灌溉面积发挥了重要作用。都江堰始建于秦昭王末年(公元前 256—前 251 年),距今有 2200 多年的历史。都江堰工程由分水鱼嘴、飞沙堰和宝瓶口三个主要工程和成千上万条渠道以及分堰组成。当岷江水从崇山峻岭中奔腾而下,流到川西平原西部边缘的灌县(现都江堰市)境内的玉垒山下时,分水鱼嘴工程便把江水分为两股。在鱼嘴南面的称为外江,是岷江的正流,除了灌溉外,主要作用是排泄洪水。在鱼嘴北面的称为内江,主要用于灌溉农田。鱼嘴后面是由无数巨大的鹅卵石筑成的内外金刚堤,它和分水鱼嘴连成一个整体,是分水工程的主要部分。金刚堤后面紧接着是飞沙堰(溢洪道)。内江水流到这里,因为峭壁临江,水流湍急,容易横决。飞沙堰可以泄洪、排沙,使内江水保持适当的水量。在飞沙堰后面就是离堆巨崖,崖下就是宝瓶口工程。这个工程为内江打造了一条通畅的水路,使岷江水自流灌溉川西农田。[①] 2200 多年来,都江堰水利工程对川西平原农业生产的发展起了很大的作用。但在近代的中国,由于长期战乱,都江堰工程年久失修,灌溉面积日益减少,灌溉面积从原有的 300 万亩下降到新中国成立前夕的 190 万亩。[②] 新中国成立后,都江堰的作用才真正发挥出来。

新中国成立后,在党和政府的重视下,四川省相继修建了人民渠、东风渠、解放渠等大型干渠 800 多千米,逐步扩大灌溉面积。到 1966 年,新修了三条灌溉渠,扩建了两条灌溉渠,安装了电动闸门等许多设施,灌溉面积扩大到 660 万亩。1967 年冬,川西平原出动了十几万劳动力,对都江堰灌区工程进行整修。广大公社社员在工地上大办毛泽东思想学习班,发扬大寨人自力更生的精神,克服了各种困难。他们用石灰和石头代替水泥,为国家节约了大量水泥,全灌区的整修工程全部提前完成。绵阳、宜宾、内江、乐山、万县(现重庆市万州区)、涪陵等专区,掀起了群众性兴建水利工程活动。各地修建了大量小型塘堰和水渠,使 1968 年春耕用水情况比历年都好。[③] 但是,新修的渠道存在着"长、多、宽、弯、浅、乱"的缺点,造成灌溉时"上游饱、中游少、下游干",排水时"上游畅、中游满、下游淹"的严重局面,有的渠道上下 18 拐,占地多,造成下湿田多,不利于机耕。

在农业学大寨运动的高潮中,都江堰这个著名的古老水利工程焕发了青春。1970 年春,四川省"革委会"提出改造都江堰渠道的总体设想:填平全部旧渠,开挖几万条新渠,重新规划田块、道路,做到沟直、路平、园田化,使渠系灌溉合理,充分利用水源,扩大灌溉面积,发展水力、水电事业,为早日实现农业现代化打下基础。1970 年 8 月,四川省"革委会"正式作出决

259

---

① 《都江古堰喜迎春》,《人民日报》1972 年 3 月 12 日。
② 陈光安:《川西行》,《人民日报》1965 年 4 月 1 日。
③ 《在战无不胜的毛泽东思想的光辉照耀下,四川农村革命和生产形势大好》,《人民日报》1968 年 5 月 29 日。

定,把改造都江堰渠系工程列为全省水利重点工程之一,作为全省农业学大寨的一项重要措施来抓,并且在灌区各地、县专门成立了指挥部。9月秋收后,灌区所属地、市、县纷纷调集民工,开赴工地,开始对都江堰渠首的引水分洪工程——宝瓶口进行加固。3000多民工奋战在岷江河谷,抽干了过去从来没有人动过、被认为抽不干的宝瓶口深潭的水,浇筑了上千吨混凝土,加固了这个关系川西平原数百万亩农田灌溉的引水、分洪工程。同时,灌区所属的26个县市组织民工,根据发展农业的需要,对都江堰渠系进行重新规划,全面治理,展开了改渠工程的战斗。整个工程发扬了依靠群众、自力更生的革命精神。在群众性的改渠活动中,农村的放水员、水利员和铁工、石匠都成了修渠筑路、架桥建闸的技术骨干。数以万计的桥梁、涵洞和水力、水电工程就是由这些人设计、施工的。200多万水利大军经过4个多月的艰苦奋战,基本完成了都江堰渠系改造的主要工程。温江专区(现已撤销,所属行政区大部分划归成都市)的14个县开挖了干、支、斗、农、毛渠3.1万多条,长达2.4万多千米,挖出土石方达5000万立方米。改渠中的主要工程按原计划,需要3个冬春才能完成,结果只用了1个冬天就基本上完成了,剩下来的任务主要是治河和完成改渠的扫尾工作。[1] 1971年冬,灌区民工经过40多个昼夜的工作,终于在宝瓶口的基石上浇灌了1000立方米的混凝土,加固了这座关系川西平原数百万亩农田灌溉的引水分洪工程。[2]

早在20世纪50年代,都江堰的水渠就开始跨出川西平原。农业学大寨运动中,都江堰水渠又三路并进,穿过纵贯盆地的龙泉山,伸向十年九旱的川中丘陵地带。在中路,简阳县(现简阳市)打通了100多个大小隧洞,修筑水库,架设渡槽,开挖各种渠道1400多千米,让都江堰的水从平原流进了岗峦起伏的丘陵地区。在南路,仁寿县在龙泉山的峡谷里,筑起一道高50多米、长270多米的大石坝,引来都江堰的渠水,汇成能蓄水3亿立方米的黑龙滩水库(称为四川的红旗渠)。在北路,绵阳地区(现调整为绵阳市、德阳市、广元市和遂宁市)兴建了龙泉山过山隧洞工程。龙泉山过山隧洞工程要在几百米深处作业,这里地质结构复杂,有连续塌方的"豆渣岩",有每小时涌水百吨以上的"水帘洞",有浓度高达11%的瓦斯井。建设

---

① 《川西平原人民满怀革命豪情重新安排田土河川,改造都江堰渠系主要工程基本完成》,《人民日报》1971年1月22日。

② 《都江古堰喜迎春》,《人民日报》1972年3月12日。

者开动脑筋,想出种种办法战胜困难。在塌方严重的地段,他们先拱顶,后砌墙,稳扎稳打,终于征服了"豆渣岩"。在大量涌水的地段,抽水机不能完全适应排水的需要,他们就用脸盆舀水,排着队一盆一盆往外传递。在随时都有爆炸危险的瓦斯井内,他们组织专门的战斗小组,用喷水降温、鼓风通气等办法来预防,最终顺利完成了隧道工程。① 这样,都江堰的水渠逐渐跨出川西平原,穿过高山峡谷,伸展到川中丘陵区的简阳、仁寿、中江等地,扩灌了近百万亩农田。

岷江在流经川西平原西部边缘灌县(现都江堰市)时,被都江堰渠首的分水鱼嘴将江水分为外江和内江。2200多年来,人们一直采用在分水堤附近外江河道上设置杩槎(用竹笼和卵石组成的临时挡水坝)截流的办法,来调节外江、内江的水量。但是,用杩槎截流有不够完善的地方。如每到四五月间,内江下游农田急需灌溉时,而外江河道上的杩槎却常常被洪水冲毁,无法拦截江流,不能保证内江灌区应有的水量。等到重新搭好杩槎,往往贻误农时。而当进入汛期,岷江水位猛涨时,又不得不赶快拆除杩槎,以减轻洪水对内江渠系的威胁。一旦洪水水位下降,仍须再行设置杩槎,否则内江流域就不能恢复正常供水。这样一拆一设,既浪费人力物力,又给及时调节水量的工作带来许多困难。为此,水利部门经过调查研究和试验,决定在不改变都江堰渠首原来的分水比例和水流走向的前提下,在分水鱼嘴的分水堤附近的外江河道上修筑一座钢筋混凝土结构的电动节制闸,来代替那曾经沿袭2200多年的截流杩槎。当岷江流量过小时,可将外江节制闸关闭一部分,以增加拦入内江的水量,满足下游工农业生产的需要;当洪水过大时,可将闸门全部打开,让洪水从外江排走。②

1973年夏,中共四川省委分别在平原、丘陵、山区召开现场会,总结交流了农田水利基本建设的经验,安排了1973年冬的农田水利基本建设工作。秋收后冬播前,许多地方掀起了新一轮农田水利基本建设高潮,参加的劳动力比1972年同期增加了100多万人。本着农忙小搞、农闲大干的精神,冬播结束后各地立即掀起了规模更大的第二个高潮,把冬闲变成了冬忙。著名的都江堰灌区获得丰收后,各地又全面展开了整修、扩建工作。农田基本建设比较后进的一些山区县,普遍制定了规划,决心以大干苦干的精神,加速改变山区的生产条件。四川省农村普遍建立了农田基本建设

① 《历史的见证——从都江堰灌区的建设看人民群众的伟大创造力》,《人民日报》1974年7月16日。
② 《都江堰外江节制闸胜利建成》,《人民日报》1974年5月2日。

专业队,坚持常年施工。全省计划在 1973 年冬和 1974 年春新修、续建、配套的水利工程陆续完工。坡地改梯地、旱地改水田以及加厚土层和改良土壤的工作也广泛展开。①

1973 年 11 月中旬,四川省都江堰水利枢纽工程的重要组成部分——外江节制闸主体工程正式动工。1974 年春节期间,正是混凝土浇筑工程最紧张的阶段,工人和民工们放弃节日的休假,顶风冒雪,坚持战斗。1974 年 4 月 26 日,外江节制闸胜利建成启用。这座高 12 米、长 104 米的钢筋混凝土结构的 8 孔电动节制闸的建成,有利于进一步发挥都江堰在排洪、灌溉、运输木材和提供工业用水等方面的作用,它使都江堰更好地为社会主义建设服务。这座节制闸及时建成后,立即在春灌中投入使用。②

到 1976 年夏,灌区人民加固了都江堰的咽喉工程宝瓶口,凿通了 7 千米长的龙泉山隧洞,建成了黑龙滩大型水库,整修了旧渠,开挖了 6 万多条新渠,建设了大量的涵闸、渡槽,把岷江水引向了十年九旱的川中丘陵地带,使灌区的范围从当时的 12 个县(市)扩大到 27 个县(市),农田灌溉面积由 400 多万亩扩大到 800 多万亩,灌区粮食大幅度增产。③

四、淠史杭灌区工程的修建

淠史杭灌区和以提水为主的驷马山灌区,是安徽省农业学大寨运动中水利建设的突出成就。安徽省江淮丘陵区地势高亢,岗冲起伏,地下水贫乏,水旱灾害频繁,而以旱灾尤甚。其中的主要河流淠河、史河、杭埠河的河床,一般都低于农田 10~20 米,河水很难被用来灌溉农田。这里的降雨时间与农作物的需要也不适应,平均每年降下的 800 毫米左右的雨水大部分集中在春夏之交,庄稼大量需水的秋季雨水稀少,是安徽省历史上著名的易旱地区。据史料记载,在新中国成立前近 300 年中,平均 5 年即有一次大旱,"河水涸竭,禾苗焦枯""举村外逃,饿殍遍野"的记述屡见不鲜,流传着"一年忙到头,浑身累出油,立秋不下雨,收个瘪稻头"的民谣。新中国成立后,虽然兴修了许多小型农田水利工程,改善了水利条件,但因地势高亢,水源缺乏,每逢干旱年景,仍常常造成减收或失收。治淮初期在大别山区建成的梅山、响洪甸、佛子岭、磨子潭等四座大型水库和龙河口水库的开

---

① 《广大干部和社员积极为夺取今年丰收创造条件,南方四省掀起农田水利建设热潮》,《人民日报》1974 年 1 月 12 日。
② 《都江堰外江节制闸胜利建成》,《人民日报》1974 年 5 月 2 日。
③ 《祖国的山山水水闪耀着毛泽东思想的光辉》,《人民日报》1976 年 10 月 2 日。

工兴建,为皖西丘陵区灌溉工程的开发提供了水源条件。淠史杭灌区是淠河、史河、杭埠河灌区的总称,三个灌区毗邻而且连成一体,地跨长江、淮河两大流域。它灌溉着皖中、皖西和豫东南4个地、市所属13个县、市的农田。它的总体规划,是从开发沿淠河、史河的平畈灌区的设想开始的。该工程的设计是在治淮委员会、安徽省水电(水利)厅、六安专署等的通力合作下,经多年调查研究和反复比较才得以完成的。[①]

　　根据规划,这个以灌溉为主的大型综合利用工程,主要利用大别山东北麓各个水系的水利资源,把淠河、史河、杭埠河改道,引水上岗,灌溉江淮丘陵地区9县2市1200多万亩农田。整个工程需要开挖底宽15米以上的河道19条,长1320千米,围绕着新河开挖的灌溉渠道密如蛛网。在新河上还要建造许多建筑物。工程全部完工后,不仅1200万亩农田有80%可以自流灌溉,而且能通行100吨以上的轮船。同时,利用水位落差发电,每年可达1.4亿度,还可发展水产养殖事业,增加社会财富。[②]

　　1958年人民公社化运动以后,安徽省委根据广大群众的期望以及治淮委员会对淠河、史河、杭埠河工程的规划设计,决定兴建淠史杭灌区工程,于当年8月19日在淠河灌区渠首横排头首先破土动工。淠史杭灌区工程包括:横排头、红石咀两大枢纽;总干渠、干渠、分干渠、支渠、分支渠、斗渠、农渠等7级固定渠道共1.3万余条;各级渠道配套建筑物2万余座;300多座抽水站和40多处外水补给站等。灌区内还有中、小型水库1000余座,塘、堰、坝21万多处,可对灌区供水起反调节作用。整个灌区工程的水源是以上游的梅山、响洪甸、佛子岭、磨子潭、龙河口五大水库供水为主,利用灌区当地径流和抽引河、湖外水为辅,为蓄、引、提相结合,大、中、小工程相结合的长藤结瓜式的灌溉系统。灌区工程除有灌溉效益外,还兼有发电、航运、养殖、绿化、城镇生活和工业供水等综合效益。

　　淠史杭灌区范围很广,各级渠道纵横,分布在岗冲起伏的丘陵地区,劈岗跨冲,土石方总量6亿余立方米。总干渠和干渠在10米以上的高填方和深切岭分别有48处和98处,不仅工程量庞大,而且施工任务艰巨。工程开始之际,施工全靠肩挑人抬,物资器材十分紧缺,大部分工程要开岗切岭,跨壑填沟,引水上岗。皖西人民在安徽省委、六安地委和淠史杭工程指挥部的直接指挥下,发扬愚公移山精神,采取大兵团作战、"蚂蚁啃骨头"战

①　安徽省水利厅编著:《安徽水利50年》,中国水利水电出版社1999年版,第106页。
②　纪和德:《安徽修了淠史杭,江淮丘陵粮满仓》,《人民日报》1965年4月11日。

术，最高上工劳力 80 余万人，并在财力、物力方面作出了很大贡献；有 3 万余人为了工程的需要，拆屋让地重建家园，使工程得到顺利、迅速的进行。物资缺乏，他们就纷纷捐木竹、献钢铁、熬土硝、烧水泥。前方不乏父子同上阵、夫妻相竞赛的动人场面，后方的老、弱、妇、孺也都加入了拣砂石、刮硝土、破石头、制炸药的行列。有些人因日夜奋战在工地而积劳成疾，甚至献出了宝贵的生命，涌现出不少可歌可泣的感人事迹。例如，创造"劈土法"的刘美三，爆破时指挥群众撤离而献身的赵学信和规划设计主要负责人黄昌栋等，都是用生命和热血铸造这座水利丰碑的代表。[①]

六安县（现六安市）樊通桥切岗工地上的青年水利突击队员，创造出一种名为"陡坡深挖劈土法"的高工效挖土法。为了攻克凿岩石的难关，工程领导部门在工地上推广了"洞室大爆破"的爆破技术。这些高工效的作业法大大加快了工程进度。关系到霍邱县史河灌区 300 万亩农田灌溉的平岗切岭工程，原来估计需要三四年时间才能做完，后来革新了挖土、开石技术，只花一年多便基本完成了。

1959 年，淠史杭灌区水利工程开始发挥作用，有 97 万亩农田得到灌溉。此后，淠史杭灌区一方面大抓配套工程，一方面改进施工方法。如开挖渠道，他们改变了那种"一年挖一段，多年挖不通"的做法，采取"一年挖通，多年完成"的做法，这样，第一年就挖通的渠道，当年即可放水灌溉，使部分农田受益。以后，再按照设计标准，逐年挖宽挖深，逐年扩大灌溉面积。到 1965 年春，经过 7 年的建设，淠史杭灌区的三个渠首工程基本竣工，开挖的河道总长已达 1200 多千米，建成倒虹吸、地下涵、节制闸、公路桥等大型建筑物 60 多座，小型建筑物 1000 多座，此外，还完成了数以万计的小型渠道工程。灌溉的农田扩大为 340 多万亩，分布在六安、寿县、霍邱等 6 个县的部分地区。灌区社员称赞说："修了淠史杭，淹死老旱狼，老天不下雨，丰收粮满仓。"[②]

淠史杭工程从开挖土石方到建造建筑物，都紧紧依靠群众，发扬了自力更生的精神，节约了建筑材料，也节省了国家大量的投资。已完成的分干渠和分干渠以上渠道，每立方米土方国家补助只占 15%～40%；分干渠以下的支、斗、农渠，全部由社队投资兴建。国家对建筑物工程的投资也比较少，像龙河口水库及 300 多座涵闸工程，国家的投资仅占工程造价的

---

①　安徽省水利厅编著：《安徽水利 50 年》，中国水利水电出版社 1999 年版，第 108 页。

②　纪和德：《安徽修了淠史杭，江淮丘陵粮满仓》，《人民日报》1965 年 4 月 11 日。

40%左右。[①]

淠史杭工程为大型水利工程如何贯彻自力更生方针创造了丰富的经验。1965年4月11日,《人民日报》专门发表社论《自力更生精神无往不胜——论安徽兴建淠史杭水利工程的宝贵经验》,认为淠史杭大型水利工程对其他大中型水利工程和各种大中型建设工程的建设者们提供了值得学习的范例。

淠史杭灌区工程的建设,得到了中共中央和安徽省委、六安地委的高度重视以及各方的大力支持。全省广大干部、学校师生、部队官兵纷纷到工地参加劳动或慰问建设者。中央领导人李先念、刘伯承、邓小平、彭真、聂荣臻、杨尚昆、陆定一、郭沫若等都曾到工地视察。刘伯承为工程题词:"淠史杭是这一地区广大群众作出光芒万丈的基本建设,给予子孙的长远幸福和全国的雄伟示范",并为横排头、红石咀枢纽及石集倒虹吸、百家堰地下涵等建筑物题字。郭沫若也为淠河总干渠五里墩大桥题词:"沟通三河、横贯皖中",并即兴赋诗:"排沙析水分清浊,喜见源头造海洋。河道提高三十米,山岗增产万斤粮。倒虹吸下渠交织,切道崖前电发光。汽艇航行风浩荡,人民力量不寻常。"一位波兰水利官员实地考察后称赞说:"淠史杭,人工灌区,了不起!"[②]

1966年10月,舒城、庐江两县组织了7万民工,动工开挖淠史杭灌溉工程的重要组成部分舒庐干渠。舒庐干渠工程从西向东横贯于舒城、庐江两县境内,蜿蜒伸展在大别山东部余脉的群山万壑之中,长达80多千米,规模宏伟。庐江县第一期工程开工时,原计划组织民工4万人,结果各公社自愿来了5万人,一个冬春就完成了全部土石方任务的80%,给工程的迅速进展打下了有利基础。到1968年9月,经过两年的艰苦奋战,该干渠竣工放水。它劈开60多个山岭,跨越十几处大冲洼,实行自流灌溉,沿渠兴建的进水闸、节制闸、泄洪闸、渡槽、倒虹吸、调节水库等大型建筑物和其他建筑物就有225处。[③]这个干渠的建成,使舒城、庐江两县南部原来水源缺乏的92万亩瘠薄土地变成了旱涝保收、稳产高产的农田。

1971年5月,淠河灌区江淮分水岭上的广大群众以较少的投资,高速度地建成了一座大跨度双曲拱结构渡槽——将军山渡槽。有了这座大型

---

① 纪和德:《安徽修了淠史杭,江淮丘陵粮满仓》,《人民日报》1965年4月11日。

② 安徽省水利厅编著:《安徽水利50年》,中国水利水电出版社1999年版,第108页。

③ 《七万民工用毛泽东思想统帅施工奋战两年,安徽省规模宏伟的舒庐干渠竣工放水》,《人民日报》1968年9月25日。

渡槽，再建一个小型渡槽，就可实现南水北调，使长江水系的滔滔河水经由杭淠干渠，飞跨丰乐河，直上江淮"屋脊"，与淮河水系连通，为发展农田水利灌溉和航运事业提供了很好的条件。据统计，1966 年以后，淠史杭灌区先后新建和扩建了舒庐干渠、杭淠干渠、史河总干渠、淠河总干渠、大潜山总干渠、瓦东干渠、滁河干渠等 7 条干渠，新建枢纽干渠大渡槽 5 座，并新修了大批中小型渠系工程。到 1970 年底，淠史杭分干渠以上大型渠道工程全部完成。总长 1200 千米的 19 条总干渠、干渠和 299 条总长 3100 千米的分干渠、大型支渠全部通水；兴建的 96 处电灌站和 133 处山区小型发电站，以及 230 多座大、中、小型水库和数以万计的沟塘堰坝也先后发挥效益。淠史杭工程灌溉面积达到 800 万亩，比 1965 年增加了 1.5 倍以上。① 到 1972 年春，淠史杭灌区骨干工程基本建成。

为了充分发挥淠史杭灌溉工程的效益，在骨干工程基本完成以后，灌区广大群众认真总结治水经验，狠抓配套和管理。到 1973 年春，六安地区已建成大量的小型蓄水工程，容水量达 23 亿立方米。② 到 20 世纪 70 年代中期，国家压缩投资，配套进展缓慢，但尾工尚有很多，分干渠以上和支渠以下的渠系配套建筑物分别还有 40％和 80％未做，已完成工程中老旧、损坏者也较多。1983 年，经水利电力部批准，淠史杭灌区续建配套工程被列为"八五"重点项目，所需资金由部、省、县分别投入，农民投劳和引用世界银行贷款等多渠道组成。该项目从 1986 年起到 1991 年结束，共完成投资 43909 万元，其中，引用外资 19311 万元，投劳折资 13700 万元；完成了淠河、史河 2 条总干渠和汲东、瓦西、瓦东、舒庐 4 条干渠，以及这 6 条渠道的面上续建配套，10 座中型水库和 476 座小型水库除险加固以及 25 座机电灌站的更新改造。③

到 1988 年，淠史杭灌区工程已建成总干渠 2 条，总长 145 千米；干渠 11 条，总长 840 千米；分干渠 19 条，总长 400 千米；支渠 326 条，总长 3345 千米；分支渠、斗渠和农渠 1 万多条，总长 2 万多千米。兴建各类渠系建筑物近 3 万座；修建中小型反调节水库 1200 多座，连同 21 万多处塘坝，有效库容 12 亿多立方米；建成机电灌溉站 644 处，外水补给站 39 处，总装机 1000 万千瓦。整个渠道和建筑物工程共完成土石方近 5 亿立方米。已形

① 《安徽省广大民工边建设边配套，淠史杭灌溉工程发挥巨大效益》，《人民日报》1971 年 5 月 13 日。

② 《老区人民的新贡献——皖西地区访问记》，《人民日报》1973 年 3 月 18 日。

③ 安徽省水利厅编著：《安徽水利 50 年》，中国水利水电出版社 1999 年版，第 108 页。

成长藤结瓜式灌溉系统,实灌面积达到 830 万亩(不包含河南省内的 98 万亩)。[1]

溧史杭灌区工程改变了灌区人民的生产条件和生活面貌,给皖中、皖西带来了翻天覆地的变化,农业灌溉效益十分突出。至 1988 年,溧史杭灌区工程累计灌溉面积 1.83 亿亩。据调查,因水利条件改善而增产的粮食已达 102.5 亿千克。仅粮食一项,其价值已超过总投资的三四倍。1981 年,安徽省出售粮食超过 3 亿千克的有 5 个县,其中 4 个县在溧史杭灌区。1978 年为百年不遇的干旱年,灌区从五大水库引水 30 亿立方米,引灌旱田 729 万亩。这一年,灌区粮食总产量达 43 亿千克,是灌区开发前 1957 年的 2.57 倍。[2]

灌区人民自豪地说:"有了溧史杭,水稻种上岗;天旱也不怕,穷乡变富乡。"新中国成立初期,寿县灌溉面积只有 20 余万亩,到 1984 年,仅保灌面积已达到 135 万亩。同样严重的大旱,1958 年这个县受旱面积 127 万亩,1978 年则不到 60 万亩,而且程度轻得多。灌区建设前,寿县粮食年总产量最高 5 亿多斤,1983 年达到 11 亿 6000 多万斤,平均亩产增长了 2.4 倍。人们说,"修了溧史杭,等于建起了米粮仓",这话一点也不夸张。以 1982 年为例,粮食耕地只占全省七分之一的灌区 11 个县、市(不包括河南省固始、商城两县),向国家提供商品粮 25 亿 2500 万斤,占安徽省全省完成征购总数的四分之一。当时灌区内的六安、霍邱、寿县、肥西、庐江、长丰等 6 个县,已被国家列入全国 50 个商品粮基地建设试点县之内。1983 年,这 6 个县的粮食总产已突破 60 亿斤,向国家提供商品粮 22 亿 7600 万斤,每县都超过 3 亿斤。[3]

五、河南省林县红旗渠的修建

在新中国水利建设史上,最能体现中国人民自力更生、艰苦创业、团结协作、无私奉献时代精神的水利工程,当数河南省林县(现林州市)人民在太行山上建造的引漳入林工程——红旗渠。

河南省林县地处河南、河北、山西三省交界地带,西依太行山,东临华北大平原。其境内山峦起伏,沟壑纵横,土薄石厚,到处是险恶的大石山和

---

① 安徽省地方志编纂委员会编:《安徽省志·水利志》,方志出版社 1999 年版,第 322 页。

② 安徽省地方志编纂委员会编:《安徽省志·水利志》,方志出版社 1999 年版,第 342 页。

③ 田文喜、袁定乾:《江淮丘陵水流长——访我国最大灌区溧史杭》,《人民日报》1984 年 11 月 4 日。

陡峭的峡谷深沟,有大小山头 7658 座,大型冲沟 7845 条。这里不仅山高沟深、人多地少、交通不便,更主要的是严重缺水。①

林县历史上十年九旱,水源奇缺,年平均降水量 697.7 毫米,年平均气温 12.7 摄氏度,其境内漳、洹、淅、淇四条季节河常年干枯断流。据记载,从明正统元年(1436 年)到 1949 年的 514 年间,林县发生大旱绝收 30 次,其中人相食者 5 次,民众受尽缺水的苦,饱尝灾荒的难。姚村乡寨底村的一座古庙里,至今保存着清光绪五年(1879 年)立的石碑,铭记着光绪初年大旱灾的悲惨情景:"有饥而死者,有病而死者,起初用薄木小棺,后用芦席,嗣后即芦席也不能用矣。死于道路者,人且割其肉而食之,甚至已经掩埋犹有刨其尸剥其肉而食之者。十人之中,死有六七,言念及此,能不痛哉。"②由于十年九旱,水缺贵如油,粮食产量低得可怜,平常年景小麦亩产仅 35 千克,秋粮不上 100 千克。贫苦农民终年过着"早上清汤,中午糟糠,晚上稀饭照月亮"③的凄惨生活。"除夕之夜儿媳妇因为一担水悬梁自尽"④的真实故事,至今听来仍让人心酸。当地流传的民谣——"光岭秃山头,水缺贵如油,豪门逼租债,穷人日夜愁"⑤,就是林县因缺水而贫困的真实写照。据新中国成立之初统计,"全县 550 个行政村,就有 307 个村人畜吃水困难,其中跑 2.5 公里以上取水吃的有 181 个村,跑 5 公里以上取水吃的有 94 个村,跑 5~10 公里吃水的有 30 个村,跑 10~20 公里吃水的有 2 个村。"⑥

兴修水利,是林县人民的世代愿望。早在抗日战争时期,中国共产党就领导林县人民兴修水利。1943 年 10 月至 1944 年 5 月,八路军太行军区第七军分区皮定均司令员就曾率领军民一边打仗,一边开展大生产运动,在合涧镇河交沟淅河岸边修建了一条小型引水渠,不但解决了几个村的人畜吃水问题,而且以工代赈使广大群众度过了灾荒。这条渠被群众称为爱民渠。新中国成立后,党和政府为加快国民经济的恢复和发展,加强了水

---

① 林县志编纂委员会:《林县志》,河南人民出版社 1989 年版,第 207 页。

② 林县志编纂委员会:《林县志》,河南人民出版社 1989 年版,第 208 页。

③ 林县志编纂委员会:《林县志》,河南人民出版社 1989 年版,第 208 页。

④ 民国初年的一个除夕,桑耳庄村的老长工桑林茂去离村 4 千米的黄崖泉担水,因担水排队的人太多,一直到天黑才接满一担水。新过门的儿媳妇心痛公爹,摸黑出村迎接,由于天黑路陡、脚小,接近担子没走几步被石头绊倒,一担水倾了个精光。儿媳妇又气又愧,夜里就悬梁自尽了。

⑤ 林县志编纂委员会:《林县志》,河南人民出版社 1989 年版,第 7 页。

⑥ 河南省林州市红旗渠志编纂委员会:《红旗渠志》,生活·读书·新知三联出版社 1995 年版,第 10 页。

利工程建设,制定了相关方针和政策,继续领导群众大力兴修水利。根据国家和水利部关于水利建设的一系列方针政策和要求,1950 年 2 月,中共林县县委根据林县严重缺水的状况,制定了"打井要贯彻互助等价政策,执行旱田变水田,三年不按水田出负担"的政策,动员全县人民群众,大力开展了以打旱井、修渠道、挖池塘、引山泉为中心的兴修水利工作。仅用了两年时间,到 1951 年底,全县就修小型水渠 3 条,支渠 20 条,打水井 1594 眼,打旱井 1758 眼,挖旱池 160 个,挖引山泉 75 处,安装水车 1015 部,改良土壤 3.1 万亩,治理溅水地 4.36 万亩,解决了 184 个村的吃水困难问题,扩大浇地面积 6450 亩。① 1954 年 5 月,杨贵担任林县县委书记后,深入群众调查研究,"摸大自然的脾气",抓住林县干旱缺水这个主要矛盾,自 1955 年起兴建了天桥渠,扩建了淇河渠等水利工程。

1956 年 1 月,林县人民委员会分两片召开水利工作会议,会议贯彻了中共中央对大搞小型水利工程建设的指示精神,讨论了农田水利工作意见,制定了规划,为林县大搞农田水利建设做好了准备。该年春天,全县参加高级农业生产合作社的农户达 108232 户,占农户总数的 99.87%。高级农业合作化的实现,冲破了小农经济的束缚,生产关系发生了根本的变革,生产力得到进一步解放,广大群众依靠集体力量,战天斗地,改变面貌的劲头更足,水利建设由小到大逐步发展。②

1956 年 5 月,中共林县第二届代表大会,进一步总结了此前山区水利建设的经验,讨论通过了林县 12 年山区建设全面规划草案。此后,一个以治山治水为中心,促进农业生产大发展的群众运动,在林县卓有成效地展开了。③ 林县水利建设取得的成果,引起了河南省委和中共中央的关心重视。1957 年 11 月,林县县委作为先进典型参加中共中央农村工作部召开的全国山区生产座谈会。杨贵汇报了林县山区干旱缺水、地方病防治和治山治水开展的情况。主持会议的中共中央农村工作部部长邓子恢听了汇报后说:"河南省林县的例子很生动,'没有水群众就下山,有了水群众就上山'。"④杨贵的汇报受到了中央领导的重视,国务院办公厅专门让杨贵汇报了林县山区建设存在的问题。

① 河南省林州市水利史编纂委员会:《林州水利史》,河南人民出版社 2005 年版,第 50 页。
② 河南省林州市红旗渠志编纂委员会:《红旗渠志》,生活·读书·新知三联出版社 1995 年版,第 16 页。
③ 杨贵:《红旗渠建设的回顾》,《河南文史资料》2009 年第 1 辑。
④ 邓子恢:《重视山区建设,发展山区生产》,《邓子恢文集》,人民出版社 1996 年版,第 506 页。

根据全国山区生产座谈会精神,同年12月中旬,中共林县第二届代表大会第二次会议通过了《林县1956年至1967年农业发展规划》。杨贵作了题为《全党动手,全民动员,苦战五年,重新安排林县河山》的报告,进一步明确了林县水利建设的任务和要求。县委要求全县党员、干部和群众要"下定决心,让太行山低头,令淇、洹、垣、露水河听用,逼着太行山给钱,强迫河水给粮,从根本上改变林县面貌",号召全县人民以"愚公移山"的精神,治山治水。会后,全县掀起了大搞水利建设和绿化荒山的群众运动,从而使已建成的英雄渠、抗日渠、天桥渠、淇南渠、淇北渠为主体的中型工程发挥了巨大作用。这样,不仅解决了部分村庄人畜吃水的困难,还大大增加了农田灌溉面积,使群众进一步认识到了兴修水利的好处。①

1958年3月,国务院在新乡召开水利工作会议,讨论治理卫河问题。会议结束后,林县县委决定修筑要子街、弓上、南谷洞等三座中型水库。如果有了这三座水库,全县南、中、北部就可以基本解决农业灌溉问题。全县群众情绪高涨,各社队陆续建设了一批小型水库、塘,水利建设取得很大成绩。到1959年底,全县正在修建的中型水库3座,修建小型水库17座,修复开挖中小型渠道18条,打旱井27120眼,挖旱池2397个,总蓄水量1969.6万立方米,干旱缺水的状况得到了部分缓解。②

林县县委设想,凭着这些水利工程把雨水大量蓄积起来解决吃水、浇地等问题。然而,1959年遇到了前所未有的大旱改变了这种设想。1959年大旱灾导致井塘干枯,水库见底,水渠成为干渠,新发展起来的12万亩水浇地变成了旱地。群众生活和生产用水的问题仍然难以解决,很多村庄的群众只好翻山越岭远道取水吃,整个林县仿佛又回到滴水贵如油的从前。群众描述当时的情形说:"挖山泉,打水井,地下不给水;挖旱池,打旱井,天上不给水;修水渠,修水库,依然蓄不住水。"县委总结这次大旱灾的教训后得出了结论:要改变林县干旱缺水面貌,确保工农业用水和人畜吃水,必须再寻求新的可靠水源。但单靠在林县境内解决水源问题是不可能的。中共林县县委把解决水问题的眼光移向县境外部。于是,县委组织三个调查组,分赴山西境内考察水源。县长李贵等赴山西省陵川县,县委书记处书记李运宝等赴山西省壶关县,杨贵与县委书记处书记周绍先等赴山西省平顺县、潞城县(现长治市潞城区)。③ 调查的结果是:从淇河、浊漳河上

---

① 杨贵:《红旗渠建设的回顾》,《河南文史资料》2009年第1期。

② 河南林县志编纂委员会:《林县志》,河南人民出版社1989年版,第208页。

③ 潞城县今为长治市潞城区。2018年9月30日,撤县改区。

游的陵川、壶关引水希望不大,水量充足的浊漳河(常年有 20 多个流量,最枯水季节也有十几个流量)可以考虑。

掌握了浊漳河的第一手资料后,杨贵等人产生了"引漳入林"的构想。1959 年 10 月 10 日,林县县委全体(扩大)会议专门研究了"引漳入林"工程。该工程设想是:到山西境内去劈山导河,把浊漳河拦腰斩断,逼水上山,把水引到林县的分水岭,再由分水岭修建 3 条干渠,连通南谷洞、弓上、要子街 3 个水库,将 3 个水库变为"引漳入林"的调蓄水库,彻底解决林县水源不足的问题。会后,县委派出 35 名水利技术人员,沿漳河进行测量。他们提出了 3 个引水地点:一是平顺县石城公社侯壁断下(就是现在的引水地点);二是耽车村;三是辛安附近。

1959 年 10 月 29 日,林县县委再次召开全体(扩大)会议讨论引漳入林工程的有利因素和不利因素。会议决定:深入基层,充分发动群众,做好引漳入林的一切准备,把工作抓扎实,待请示上级党委批准后,立即上马。11 月 6 日,林县县委正式向中共新乡地委、河南省委报送《关于"引漳入林"工程施工的请示》。11 月 28 日,县委举行常委会议,听取第三次测量汇报,并对辛安和耽车两处引水地点进行比较后,决定从山西省平顺县辛安引水,按此方案设计工程。12 月以后,林县县委层层上报兴建引漳入林工程问题,得到新乡地委和河南省委的支持。12 月 23 日,新乡专署水利建设指挥部发出《关于同意林县兴建引漳入林工程的通知》。河南省委、省人民委员会对兴建引漳入林工程非常关注,除了发出公函同山西省委、省人民委员会进行协商外,河南省委书记史向生和省委秘书长戴苏理还以个人名义给山西省委第一书记陶鲁笳、书记处书记王谦写信,请求他们同意引水。山西省委、省政府领导同志对此非常重视并大力支持,在春节休假期间,即于1960 年 1 月 30 日(农历正月初三)开会研究此事,很快作出答复,同意林县从平顺县侯壁断下引水。次日,杨贵和林县县委领导带领县直有关单位负责同志、各公社领导干部和弓上、南谷洞水库的优秀施工队长共百余人,到天桥断上的牛岭山,面对漳河查看引漳入林渠线经过的地方,动员大家做好开工前的一切准备,决心把漳河水引入林县。这样,在党和政府的领导下,旨在改变林县干旱缺水面貌的引漳入林工程,经过长时间的思想政治动员、勘察设计和周密组织,就这样开始了。[①]

1960 年 2 月 10 日,林县引漳入林总指挥部召开全县广播誓师大会,

[①]　杨贵:《红旗渠建设的回顾》,《河南文史资料》2009 年第 1 期。

《引漳入林动员令》通过有线广播迅速传遍林县。《引漳入林动员令》中说：引漳入林是彻底改变林县面貌的决战工程，这一工程建成，将有20~25个水的流量，像一条运河一样，滔滔地流入林县全境。① 顿时，全县沸汤起来，都在议论着动员令，进行着大战前的准备。

2月11日，来自15个公社的3.7万民工顶着严寒、自带干粮，肩扛工具，挺进太行山，开始修建红旗渠。在道路两旁条条标语鼓舞人心，其中最醒目的两幅是："愚公移山，改造中国"和"重新安排林县河山"。工程开工不久，杨贵建议将引漳入林工程改称红旗渠工程。当时正值三年自然灾害时期，国家物资特别是粮食非常紧张，每人每天0.6斤粗粮，以野菜、树皮、树叶充饥，最困难时10千米以内的树皮被扒光。面对这样大规模而又复杂的工程，有人提出：能不能向国家要一些开山机器呢？很多人的回答是：不能，国家这么大，大家都向国家伸手还行！流自己的汗，修自己的渠。②

工程刚开始的时候，要在山西省平顺县境内施工。当时几万名男女青年社员组成的修渠大军背着干粮和行李，扛着铁锤和大镐，奔赴百里以外的施工工地。工地附近村庄小，民房少，住不下，很多民工便靠山沿渠搭草棚、挖窑洞，住了下来，有的就住在石缝里。秋天阴雨连绵，草棚、帐篷漏雨，民工们卷起铺盖，大家背靠背的顶着雨布睡。那时，沿渠线的道路，只有太行山旁的一条羊肠小道，运输相当不便，有时运不来粮食、蔬菜，民工们也不埋怨，照样施工。③

1960年11月上级通知：全国经济困难，基本建设项目全部下马。红旗渠是停还是干？一时间，前后左右都是顶头风。杨贵和县委认为，全国经济困难和粮食紧张是客观事实，上级的指示必须执行。但群众修渠积极性高，眼看水到了家门口却用不上既可惜又浪费。从实际出发，林县还有几千万斤储备粮，大部分民工返回生产队百日休整，只留300人凿洞，发动青年党团员自愿报名。留在渠道工地上继续施工的青年们生活相当艰苦。他们早起或傍晚上山去采集野菜，掺上公社送来的粮食吃；白天就挺起腰杆，抡起十几磅重的大锤打钎，爆破岩石，开凿山洞。

青年洞，既是红旗渠最艰巨的工程之一，也是红旗渠引水的咽喉工程。岩石十分坚硬，锤一次钢钎只能留下一个白印。在开凿这条总长616米的

---

① 河南省林州市红旗渠志编纂委员会：《红旗渠志》，生活·读书·新知三联出版社1995年版，第33页。

② 于长钦等：《建设社会主义农业的光辉道路》，《人民日报》1965年11月1日。

③ 《毛泽东思想指引林县人民修成了红旗渠》，《人民日报》1966年4月21日。

青年洞时，他们把钢钻打在石英岩上，直冒火星，光见白点，就是凿不进去。从洛阳矿山机械厂借来了一部风钻，用这部风钻打炮眼，不是卷了头，就是摧了尖，只钻了3厘米，就毁了45个钻头。所有的钻头都用完了，仍钻不动坚硬的石头。300多名男女青年豪迈地提出："石头再硬，也硬不过我们的决心，就是铁山也要钻个窟窿。"他们一直坚持用手打钎，震得双手麻木，胳膊酸痛，而工效一天比一天高，洞一日比一日深。一锤一钎苦战500多天，硬是在悬崖峭壁上打通了咽喉工程。时任林县县委书记的杨贵后来回忆说："青年洞开凿时，缺粮少菜，大家忍着饥饿苦干。青年们把豪言壮语书写在太行山的石壁上：'苦不苦，想想长征两万五；累不累，想想革命老前辈。''为了后辈不受苦，我们就得先受苦。'大家创造了'三角炮'等新爆破技术，改进了放炮时间和排烟办法，用蚂蚁啃骨头的精神干了一年零五个月，终于在国民经济十分困难的1961年7月底把青年洞凿通了。"[①]

1961年7月，在河南新乡豫北宾馆召开的纠正"左"倾错误的会议上，有人反映说："杨贵和林县县委'左'的阴魂不散，现在还在修建红旗渠！"7月15日，当时在新乡蹲点的谭震林副总理主持大会，杨贵在会上力陈利害：林县人民深受缺水之苦，近几年又连续干旱，目前还有16万人翻山越岭担水吃，迫切要求修建红旗渠。我们贯彻中央指示，只留了300人打隧洞。"如果有错，我是第一书记，可以撤我的职。希望领导调查研究"。当即，谭震林副总理派调查组到林县去调查，查明情况后，他表示支持红旗渠建设。杨贵后来多次讲："谭震林副总理勇于坚持真理，及时纠正错误。我们要永远学习谭震林等老一辈革命家的高尚风范！"

在红旗渠施工过程中，有许多公社、生产大队的干部和社员，一直远离家乡，长年在工地上战斗。在县城东南的东姚公社，距离红旗渠渠首最远，获得渠水灌溉效益最迟，但这个公社的社员却是一支积极参加修渠的"远征军"。有段时期，他们被调到二干渠上修渠，而东姚公社能获得灌溉效益的是一干渠的水。有人问他们："二干渠的水浇不到东姚的地，你们白费那个劲干什么？"东姚的民工说："只要能把漳河水引到林县，即使先浇其他公社的地，咱林县不也是多为国家打粮食吗？"像东姚公社这种大公无私的精神在红旗渠工地上普遍存在。为修渠，许多民工公而忘家、公而忘私。河顺公社50多岁的老石匠魏端阳，几年来一直离家在水利工程上干活。他家孩子多、劳力弱，他老伴问他："自留地没人种，咋办？"魏端阳说："红旗渠

① 杨贵：《红旗渠建设的回顾》，《河南文史资料》2009年第1期。

水不过来,全县大田不能多打粮,光种咱小片自留地,顶啥用?"横水公社有个生产队副队长王雪保,两年没回家。他妻子十几次捎信来,说:"家里人多,房少,粮食没处放。你回来盖房子吧!"王雪保说:"全县人民的幸福渠没修好,咋能先盖自己的房?"许多公社、生产队社员,即使按受益面积所承担的修渠任务早就提前完成了,也不回家,又主动去支援别的队。他们说:"红旗渠如果有一段没有修通,水也流不过来,一定要大家都完成任务,共同带水回家。"①

在红旗渠全长 171.5 千米的总干渠和三条干渠上,林县人民斩断了 51 座高达 200 多米以上的悬崖峭壁,开凿了总长近 9 千米的 59 个山洞,修建了总长 2.5 千米的 59 座渡槽。三干渠上长达 4 千米的曙光洞,是从一条石岭下打通的。在这里施工,遇到了排烟、排水、塌方等重重困难。为了排除困难,民工们一共打了 34 个竖井,最深的达 62 米,最浅的也有 20 多米。洞里渗水,他们用水桶等工具向外提;洞顶塌方,他们用木料支撑,以料石圈砌;放炮的硝烟排不出去,他们就下到洞里用衣服向外扇,或者摘核桃枝插到筐上,在竖井里上下提动,煽风排烟。正是靠着自力更生、艰苦奋斗的精神,经过 16 个月的苦战,漳河水终于沿着红旗渠流过了 4 千米长的曙光洞。

在一干渠建筑高 24 米的桃园渡桥的时候,需要 3000 根木料搭脚手架,而总指挥部只能解决 1000 根。这时,在这里施工的民工们吸取了民间建房上梁的办法,设计出一个简易的拱架法,克服了木料不足的困难。二干渠上 413 米长,4 米宽的大渡槽,全由一块块料石垒砌起来的,被后人誉为红旗渠的一个巨大的"工艺品"。

红旗渠是林县人民依靠人民公社集体经济力量,发扬自力更生的革命精神建成的。修建总干渠和三个干渠所用的资金总共 4236 万多元,其中有 79.8% 是由县、公社和大队、生产队自筹的。这条渠道工程动工的时候,正值中国遭受严重自然灾害的时期,这时候,林县人民没有伸手向国家要投资、要材料,而是发扬自力更生的革命精神,依靠集体力量自己筹划。他们在施工过程中使用仅有的一点资金时,总是精打细算,把小钱当个"碾盘"使。非生产性费用,一钱不花;自己能制造的,坚决不买;非花不可的,也要算了又算,抠了又抠。为了节约资金,工地上把匠人们组织起来,办了炸药加工厂、木工厂、铁匠炉、石灰窑、木工修缮队和编筐小组。他们创造

---

① 《毛泽东思想指引林县人民修成了红旗渠》,《人民日报》1966 年 4 月 21 日。

了省钱的"明窑烧灰"办法,烧出近 1.5 亿千克石灰,比买现成的石灰节约资金一半以上;修渠用的一半以上的炸药也是自己制造的,买一斤炸药的资金就能制造 5 千克炸药。他们还自己编制了 2.1 万多个抬筐,纺了 3.8 万多斤麻绳,利用废木料制造了 2000 多辆小车;手锤、大锤等工具全部由工地制造,总共节约开支 200 多万元。[①]

为了筹措建设资金,林县县委充分发挥了林县群众有外出从事建筑行业工作的传统优势,各社、队组织了很多工程队,到全国各大、中城市承揽工程,县里负责联系工程,指导技术,征收的管理费直接上缴县财政。社队建筑队收入绝大部分也归集体,补充水利建设投入。开山的炸药除了省里给的 500 吨外,其余的都自己制造,仅此一项就节约了 140 余万元。石灰全部是自己烧的,还办了水泥厂。抬筐也是自己编的。整个总干渠、三条干渠及支渠配套工程,共投工 3740.17 万个。[②]"红旗渠工程建设总投资(1960 年 2 月至 1969 年 7 月)为 6865.64 万元,其中国家投资 1025.98 万元,占 14.94%;县、社、队三级自筹资金 5839.66 万元,占总投资的85.06%。"[③]

红旗渠是跨越省境、县界建成的。红旗渠从侯壁断下开始,有 20 千米渠线穿过山西省平顺县境内的太行山。山西省委和平顺县委毅然更改了修建两座水电站的规划;平顺县石城和王家庄两个公社的社员,让出了近千亩耕地,迁移了祖坟,砍掉了大批树木,让林县人民修渠。石城大队老贫农孔东新说:"咱天下农民是一家,不能看着林县的阶级兄弟受干旱的害,过苦日子,咱平顺县毁几百亩地就能救林县几十万亩地,这是一步丢卒保车的好棋。"王家庄大队王伦说:"毁了树可以再栽,咱少吃点花椒和水果是小事,让林县几十万人喝上水是大事!"当林县修渠大军来到平顺县时,石城和王家庄两个公社的很多社员让出自己的好房子,供民工住;有的把自己的毯子铺在民工的床上;有的用家里准备过节的白面和鸡蛋慰问生病的民工。

1965 年 4 月 5 日,林县举行红旗渠总干渠通水典礼。长达 70 千米的红旗渠总干渠胜利通水,从山西省平顺县侯家壁下引进的湍急的漳河水,横穿石壁,飞渡群山,直奔河南省林县境内。红旗渠总干渠的竣工通水,把

① 《毛泽东思想指引林县人民修成了红旗渠》,《人民日报》1966 年 4 月 21 日。
② 杨贵:《红旗渠建设的回顾》,《河南文史资料》2009 年第 1 期。
③ 河南省林州市红旗渠志编纂委员会编:《红旗渠志》,生活·读书·新知三联出版社 1995 年版,第 3 页。

275

原有的英雄渠、抗日渠等许多渠道和 30 多个中小型水库以及成千上万的旱池、旱井全都串联起来,形成了一个能蓄能灌的水利网。全县 11 个公社的 40 多万人民祖祖辈辈"吃远水"的苦日子从此结束了。①

1965 年 10 月 30 日,周恩来、朱德、陈毅、李先念以及谭震林等中央领导人在北京全国农业展览馆观看了《林县人民重新安排林县河山》的展览,他们对红旗渠的建设给予高度评价。周恩来对修建红旗渠连声称赞,他特意向全国农业展览馆的负责人说:"林县没有模型吗?"并随即指示说:"林县要有模型,要加强宣传。"②12 月 18 日,《人民日报》刊载长篇通讯《党的领导无所不在》,向全国人民报道了林县红旗渠工程,对其取得的成绩给予了充分肯定和赞扬:林县人民劈开了太行山的千寻石壁,修建了一条长达 70 千米的红旗渠,远从山西省平顺县境,把浩浩荡荡的漳河水引入林县;另外建成了全长 750 千米左右的渠道 34 条,修成中、小水库 37 座、蓄水池 2000 多个和旱井 3.4 万多眼。全县的水浇地已经由新中国成立前的 1 万多亩增加到 30 多万亩。③

党和国家领导人的表扬和《人民日报》的称赞,极大地鼓舞了林县县委和林县人民,原定 101.5 千米的三条干渠计划三年完成,结果只用一年时间就竣工了。在艰苦卓绝的奋斗中,有 80 位同志献出了宝贵的生命。

1966 年 4 月 20 日,林县人民举行盛大集会,热烈庆祝红旗渠三条干渠竣工通水。12 点 20 分,剪彩放水。一干渠的红英汇流处、二干渠的夺丰渡槽、三干渠的曙光洞同时放水。

中共河南省委第二书记、河南省省长文敏生,省委书记处书记赵文甫、杨蔚屏等省委负责人,以及全省各地委、县委的负责人,中共山西省晋东南地委、晋东南专署和中共山西省平顺县委负责人参加了庆祝大会。中心会场设在合涧公社红英汇流的地方。会场两旁贴着对联:高举毛泽东思想伟大红旗,战天斗地重新安排林县河山。中共安阳地委副书记兼林县县委书记杨贵在庆祝大会上热情地赞扬了用毛泽东思想武装起来的林县人民战天斗地的革命精神,文敏生和中共山西省晋东南地委、平顺县委代表在大会上向林县人民致以热烈的祝贺;修建红旗渠工程的劳动模范代表杨双喜也在会上讲了话。

---

① 《毛泽东思想指引林县人民修成了红旗渠》,《人民日报》1966 年 4 月 21 日。
② 杨贵:《红旗渠建设的回顾》,《河南文史资料》2009 年第 1 期。
③ 宋铮:《党的领导无所不在——记河南林县人民在党的领导下重新安排河山的斗争》,《人民日报》1965 年 12 月 18 日。

在庆祝会上,中共河南省委和省人民委员会授予林县人民一面锦旗,发给修建红旗渠的劳动模范每人一套《毛泽东选集》。中共安阳地委和安阳专署向林县人民发了奖状。中共林县县委和县人民委员会向修建红旗渠的 33 个特等模范单位、42 位特等劳动模范发了奖状。

红旗渠渠首在山西省平顺县的侯壁断下,林县人民在这里把漳河水拦腰截断,让它按照人的意志,顺着红旗渠流入林县。底宽 8 米,过水量 25 立方米每秒的红旗渠总干渠,全长 70 千米,它在太行山腰横空飞越,到达林县北部的坟头岭,接着是三条干渠:一干渠向南同原有的英雄渠汇合;二干渠朝东南直指安阳县边境;向东北去的三干渠,由支渠接连、达到河北省涉县。①

红旗渠三条干渠竣工通水后,1966 年秋,党中央、中南局、河南省委、新乡地委发出号召:学习林县坚持社会主义道路,建设社会主义新山区。② 随后,在全国农业学大寨运动的高潮中,杨贵带领林县人民在建成红旗渠总干渠和三条干渠的基础上,全面铺开了支渠配套工程的建设。1969 年 7 月,红旗渠的全面配套工程竣工。林县人民在太行山麓修建了 481 条总长 948 千米的渠道。绕过 1004 个山头,跨越 1850 条沟河,穿过 75 个隧洞,经过 77 个渡槽,像红线串珠,像长藤结瓜,把 5 万多眼旱井、3000 多个池塘、37 座水库、4 座电站、154 个电力排灌站连成一个整体,构成一幅气势磅礴的水利网。③ 水渠修成后,灌溉面积由 37 万亩扩大到 60 万亩,彻底改变了林县世代苦旱的面貌。

1969 年 7 月 6 日上午,林县 20 多万干部群众汇集到红旗渠支渠各主要工程周围,热烈庆祝红旗渠工程胜利竣工。7 月 9 日,《人民日报》第一版头条发表了《林县人民十年艰苦奋斗,红旗渠工程已全部建成》的消息,第四版刊发了新华社记者采写的长篇通讯《独立自主、自力更生方针的一曲凯歌——记河南省林县人民以愚公移山的精神,劈山导河,完成红旗渠配套工程的事迹》。红旗渠支渠配套工程的竣工,使全县从山坡到梯田,从丘陵到盆地,形成了一个水利灌溉网,全县水浇地面积已由新中国成立前的不到 1 万亩扩大到 60 万亩。至此,历史上"水贵如油,十年九旱"的林县,

---

① 《毛泽东思想指引林县人民修成了红旗渠》,《人民日报》1966 年 4 月 21 日。
② 杨贵:《红旗渠建设的回顾》,《河南文史资料》2009 年第 1 期。
③ 新华社通讯员、新华社记者:《独立自主、自力更生方针的一曲凯歌——记河南省林县人民以愚公移山的精神,劈山导河,完成红旗渠配套工程的事迹》,《人民日报》1969 年 7 月 9 日。

变成了"渠道绕山头,清水到处流,旱涝都不怕,年年保丰收"的富饶山区。①新华社发文称赞说:"红旗渠是一面自力更生的红旗,红旗渠配套工程是林县人民在自力更生道路上谱写的战斗新篇章。"②

红旗渠工程来之不易,国家和人民群众付出了相当大的代价,各级党政领导和工程技术人员倾注了大量心血。在三年自然灾害极其艰苦的条件下,林县人民在县委书记杨贵带领下,依靠自力更生、艰苦创业的精神,克服重重困难,在巍巍太行山的悬崖峭壁、险滩峡谷中开凿出了一条河道。在这条总长1525.6千米的红旗渠施工过程中,林县人民硬是削平了1250座山头,开凿悬崖绝壁50余处,斩断山崖264座,凿通隧洞211个,跨越沟涧274条,架设渡槽152座,修建各种建筑物12408座,总投工3470.2万个,共动用土石方2229万立方米(如果把这些土石垒筑成高2米,宽3米的墙,可纵贯祖国南北,把广州与哈尔滨连接起来),创造了水利建设史上的奇迹。③

全渠由总干渠及三条干渠、数百条支渠组成。红旗渠总干渠长70.6千米,渠底宽8米,渠墙高4.3米,纵坡为1/8000,设计加大流量23立方米每秒。总干渠从分水岭分为三条干渠,第一干渠向西南,经姚村镇、城郊乡到合涧镇与英雄渠汇合,长39.7千米,渠底宽6.5米,渠墙高3.5米,纵坡1/5000,设计加大流量14立方米每秒,灌溉面积35.2万亩;第二干渠向东南,经姚村镇、河顺镇到横水镇马店村,全长47.6千米,渠底宽3.5米,渠墙高2.5米,纵坡1/2000,设计加大流量7.7立方米每秒,灌溉面积11.6万亩;第三干渠向东到东岗乡东芦寨村,全长10.9千米,渠底宽2.5米,渠墙高2.2米,纵坡1/3000,设计加大流量3.3立方米每秒,灌溉面积4.6万亩。红旗渠灌区共有干渠、分干渠10条,总长304.1千米;支渠51条,总长524.1千米;斗渠290条,总长697.3千米;农渠4281条,总长2488千米;沿渠兴建小型一、二类水库48座,塘堰346座,共有兴利库容2381万立方米,各种建筑物12408座;其中凿通隧洞211个,总长53.7千米;架渡槽151个,总长12.5千米,还建了水电站和提水站。已成为"引、蓄、提、灌、排、电、景"成龙配套的大型体系。

红旗渠修成以后,形成了以红旗渠为主体,南谷洞、弓上水库及其他

① 《林县人民十年艰苦奋斗,红旗渠工程已全部建成》,《人民日报》1969年7月9日。
② 新华社通讯员、新华社记者:《独立自主、自力更生方针的一曲凯歌——记河南省林县人民以愚公移山的精神,劈山导河,完成红旗渠配套工程的事迹》,《人民日报》1969年7月9日。
③ 郝建生等:《杨贵与红旗渠》,中央文献出版社2004年版,第281页。

引、蓄水工程作补充和调节,能引、能灌、能排的综合利用的水利灌溉网,使全县有效灌溉面积达到 60 万亩,全县 14 个乡镇 410 个行政村受益,解决了 56.7 万人和 37 万头家畜吃水的问题,从而结束了林县人民世代十年九旱、水贵如油的历史。

红旗渠的建成,彻底改善了林州人民靠天等雨的恶劣生存环境,被林县人民称为"生命渠""幸福渠"。林县人民靠着自己修建的红旗渠,大旱之年取得了大增产。林县从 1966 年红旗渠修成到 1973 年,"农业总产值增长了 1.3 倍,粮食平均亩产量增长了 74%,社员在信用社的存款增长了 2 倍。"[1]

红旗渠通水至 1993 年,已创造经济效益 5.8 亿元,相当于红旗渠工程建设总投资的数倍。其社会效益更是有目共睹,它不仅基本上解决了林县的干旱问题,而且成为林县人民艰苦创业精神的象征。[2] 在红旗渠修建过程中孕育形成了"自力更生、艰苦创业、团结协作、无私奉献"的红旗渠精神,《人民日报》称赞说:"红旗渠带来的不仅是一渠水,一渠粮食,而且是一渠自力更生、奋发图强的革命精神。"[3]

红旗渠是 20 世纪 60 年代林县人民在国家处于经济暂时困难的条件下,以"重新安排林县河山"的豪迈气概,经过十年艰苦奋斗,战胜种种困难建成的大型水利工程。红旗渠的兴建是林县人民在中国共产党的领导下才能做到的生存能量的一次集中释放,改变了林县历史上严重缺水的状况,使最基本的生存条件得到了改善,促进了经济和社会的发展,创造了巨大的物质财富。红旗渠的兴建是林县人民优秀品质的集中体现,是林县在新中国成立后艰苦创业历程中的"第一部曲"。

中央新闻纪录电影制片厂跟随红旗渠修建的步伐,陆续实地拍摄了纪录片《红旗渠》,于 1971 年元旦在全国上映,随即在全国引起了巨大的反响。这部影片以饱满的政治热情,以动人的艺术手法,充沛的战斗激情,生动记录了河南省林县人民自力更生,奋发图强,苦战十年,在太行山的悬崖峭壁上,修起一条近 1500 千米长的"人工天河"的英雄业绩。

纪录片《红旗渠》在国内外公映后,周恩来总理欣喜地向世人宣称:"林

---

① 《工农业生产持续发展,城乡人民生活逐步改善,我国人民储蓄又有较大幅度增长》,《人民日报》1974 年 1 月 23 日。

② 杨贵:《红旗渠建设回忆》,《当代中国史研究》1995 年第 3 期。

③ 本报通讯员、本报记者:《一颗红心两只手,自力更生绘新图——河南省林县人民学大寨重新安排河山夺取粮食丰产》,《人民日报》1970 年 9 月 7 日。

县红旗渠和南京长江大桥是新中国的两大奇迹。"中国政府把影片《红旗渠》作为新中国的重要成就,与《南京长江大桥》等影片作为招待外国友人的礼物。1971年3月,中国驻刚果人民共和国大使王雨田举行电影招待会,放映了纪录影片《红旗渠》和《南京长江大桥》。观看电影后,许多刚果朋友热情赞扬中国人民自力更生和艰苦奋斗的革命精神。9月10日,中国驻坦桑尼亚大使仲曦东在中国大使馆举行的仪式上,代表中华人民共和国政府把纪录影片《红旗渠》赠送给坦桑尼亚第二副总统卡瓦瓦。在举行仪式之前,仲曦东大使放映了影片《红旗渠》,招待卡瓦瓦。卡瓦瓦观看电影后称赞说:"有了自力更生的精神,人民就能创造奇迹。"①

1974年5月,邓小平率团参加第六届特别联大,病中的周恩来特地嘱托他,带十部电影纪录片到联合国展示中华人民共和国的建设成就,第一部放映的就是《红旗渠》。美联社当日评论说:"红旗渠的人工修建,是红色中国的典范,看后令世界震惊!"著名美籍华人赵浩生看了电影激动地说:"中国有一条万里长城,红旗渠是一条水的长城。参观红旗渠,我实在忍不住自己的热泪滚滚。新中国有这种自力更生、艰苦奋斗的精神来改造林县,一定能改造全中国!"②

红旗渠在修建过程中受到党和国家领导人的高度关注和赞扬。1966年1月召开的八省、市、区(北京、河北、内蒙古、山西、陕西、山东、河南、辽宁)抗旱会议上,周恩来指示:"搞水利和农田水利建设,要认真推广先进经验。林县红旗渠的经验很好。一个那样严重干旱的县,水的问题解决得好。这个经验现在还没有被大家所认识,也还没有推广开。"他称赞"红旗渠是'人工天河',是中国农民的骄傲"③。1974年2月25日,国务院副总理李先念陪同赞比亚共和国总统卡翁达来林县参观。李先念说:周总理曾讲过,红旗渠和南京长江大桥是中华人民共和国的两大奇迹,是靠劳动人民的智慧,自力更生建起来的!卡翁达在听取红旗渠情况的介绍后说:"百闻不如一见。看过《红旗渠》电影,也听人讲过红旗渠,总的印象不错。来红旗渠一看,更感到工程雄伟,真是人工天河!不要说是在三年困难时期,就是在丰收年份,自力更生修通这条渠也是难以想象的。"④

---

① 《我驻坦桑大使向卡瓦瓦副总统赠送影片》,《人民日报》1971年9月14日。
② 郝建生口述、侯隽采访整理:《叔伯们修出了"人造天河"》,《中国经济周刊》2009年第38、39期合刊。
③ 河南省林州市红旗渠志编纂委员会:《红旗渠志》,生活·读书·新知三联出版社1995年版,第5页。
④ 杨贵:《红旗渠建设的回顾》,《河南文史资料》2009年第1期。

参考文献
REFERENCES

一、文献资料

---

[1]　中共中央文献研究室.建国以来毛泽东文稿(第1～13册)[M].北京:中央文献出版社,1987—1998.

[2]　中共中央文献研究室.毛泽东传(1949—1976)(上、下)[M].北京:中央文献出版社,2003.

[3]　刘少奇.刘少奇选集(下卷)[M].北京:人民出版社,1985.

[4]　周恩来.周恩来选集(下卷)[M].北京:人民出版社,1984.

[5]　中共中央文献研究室.周恩来年谱(1949—1976)(上、中、下)[M].北京:中央文献出版社,1997.

[6]　中共中央文献研究室.周恩来传(上、下)[M].北京:中央文献出版社,1998.

[7]　中共中央文献研究室.邓小平年谱(一九七五—一九九七)(上、下)[M].北京:中央文献出版社,2004.

[8]　中共中央文献研究室.陈云年谱(中、下卷)[M].北京:中央文献出版社,2000.

[9]　陈云.陈云文选(第三卷)[M].北京:人民出版社,1995.

[10]　中共中央文献研究室.陈云文集(第二～三卷)[M].北京:中央文献出版社,2005.

[11]　中共中央文献研究室.陈云传(上、下册)[M].北京:中央文献出版社,2005.

[12]　江泽民.江泽民文选(第一～三卷)[M].北京:人民出版社,2006.

[13]　邓子恢.邓子恢文集[M].北京:人民出版社,1996.

[14]　万里.万里文选[M].北京:人民出版社,1995.

[15] 中共中央文献研究室.建国以来重要文献选编(第一～二十卷)[M].北京:中央文献出版社,1992—1998.

[16] 中央档案馆,中共中央文献研究室.中共中央文件选集(1949年10月—1966年5月)[M].北京:人民出版社,2013.

二、档案资料

---

[1] 河南省档案馆水利资料。

[2] 黄河水利委员会档案馆资料。

[3] 江苏省档案馆水利资料。

[4] 安徽省档案馆水利资料。

[5] 中国社会科学院,中央档案馆.1949—1952中华人民共和国经济档案资料选编·基本建设投资和建筑业卷[M].北京:中国城市经济社会出版社,1989.

[6] 中国社会科学院,中央档案馆.1949—1952中华人民共和国经济档案资料选编·综合卷[M].北京:中国城市经济社会出版社,1990.

[7] 中国社会科学院,中央档案馆.1949—1952中华人民共和国经济档案资料选编·农业卷[M].北京:社会科学文献出版社,1991.

[8] 中国社会科学院,中央档案馆.1949—1952中华人民共和国经济档案资料选编·农村经济体制卷[M].北京:社会科学文献出版社,1992.

[9] 中国社会科学院,中央档案馆.1953—1957中华人民共和国经济档案资料选编·农业卷[M].北京:中国物价出版社,1998.

[10] 中国社会科学院,中央档案馆.1953—1957中华人民共和国经济档案资料选编·固定资产和建筑业卷[M].北京:中国物价出版社,1998.

[11] 中国社会科学院,中央档案馆.1953—1957中华人民共和国经济档案资料选编·综合卷[M].北京:中国物价出版社,2000.

[12] 中国社会科学院,中央档案馆.1953—1957中华人民共和国经济档案资料选编·财政卷[M].北京:中国物价出版社,2000.

[13] 中国社会科学院,中央档案馆.1958—1965中华人民共和国经济档案资料选编·农业卷[M].北京:中国财政经济出版社,2011.

[14]　中国社会科学院,中央档案馆.1958—1965 中华人民共和国经济档案资料选编·综合卷[M].北京:中国财政经济出版社,2011.

[15]　中国社会科学院,中央档案馆.1958—1965 中华人民共和国经济档案资料选编·固定资产投资与建筑业卷[M].北京:中国财政经济出版社,2011.

[16]　中国社会科学院,中央档案馆.1958—1965 中华人民共和国经济档案资料选编·财政卷[M].北京:中国财政经济出版社,2011.

[17]　历次全国水利会议报告文件(1949—1957)[M].北京:《当代中国的水利事业》编辑部编印,1987.

[18]　历次全国水利会议报告文件(1958—1978)[M].北京:《当代中国的水利事业》编辑部编印,1987.

[19]　历次全国水利会议报告文件(1979—1987)[M].北京:《当代中国的水利事业》编辑部编印,1987.

三、一般资料

[1]　水利电力部.三门峡水利枢纽讨论会资料汇编[M].北京:水利电力部,1958.

[2]　水利电力部办公厅宣传处.现代中国水利建设[M].北京:水利电力出版社,1984.

[3]　治淮回忆录[M].蚌埠:水利电力部治淮委员会编印,1985.

[4]　水利电力部.中国农田水利[M].北京:水利电力出版社,1987.

[5]　水利部办公厅新闻宣传处.造福人民的事业——中国水利建设 40 年[M].北京:水利电力出版社,1989.

[6]　水利部农村水利司.新中国农田水利史略(1949—1998)[M].北京:中国水利水电出版社,1999.

[7]　《水利辉煌 50 年》编纂委员会.水利辉煌 50 年[M].北京:中国水利水电出版社,1999.

[8]　水利部规划计划司.全国水利建设基本情况[M].北京:中国水利水电出版社,1999.

[9]　水利部黄河水利委员会.人民治理黄河六十年[M].郑州:黄河水利出版社,2006.

[10] 水利部办公厅,水利部发展研究中心.水利改革发展 30 年回顾与展望[M].北京:中国水利水电出版社,2010.

[11] 水利部淮河水利委员会.治淮 60 年纪念文集[M].北京:中国水利水电出版社,2010.

[12] 水利部淮河水利委员会,《淮河志》编纂委员会.淮河志·第 1 卷·淮河大事记[M].北京:科学出版社,1997.

[13] 水利部淮河水利委员会,《淮河志》编纂委员会.淮河志·第 2 卷·淮河综述志[M].北京:科学出版社,2000.

[14] 水利部淮河水利委员会,《淮河志》编纂委员会.淮河志·第 5 卷·淮河治理与开发志[M].北京:科学出版社,2004.

[15] 长江流域规划办公室,《长江水利史略》编写组.长江水利史略[M].北京:水利电力出版社,1979.

[16] 当代中国水利基本建设[M].水利电力部基本建设司编印,1986.

[17] 彭敏.当代中国的基本建设(上、下)[M].北京:中国社会科学出版社,1989.

[18] 刘欣.晋绥边区财政经济史资料选编·农业编[M].太原:山西人民出版社,1986.

[19] 农业部农田水利局.水利运动十年(1949—1959)[M].北京:农业出版社,1960.

[20] 中华人民共和国农业部计划司.中国农村经济统计大全(1949—1986)[M].北京:农业出版社,1989.

[21] 钱正英.中国水利[M].北京:水利电力出版社,1991.

[22] 杨世华.林一山治水文选[M].北京:新华出版社,1992.

[23] 杨世华.林一山治水文集之二:葛洲坝工程的决策[M].武汉:湖北科学技术出版社,1995.

[24] 国家统计局.新中国五十年(1949—1999)[M].北京:中国统计出版社,1999.

[25] 国家统计局农村社会经济调查总队.新中国五十年农业统计资料[M].北京:中国统计出版社,2000.

[26] 国务院三峡建设委员会.百年三峡——三峡工程 1919—1992 年新闻选集[M].武汉:长江出版社,2005.

[27] 洪庆余.中国江河防洪丛书·长江卷[M].北京:中国水利水电出版社,1998.

[28] 海河志编纂委员会.海河志(第1~4卷)[M].北京:中国水利水电出版社,1997—2001.

[29] 海河志编纂委员会.滦河志[M].石家庄:河北人民出版社,1994.

[30] 钱正英.钱正英水利文选[M].北京:中国水利水电出版社,2000.

[31] 黄河水利委员会黄河志总编辑室.黄河志·卷二·黄河流域综述[M].郑州:河南人民出版社,1998.

[32] 黄河水利委员会勘测规划设计院.黄河志·卷四·黄河勘测志[M].郑州:河南人民出版社,1993.

[33] 黄河水利委员会勘测规划设计院.黄河志·卷六·黄河规划志[M].郑州:河南人民出版社,1991.

[34] 黄河防洪志编纂委员会,黄河水利委员会黄河志总编辑室.黄河志·卷七·黄河防洪志[M].郑州:河南人民出版社,1991.

[35] 黄河水利委员会黄河中游治理局.黄河志·卷八·黄河水土保持志[M].郑州:河南人民出版社,1993.

[36] 黄河水利委员会黄河志总编辑室.黄河志·卷九·黄河水利水电工程志[M].郑州:河南人民出版社,1996.

[37] 黄河水利委员会黄河志总编辑室.黄河志·卷十·黄河河政志[M].郑州:河南人民出版社,1996.

[38] 黄河水利委员会黄河志总编辑室.黄河志·卷十一·黄河人文志[M].郑州:河南人民出版社,1994.

[39] 黄河三门峡水利枢纽志编纂委员会.黄河三门峡水利枢纽志[M].北京:中国大百科全书出版社,1993.

[40] 黄河水利委员会.王化云治河文集[M].郑州:黄河水利出版社,1997.

[41] 淮河水利委员会.中国江河防洪丛书·淮河卷[M].北京:中国水利水电出版社,1996.

[42] 河南林县志编纂委员会.林县志[M].郑州:河南人民出版社,1989.

[43] 河南省林州市红旗渠志编纂委员会编.红旗渠志[M].北京:生活·读书·新知三联书店,1995.

[44] 安徽省地方志编纂委员会编.安徽省志·水利志[M].北京:方志出版社,1999.

[45] 安徽省水利厅.安徽水利50年[M].北京:中国水利水电出版社,1999.

285

[46] 江苏省地方志编纂委员会.江苏省志·水利志[M].南京:江苏古籍出版社,2001.

[47] 中华人民共和国农业部.新中国农业 60 年统计资料[M].北京:中国农业出版社,2009.

四、相关论著

---

[1] 《黄河水利史述要》编写组.黄河水利史述要[M].北京:水利电力出版社,1982.

[2] 水利电力部黄河水利委员会治黄研究组编著.黄河的治理与开发[M].上海:上海教育出版社,1984.

[3] 王祖烈.淮河流域治理综述[M].蚌埠:水利电力部治淮委员会淮河志编纂办公室,1987.

[4] 水利部淮河水利委员会《淮河水利简史》编写组.淮河水利简史[M].北京:水利电力出版社,1990.

[5] 中国科学院成都图书馆,中国科学院三峡工程科研领导小组办公室.《长江三峡工程争鸣集·总论》[M].成都:成都科技大学出版社,1987.

[6] 中国人民政治协商会议三门峡市委员会,中国水利水电第十一工程局.万里黄河第一坝[M].郑州:河南人民出版社,1992.

[7] 中国科学院成都图书馆,中国科学院三峡工程科研领导小组办公室.长江三峡工程争鸣集·专论[M].成都:成都科技大学出版社,1987.

[8] 王化云.我的治河实践[M].郑州:河南科学技术出版社,1989.

[9] 王浩,秦大庸,汪党献,等.水利与国民经济协调发展研究[M].北京:中国水利水电出版社,2008.

[10] 王渭泾.历览长河——黄河治理及其方略演变[M].郑州:黄河水利出版社,2009.

[11] 牛立峰,刘好智.人民胜利渠引黄灌溉三十年[M].北京:水利电力出版社,1987.

[12] 张含英.历代治河方略探讨[M].北京:水利出版社,1982.

[13] 张含英.治河论丛续编[M].北京:水利电力出版社,1992.

[14] 李锐.论三峡工程[M].长沙:湖南科学技术出版社,1985.

[15] 李锐.大跃进亲历记(上卷)[M].海口:南方出版社,1999.

[16] 张岳,任光照,谢新民.水利与国民经济发展[M].北京:中国水利水电出版社,2006.

[17] 张世法,苏逸深,宋德敦,等.中国历史干旱1949—2000[M].南京:河海大学出版社,2008.

[18] 陈惺.治水无止境[M].北京:中国水利水电出版社,2009.

[19] 水利部办公厅,水利部发展研究中心.水利辉煌60年[M].北京:中国水利水电出版社,2010.

[20] 林一山.高峡出平湖:长江三峡工程[M].北京:中国青年出版社,1995.

[21] 孟昭华,彭传荣.中国灾荒史(现代部分)1949—1989[M].北京:水利电力出版社,1989.

[22] 路孝平,赵广和,王淑筠.建国40年水利建设经济效益[M].南京:河海大学出版社,1993.

[23] 赵诚.长河孤旅——黄万里九十年人生沧桑[M].武汉:长江文艺出版社,2004.

[24] 袁隆.治水四十年[M].郑州:河南科学技术出版社,1992.

[25] 姚汉源.中国水利史纲要[M].北京:水利电力出版社,1987.

[26] 钱钢,耿庆国.二十世纪中国重灾百录[M].上海:上海人民出版社,1999.

[27] 李强,沈原,陶传进,等.中国水问题[M].北京:中国人民大学出版社,2005.

[28] 雷锡禄编.我国的水利建设[M].北京:农业出版社,1984.

[29] 雷亨顺.中国三峡移民[M].重庆:重庆大学出版社,2002.

[30] 骆承政,乐嘉祥.中国大洪水——灾害性洪水述要[M].北京:中国书店,1996.

[31] 周魁一.中国科学技术史·水利卷[M].北京:科学出版社,2002.

[32] 郝建生,杨增和,李永生.杨贵与红旗渠[M].北京:中央编译出版社,2004.

[33] 罗兴佐.治水:国家介入与农民合作——荆门五村农田水利研究[M].武汉:湖北人民出版社,2006.

[34] 曹应旺.周恩来与治水[M].北京:中央文献出版社,1991.

[35] 潘家铮.千秋功罪话水坝[M].北京:清华大学出版社,2000.

五、主要报刊资料

〔1〕 《人民日报》(1949—2018 年)

〔2〕 《中国水利报》(1989—2018 年)

〔3〕 《人民长江报》(1985—2018 年)

〔4〕 《人民水利》(1950—1955 年)

〔5〕 《人民黄河》(1949—2018 年)

〔6〕 《人民长江》(1955—2018 年)

〔7〕 《水利史志专刊》(1989—1993 年)

〔8〕 《中国水利》(1956—1957 年)

〔9〕 《中国水利》(1981—2018 年)

〔10〕 《中国水利·水利史志专刊》(1982—1987 年)

〔11〕 《治淮汇刊》(第 1—24 辑)

〔12〕 《治淮》(2006 年)